完全自学手册

AutoCAD 2013 中文版完全自学手册

何经纬　等编著

机械工业出版社

本书是指导初学者学习 AutoCAD 2013 中文版的入门书籍。书中详细介绍了初学者必须掌握的基础知识、操作方法和使用技巧,并对初学者在使用 AutoCAD 2013 中文版时经常遇到的问题进行了专家级的指导,以免初学者在起步的过程中走弯路。

本书图文并茂、步骤清晰,与实践结合密切,为读者全面系统地介绍了 AutoCAD 2013 的基本操作方法和技巧,其中包括一些概念性的理论知识,也包括一些与 AutoCAD 2013 相关的操作知识,如图形的显示方法、二维图样的绘制与编辑技巧、图层、特性、查询、创建面域、图案及表格的常用编辑方法、三维实体的编辑创建方法等。与此同时,本书讲解了 234 个经典的操作案例,帮助读者更深入地掌握 AutoCAD 的使用方法和技巧。

本书可作为建筑设计、机械设计、服装设计、景观设计专业人员的参考用书,也可作为计算机培训班和各院校相关专业的教辅用书。

本书最大的特点是将枯燥的学习融入到有趣的案例操作中,通过一个个案例的制作,让读者边学习基础知识,边了解 AutoCAD 在实际工作中的应用。

本书配套光盘中提供了所有实例的源文件和素材,以及相关的视频教程。

图书在版编目(CIP)数据

AutoCAD 2013 中文版完全自学手册 / 何经纬等编著. —北京:机械工业出版社,2012.10
(完全自学手册)
ISBN 978-7-111-39829-5

Ⅰ. ①A… Ⅱ. ①何… Ⅲ. ①AutoCAD 软件—技术手册 Ⅳ. ①TP391.72-62

中国版本图书馆 CIP 数据核字(2012)第 224499 号

机械工业出版社(北京市百万庄大街 22 号 邮政编码 100037)
策划编辑:杨 源
责任编辑:杨 源
责任印制:张 楠

北京双青印刷厂印刷
2013 年 1 月第 1 版 · 第 1 次印刷
184mm×260mm · 33.5 印张 · 833 千字
0001—4000 册
标准书号:ISBN 978-7-111-39829-5
　　　　　ISBN 978-7-89433-693-4(光盘)
定价:88.80 元(含 1DVD)

凡购本书,如有缺页、倒页、脱页,由本社发行部调换

电话服务　　　　　　　　　　网络服务
社服务中心:(010)88361066　　教材网:http://www.cmpedu.com
销 售 一 部:(010)68326294　　机工官网:http://www.cmpbook.com
销 售 二 部:(010)88379649　　机工官博:http://weibo.com/cmp1952
读者购书热线:(010)88379203　　**封面无防伪标均为盗版**

前　言

　　AutoCAD 是建筑、机械绘图与设计工作者首选的专业辅助设计软件。本书详细介绍了 AutoCAD 2013 中文版在建筑绘图、机械、三维绘图应用方面的主要功能和应用技巧。

　　通过对本书的学习，读者可以在快速掌握 AutoCAD 2013 操作方法的同时，了解 AutoCAD 软件在不同行业领域中的应用。

本书章节及内容安排

　　本书从商业应用的角度出发，采用知识点与实例相结合的方式对 AutoCAD 2013 的各个功能进行逐一讲解，使实例和知识点达到完美的契合，使读者能够快速、熟练、深入地掌握 AutoCAD 的各种功能。

　　本书分为 18 章，各章的主要内容如下：

　　第 1 章，介绍了软件安装和启动，软件操作界面，AutoCAD 的绘图步骤，AutoCAD 2013 的新增功能，以及如何学好 AutoCAD 2013 等内容。

　　第 2 章，介绍了自定义工作空间、工具选项板，设置系统绘图环境，坐标系和坐标，控制图形显示方式等内容。

　　第 3 章，介绍了 AutoCAD 文件创建与管理，AutoCAD 的简单操作，设置绘图辅助功能的方法和技巧，以及图形的有效管理。

　　第 4 章，介绍了二维图形绘制的方法和技巧，包括绘制点对象，设置点样式，绘制直线、射线和构造线，绘制矩形和正方形，绘制圆、圆弧、椭圆和椭圆弧，多线的绘制和编辑，多段线的绘制和编辑，样条曲线的绘制和编辑，云线的绘制和修订等内容。

　　第 5 章，介绍了选择和编辑二维图形，包括选择图形对象的方法，复制和删除操作，移动和偏移对象，旋转和镜像对象，对齐和阵列对象，修改对象的形状，角操作，打断、合并和分解操作，拉长图形对象，夹点编辑图形等内容。

　　第 6 章，介绍了认识图层和管理图层。掌握对象特性，查询图形对象信息等内容。

　　第 7 章，包括将图形转换为面域，对面域进行逻辑运算，图案填充，渐变填充等内容。

　　第 8 章，介绍了文字和表格的创建与编辑，包括设置文字样式，输入与编辑文字，查找和替换，创建与编辑表格样式，创建与编辑表格等内容。

　　第 9 章，创建和使用块，包括插入块和分解块，剪裁块，设置块属性，使用块编辑器，外部参照等内容。

　　第 10 章，介绍了 AutoCAD 设计中心。包括启动 AutoCAD 设计中心，利用设计中心进行图形文件管理，插入选定的内容，使用 CAD 标准等内容。

　　第 11 章，介绍了学习标注图形尺寸的方法。包括尺寸标注的规则与组成，创建标注样式，设置标注样式，设置文字，设置调整，设置主单位，设置换算单位和公差，创建尺寸标注，创建其他尺寸标注，标注形位公差，关联与重新关联尺寸标注，编辑标注文字，替换和更新标注等内容。

第 12 章，介绍了创建三维实体模型，包括三维视点设置，创建三维曲面，使用二维图形创建三维实体，绘制三维网格，创建三维实体等内容。

第 13 章，介绍了编辑三维实体包括控制实体显示的系统变量，三维编辑操作，编辑三维实体，布尔运算，修改三维对象上的面，修改三维对象上的边和顶点，从三维模型创建截面和二维图形等内容。

第 14 章，介绍了图纸布局与打印。包括工作空间与布局，打印样式表，图样打印和输出，图纸集等内容。

第 15～18 章为综合案例。通过大型的商业案例介绍了 AutoCAD 2013 在不同工作领域的应用，分别制作了装饰设计、机械设计、建筑设计和景观设计 4 个大型的应用案例。

本书特点

本书结构编排合理，内容全面，基本涵盖了 AutoCAD 2013 的全部功能。

采用图文并茂的讲解方式，对 AutoCAD 2013 的各个知识点进行了深入剖析。

同时，本书提供了大量的实例练习，让读者在学习理论知识的同时，能够及时有效地在实际操作中将其巩固加深，以此来提升软件的使用熟练度。

本书配套光盘中提供了书中实例源文件、素材和相关的视频教程。

关于本书作者

本书由何经纬执笔，另外高鹏、陈利欢、杜秋磊、雷喜、朱兵、张智英、张立峰、于海波、孙艳波、陶玛丽、孙钢、林学远、吴桂敏、黄尚智、依波、尚丹丹、李万军、冯海、黄爱娟、金吴也参与了编写工作。由于时间仓促，书中难免有错误和疏漏之处，希望广大读者朋友批评指正，我们一定会全力改进，在以后的工作中加强和提高。

编 者

光盘说明

操作方式

将随书附赠 DVD 光盘放入光驱中，几秒钟后在桌面上双击"我的电脑"图标，在打开的窗口中右击光盘所在的盘符，在弹出的快捷菜单中选择"打开"命令，即可进入光盘内容界面。

光盘中的文件夹和文件

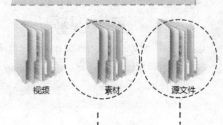

视频　　　素材　　　源文件

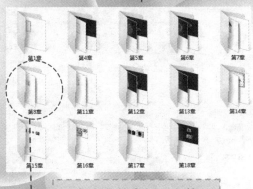

第1章　第4章　第5章　第6章　第7章
第8章　第11章　第12章　第13章　第14章
第15章　第16章　第17章　第18章

各章节的实例源文件

DWG 8-1-3　DWG 8-1-4　DWG 8-2-1　DWG 8-2-2　DWG 8-2-3　DWG 8-2-4
DWG 8-2-5　DWG 8-5-3　DWG 8-5-5　DWG 8-5-7　DWG 8-5-8

每章中的实例源文件

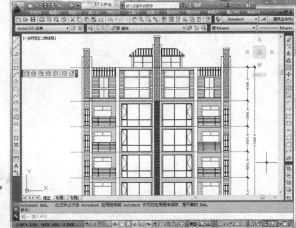

精美实例效果

DWG 118401　DWG 118801　DWG 119201　DWG 1111201
DWG 1112101　DWG 1113101

每章中制作实例所使用的素材

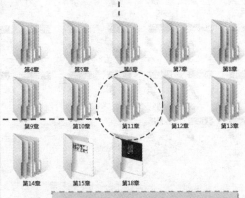

第4章　第5章　第6章　第7章　第8章
第9章　第10章　第11章　第12章　第13章
第14章　第15章　第18章

各章中的实例素材文件夹

教学视频

"视频"文件夹中包含书中各章节的实例视频讲解教程,全书共 234 个视频讲解教程,视频讲解时间长达 350 分钟。

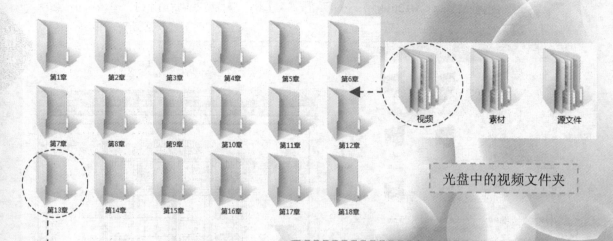

第1章　第2章　第3章　第4章　第5章　第6章

第7章　第8章　第9章　第10章　第11章　第12章

第13章　第14章　第15章　第16章　第17章　第18章

视频　素材　源文件

光盘中的视频文件夹

各章中的视频文件夹

SWF 格式视频教程方便播放和控制。可以使用 Flash Player 播放。也可以使用暴风影音、百度影音等视频播放软件播放。

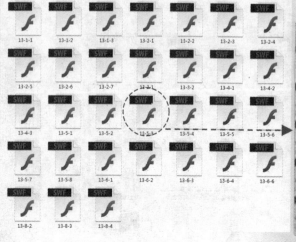

13-1-1　13-1-2　13-1-3　13-2-1　13-2-2　13-2-3　13-2-4

13-2-5　13-2-6　13-2-7　13-3-1　13-3-2　13-4-1　13-4-2

13-4-3　13-5-1　13-5-2　13-5-3　13-5-4　13-5-5　13-5-6

13-5-7　13-5-8　13-6-1　13-6-2　13-6-3　13-6-4　13-6-6

13-8-2　13-8-3　13-8-4

每章中的视频文件

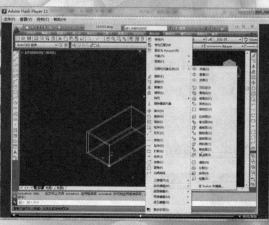

SWF 视频教程播放界面

目　录

目录

目录

目录

目录

第1章

AutoCAD 2013 入门

　　AutoCAD 是由美国 Autodesk 公司于 20 世纪 80 年代初，为微机上应用计算机辅助设计技术而开发的一款绘图软件。AutoCAD 具有广泛的适应性，它可以在各种操作系统的计算机和工作站上运行。经过不断的完善，AutoCAD 现已成为国际上广为流行的绘图软件之一。

　　目前 AutoCAD 的最新版本为 AutoCAD 2013，本章将为读者介绍 AutoCAD 2013 的简单发展史、安装、退出和界面构成等内容。

实例名称：安装 AutoCAD 2013
视频：视频\第 1 章\视频\1-1-3.swf
源文件：无

实例名称：安装 AutoCAD 2013
视频：视频\第 1 章\视频\1-1-3.swf
源文件：无

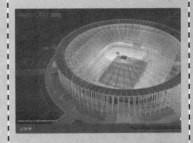

实例名称：启动 AutoCAD 2013
视频：视频\第 1 章\视频\1-1-4.swf
源文件：无

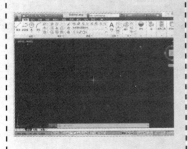

实例名称：启动 AutoCAD 2013
视频：视频\第 1 章\视频\1-1-4.swf
源文件：无

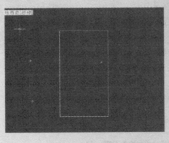

实例名称：绘制一个简单图形
视频：视频\第 1 章\视频\1-3-3.swf
源文件：源文件\第 1 章\1-3-3.dwg

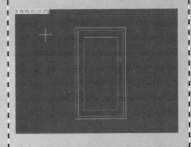

实例名称：绘制一个简单图形
视频：视频\第 1 章\视频\1-3-3.swf
源文件：源文件\第 1 章\1-3-3.dwg

1.1 初识 AutoCAD 2013

AutoCAD 具有人性化的用户界面，用户可以通过菜单命令或在"命令行"输入命令等进行各种操作。它的多文档设计环境，让非专业人员也能很快地学会使用，并在不断实践的过程中更好地掌握各种应用技巧，从而提高工作效率。

1.1.1 AutoCAD 的基本概念

AutoCAD 是一款功能强大的图形设计软件。初期的 AutoCAD 以版本的升级顺序进行命名，如 AutoCAD R1.0、AutoCAD R2.0 等。进入 2000 年后，AutoCAD 的版本名称转变为以年代命名，如 AutoCAD 2000、AutoCAD 2002、AutoCAD 2006、AutoCAD 2008……AutoCAD 2013。

Auto 是英文单词 Automation 的缩写，意为"自动化"，而 CAD 则是 Computer Aided Design 的缩写，意为"计算机辅助设计"。

1.1.2 AutoCAD 的应用范围

随着 AutoCAD 自身的不断升级与完善，其逐渐成为工程设计领域应用最为广泛的计算机辅助绘图软件和设计软件之一。由于 AutoCAD 自身的特点，其深受广大工程技术人员的欢迎，应用范围也非常广泛，主要有：

● 工程制图：建筑工程、装饰设计、环境艺术设计、水电工程等，如图 1-1 所示。
● 工业制图：精密零件、模具、设备等，如图 1-2 所示。

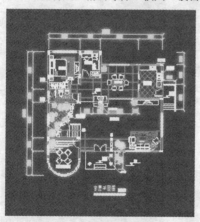

图 1-1　建筑工程图

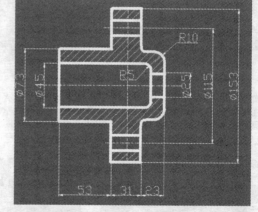

图 1-2　工业制图

● 服装加工：服装制版，如图 1-3 所示。
● 电子工业：印制电路板设计等，如图 1-4 所示。

1.1.3 AutoCAD 2013 的安装要求

AutoCAD 具有广泛的适应性，它可以在各种操作系统支持的微型计算机和工作站上运行，并支持分辨率由 320×200 到 2048×1024 的各种图形显示器 40 多种，数字化仪和鼠标 30 多种，以及绘图仪和打印机数十种，这就为 AutoCAD 的普及创造了条件。AutoCAD 2013 对系统软件和硬件的具体配置需求如下：

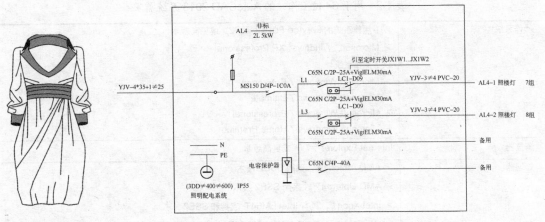

图 1-3　服装制版　　　　　　　　图 1-4　电路图

用于 32 位工作站的 AutoCAD 2013 系统需求见表 1-1。

表 1-1　用于 32 位工作站的 AutoCAD 2013 系统需求

操作系统	以下操作系统的 Service Pack3（SP3）或更高版本： ➤ Microsoft® Windows® XP Professional ➤ Microsoft® Windows® XP Home 以下操作系统： ➤ Microsoft Windows 7 Enterprise ➤ Microsoft Windows 7 Ultimate ➤ Microsoft Windows 7 Professional ➤ Microsoft Windows 7 Home Premium
浏览器	Internet Explorer® 7.0 或更高版本
处理器	➤ Windows XP：Intel® Pentium® 4 或 AMD Athlon™ 双核，1.6GHz 或更高，采用 SSE2 技术 ➤ Windows 7：Intel Pentium 4 或 AMD Athlon 双核，3.0GHz 或更高，采用 SSE2 技术
内存	2GB RAM（建议使用 4GB）
显示器分辨率	1024 x 768（建议使用 1600 x 1050 或更高）真彩色
磁盘空间	安装 6.0GB
定点设备	MS-Mouse 兼容
介质（DVD）	从 DVD 下载并安装
.NET Framework	.NET Framework 版本 4.0 更新 1
三维建模的其他需求	➤ Intel Pentium 4 处理器或 AMD Athlon，3.0GHz 或更高，或者 Intel 或 AMD 双核处理器，2.0GHz 或更高 ➤ 4GB RAM ➤ 6GB 可用硬盘空间（不包括安装需要的空间） ➤ 1280 x 1024 真彩色视频显示适配器 128MB 或更高，Pixel Shader 3.0 或更高版本，支持 Direct3D® 功能的工作站级图形卡

用于 64 位工作站的 AutoCAD 2013 系统需求见表 1-2。

表 1-2　用于 64 位工作站的 AutoCAD 2013 系统需求

操作系统	以下操作系统的 Service Pack2（SP2）或更高版本： ➤ Microsoft® Windows® XP Professional 以下操作系统： ➤ Microsoft Windows 7 Enterprise ➤ Microsoft Windows 7 Ultimate ➤ Microsoft Windows 7 Professional ➤ Microsoft Windows 7 Home Premium
浏览器	Internet Explorer® 7.0 或更高版本
处理器	➤ AMD Athlon 64，采用 SSE2 技术 ➤ AMD Opteron™，采用 SSE2 技术 ➤ Intel Xeon®，具有 Intel EM64T 支持和 SSE2 ➤ Intel Pentium 4，具有 Intel EM 64T 支持并采用 SSE2 技术
内存	2GB RAM（建议使用 4GB）
显示器分辨率	1024 x 768（建议使用 1600 x 1050 或更高）真彩色
磁盘空间	安装 6.0GB
定点设备	MS-Mouse 兼容
介质（DVD）	从 DVD 下载并安装
.NET Framework	.NET Framework 版本 4.0 更新 1
三维建模的其他需求	➤ 4GB RAM 或更大 ➤ 6GB 可用硬盘空间（不包括安装需要的空间） ➤ 1280 x 1024 真彩色视频显示适配器 128MB 或更高，Pixel Shader 3.0 或更高版本，支持 Direct3D® 功能的工作站级图形卡

在使用 AutoCAD 2013 进行操作之前，首先要将该软件安装到计算机上。下面通过一个自测详细介绍 AutoCAD 2013 的安装过程。

自测 1　安装 AutoCAD 2013

素材：无
视频：视频\第 1 章\视频\1-1-3.swf
源文件：无

01　将 AutoCAD 2013 安装盘放入计算机光驱中，在光盘中找到并双击 "setup.exe" 文件，将弹出安装界面，在该界面的右上方选择 "中文（简体）（Chinese）"，如图 1-5 所示。

02 单击"安装"按钮,弹出"安装>许可协议"界面,在该界面的上方选择用户所在国家或地区,在该界面的下方选择"我接受"单选按钮后单击"下一步"按钮,如图 1-6 所示。

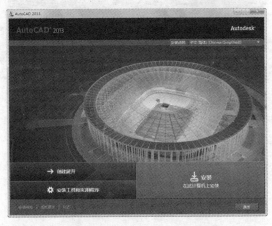

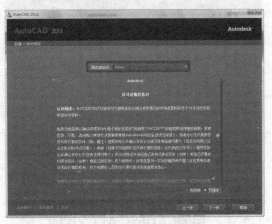

图 1-5 AutoCAD 2013 安装界面   图 1-6 "安装>许可协议"界面

提示:

此处如果不同意许可协议条款并停止安装,可单击"取消"按钮,用户必须选择"我接受"单选按钮,才可以继续安装。

03 进入"安装>产品信息"界面,分别选择该界面中的"单机"单选按钮和"我想要试用该产品 30 天"单选按钮,如图 1-7 所示。

04 单击"下一步"按钮进入"安装>配置安装"界面,在该界面中选择 AutoCAD 2013 的安装路径,如图 1-8 所示。

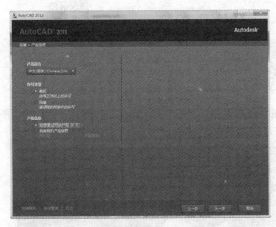

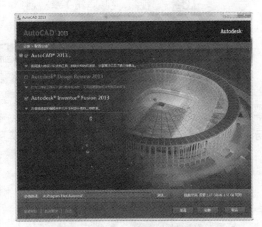

图 1-7 "安装>产品信息"界面   图 1-8 "安装>配置安装"界面

05 单击"安装"按钮进入"安装>安装进度"界面,如图 1-9 所示,该界面将显示 AutoCAD 2013 的安装进度。

06 待文件安装完成后,将进入"安装>安装完成"界面,如图 1-10 所示,单击"完成"按钮,完成AutoCAD 2013 的安装。

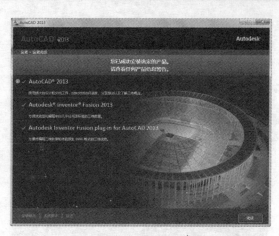

图 1-9 "安装>安装进度"界面   图 1-10 "安装>安装完成"界面

1.1.4 启动 AutoCAD 2013

当用户成功安装 AutoCAD 2013 后，就可以启动该软件进行绘图了。下面通过一个自测来详细讲解 AutoCAD 2013 的启动过程。

自测 2 启动 AutoCAD 2013

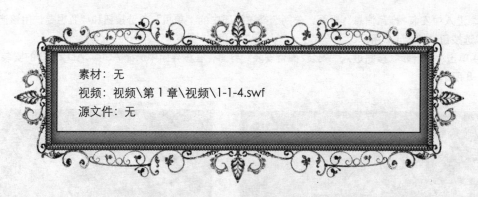

素材：无
视频：视频\第 1 章\视频\1-1-4.swf
源文件：无

01 单击桌面"任务栏"中的"开始"按钮，在"所有程序"菜单中单击相应的选项，如图 1-11 所示，弹出 AutoCAD 2013 的启动界面，如图 1-12 所示。

图 1-11 选择相应程序

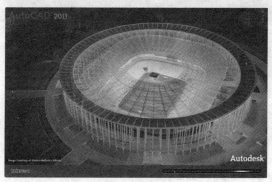

图 1-12 AutoCAD 2013 启动界面

02 如果 AutoCAD 2013 为初次使用并且计算机中已安装早期版本的 AutoCAD，将弹出"移植自定义设置"对话框，如图 1-13 所示。单击"取消"按钮，进入程序启动界面，如图 1-14 所示。

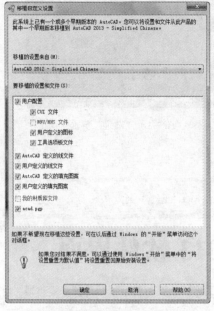

图 1-13 "移植自定义"对话框　　　　　　　　　　图 1-14 程序启动界面

提示：

在"移植自定义设置"对话框中，可以进行相应的设置，单击"确定"按钮，可将已有版本的相应自定义设置移植到 AutoCAD 2013 中。

03 稍后将进入"Autodesk 许可"界面，勾选该界面中的复选框，如图 1-15 所示。单击"我同意"按钮，进入程序应用方式界面，如图 1-16 所示。

图 1-15 "Autodesk 许可"界面（一）　　　　　　图 1-16 "Autodesk 许可"界面（二）

04 单击"试用"按钮进入程序应用界面，如图 1-17 所示，稍后将弹出"欢迎"界面。通过该界面，可以进行创建或打开文件等操作，如图 1-18 所示。

图 1-17　程序应用界面　　　　　　　　　　　图 1-18　"欢迎"界面

1

启动 AutoCAD 2013 后,系统会自动打开一个名为 "Drawing1.dwg" 的默认绘图文件。

1.2　了解 AutoCAD 2013 软件界面

　　AutoCAD 2013 的软件界面主要包括菜单栏、标题栏、工具栏、绘图区、状态栏和命令行等,如图 1-19 所示。

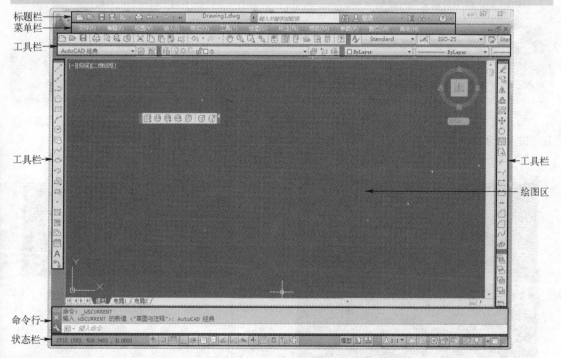

图 1-19　AutoCAD 2013 软件界面

提示:

　　启动 AutoCAD 2013 后,系统会进入"草图与注释"工作空间,通过单击 AutoCAD 窗口底部"状态栏"中的"切换工作空间"按钮,可以切换不同的工作空间,此处为"AutoCAD 经典"工作空间。

1.2.1 标题栏

标题栏位于界面的最上方，主要包括"快速访问"工具栏、程序名称显示区和信息中心，如图 1-20 所示。

图 1-20　标题栏

"快速访问"工具栏：用于快速访问一些工具和命令。用户可以根据操作习惯将常用的工具和命令添加到"快速访问"工具栏中，以提高工作效率。

　　程序名称显示区：该区域主要用于显示当前文档的名称。

　　信息中心：该区域主要用于搜索和获取信息以及登录等操作。

> **提示：**
>
> 　　单击"快速访问"工具栏右侧的双箭头按钮，弹出工作空间下拉列表，用户可在此切换不同的工作空间。

1.2.2 菜单栏

菜单栏位于标题栏的下方，菜单栏中存放着大量的绘图工具和命令，用户只需单击菜单中的选项，便可访问相应的命令，如图 1-21 所示。

图 1-21　菜单栏

文件：主要用于对文件进行打开、保存、设置和打印等常规操作。

编辑：主要用于对图形进行复制、粘贴、清除、放弃操作和重做等常规操作。

视图：主要用于调整视图，以方便预览和操作。

插入：主要用于将外部文件插入到当前文档中。

格式：主要用于对绘图环境参数等内容进行设置，例如图层、颜色、线型、文字样式、表格样式和点样式等。

工具：主要用于对一些辅助工具和资源管理工具进行设置。

绘图：在该菜单中存放着几乎 AutoCAD 所有的建模和绘图工具。

标注：用于为绘制的图形标注尺寸。

修改：用于对文档内的图形进行各种修改和编辑操作。

参数："参数"菜单中存放着使用参数绘图时所需的工具，用于对参数进行设置和调整。

窗口：用于对文档窗口和工具显示状态进行设置。

帮助：为用户提供相关的帮助信息。

1.2.3 工具栏

工具栏中存放着大量的常用工具，这些工具以按钮的形式出现在软件界面的两侧与上方，用户只需单击相应的按钮，即可选取该工具进行操作。

　　AutoCAD 2013 的工具栏中存放着几十种工具，用鼠标右键单击工具栏的任意位置，将弹出"工具栏"菜单，如图 1-22 所示，选择相应的选项，即可打开该选项对应的工具栏。

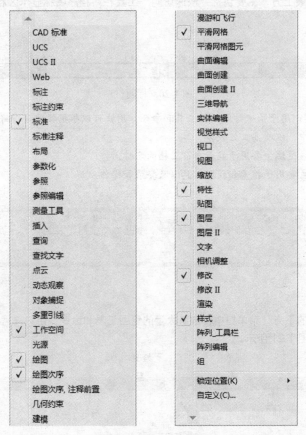

图 1-22　"工具栏"菜单

> **提示：**
>
> 　　一般情况下，为了方便绘图，只将最常用的工具栏停放在界面中，而隐藏其他的工具栏，用户可以在需要的时候再调出其他的工具栏。

1.2.4　绘图区

　　绘图区处于整个软件界面的正中央，是图形绘制与修改的区域。默认情况下，绘图区背景颜色为 RGB（33、40、48），用户可以执行"工具>选项"命令，在弹出的"选项"对话框中选择"显示"选项卡，如图 1-23 所示。

　　单击"颜色"按钮，在弹出的"图形窗口颜色"对话框中，选择"颜色"下拉列表中的"选择颜色"选项，如图 1-24 所示。

　　在弹出的"选择颜色"对话框中可选择更多的其他颜色，如图 1-25 所示。选择完成后单击"确定"按钮，返回到"图形窗口颜色"对话框，单击"应用并关闭"按钮，返回到"选项"对话框，最后单击"确定"按钮，效果如图 1-26 所示。

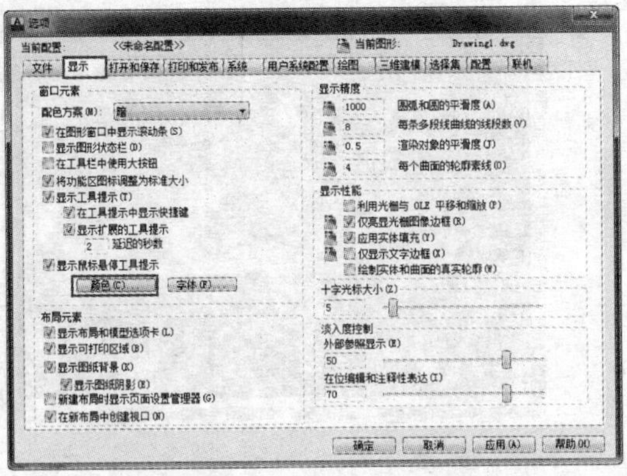

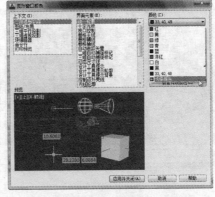

图 1-23　"选项"对话框　　　　　　图 1-24　"图形窗口颜色"对话框

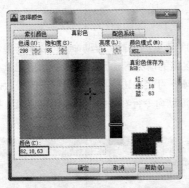

图 1-25　"选择颜色"对话框

图 1-26　更改绘图区背景颜色

提示：

在"选择颜色"对话框中选择颜色时，既可以在色谱中移动光标进行选择，也可以直接在左下角的文本框中输入精确的 RGB 数值。

1.2.5　命令行

命令行位于界面的下方，主要用来提示和显示当前的操作。命令行主要分为"命令输入窗口"和"命令历史窗口"两部分，如图 1-27 所示。

图 1-27　命令行

提示：

在"命令历史窗口"中单击并滚动鼠标可以翻阅更多的历史记录。按快捷键 F2 可以将历史记录以文本窗口的形式显示。

在 AutoCAD 2013 中，命令行界面已得到革新，包括了颜色、透明度等属性，还可以更灵活地显示历史记录和访问最近使用的命令。用户可以将命令行固定在 AutoCAD 窗口的顶部或底部，也可以使其浮动在 AutoCAD 上方，以最大化绘图区域，如图 1-28 所示。

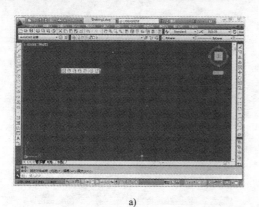 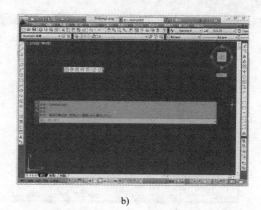

a)   b)

图 1-28　命令行的不同放置位置

a) 固定命令行　b) 浮动命令行

单击命令行左侧的"夹点" 并拖动鼠标，可将命令行拖动到想要的位置，浮动命令行以单行显示，在 AutoCAD 窗口上方浮动并且呈半透明状态，可以在不影响绘图区域的情况下显示多达 50 行历史记录。

单击命令行左侧的"自定义"按钮 ，通过弹出菜单的各选项，可轻松访问提示历史记录的行数以及自动完成、透明度和选项控件，如图 1-29 所示。可以按 F2 键或浮动命令行右侧的"命令历史记录"按钮 ，以显示更多行的历史记录命令，如图 1-30 所示。

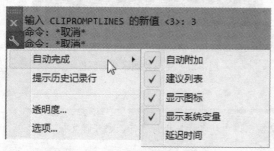 

图 1-29　命令行的自定义菜单　　　　　　　图 1-30　更多的历史记录命令

在弹出的自定义菜单中选择"透明度"选项，将弹出"透明度"对话框，如图 1-31 所示。在该对话框中可设置命令行处于浮动状态以及鼠标滑过时命令行的透明度；若在弹出的自定义菜单中选择"选项"选项，将弹出"选项"对话框，如图 1-32 所示。

 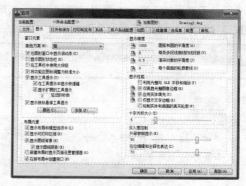

图 1-31　"透明度"对话框　　　　　　　　图 1-32　"选项"对话框

在该对话框中单击"颜色"按钮，在弹出的"图形窗口颜色"对话框中，在"上下文"选项区选择"命令行"选项，在"界面元素"选项区将显示"命令行"各选项，如图 1-33 所示，在右侧的"颜色"下拉列表中可设置为其他不同的颜色。

在"选项"对话框中单击"字体"按钮，将弹出"命令行窗口字体"对话框，如图 1-34 所示。在该对话框中可以对命令行中的文字属性进行设置。

图 1-33 "图形窗口颜色"对话框

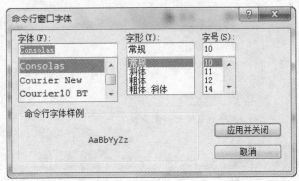

图 1-34 "命令行窗口字体"对话框

命令行处于浮动状态时，只需将它移动到 AutoCAD 窗口或固定选项板的边的附近，命令行即可快速附着到这些边上。当调整 AutoCAD 窗口或固定选项板的大小或移动它们时，命令行也会相应地移动，以保持其相对于边的位置。

如果解除相邻选项板的固定，命令行会自动附着到下一个选项板或 AutoCAD 窗口；如果要在边框的边附近放置命令行窗口而不附着，只需按住 Ctrl 键移动它即可。

不管命令行是浮动还是固定，命令图标都有助于识别命令行并在 AutoCAD 等待命令时进行指示。命令处于活动状态时，该命令的名称将始终显示在命令行中，以蓝色显示的可单击选项使用户易于访问活动命令中的选项，如图 1-35 所示。

单击命令行左侧的"最近使用的命令"按钮 ，可弹出最近使用的命令菜单，如图 1-36 所示，该按钮的图标为当前命令的图标。

图 1-35 当前使用命令的提示

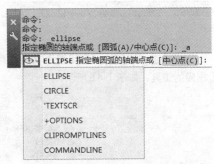

图 1-36 最近使用的命令菜单

1.2.6 功能区

在"草图与注释"工作空间下，工具栏中的工具以"功能区"面板的形式出现在界面的上方。功能区中各种工具排列有序、直观便捷，整个版面布局更加人性化，如图 1-37 所示。

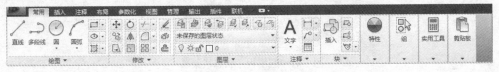

图 1-37 功能区

单击功能区右上方的"最小化为面板按钮"按钮 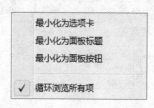，可以在弹出的菜单中选择相应的选项，调整功能区的状态，如图 1-38 所示。选择"最小化为面板按钮"选项时，功能区中的工具将显示为图标，鼠标滑至相应按钮的上方，即可打开其他折叠的工具，如图 1-39 所示。

最小化为选项卡

最小化为面板标题

最小化为面板按钮

✓ 循环浏览所有项

图 1-38 "功能区"状态菜单

图 1-39 功能区效果

提示:

选择"循环浏览所有项"选项后，用户只需单击该按钮，即可根据实际操作情况方便地在 3 种模式之间进行切换。

1.2.7 状态栏

状态栏位于界面的最下方，如图 1-40 所示。其中左边的"坐标读数器"用于显示光标的精确位置；"坐标读数器"右侧的按钮主要用于控制点的精确定位和追踪；最右侧的按钮用于进行一些常规的设置和查看，如查看布局与图形、切换工作空间、锁定窗口位置等。

坐标读数器   精确定位和追踪   查看与辅助设置

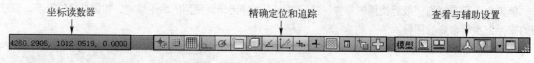

图 1-40 状态栏

单击状态栏右侧的"应用程序状态栏菜单"按钮 ，可以在弹出的菜单中选择不同的选项，显示或隐藏相应的工具，如图 1-41 所示。

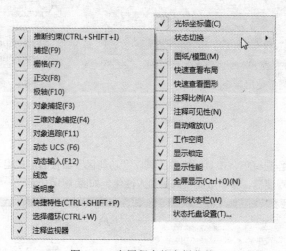

图 1-41 应用程序状态栏菜单

1.3 AutoCAD 的绘图步骤

在 AutoCAD 中绘制图形之前，首先要规划绘图步骤，以免在后期的绘制中出现各种问题和避免不必要的麻烦，从而提高绘图效率。

1.3.1 分析要绘制的对象

在绘制图形前，一定要对绘制对象进行分析，确定主视图和其他视图的表达方式。对于平面图形，应理清哪些是轮廓线，哪些是内线，哪些是连接线，以便处理各种线段的关系。

分析绘制的对象，使绘制思路更加清晰，可以在绘图过程中做到有的放矢。

1.3.2 设置绘图环境和选用样板图形

对绘制对象进行分析后，下一步就要对绘图环境进行一系列设置，包括新建图形文件、设置图形单位、设置图形界限、创建图层和文字样式等。

- 新建图形文件：单击"快速访问"工具栏中的"新建"按钮，在弹出的"选择样板"对话框中。选择 acadiso 选项并单击"打开"按钮，如图 1-42 所示。
- 设置图形单位：执行"格式>单位"命令，在弹出的"图形单位"对话框中设置"长度"精度为 0.0000，并单击"确定"按钮，如图 1-43 所示。

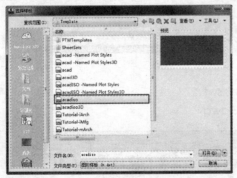

图 1-42 "选择样板"对话框　　　　　　图 1-43 "图形单位"对话框

- 设置图形界限：执行"格式>图形界限"命令，可根据命令行的提示指定图形界限左下角和右上角的坐标。执行"视图>缩放>全部"命令，绘图区域将只显示设置的图形界限。
- 创建图层：单击"图层"工具栏中的"图层特性管理器"按钮，在打开的"图层特性管理器"选项板中新建不同的图层，为不同的图层命名并指定不同的颜色，如图 1-44 所示。在 AutoCAD 中绘制图形时，不同的对象要放置在不同的图层中，并且每个图层中所有对象的属性要保持一致。

对于图层和链接线型的具体要求如下所述：

> 根据绘制的图形，每种线型单独赋予一个独立的图层，并为图层取相应的名称。
> 在绘制机械装配图时，根据需要，不同的零件可以放置到不同的图层中。
> 不同的视图（如俯视图、侧视图）可以安排到不同的图层中。
> 给不同的图层赋予不同的颜色，以便区分，但是赋予的颜色要考虑打印效果。
> 如果不是特别需要，不要单独给某一对象赋予线型、线宽及颜色，以免混乱。

- 创建文字样式：单击"样式"工具栏中的"文字样式"按钮，弹出"文字样式"对话框，如图 1-45

所示，在该对话框中可对文字属性进行设置。

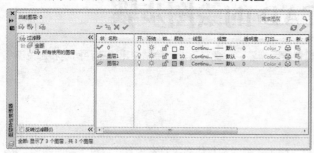

图1-44 "图层特性管理器"选项板   图1-45 "文字样式"对话框

1.3.3 绘制图形

在绘制图形之前，要观察图形各部分之间的关系。绘制图形时，可先绘制图形的主体，再对图形的分支部分依次绘制，以免造成重复操作或图形混乱。

在绘制图形时，要尽量使用几何方法作图，以免影响制图精度。绘图的经验和技巧需要日积月累，不可能一蹴而就，读者可在绘图过程中总结适合自己的绘制方法。

自测3　绘制一个简单图形

素材：无
视频：视频\第1章\视频\1-3-3.swf
源文件：源文件\第1章\1-3-3.dwg

01 打开 AutoCAD 2013，在"AutoCAD 经典"工作空间下，单击左侧工具栏中的"矩形"按钮，如图1-46所示。命令行中将显示提示信息，如图1-47所示。

图1-46 单击"矩形"按钮   图1-47 命令行中的信息提示

02 将光标移至绘图区域单击指定第一点，并根据命令行的提示单击指定另一个角点，绘制出一个矩形，如图 1-48 所示。使用相同的方法绘制同类图形，如图 1-49 所示。

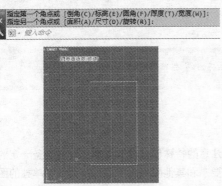

　　　　图 1-48　绘制矩形　　　　　　　　　　　　　　　　　图 1-49　绘制同类图形

　　03 单击左侧工具栏中的"圆"按钮，根据命令行的提示在绘图区域单击指定圆心，如图 1-50 所示。向周围移动鼠标到合适位置单击指定圆的半径，如图 1-51 所示，一个简单的门绘制完成。

　　04 执行"文件>保存"命令，将其保存为"源文件\第 1 章\1-3-3.dwg"，如图 1-52 所示。

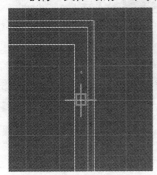　　　　

　图 1-50　指定圆心　　　　图 1-51　选择矩形　　　　　图 1-52　"图形另存为"对话框

1.3.4　标注尺寸

　　将图形绘制完成后，下一步就要着手标注图形每一部分的尺寸了。单击"样式"工具栏中的"标注样式"按钮，打开"标注样式管理器"对话框，如图 1-53 所示。在该对话框中可选择不同的标注样式。

　　单击该对话框中的"修改"按钮，弹出"修改标注样式：ISO-25"对话框，如图 1-54 所示。在该对话框中可对标注文字或箭头等进行具体设置。

　　图 1-53　"标注样式管理器"对话框　　　　　　图 1-54　"修改标注样式：ISO-25"对话框

对于图形尺寸的标注，一般要根据图形的大小及图框的比例，对进行标识的特性、文字大小、线及箭头特性设定后，再进行合理的标识，同时注意灵活运用各种尺寸样式、尺寸更新及尺寸编辑命令，使尺寸标注既符合国家规定的标准，又富于变化。

> **提示：**
>
> 在 AutoCAD 中，为图形添加标注时，标注应放置在单独的图层中。

1.3.5 文字标识

在对图形整体进行尺寸标注后，对于需要特别注意的特殊部分或重点部分，会配备一定的文字说明，比如技术要求。为了不使视图显得混乱，可将技术要求和其他同类文字放置在同一个单独的图层中。如图1-55 所示为图形的文字标识内容。

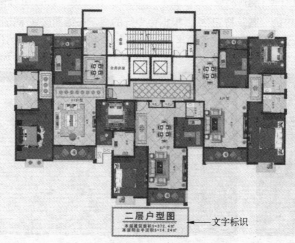

图 1-55　文字标识

1.3.6 书写标题栏

将图形绘制出后，要对图形进行详细说明，此时就需要创建标题栏。用户可根据纸张大小创建合适的标题栏，不同的纸张标题栏的大小也不一样，因此，为标题栏命名时要标好纸张类型。

可将标题栏文件保存为 DWG 格式，注意保存在 AutoCAD 2013 的 Template 目录下，以便创建布局时可以调用自己的标题栏。如图1-56 所示为文件的标题栏。

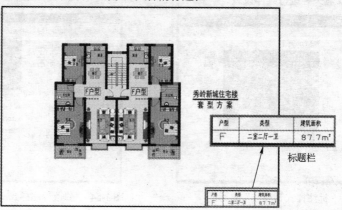

图 1-56　标题栏

标题栏要放置到一个单独的图层中，一般情况下，标题栏只在图纸空间中出现，因此在模型空间中不用考虑。

1.4　如何学好 AutoCAD 2013

AutoCAD 已被广泛用于建筑、机械等相关行业，目前在工作中设计文件特别是图样，都由 AutoCAD 来绘制。如果掌握不好一些基本技巧，就会出现作图效率低、精确度不高等问题。下面将为读者讲解快速入门并使用好 AutoCAD 的一些基本技巧。

1.4.1　观察命令行提示信息

在 AutoCAD 中每进行一步操作都会在命令行显示相应的提示信息，提示用户下一步要进行的操作，如图 1-57 所示。

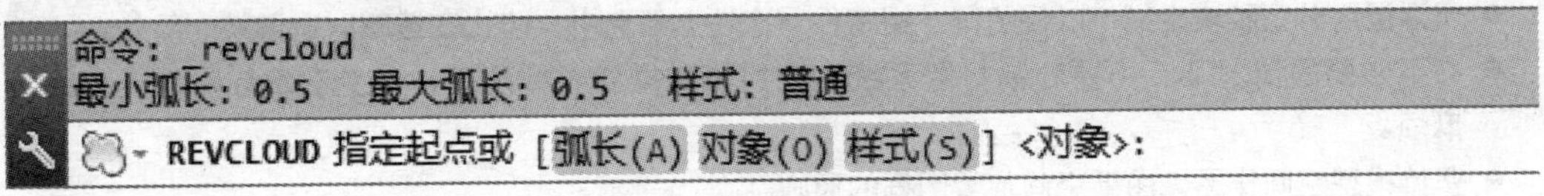

```
命令: revcloud
最小弧长: 0.5     最大弧长: 0.5     样式: 普通
REVCLOUD 指定起点或 [弧长(A) 对象(O) 样式(S)] <对象>:
```

图 1-57　命令行提示信息

即使对于 AutoCAD 并不熟悉，经过命令行的提示，也可以完成相应的操作。命令行在命令执行过程中向用户提示系统状态、操作方法、操作参数等重要的信息，观察命令行除了可以学习未用过的命令之外，还可以学习同一命令的多种操作方法。

1.4.2　选择合理的命令执行方式

在 AutoCAD 中要使用某种工具执行某个操作，往往有很多方法可以实现，比如执行菜单命令、单击工具栏中的按钮或在命令行输入命令等。初学者可使用工具栏按钮和快捷键，以提高绘图效率，对键盘操作十分熟悉的用户可采取输入简写命令的方式。

通常情况下，用户会觉得单击工具栏中的按钮是最为快捷的方法，其实在命令行输入命令才是最快的方法。用户可记住几个常用的命令，例如直线 L、移动 M 等，在命令行输入相应的字母即可执行操作。

执行菜单命令或单击工具栏中的按钮时，命令行将同步显示该命令的全称，通过此种方法可方便掌握各键盘命令。一般情况下，命令的第一个或前两个字母就是该命令的缩写。

1.4.3　使用图层绘制复杂图形

在 AutoCAD 中绘制图形时，除了不同的对象要放置在不同的图层中外，还要遵循一定的原则：
● 图层在够用的基础上越少越好，要保持精简，图层过多，反而会使图形显示混乱。
● 系统原有的 0 图层，不能用来绘制图形，而是用来定义块。
● 新建图层时，要设置的属性有很多，除了图层名称外，还要同时设置颜色、线型等。

1.4.4　加强图形的精确绘制

由于 AutoCAD 的特殊应用领域，精确绘图显得尤其重要，系统将严格按照用户给定的尺寸绘制图形。精确制图对后期进行标注、打印输出、图像调入调出等都非常重要，在绘制图形时一定要注意以下几点：

- 绘制图形时要严格按 1:1 比例绘制，即绘制图形的实际尺寸，在打印输出时再调整比例。
- 运用捕捉功能，精确捕捉对象的任何部位。
- 使用命令闭合所有需要闭合的线。
- 对于已确认的长度，可用键盘精确输入。
- 灵活运用正交模式和栅格。

1.4.5　养成良好的习惯

无论学习哪款软件都要养成良好的习惯，这样才有助于学习和提高技能。对于 AutoCAD，读者要养成良好的作图习惯，作品的可读性和可移植性才会大大提高。

- 首先，要经常存盘。突然的故障比如断电，会使作品及创作时的灵感一瞬消失，用户可以在"选项"对话框的"打开和保存"选项卡中设置自动保存间隔分钟数。
- 能用多段线作图就尽量不使用直线，多段线作为物件，在后期的选择或二次加工时便于操作。
- 灵活运用分组和块定义，以便将同一组物件一次性全部选中，防止在编辑时遗漏某一部分。
- 在不必要的情况下，不要轻易打散系统生成的填充样式、标注等，以免在编辑时造成不必要的麻烦。
- 坚持模型空间作图，图纸空间放置图框的原则。
- 尽量使用系统默认的字体，以免将文件传输至其他计算机时产生乱码。
- 对于常用的尺寸、标注样式等做好模板，以便快速调用，提高效率。

1.4.6　坚持循序渐进的原则

学习 AutoCAD 要遵循循序渐进的原则，要有步骤地进行，由易到难，一步一个脚印，只有掌握了基本功能，才能在后期的绘图工作中越迈越快，越迈越稳。

在学习 AutoCAD 的过程中，需要有一个知识体系的建设过程，只有从最基础开始了解，到最后的绘图应用，逐渐形成一个完整的知识构架，才能真正运用 AutoCAD，发挥 AutoCAD 的强大功能。

1.5　AutoCAD 2013 新增功能

AutoCAD 2013 新增加的功能，大大提高了绘图界面的利用率，同时利用新增加的功能，更加方便了对文档的快速处理，进一步提升了 AutoCAD 的绘图效率。对于这些新增加的命令，使用率高的命令需要认真学习，不常用的命令了解即可。

1.5.1　强大的欢迎界面

相对于 AutoCAD 2012，AutoCAD 2013 增加了一个强大的欢迎界面，如图 1-58 所示，分为"工作"、"了解"、"护展"3 个部分，主要介绍的是它的工作部分。

对于 AutoCAD 2013 的新增功能，可以直接新建文档，或打开以前打开的文档，而不用从"我的电脑"中寻找文档，同时还可以利用"打开样例文件"寻找要寻找的文件，如图 1-59 所示。利用其下侧的"最近使用的文件"，也可以直接打开上一次工作用到的文件，较为方便，如图 1-60 所示。

在"了解"区域的"2013 中的新增内容"中有视频简介，可以在有网络连接的时候进行观看。"快速入门视频"则通过视频语音教学的方式，简单地讲解如何使用 AutoCAD 2013，如图 1-61 所示。

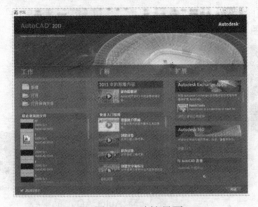

图 1-58　欢迎界面

图 1-59　"工作"区域

图 1-60　"最近使用的文件"区域

图 1-61　"了解"区域

在"扩展"区域中，包括了 Autodesk Exchange Apps 界面，Autodesk 360 界面及 Autodesk 的连接功能，如图 1-62 所示。

单击打开 Autodesk Exchange Apps 界面浏览以查找应用程序后，在网页中打开了 Apps 的程序商店，里边有许多附加的程序，可以任意购买，当然也有部分免费程序可以下载使用，如图 1-63 所示。

图 1-62　"扩展"区域

图 1-63　Apps 的程序商店

单击 Autodesk 360 的"快速入门"按钮后，系统也将自动打开其网页，用户可利用 Autodesk 360 中的云服务存储器进行文件的云处理，实现信息的联机，如图 1-64 所示。单击"AutoCAD 产品中心"按钮，则可看到更多的关于 AutoCAD 软件的信息，如图 1-65 所示。

图 1-64　Autodesk 360 网页

图 1-65　AutoCAD 产品中心

1.5.2　从 Inventor 创建二维文档

在 AutoCAD 2013 中，增加了 AutoCAD Inventor 软件，如图 1-66 所示。利用 AutoCAD Inventor 创建三维模型后，可利用其功能直接创建二维图像，首先在模型空间选择创建二维图像的模型，如图 1-67 所示。

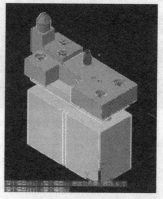

图 1-67　模型空间

图 1-66　Inventor 图标

在相应的布局中，放置好模型后，自动生成其某一面的二维图像，如图 1-68 所示。在二维图像上绘制一条剖切线后，则系统会生成相应的剖面二维图像，如图 1-69 所示。

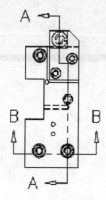

图 1-68　三维图像生成二维图像

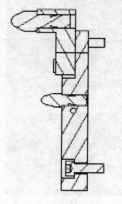

图 1-69　剖面二维图像

1.5.3　监视器工具

新增加的监视器功能可以跟踪关联标注，并且显示任何无效标注，同时解除之前关联的标注内容，以便查找及修复，如图1-70所示。

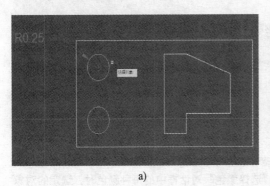
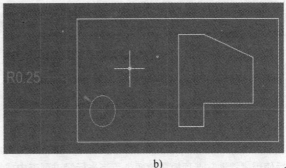

a)　　　　　　　　　　　　　　　b)

图 1-70　关联前后标注对比

a) 关联前标注　b) 关联后标注

1.5.4　阵列增强功能

为矩形阵列选择了对象之后，它们会立即显示在 3 行 4 列的栅格中。在创建环形阵列时，在指定圆心后将立即在 6 个完整的环形阵列中显示选定的对象。为路径阵列选择对象和路径后，对象会立即沿路径的整个长度均匀显示。

"阵列"命令中的路径阵列，利用新增加的"定距等分"选项可在拉长路径后，对象也随之增加，如图1-71所示。

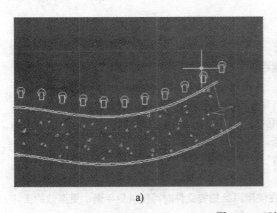
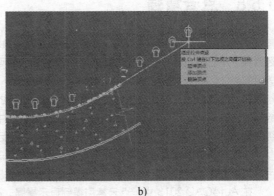

a)　　　　　　　　　　　　　　　b)

图 1-71　延长路径前后对比

a) 延长路径前　b) 延长路径后

1.5.5　命令行的变更

在 AutoCAD 2013 中，为了扩大绘图范围，命令行也进行了变换，可根据需要对其进行关闭或隐藏，当然可以通过设置来控制命令行的显示、行数，以及回顾所有命令，如图1-72所示。

在输入需要的命令后，可以直接单击命令行中显示的各选项，而不必输入简写字母进行下一步的操作，如图 1-73 所示。

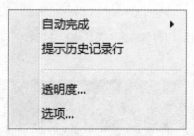

图 1-72　单击自定义

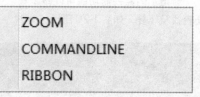

图 1-73　最近使用命令显示

1.5.6　画布内特性预览

在 AutoCAD 2013 中，用户可以在应用更改前，动态预览对象和视口特性的更改。如果选择对象，然后使用"特性"选项板更改颜色，当光标经过列表中或"选择颜色"对话框中的每种颜色时，选定的对象会随之动态地改变颜色。

预览不局限于对象特性，影响视口内显示的任何更改都可预览。当光标经过视觉样式、视图、日光和天光特性、阴影显示和 UCS 图标时，其效果会随之动态地应用到视口中。

1.5.7　光栅图像及外部参照

对于光栅图像，两色重采样的算法已经更新，以提高范围广泛的受支持图像的显示质量。在 AutoCAD 2013 中，可以在"外部参照"选项板中直接编辑保存的路径，找到的路径显示为只读。快捷菜单中也包含一些其他更新，在对话框中，默认类型会更改为相对路径，除非相对路径不可用。

1.5.8　点云增强

在 AutoCAD 2013 中，点云功能已得到显著增强。"点云"工具可在"点云"工具栏和"插入"功能区选项卡中的"点云"选项板上找到。可以附着和管理点云文件，类似于使用外部参照、图像和其他外部参照的文件。

在"附着点云"对话框中，提供了关于选定点云的预览图像和详细信息。选择附着的点云会显示围绕数据的边界框，以帮助用户直观地观察它在三维空间中的位置和相对于其他三维对象的位置。可以使用系统变量 POINTCLOUDBOUNDARY 控制点云边界的显示。

除了显示边界框，选择点云将自动显示"点云编辑"功能区选项卡，其中包含易于访问的相关工具，用户可以剪裁选定的点云。

在 AutoCAD 2013 中，点云索引得到显示增强，在使用原始扫描文件时可提供更平滑、更高效的工作流程。可以为主要工业扫描仪公司的扫描文件建立索引。

新的"创建点云文件"对话框提供了一种直观灵活的界面来选择和索引原始点扫描文件。可以选择多个文件来批量索引，甚至可以将它们合并到一个点云文件中。当创建 PCG 文件时，可以指定各种索引设置，包括 RGB、强度、法线和自定义属性。

如果从 AutoCAD 2013 保存到旧版本的 DWG 文件，将显示一条消息，警告用户附着的 PCG 文件将被重新索引和降级，以与早期版本的图形文件格式相兼容，新文件将重命名为相应的增量文件名。

1.6　本 章 小 结

本章主要讲解了 AutoCAD 2013 的安装与启动方法，使用 AutoCAD 的绘图步骤以及学习 AutoCAD 的技巧。安装与启动是使用 AutoCAD 的前提，只有安装了该软件才能使用它，而了解了 AutoCAD 绘图步骤及学习方法，才能在以后的学习中少走弯路，避免很多麻烦，它也作为一种引导，指引读者一步一步走下去。

第 2 章
设置绘图环境

在 AutoCAD 2013 中，用户可以根据需要自行对绘图环境进行设置，并使用各种命令控制视图的显示方式，方便在绘图过程中查看图形的各个部分，以提高绘图效率。本章将为读者讲解绘图环境的设置、视图显示的控制方法以及坐标系的概念，使图形绘制得更加精准。

实例名称： 创建下拉式菜单
视频： 视频\第 2 章\视频\2-1-1.swf
源文件： 无

实例名称： 创建工具选项板
视频： 视频\第 2 章\视频\2-2-1.swf
源文件： 无

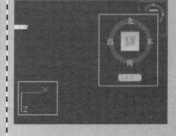

实例名称： 使用正交 UCS
视频： 视频\第 2 章\视频\2-4-7.swf
源文件： 无

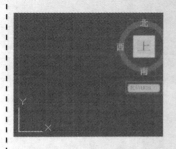

实例名称： 命名 UCS
视频： 视频\第 2 章\视频\2-4-8.swf
源文件： 无

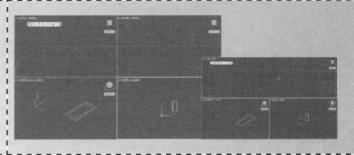

实例名称： 平铺与合并视口
视频： 视频\第 2 章\视频\2-5-4.swf
源文件： 无

2.1　自定义工作空间

在 AutoCAD 2013 中，用户可以创建工作空间以设置特定于图形需要的绘图环境，尝试在不同的绘图环境下绘制图形，直至创建一种最适合自身习惯的绘图环境。对于每个工作空间，可以显示工具栏、按钮、菜单以及选项板。

2.1.1　自定义用户界面

在 AutoCAD 2013 中，用户可以根据工作方式来调整应用程序界面和绘图区域。执行"工具>自定义>界面"命令，弹出"自定义用户界面"对话框，如图 2-1 所示，在该对话框中可根据需要重新设置绘图环境。

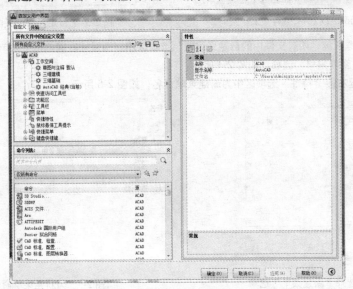

图 2-1　"自定义用户界面"对话框

该对话框中左侧选区以树形结构显示工作界面的组成元素，右侧选区则显示所选元素的特性。

该对话框包含"自定义"和"传输"两个选项卡。"自定义"选项卡用来设置用户界面元素；"传输"选项卡用来移植或传输自定义设置，从早期 AutoCAD 版本进行移植，用户可以使用最新版本中的自定义设置和文件。

自测 4　创建下拉式菜单

素材：无

视频：视频\第 2 章\视频\2-1-1.swf

源文件：无

01 打开 AutoCAD 2013，进入"AutoCAD 经典"工作空间，如图 2-2 所示。执行"工具>自定义>界面"命令，弹出"自定义用户界面"对话框，如图 2-3 所示。

图 2-2 "AutoCAD 2013 经典"工作空间

图 2-3 "自定义用户界面"对话框

02 在该对话框左侧"所有文件中的自定义设置"选项区中，用鼠标右键单击"菜单"选项，在弹出的快捷菜单中选择"新建菜单"选项，如图 2-4 所示。

03 在该对话框右侧"特性"选项区中为新建菜单命名，如图 2-5 所示。

图 2-4 选择"新建菜单"选项

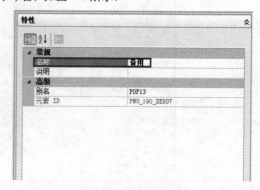
图 2-5 为新建菜单命名

04 在左侧"命令列表"选项区中，选择"按类别过滤命令列表"下拉列表下的"文件"选项，如图 2-6 所示。

05 单击并拖动要置于菜单上的命令，将其从"命令列表"选项区向上拖动至菜单中，释放鼠标创建该命令的参照，如图 2-7 所示。

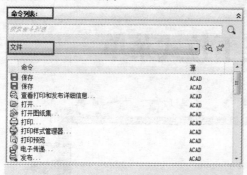
图 2-6 选择"文件"类别

图 2-7 添加菜单命令

06 使用相同的方法创建其他命令的参照，如图 2-8 所示。单击"确定"按钮，在原有菜单的后面会添加自定义下拉菜单，如图 2-9 所示。

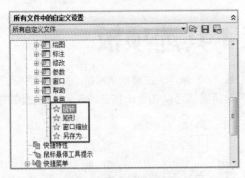

图 2-8 添加其他菜单命令　　　　　　图 2-9 在菜单栏中添加自定义菜单

> **提示：**
>
> 　　在为添加的下拉菜单命名时，别名用于菜单移植或传输过程中。在"别名"对话框中，按 Enter 键以定位于新行，并在输入每个别名后按 Enter 键确认。系统基于程序中已经加载的快捷菜单数量自动指定别名，默认值为下一个可用的 POP 编号。

　　在 AutoCAD 中除了下拉式菜单，可自定义的用户界面元素还包括：命令、双击动作、传统用户界面元素（数字化仪菜单、数字化仪按钮和图像平铺菜单）、鼠标按钮、"快速访问"工具栏、快捷特性、工具栏、"功能区"选项板、"功能区"选项卡、功能区上下文选项状态、鼠标悬停工具提示、快捷键、快捷菜单、临时替代键和工作空间。

2.1.2 添加、删除或切换工具栏控件

　　工具栏控件是指工具栏中可影响图形中的对象或影响程序运行方式的项的下拉列表。例如"图层"工具栏包含用于定义图层设置的控件。在"自定义用户界面"对话框中，可以在工具栏中添加、删除和重新定位控件，如图 2-10 所示。

　　AutoCAD 2013 的工具栏位于绘图窗口的两侧和上方，以图标按钮的形式出现在工具栏中，如图 2-11 所示。执行"工具>工具栏>AutoCAD"命令，可打开"工具栏"菜单，如图 2-12 所示，带有勾号的表示当前已打开的工具栏，不带勾号的表示当前没有打开的工具栏。

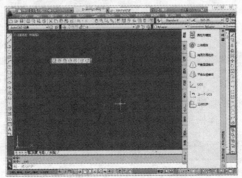

图 2-10 工具栏控件　　　　　　图 2-11 工具栏　　　　　　图 2-12 "工具栏"菜单

> **提示：**
>
> 　　"工具栏"选项中显示所有工作空间中定义的工具栏，所有工作空间都使用同一版本的工具栏。对工具栏所做的任何修改都会反映在使用该工具栏的所有工作空间中。

2.2　自定义工具选项板

工具选项板是绘图窗口中的选项卡形式区域，如图 2-13 所示。工具选项板是一种用来组织、共享和放置块、图案填充及其他工具的有效方法，工具选项板还可以包含由第三方开发人员提供的自定义工具。

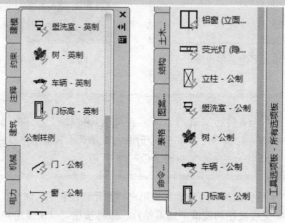

图 2-13　工具选项板

2.2.1　创建工具选项板

将使用频繁的图形添加到"工具选项板"中，可将其转换成一个新的工具。使用新工具可以快速创建与原始对象相同的新对象，将大大提高工作效率，也使图形绘制更加方便。

在 AutoCAD 2013 中可以通过多种方法在工具选项板中添加工具，为了方便查找及使用用户创建的新工具，可以将新工具置于单独的工具选项板中。

自测 5　创建工具选项板

素材：无

视频：视频\第 2 章\视频\2-2-1.swf

源文件：无

01 打开 AutoCAD 2013，进入"AutoCAD 经典"工作空间，默认状态下，工具选项板呈打开状态，如图 2-14 所示。

02 用鼠标右键单击工具选项板的空白区域，在弹出的快捷菜单中选择"新建选项板"选项并为其命名，如图 2-15 所示。

图 2-14　工具选项板呈打开状态

图 2-15　新建选项板

03 执行"工具>选项板>设计中心"命令，弹出"设计中心"选项板，如图 2-16 所示。

04 在左侧"文件夹列表"中，选择 AutoCAD 2013 安装目录下 Sample 下的 Design Center 选项，在该选项板的右侧，用鼠标左键单击并拖动 Welding.dwg 图标，将其拖至工具选项板上，如图 2-17 所示。

图 2-16　"设计中心"选项板

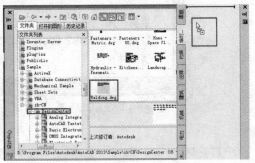

图 2-17　放置对象至工具选项板

05 松开鼠标，对象将添加至工具选项板中，如图 2-18 所示。使用相同的方法，添加其他对象至工具选项板中，如图 2-19 所示。

06 单击工具选项板中的 Kitchens 按钮，将鼠标移至绘图区域单击绘制图形，如图 2-20 所示。

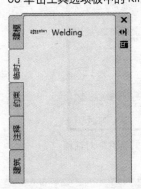

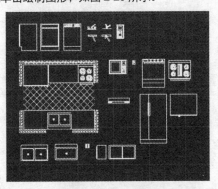

图 2-18　添加对象至工具选项板　图 2-19　添加其他对象至工具选项板　　　图 2-20　绘制图形

小技巧：

　　拖动几何对象（例如直线、圆和多段线）、标注、图案填充、渐变填充、块、外部参照、光栅图像、表格、光源、相机、来自"视觉样式管理器"的视觉样式或来自"材质浏览器"的材质至工具选项板上方，可以直接将其添加到工具选项板中。

2.2.2 更改工具的特性

在 AutoCAD 2013 中，只要工具位于选项板上，就可以更改其特性。例如更改块的插入比例或填充图案的角度等。

自测 6 更改工具的特性

素材：无
视频：视频\第 2 章\视频\2-2-2.swf
源文件：无

01 打开 AutoCAD 2013，在工具选项板中需要更改的工具上单击鼠标右键，在弹出的快捷菜单中选择"特性"选项，如图 2-21 所示。

02 弹出"工具特性"对话框，如图 2-22 所示。在该对话框中，可以单击特性列表中的任意特性并指定新的值或设置。

图 2-21 选择"特性"选项

图 2-22 "工具特性"对话框

2.2.3 复制、剪切和删除工具

工具选项板中的各选项，可以自由组织其排放位置。不仅可以将某个选项板中的工具复制或移动到另一个选项板中，还可以对其进行删除操作。

自测 7 复制、剪切和删除工具

素材：无
视频：视频\第 2 章\视频\2-2-3.swf
源文件：无

01 打开 AutoCAD 2013，在工具选项板中需要复制的工具上单击鼠标右键，在弹出的快捷菜单中选择"复制"选项，如图 2-23 所示。

02 单击鼠标切换到其他选项卡，在空白区域单击鼠标右键，在弹出的快捷菜单中选择"粘贴"选项，如图 2-24 所示，复制的选项将粘贴到选项卡的最下方。

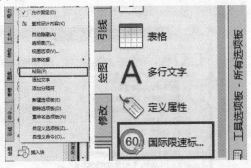

图 2-23 "复制"选项   图 2-24 "粘贴"选项

03 在需要删除的工具上单击鼠标右键，在弹出的快捷菜单中选择"删除"选项，如图 2-25 所示，系统将弹出 AutoCAD 提示框，提示是否确实删除此项目，如图 2-26 所示，单击"确定"按钮，即可将选择的工具删除。

图 2-25 "删除"选项   图 2-26 AutoCAD 提示框

提示：

要剪切工具选项板中某一个工具时，可以使用相同的方法。用鼠标单击并上下拖动任意工具选项，可更改工具的排放顺序。

2.3 设置系统绘图环境

在 AutoCAD 2013 中，执行"工具>选项"命令，在打开的"选项"对话框中可更改许多窗口和绘图环境设置。例如可以更改自动将图形保存到临时文件的频率，也可以将程序链接到包含经常使用的文件的文件夹。

小技巧：

打开 AutoCAD 之后，在没有进行任何操作的情况下，单击鼠标右键，然后在弹出的快捷菜单中选择"选项"选项，也可以打开"选项"对话框。

2.3.1 "文件"选项卡

执行"工具>选项"命令，打开"选项"对话框，在该对话框中单击"文件"选项卡，如图 2-27 所示。在该选项卡中指定以树状结构显示的文件夹，供 AutoCAD 在其中查找当前文件夹中所不存在的文字字体、自定义文件、插件、要插入的图形、线型和填充图案。

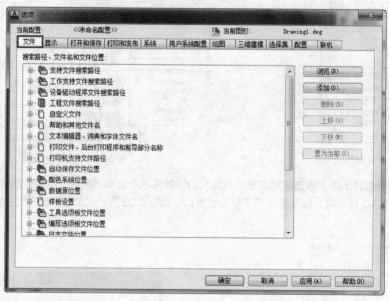

图 2-27 "文件"选项卡

2.3.2 "显示"选项卡

在"选项"对话框中单击"显示"选项卡，如图 2-28 所示。该选项卡用来设置 AutoCAD 界面显示情

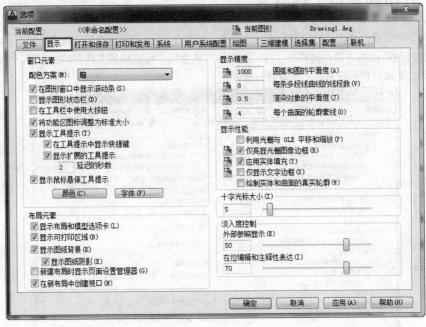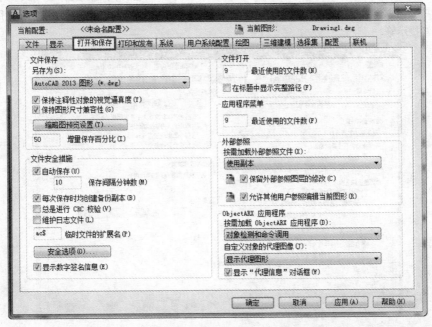

况。在该选项卡中，可以设置窗口与布局元素的显示、显示的精度与性能以及十字光标的大小。

图 2-28　"显示"选项卡

2.3.3　"打开和保存"选项卡

在"选项"对话框中单击"打开和保存"选项卡，如图 2-29 所示。该选项卡用来设置在 AutoCAD 中打开和保存文件时的相关内容，例如在"文件保存"选项区可以设置将文件另存为的格式，选定的文件格式将成为保存图形的默认格式等。

图 2-29　"打开和保存"选项卡

2.3.4 "打印和发布"选项卡

在"选项"对话框中单击"打印和发布"选项卡，如图 2-30 所示。该选项卡用来设置在 AutoCAD 中打印和发布文件时的相关选项，例如在"打印到文件"选项区，可以指定文件打印的位置。一般情况下，可以保留默认的输出设备和控制打印质量等设置。

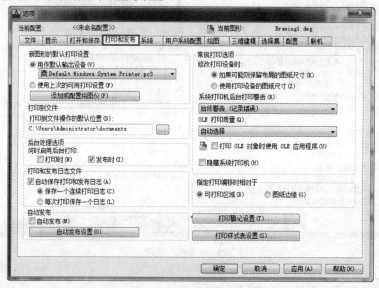

图 2-30 "打印和发布"选项卡

2.3.5 "系统"选项卡

在"选项"对话框中单击"系统"选项卡，如图 2-31 所示。该选项卡用来设置 AutoCAD 自身系统。在该选项卡中，可以设置模型和布局显示列表的更新方式，在"常规选项"选项区还可以设置用户输入内容出错时声音提示等。

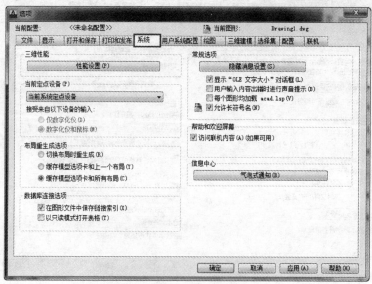

图 2-31 "系统"选项卡

2.3.6 "用户系统配置"选项卡

在"选项"对话框中单击"用户系统配置"选项卡，如图 2-32 所示。该选项卡用来优化 AutoCAD 的工作方式。在该选项卡中，可以设置在图形中插入块和图形时使用的默认比例，以及控制在命令行输入的坐标是否替代运行的对象捕捉等。

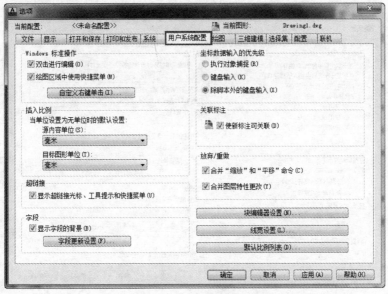

图 2-32 "用户系统配置"选项卡

2.3.7 "绘图"选项卡

在"选项"对话框中单击"绘图"选项卡，如图 2-33 所示。该选项卡用来设置多个编辑功能的选项。在该选项卡中，可以设置自动捕捉标记和工具提示的显示等。

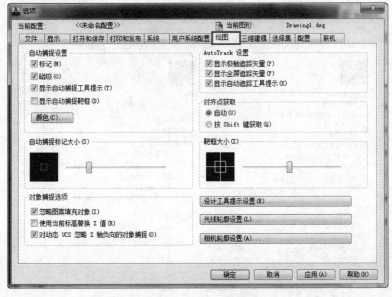

图 2-33 "绘图"选项卡

2.3.8 "三维建模"选项卡

在"选项"对话框中单击"三维建模"选项卡,如图 2-34 所示。该选项卡用来设置在三维绘图模式中使用实体和曲面的选项。在该选项卡中,可以设置十字光标的显示样式以及控制坐标项的动态输入字段、三维实体、曲面和网格的显示。

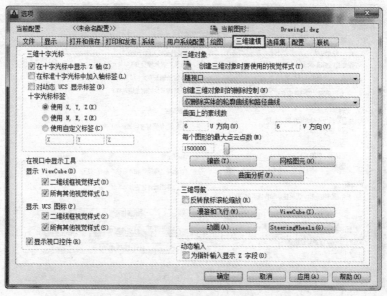

图 2-34 "三维建模"选项卡

2.3.9 "选择集"选项卡

在"选项"对话框中单击"选择集"选项卡,如图 2-35 所示。该选项卡用来设置选择对象时的选项。在该选项卡中,可以设置拾取框的大小,以及选择对象后对象上方出现的夹点的大小、颜色等。

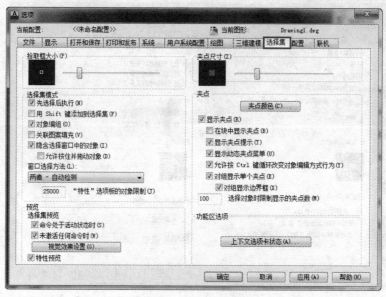

图 2-35 "选择集"选项卡

2.3.10　"配置"选项卡

在"选项"对话框中单击"配置"选项卡,如图 2-36 所示。该选项卡用来设置配置的使用,其中的配置由用户定义。

在该选项卡中,"可用配置"选项区将显示可用配置的列表,选择列表中的选项再单击右侧的按钮,可进行相应的操作,单击"重置"按钮,可将选定配置中的值重置为系统默认设置。

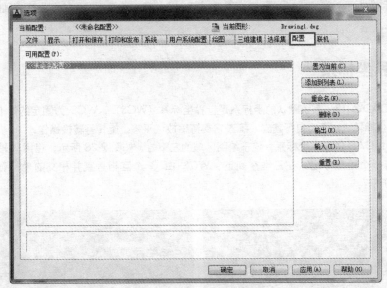

图 2-36　"配置"选项卡

2.3.11　"联机"选项卡

在"选项"对话框中单击"联机"选项卡,如图 2-37 所示。在该对话框中通过登录账户,可以与 Autodesk 360 账户同步图形或设置。

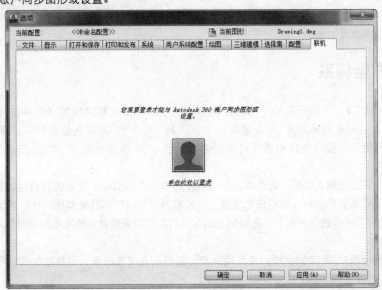

图 2-37　"联机"选项卡

2.4 坐标系和坐标

由于 AutoCAD 主要用于机械或建筑工程图样的绘制和工程项目的设计，因此精确绘制图形就显得尤为重要。

AutoCAD 提供了两个坐标系：一个称为世界坐标系（WCS）的固定坐标系和一个称为用户坐标系（UCS）的可移动坐标系。在 AutoCAD 中使用坐标结合多种精确绘图工具可快速生成精确的图形，而无须烦琐的计算。

2.4.1 世界坐标系

启动 AutoCAD 2013，系统默认的坐标系是世界坐标系（WCS），WCS 为固定的笛卡儿坐标系统，不能修改原点和坐标轴，也不能自行建立，不过它支持缩放、平移、旋转等转换操作。

WCS 是 AutoCAD 的基本坐标系，位于绘图区域的左下方，如图 2-38 所示，包括 X 轴和 Y 轴，且坐标轴的交会处有一个矩形标记。在三维空间下，WCS 由 3 个互相垂直并相交的坐标轴 X、Y、Z 组成，如图 2-39 所示。

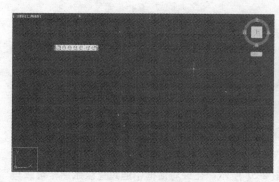
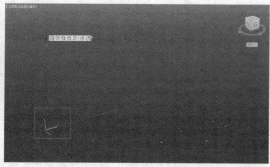

图 2-38　二维世界坐标系　　　　图 2-39　三维空间世界坐标系

默认情况下，X 轴正方向为屏幕水平向右，Y 轴正方向为垂直向上，Z 轴正方向为垂直屏幕指向使用者方向，坐标原点为屏幕左下角。

2.4.2 用户坐标系

用户坐标系（UCS）是处于活动状态的坐标系，用于建立图形和建模的 XY 平面（工作平面）和 Z 轴方向。实际上，所有对象均由 UCS 坐标定义，而且 WCS 和 UCS 在新图形中是重合的。但是，基于 UCS 通常可更加方便地创建和编辑对象，可以设置 UCS 原点及其 X、Y 和 Z 轴，以满足用户不同的需求。

世界坐标系主要在绘制二维图形时使用，在三维图形中，AutoCAD 允许建立自己的坐标系（即用户坐标系）。用户坐标系的原点可以放在任意位置上，坐标系也可以倾斜任意角度。由于绝大多数二维绘图命令只在 XY 或与 XY 平行的面内有效，在绘制三维图形时，经常要建立和改变用户坐标系来绘制不同基本面上的平面图形。

尽管在用户坐标系中 3 个轴之间仍然互相垂直，但是在方向及位置上却更加灵活，另外一个区别于 WCS 的特点是，UCS 坐标轴的交会处没有矩形标记。

自测8 创建用户坐标系

素材：无
视频：视频\第2章\视频\2-4-2.swf
源文件：无

01 打开 AutoCAD 2013，执行"工具>选项板>工具选项板"命令，打开工具选项板并单击"建筑"选项卡，如图 2-40 所示。

02 单击"铝窗（立面图）-英制"选项，将光标移至绘图区域并单击鼠标左键创建图形，如图 2-41 所示。

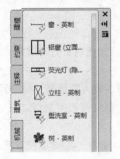

图 2-40 "建筑"选项卡

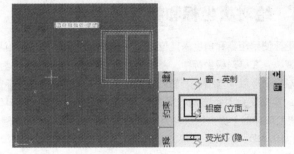

图 2-41 绘制图形

03 单击世界坐标系图标，弹出快捷菜单，如图 2-42 所示，选择"移动并对齐"选项，将光标移至图形的左下角并单击，指定新坐标系原点，如图 2-43 所示。

图 2-42 单击世界坐标系

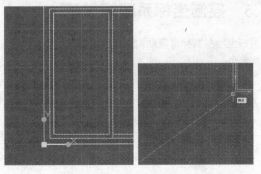

图 2-43 创建用户坐标系

小技巧：

如果要恢复 UCS 与 WCS 重合，将鼠标移至 UCS 原点上方，在弹出的快捷菜单中单击"世界"选项即可。创建 UCS 之后，可以随时移动其位置，在 UCS 图标上方单击鼠标右键，在弹出的快捷菜单中选择"上一个"选项，可将 UCS 恢复到上一次更改的位置。

2.4.3　绝对坐标和相对坐标

在 AutoCAD 中，绝对、相对二维笛卡儿坐标和极坐标用来确定对象在图形中的精确位置。绝对坐标就是用户在作图时整个界限的原点，即 AutoCAD 默认的坐标原点。笛卡儿坐标系中的 X、Y 和 Z 轴相交于原点 (0, 0, 0) 处，而在二维空间中，X 轴和 Y 轴相交于原点 (0, 0) 处。

在笛卡儿坐标系中，任意一点都可以使用 X、Y、Z 来表示，也可以输入 X、Y、Z 轴的坐标值来定义点的位置，数值之间用逗号隔开，例如 (4.5, 8.0)、(5.0, 10.5, 8.0) 等。

相对坐标是基于上一点的位置，如果知道某点与前一点的位置关系，就可以使用相对坐标。如果要指定相对坐标，需要在坐标前面添加一个@符号。例如，输入@3, 4 指定一点，此点沿 X 轴方向有 3 个单位，沿 Y 轴方向距离上一个指定点有 4 个单位，如果是三维坐标，把 Z 轴方向距离输入即可，例如@3, 4, 5。

> **提示:**
>
> 相对坐标是对用户坐标系而言的，是相对前一点的；而绝对坐标是对世界坐标系而言的。输入点的坐标值时，标点符号必须在英文状态下输入，否则将无效。

2.4.4　绝对极坐标和相对极坐标

极坐标使用距离和角度来定位点。在 AutoCAD 2013 的默认情况下，角度按逆时针方向增大，按顺时针方向减小，在绝对极坐标中，X 轴正方向为 0°，Y 轴正方向为 90°。

绝对极坐标以 X 轴和 Y 轴的交点作为极点，要使用极坐标定位一点，可以输入角括号 "<" 分隔距离和角度。要指定顺时针方向，可为角度输入负值。例如，1<315 和 1<–45 都代表相同的点。在 1<–45 中，1 代表该点对于原点的极径为 1，该点的连线与 0° 方向之间的夹角为–45°。

可以用科学、小数、工程、建筑或分数格式输入坐标；可以使用百分度、弧度、勘测单位或度/分/秒输入角度。

相对极坐标是基于上一点的极径和偏移角度，相对极坐标不是以原点为极点，而是以上一点为极点。如果要指定相对极坐标，同样需要在极坐标前面添加@符号，即@1<a，其中@表示相对，1 表示极径，a 表示角度。

2.4.5　控制坐标系图标显示

用户坐标系图标可帮助用户直观地了解当前坐标系的方向。在 AutoCAD 2013 中，可以改变其大小、位置和颜色。

自测 9　控制坐标系图标显示

素材：无
视频：视频\第 2 章\视频\2-4-5.swf
源文件：无

01 打开 AutoCAD 2013，坐标系显示在绘图区域的左下角，如图 2-44 所示。

02 执行"视图>显示>UCS 图标>特性"命令，弹出"UCS 图标"对话框，如图 2-45 所示。在该对话框中，可以对 UCS 图标的大小、颜色等进行设置。

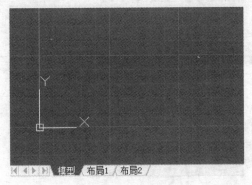

图 2-44　显示坐标系

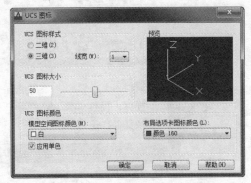

图 2-45　"UCS 图标"对话框

03 关闭该对话框，单击绘图窗口左上方的"视觉样式控件"按钮[二维线框]，在弹出的快捷菜单中选择"着色"选项，如图 2-46 所示，可更改坐标系图标的样式。

04 执行"视图>显示>UCS 图标>开"命令，用户坐标系图标将被隐藏，如图 2-47 所示。

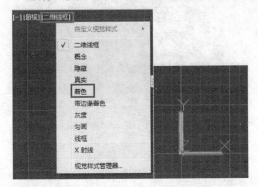

图 2-46　更改坐标系图标样式

图 2-47　隐藏用户坐标系图标

提示：

如果在当前绘图窗口中存在多个视口，则每个视口都显示自己的 UCS 图标。

2.4.6　控制坐标显示

在 AutoCAD 2013 中，当前光标位置在状态栏的左侧显示为坐标值，共有 3 种类型的坐标显示：静态显示、动态显示以及距离和角度显示，如图 2-48 所示，默认情况下为动态显示。

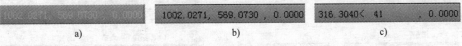

　　　　a)　　　　　　　　　　　　b)　　　　　　　　　　　　c)

图 2-48　坐标显示类型

a) 静态显示　b) 动态显示　c) 距离和角度显示

静态显示：只有在光标指定点时才更新，坐标值不会随着光标的移动而更新。

动态显示：坐标值随着光标的移动而随时更新。

距离和角度显示：随着光标的移动更新相对距离（距离<角度），此选项只有在绘制需要输入多个点的

直线或其他对象时才可用。

自测 10　控制坐标显示

素材：无
视频：视频\第 2 章\视频\2-4-6.swf
源文件：无

01 打开 AutoCAD 2013，默认情况下光标坐标为动态显示，如图 2-49 所示。

02 单击绘图窗口左侧"绘图"工具栏中的"直线"按钮，在绘图窗口的任意位置单击，如图 2-50 所示。

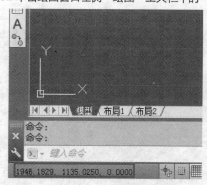

图 2-49　动态显示坐标

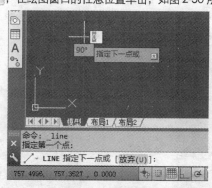

图 2-50　使用"直线"工具指定一点

03 将鼠标移至状态栏坐标值的上方并单击，在绘图窗口中随意移动光标位置，坐标值将转换为静态显示，如图 2-51 所示。

04 将鼠标移至状态栏坐标值的上方并单击，坐标值转换为距离和角度显示，如图 2-52 所示。

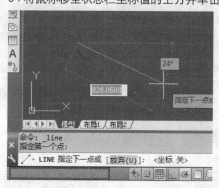

图 2-51　静态显示

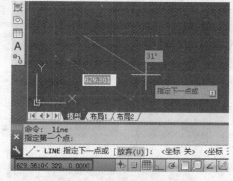

图 2-52　距离和角度显示

提示：

多次在状态栏的坐标值上单击，可在不同的显示类型之间相互转换。

2.4.7　使用正交 UCS

在 AutoCAD 2013 中，用户不仅可以从不同的角度绘制或观察图形的不同侧面，还可以设置不同的正交 UCS。

自测 11　使用正交 UCS

素材：无

视频：视频\第 2 章\视频\2-4-7.swf

源文件：无

01 打开 AutoCAD 2013，默认情况下显示为 WCS 俯视状态，如图 2-53 所示。

02 执行"工具>命名 UCS"命令，弹出 UCS 对话框，如图 2-54 所示。

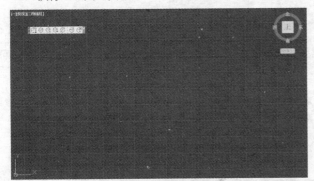

图 2-53　WCS 俯视

图 2-54　UCS 对话框

03 在该对话框中，单击"正交 UCS"选项卡，如图 2-55 所示，用鼠标右键单击"前视"选项，如图 2-56 所示。

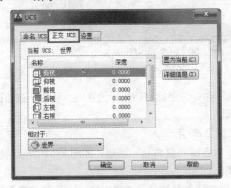

图 2-55　选择"正交 UCS"选项卡

图 2-56　用鼠标右键单击"前视"选项

04 在弹出的快捷菜单中，选择"深度"选项，弹出"正交 UCS 深度"对话框，如图 2-57 所示。正交
UCS 深度可指定正交 UCS 的 XY 平面与经过坐标系原点的平行平面间的距离。

05 单击"确定"按钮，回到 UCS 对话框中，单击"置为当前"按钮，再单击"确定"按钮，绘图窗
口视图如图 2-58 所示。

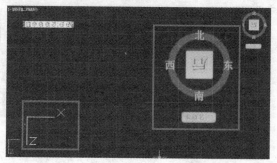

图 2-57 "正交 UCS 深度"对话框   图 2-58 使用正交 UCS

提示：

单击"正交 UCS 深度"对话框中的"指定新原点"按钮，将暂时关闭对话框，以便用户使用定
点设备在图形中指定新的深度位置。

2.4.8 命名 UCS

在 AutoCAD 2013 中，用户可以根据需要建立不同的 UCS，为了方便地运用及分辨不同的 UCS，可
以为其设置单独的名称。

自测 12 　命名 UCS

素材：无
视频：视频\第 2 章\视频\2-4-8.swf
源文件：无

01 打开 AutoCAD 2013，执行"工具>新建 UCS>原点"命令，坐标将随光标的移动而移动，在绘图
窗口其他位置单击鼠标左键，新建一个 UCS，如图 2-59 所示。

02 执行"工具>命名 UCS"命令，弹出 UCS 对话框，如图 2-60 所示。

03 用鼠标右键单击"未命名"选项，在弹出的快捷菜单中选择"重命名"选项，如图 2-61 所示。输
入名称为当前 UCS 命名，然后按 Enter 键确认，如图 2-62 所示。

04 保持新建 UCS 的选择状态，单击 UCS 对话框中的"详细信息"按钮，在弹出的"UCS 详细信息"

对话框中，可查看新建 UCS 的详细信息，如图 2-63 所示。

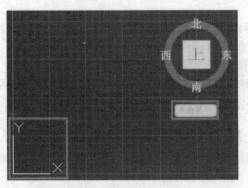

图 2-59 新建 UCS

图 2-60 UCS 对话框

图 2-61 选择"重命名"选项

图 2-62 命名 UCS

05 单击"确定"按钮，返回到 UCS 对话框中。再次单击"确定"按钮，在绘图窗口中新建 UCS 的名称会随之更改，如图 2-64 所示。

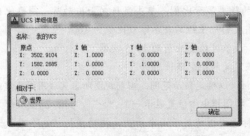

图 2-63 "UCS 详细信息"对话框

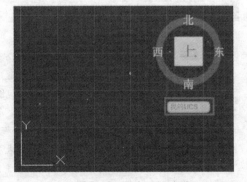

图 2-64 更改 UCS 名称

2.5 控制图形显示方式

　　在绘制较为复杂的图形时，为了使用户同时看到图形的整幅图形及其他细节部分，AutoCAD 2013 提供了缩放、平移、视图和视口等一系列显示控制命令。这些命令可以任意放大、缩小或移动屏幕上的图形显示，或同时从不同的角度、不同的部位显示图形。

　　AutoCAD 2013 还提供了"重画"和"重生成"命令来刷新屏幕、重新生成图形，随时更新图形的显示。

2.5.1 缩放视图

在 AutoCAD 绘图过程中，为了准确地观看和绘制图形，常常要将当前视图放大或缩小。但是这里所说的放大或缩小操作，仅仅是对图形在屏幕上的显示进行控制，图形本身的实际尺寸并没有任何改变。

AutoCAD 2013 提供了多种使用"缩放"命令的方法：

● 执行"视图>缩放"命令，在其子菜单下可以选择相应的缩放方式。"缩放"命令的用法非常灵活，由多个选项来提供不同的功能，即实时、上一个、窗口、动态、比例、圆心、对象、放大、缩小、全部和范围，如图 2-65 所示。

● 单击"标准"工具栏中相应的"缩放"按钮，如图 2-66 所示。

● 在命令行输入 ZOOM（或别名 Z）并按 Enter 键，在绘图区域单击鼠标右键，在弹出的快捷菜单中选择相应的选项，如图 2-67 所示。

● 在命令行输入 ZOOM（或别名 Z）并按 Enter 键，命令行会出现相应的提示信息，如图 2-68 所示。

图 2-65 "缩放"命令子菜单

图 2-66 "标准"工具栏中的"缩放"按钮

图 2-67 快捷菜单

```
命令: zoom
指定窗口的角点，输入比例因子 (nX 或 nXP)，或者
ZOOM [全部(A) 中心(C) 动态(D) 范围(E) 上一个(P) 比例(S) 窗口(W) 对象(O)] <实时>:
```
图 2-68 命令行缩放提示

实时：选择此选项，图形将根据鼠标移动的方向的距离显示比例。单击鼠标向上拖动时，图形比例放大；单击鼠标向下拖动时，图形比例缩小。移动窗口高度的一半距离表示缩放比例为100。

上一个：选择此选项，将显示上一次缩放的视图，最多可恢复此前的10个视图。

窗口：选择此选项，绘图窗口将只显示由两个角点定义的矩形范围部分。

动态：选择此选项，在屏幕上将动态显示一个视图框，以确定显示范围。当前视图所占区域用绿色虚线表示，图形范围用蓝色虚线表示，视图框用白色实线表示，视图框中心位置显示一个"×"，如图 2-69 所示。

可以移动鼠标将视图框拖到合适的位置，单击鼠标视图框将显示一个箭头，拖动鼠标可缩小或放大视图框，如图 2-70 所示，按 Enter 键绘图窗口将显示视图框中的图形。

比例：选择此选项，将以指定的比例因子显示图形范围。执行"视图>缩放>比例"命令后，命令行将显示提示信息，如图 2-71 所示。

在比例缩放模式下，图形可以执行 3 种缩放方式。

➢ 相对图纸界限缩放：直接在命令行输入不带任何后缀的比例因子，该比例因子适用于整个图纸空间。例如，在命令行输入"1"按 Enter 键，则屏幕中心点保持不变，显示范围的大小将与图纸界限相同；比例因子为其他值时，如 0.5、2 等，则在 1 的基础上缩放。

➢ 相对当前视图缩放：在命令行输入带有"X"后缀的比例值。当比例因子为 1X 时，表示保持当前显示范围不变；当比例因子为其他值，如 0.5X、2X 时，则在当前范围的基础上缩放视图。

➤ 相对图形界限缩放：在命令行输入带有"XP"后缀的比例值。当比例因子为 1XP 时，表示保持当前显示大小不变；当比例因子为其他值，如 0.5XP、2XP 时，则在当前范围的基础上缩放视图。

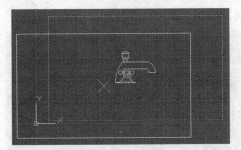
图 2-69　动态视图框

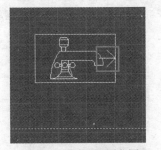
图 2-70　确定视图范围

指定窗口的角点，输入比例因子 (nX 或 nXP)，或者
[全部(A)/中心(C)/动态(D)/范围(E)/上一个(P)/比例(S)/窗口(W)/对象(O)] <实时>: S

ZOOM 输入比例因子 (nX 或 nXP):

图 2-71　命令行提示信息

圆心：选择此选项，将显示由中心点和高度（或缩放比例）所定义的范围。

对象：选择此选项，在绘图窗口中选择需要放大的对象，按 Enter 键，对象将放大至整个绘图窗口，如图 2-72 所示。

放大、缩小：选择此选项，相当于指定比例因子 2X、0.5X。

全部：选择此选项，将显示图形界限区域和整个图形范围。

范围：选择此选项，将显示整个图形范围。

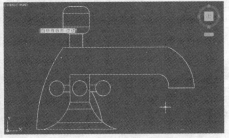
图 2-72　指定对象缩放

自测 13　使用窗口方式缩放视图

素材：无
视频：视频\第 2 章\视频\2-5-1.swf
源文件：无

01 打开 AutoCAD 2013，执行"工具>选项板>工具选项板"命令，打开工具选项板，选择"建筑"选项卡，单击"车辆-英制"选项，如图 2-73 所示。

02 将鼠标移至绘图窗口任意位置单击并关闭工具选项板，如图 2-74 所示。

图 2-73 "车辆-英制"选项

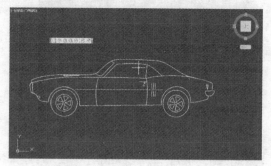

图 2-74 插入图形

03 执行"视图>缩放>窗口"命令，命令行会出现相应的提示信息，如图 2-75 所示。在图形的左上方单击指定第一个角点并移动鼠标，会出现一个范围框，命令行将提示指定对角点，如图 2-76 所示。

04 将鼠标移至合适的位置单击指定对角点，范围框中的图形将最大限度显示在整个绘图窗口，如图 2-77 所示。

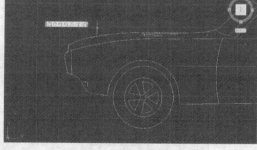

图 2-75 指定第一个角点　　图 2-76 指定对角点

图 2-77 视图缩放效果

2.5.2 指定视图中心缩放视图

AutoCAD 2013 提供了多种缩放视图的方法，灵活使用不同的方法可以快速查看图形的不同部分。

自测 14 指定视图中心缩放视图

素材：无
视频：视频\第 2 章\视频\2-5-2.swf
源文件：无

01 打开 AutoCAD 2013，执行"工具>选项板>工具选项板"命令，打开工具选项板，选择"建筑"选项卡，单击"盥洗室-英制"选项，如图 2-78 所示。

02 将鼠标移至绘图窗口任意位置单击绘制图形并关闭工具选项板，如图 2-79 所示。

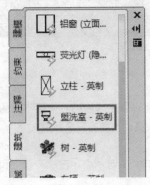

图 2-78 "盥洗室-英制"选项

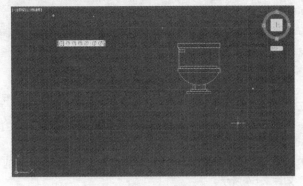

图 2-79 插入图形

03 执行"视图>缩放>圆心"命令，命令行会出现相应的提示信息，如图 2-80 所示。在图形的中间位置单击指定缩放中心，如图 2-81 所示。

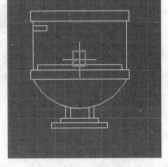

图 2-81 指定缩放中心

图 2-80 命令行提示

04 在视图窗口中单击鼠标指定第一点，如图 2-82 所示。将鼠标移至其他位置单击指定第二点，视图缩放效果如图 2-83 所示。

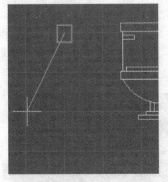

图 2-82 指定第一点

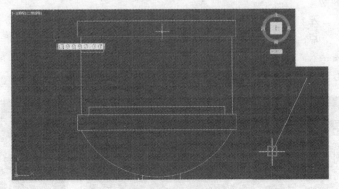

图 2-83 指定第二点

提示：

指定缩放中心后，可以在命令行直接输入比例因子，使图形按一定比例进行缩放。

向前滚动鼠标滑轮，视图放大；向后滚动鼠标滑轮，视图缩小；双击鼠标滑轮，视图按范围缩放。

2.5.3 平移视图

在使用 AutoCAD 绘图过程中，为了方便观看图形的每一个部分还可以平移视图。使用不同的"平移"命令，可以查看图形的不同部分，在平移的过程中图形的位置不会改变，改变的只是视图。AutoCAD 2013 提供了多种使用"平移"命令的方法。

- 执行"视图>平移"命令，在其子菜单下可以选择相应的平移方式：实时、点、左、右、上和下，如图 2-84 所示。
- 单击"标准"工具栏中的"实时平移"按钮，如图 2-85 所示。

图 2-84 "平移"子菜单

图 2-85 "标准"工具栏中的"实时平移"按钮

- 在命令行输入 PAN（或别名 P）并按 Enter 键，光标将变为手形，相当于"实时平移"工具，可以随意拖动图形。

实时：选择此选项，鼠标将变成手形，单击鼠标在绘图窗口中拖动，图形将随鼠标拖动的方向移动。

左、右、上、下：选择此选项，视图将自动向不同的方向移动一定的距离。

点：选择此选项，将通过定点或位置值来平移视图。在命令行会显示提示信息，在绘图窗口中单击指定插入点，如图 2-86 所示，命令行将提示指定第二点，移动鼠标在其他位置单击插入第二个点，视图将平移到指定的位置，如图 2-87 所示。

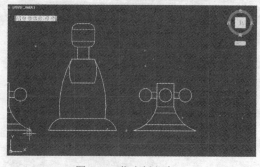
图 2-86 指定插入点

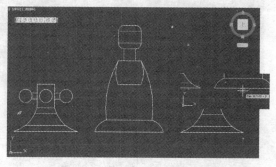
图 2-87 指定第二个点平移视图

按下鼠标滑轮并拖动鼠标，视图将实时平移；按下 Ctrl 键和鼠标滑轮并拖动鼠标，视图将沿着鼠标拖动的方向平移。

2.5.4　平铺视口

在使用 AutoCAD 绘制图形时，常常需要将图形的局部放大显示细节，但同时又需要观察图形的整体效果，单一的视口显然无法满足需求。此种情况下，可以使用多个视口以便同时显示图形的各个部分或各个侧面。

视口是显示图形的区域，平铺视口是指把绘图窗口分成多个矩形区域，在不同的绘图区域中查看图形的不同部分。在 AutoCAD 2013 中，虽然可以在不同的视口中分别显示图形，但是在同一时间只能在一个视口中进行操作。

用户可以在每一个视口中进行以下操作：

- 平移、缩放、设置捕捉、栅格和用户坐标系统，并且每个视口都有自己独立的坐标系统。
- 可以在不同的视口中绘图，并且可以随时切换视口进行操作。
- 为视口的配置命名，从而在模型空间中恢复视口或者将它们应用到布局。

用鼠标单击绘图视口的任意位置，可将其设置为当前视口，当前视口的边框半加粗显示。鼠标在当前视口中显示为十字光标，在其他视口中显示为箭头形状。

在平铺视口中工作时，可以控制所有视口中图层的可见性。即在某视口中关闭某图层，那么在所有视口中该图层都将关闭。

AutoCAD 2013 提供了多种使用"平铺视口"命令的方法。

- 执行"视图>视口"命令，在其子菜单下可以选择相应的平铺视口方式，如图 2-88 所示。
- 单击"视口"工具栏中的"显示视口对话框"按钮，弹出"视口"对话框，如图 2-89 所示。
- 在命令行输入 VIEWPORTS（或别名 VPORTS）并按 Enter 键。

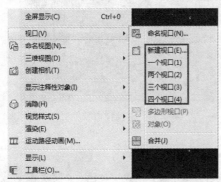

图 2-88　"视口"子菜单

图 2-89　"视口"对话框

一个视口：选择此选项，当前视口将扩大到整个绘图窗口。

两个视口、三个视口、四个视口：选择此选项，会将当前视口拆分成多个视口，在命令行将提示不同的拆分方式。

合并：与拆分视口相反，选择此选项，命令行将提示选择不同的视口进行合并。

自测 15 平铺与合并视口

素材：无

视频：视频\第 2 章\视频\2-5-4.swf

源文件：无

01 打开 AutoCAD 2013，执行"工具>选项板>工具选项板"命令，打开工具选项板，选择"建筑"选项卡中的"门标高-英制"选项，如图 2-90 所示。

02 将鼠标移至绘图窗口单击绘制图形并关闭工具选项板，效果如图 2-91 所示。

图 2-90 "门标高-英制"选项

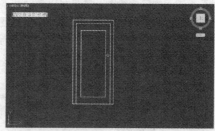

图 2-91 插入图形

03 执行"视图>视口>新建视口"命令，弹出"视口"对话框，设置如图 2-92 所示，单击"确定"按钮，即可创建平铺视口，如图 2-93 所示。

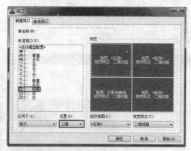

图 2-92 "视口"对话框

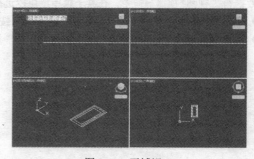

图 2-93 平铺视口

提示：

AutoCAD 2013 一共提供了 12 个标准视口，如果已存在多个视口，在"视口"对话框的"应用于"下拉列表中可选择"显示"或当前视口不同的选项。此图形为二维图形，如果绘制三维图形，平铺视口之后，各视图将从不同的侧面和角度显示图形，效果将更加明显。

04 执行"视图>视口>合并"命令，命令行将提示选择主视口，在绘图窗口单击选择视口，如图 2-94 所示。根据命令行的提示选择要合并的视口，单击选择第二个视口，效果如图 2-95 所示。

图 2-94 选择视口

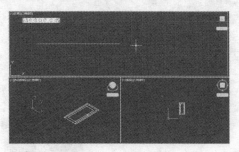

图 2-95 合并视口

提示:

AutoCAD 2013 允许用户将两个相邻的视口进行合并。合并后的视口应为矩形,否则系统无法进行合并操作。

2.5.5 重画与重生成图形

在 AutoCAD 2013 中,"重画"命令用于刷新屏幕显示。在绘图和编辑过程中,有时屏幕上会显示一些临时标记,这些临时标记并不是图形中的对象。此种情况下,可使用"重画"命令来刷新屏幕显示,以显示正确的图形。

AutoCAD 2013 提供了多种使用"重画"命令的方法。

- 执行"视图>重画"命令,此方法可用于所有视口的显示。
- 在命令行输入 REDRAWALL (或别名 RA),此方法可用于所有视口的显示。
- 在命令行输入 REDRAW (或别名 R),此方法仅用于当前视口的显示。

当使用"重画"命令刷新屏幕仍不能正确显示图形时,可以使用"重生成"命令。"重生成"命令与"重画"命令在本质上有所不同,"重生成"命令不仅刷新显示屏幕,而且更新图形数据库中所有图形对象的屏幕坐标,使用该命令可以准确地显示图形数据。但是,"重生成"命令比"重画"命令执行速度慢,更新屏幕花费的时间也较长。

AutoCAD 2013 提供了多种使用"重生成"命令的方法。

- 执行"视图>重生成"命令,或在命令行输入 REGEN (或别名 RE),此方法仅用于当前视口的显示。
- 执行"视图>全部重生成"命令,或在命令行输入 REGENALL (或别名 REA),此方法可用于所有视口的显示。

提示:

在 AutoCAD 2013 中,如果一直使用相同的命令修改编辑图形,该图形将看不出发生的变化,可使用"重生成"命令更新屏幕显示。

小技巧:

在处理很大的图形时,使用"重生成"命令可能会非常费时,可在命令行输入 REGENAUTO,并在后来的提示中输入 OFF,关闭自动重生成功能。

2.6 本章小结

本章主要介绍了在 AutoCAD 2013 中对绘图环境的设置,用户可以按照需要设置适合自己的环境,结合控制视图的显示,可以使绘图更加方便。

第3章

设置绘图辅助功能

在介绍了绘图环境的设置方法后，本章将继续介绍 AutoCAD 2013 的基本操作方法，包括文件的创建与保存等。为了使绘图的过程更加方便快捷，绘制的图形更加精确，达到工程制图的要求，本章还要讲解 AutoCAD 点的精确输入与捕捉、追踪、极轴等一些绘图辅助工具，这些对于读者的绘图习惯，以及工作效率的提高都很有帮助。

实例名称： 新建并保存图形文件
视频： 视频\第 3 章\视频\3-1-4.swf
源文件： 无

实例名称： 优化图形文件
视频： 视频\第 3 章\视频\3-1-5.swf
源文件： 无

实例名称： 捕捉功能的打开与设置
视频： 视频\第 3 章\视频\3-3-2.swf
源文件： 无

实例名称： 栅格功能的打开与设置
视频： 视频\第 3 章\视频\3-3-3.swf
源文件： 无

实例名称： 设置极轴追踪角度
视频： 视频\第 3 章\视频\3-3-9.swf
源文件： 无

实例名称： 为图形文件加密
视频： 视频\第 3 章\视频\3-4-2.swf
源文件： 无

3.1　AutoCAD 2013 文件创建与管理

AutoCAD 2013 的基本操作包括创建图形文件、打开图形文件、保存图形文件、输出图形文件和关闭图形文件等。在 AutoCAD 2013 中，文件的管理方法和其他 Windows 应用程序基本相同，本节将介绍这方面的知识。

3.1.1　新建图形文件

启动 AutoCAD 2013 绘图软件后，系统会自动生成一个名为 "Drawing1.dwg" 的绘图文件。如果用户需要重新创建一个绘图文件，则可以通过以下几种方法实现。

- 执行 "文件>新建" 命令。
- 单击 "标准" 工具栏中的 "新建" 按钮 。
- 单击 "快速访问" 工具栏中的 "新建" 按钮 。
- 在命令行输入 NEW 命令并按 Enter 键。
- 按快捷键 Ctrl+N。

使用以上任意一种方法，都将打开 "选择样板" 对话框，如图 3-1 所示。在该对话框中，选择 "acadISO-Named Plot Styles.dwt" 或 "acadiso.dwt" 样板文件后单击 "打开" 按钮，即可创建一个公制单位的空白文件，进入 AutoCAD 默认设置的二维操作界面。

在 "选择样板" 对话框中，单击右下角 "打开" 按钮右侧的倒三角按钮，在弹出的下拉列表中可以选择 "无样板打开-英制" 和 "无样板要开-公制" 选项，如图 3-2 所示。

英制是基于英制测量系统创建新图形，图形将使用内部默认值，默认栅格显示边界（称为栅格界限）为 12×9 英寸；公制基于公制测量系统创建新图形，图形将使用内部默认值，默认栅格显示边界为 420mm×290mm。

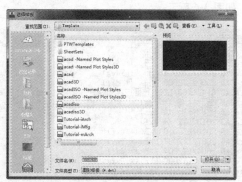

图 3-1　"选择样板" 对话框　　　　　图 3-2　"打开" 下拉列表

如果要创建一张三维操作空间的公制单位绘图文件，则可以在打开的 "选择样板" 对话框中选择 "acadISO-Named Plot Styles3D" 或 "acadiso3D" 样板，如图 3-3 所示。单击 "打开" 按钮，即可进入三维工作空间创建三维绘图文件，如图 3-4 所示。

> **提示：**
>
> 在命令行输入命令后，还需要按 Enter 键，才能激活该命令。另外，确定键有两个：一个是 Enter 键，另一个是空格（Space）键。

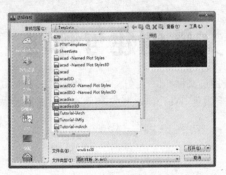

图 3-3　选择 3D 样板

图 3-4　三维操作界面

3.1.2　保存图形文件

保存图形文件就是将绘制的图形以文件的形式存盘，存盘的目的是方便查看、使用或编辑等。用户可以通过以下几种方法保存图形文件。

- 执行"文件>保存"命令。
- 单击"标准"工具栏中的"保存"按钮🔲。
- 单击"快速访问"工具栏中的"保存"按钮🔲。
- 在命令行输入 SAVE 命令并按 Enter 键。
- 按快捷键 Ctrl+S。

使用以上任意一种方法，都将打开"图形另存为"对话框，如图 3-5 所示。在该对话框中可以设置存盘路径、文件名和文件格式，单击"保存"按钮，即可将当前文件存盘。

默认的存储类型为"AutoCAD 2013 图形（*.dwg）"，使用该格式将文件存盘后，只能被 AutoCAD 2013 及其以后的版本所打开。如果用户需要在 AutoCAD 早期版本中打开此文件，必须在"文件类型"下拉列表中使用低版本的文件格式进行存盘，如图 3-6 所示。

图 3-5　"图形另存为"对话框

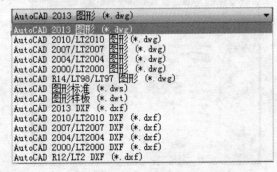

图 3-6　支持格式

提示：

> 如果当前图形文件没有被保存过，将弹出"图形另存为"对话框；如果当前的图形文件已经被保存过，系统将直接以当前文件名进行保存。

3.1.3　AutoCAD 相关文件格式

AutoCAD 保存的文件类型分为 4 种格式，分别是 DWG、DWS、DWT、DXF，见表 3-1。

表 3-1　AutoCAD 保存的文件类型

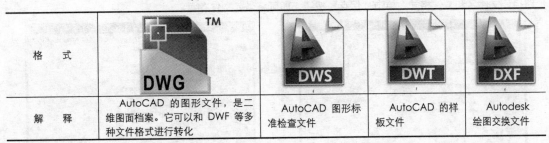

格　式		DWG ™	DWS	DWT	DXF
解　释		AutoCAD 的图形文件，是二维图面档案。它可以和 DWF 等多种文件格式进行转化	AutoCAD 图形标准检查文件	AutoCAD 的样板文件	Autodesk 绘图交换文件

AutoCAD 文件保存的后缀见表 3-2。

表 3-2　AutoCAD 文件保存的后缀

后　缀	解　释
*.dwg	此种格式都是 AutoCAD 文件，至于后面的年份表示版本。如果用户使用 2010 版本的，单击"保存"按钮，则默认是 2010 版，该文件只能被 AutoCAD 2010 及其以后的版本所打开，如果需要在早期版本中打开，则必须使用低版本的文件格式进行存盘
*.dws	此种格式称为标准文件，多个人从事同一设计项目时，要保证设置是相同的，例如图层等，这时用标准文件来保证风格的一致性
*.dwt	为模板格式，默认存储在 CAD 安装目录下。用户可以使用模板文件进行图形绘制，以提高工作效率。
*.dxf	格式是 Master CAM 用的，是两个软件互转的格式

3.1.4　打开与另存图形文件

当需要查看、使用或编辑已经存盘的图形时，可以使用"打开"命令将图形文件打开。用户可以通过以下几种方式打开图形文件。

- 执行"文件>打开"命令。
- 单击"标准"工具栏中的"打开"按钮。
- 单击"快速访问"工具栏中的"打开"按钮。
- 在命令行输入 OPEN 命令并按 Enter 键。
- 按快捷键 Ctrl+O。

使用以上任意一种方法，都将弹出"选择文件"对话框。在该对话框中可以单击选择需要打开的图形文件，如图 3-7 所示，单击"打开"按钮即可打开所选文件。

> **提示:**
>
> 还可以单击"选择文件"对话框右下角"打开"按钮右侧的倒三角按钮，在弹出的下拉列表中选择不同的选项，以不同方式打开所选文件。

当在已存盘的图形基础上进行了其他的修改工作，但是不想将原来的图形覆盖，可以执行"另存为"命令，将修改后的图形以不同的路径或不同的文件名进行存盘。用户可以通过以下几种方法另存图形文件。

- 执行"文件>另存为"命令。
- 单击"快速访问"工具栏中的"另存为"按钮。
- 在命令行输入 SAVEAS 命令并按 Enter 键。
- 按快捷键 Ctrl+Shift+S。

使用以上任意一种方法，都将弹出"图形另存为"对话框，如图 3-8 所示。在该对话框中可以设置存盘路径、文件名和文件格式，单击"保存"按钮，即可将当前文件存盘。

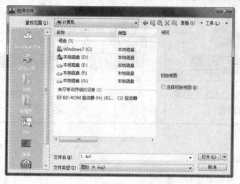

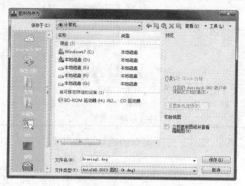

图 3-7 "选择文件"对话框

图 3-8 "图形另存为"对话框

自测 16 新建并保存图形文件

素材：无
视频：视频\第 3 章\视频\3-1-4.swf
源文件：无

01 打开 AutoCAD 2013，执行"文件>新建"命令，在打开的"选择样板"对话框中选择"acadISO -Named Plot Styles3D"图形样板，如图 3-9 所示。单击"打开"按钮，即可进入所选工作空间，如图 3-10 所示。

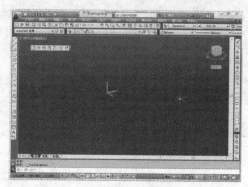

图 3-9 "选择样板"对话框

图 3-10 新建文件

02 执行"文件>保存"命令，打开"图形另存为"对话框，为文件命名并选择存储路径，如图 3-11 所示。单击"文件类型"下拉列表，选择所需要的格式进行存储，如图 3-12 所示，再单击"保存"按钮，即可保存图形文件。

图 3-11 "图形另存为"对话框

图 3-12 选择保存格式

3.1.5 输出图形文件

当绘制好图形后,就需要根据不同的用途以不同的方式输出图形,执行"文件>输出"命令,打开"输出数据"对话框,如图 3-13 所示。在该对话框中,可以为文件命名并选择不同的输出类型,如图 3-14 所示。其中比较常用的文件类型有"图元文件 (*.wmf)"和"位图 (*.bmp)"。

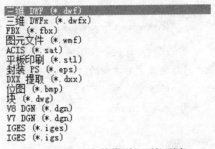

图 3-13 "输出数据"对话框

图 3-14 "文件类型"下拉列表

小技巧:

在 AutoCAD 2013 中,除了执行菜单命令外,还可以在命令行输入 EXPORT 按 Enter 键以输出数据。

3.1.6 优化图形文件

实际工作中,绘制好图形之后文件往往很大,为了方便传输,可以执行"清理"命令,将文件内部(如图层、样式、图块等)的垃圾资源清理掉,以缩小文件的存储空间。

自测 17 优化图形文件

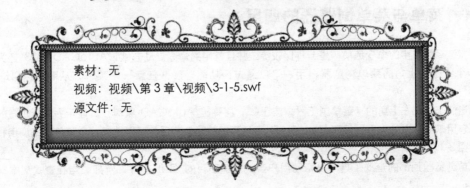

素材:无
视频:视频\第 3 章\视频\3-1-5.swf
源文件:无

01 执行"文件>图形实用程序>清理"命令，弹出"清理"对话框，如图 3-15 所示。

02 单击该对话框中的"全部清理"按钮，弹出"清理-确认清理"对话框，如图 3-16 所示。选择"清理所有项目"选项，返回到"清理"对话框，单击"关闭"按钮清理完毕。

图 3-15 "清理"对话框

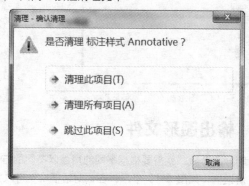

图 3-16 "清理-确认清理"对话框

提示：

在"清理"对话框中，带有"+"号的选项，表示该选项内含有未使用的垃圾项目，单击将其展开，然后选择需要清理的项目。如果需要清理文件中的所有未使用的垃圾项目，可以单击对话框底部的"全部清理"按钮。

小技巧：

在 AutoCAD 2013 中，除了执行菜单命令外，还可以在命令行输入 PURGE（或别名 PU）按 Enter 键以清理文件。

3.2 AutoCAD 的一些简单操作

本节将介绍 AutoCAD 2013 的一些基本操作，其中包括菜单与菜单浏览器的调用、几种常见的对象选择方法以及几个简单命令的应用等。

通常情况下，软件与用户大多通过对话框或命令面板的方式进行交流，但是 AutoCAD 除了上述方式外，还有其独特的交流方式。

3.2.1 菜单与菜单浏览器的调用

直接选择菜单中的命令选项，是一种比较传统并且常用的命令启动方式。AutoCAD 2013 还为用户提供了一个位于左上角的菜单浏览器，用户可以通过该功能，展开任意一个菜单，从而快速启动菜单中的命令。

单击位于界面左上角的"菜单浏览器"按钮▲，将弹出 AutoCAD 菜单，其显示为一个垂直的菜单项列表，它用来代替以往水平显示在 AutoCAD 窗口顶部的菜单。用户可以选择一个菜单项来调用相应的命令，如图 3-17 所示。

菜单浏览器顶部的查找工具可以帮助用户查找关键项目的 CUI 文件。例如，当在查找文本框里输入

"线"后，AutoCAD 2013 会动态过滤查找选项来显示所有包含"线"单词的 CUI 条目（线性、线宽、线型等），如图 3-18 所示，用户可以单击列表中的一个项来调用相应的命令。

图 3-17　"菜单浏览器"列表

图 3-18　搜索命令

　　除了访问命令外，菜单浏览器还能够查看和访问最近或打开的文档，并且可以通过大、小两种图标或图像来显示文档名，使用户更好地分辨文档，单击 按钮即可在弹出的选项中选择图标显示方式。

　　还可以通过不同的顺序显示最近打开的文档，单击"按已排序列表"按钮，在打开的下拉列表中可以选择不同的排列选项，如图 3-19 所示。当鼠标停留在文档名称上方时，会自动显示一个预览图形和相应的文档信息，如图 3-20 所示。

图 3-19　排列方式的下拉列表

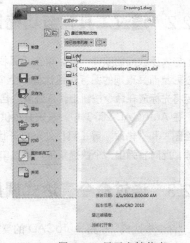

图 3-20　显示文档信息

　　为了更方便地启动某些命令或命令选项，AutoCAD 提供了快捷菜单，用户只需要单击鼠标右键，在弹出的快捷菜单中选择相应的选项，即可快速激活该命令。根据操作过程的不同，快捷菜单归纳起来有以下 3 种。

- 默认模式菜单：此菜单是在没有命令执行的前提下或没有对象被选择的情况下单击鼠标右键弹出的快捷菜单，如图 3-21 所示。
- 编辑模式菜单：此菜单是在有一个或多个对象被选择的情况下单击鼠标右键弹出的快捷菜单，如图 3-22 所示。
- 模式菜单：此菜单是在一个命令执行的过程中，单击鼠标右键而弹出的快捷菜单，如图 3-23 所示。

3

图 3-21　默认模式菜单　　　　　　图 3-22　编辑模式菜单

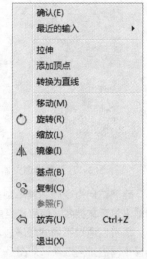

图 3-23　模式菜单

3.2.2　通过工具栏与功能区调用

与大多数应用软件一样，单击工具栏或功能区中的命令按钮，也是一种常用、快捷的命令启动方式。通过形象而又直观的图标按钮代替一个个命令，比较于那些繁琐的英文命令及菜单更为方便直接。用户只需要将光标放在命令按钮上，系统就会自动显示该按钮所代表的命令，单击按钮即可激活该命令。

在 AutoCAD 2013 中，系统共提供了 20 多个已命名的工具栏。默认情况下，"标准"、"属性"、"绘图"和"修改"等工具栏处于打开状态。如果要显示当前隐藏的工具栏，可在任意工具栏上单击鼠标右键，此时将弹出一个快捷菜单，通过单击可以显示或关闭相应的工具栏。

3.2.3　通过命令表达式调用

"命令表达式"是指 AutoCAD 的英文命令，用户只需要在命令行中输入 CAD 命令的英文表达式，然后再按 Enter 键，就可以启动该命令。

在 AutoCAD 2013 中，默认情况下，命令行是一个可固定的窗口，可以在当前命令行提示下输入命令、对象参数等内容。对于大多数命令，命令行中可以显示执行完的两条命令提示(也叫命令历史)，而对于一些输出命令，例如 TIME、LIST 命令，需要在放大的命令行或"AutoCAD 文本窗口"中才能完全显示。

在命令行窗口中单击鼠标右键，AutoCAD 将显示一个快捷菜单。通过它可以选择最近使用过的 6 种命令、复制选定的文字或全部命令历史记录、粘贴文字，以及打开"选项"对话框。

在命令行中，还可以使用 Backspace 或 Delete 键删除命令行中的文字，也可以选中命令历史，并执行"粘贴到命令行"命令，将其粘贴到命令行中。

如果用户需要激活命令中的选项功能,可以在相应步骤提示下,在命令行输入窗口中该选项的代表字母,然后按 Enter 键,也可以直接单击各选项的代表字母。

3.2.4 通过功能键与快捷键调用

功能键与快捷键是最快捷的命令启动方式,表 3-3 为 AutoCAD 自身设定的一些命令快捷键,在执行这些命令时只需要按下列相应的快捷键即可。

表 3-3 AutoCAD 2013 快捷键

功 能 键	功 能	功 能 键	功 能
F1	获取帮助	Ctrl+A	全选
F2	作图窗和文本窗切换	Ctrl+B	栅格捕捉模式控制(F9)
F3	控制是否实现对象自动捕捉	Ctrl+C	复制到剪贴板
F4	数字化仪控制	Ctrl+F	对象自动捕捉
F5	等轴测平面转换	Ctrl+G	栅格显示模式控制(F7)
F6	动态 UCS	Ctrl+J	重复执行上一步命令
F10	极轴模式控制	Ctrl+K	超级链接
F11	对象追踪式控制	Ctrl+N	新建图形文件
F12	动态输入	Ctrl+M	打开"选项"对话框
Delete	删除	Ctrl+O	打开图像文件
Ctrl+1	打开"特性"对话框	Ctrl+P	打开"打印"对话框
Ctrl+2	打开"设计中心"对话框	Ctrl+S	保存文件
Ctrl+3	工具选项板	Ctrl+U	极轴模式控制(F10)
Ctrl+4	图纸集管理器	Ctrl+V	粘贴
Ctrl+5	信息选项板	Ctrl+W	对象追踪(F11)
Ctrl+6	打开图像数据原子	Ctrl+X	剪切
Ctrl+7	标记集管理器	Ctrl+Y	重做
Ctrl+9	命令行	Ctrl+Z	取消前一步的操作

3.2.5 目标对象的选择方法

在对图形进行编辑或修改前,多数情况下需要选择相应的对象,所以图形的选择也是 AutoCAD 的重要基本技能之一。常用的选择对象的方法有点选、窗口选择和窗交选择 3 种方法。

"点选"是 AutoCAD 中最简单、最常用的一种选择方式。该方式一次只能选择一个对象。在命令行输入 SELECT(选择对象)命令并按 Enter 键,系统会自动进入点选模式,此时十字光标指针变成一个正方形方块,该方块叫"选择框"。

将选择框放在对象的边沿上时被选择对象会以高亮虚线显示,如图 3-24 所示。单击即可选择该图形,被选择的图形对象以虚线显示,如图 3-25 所示。

"窗口选择"是一种常用的选择方式。使用该方式一次可以选择多个对象,在命令行"制定对焦点"的提示下从左向右拉出一个矩形选择框,该选择框即为"窗口选择框",选择框以实线显示,内部以浅蓝色填充,如图 3-26 所示。

当指定窗口选择框的对焦点后,所有部分均位于这个矩形窗口内的对象将被选中,不在该窗口内或者只有部分在该窗口内的对象则不被选中,如图 3-27 所示。

3

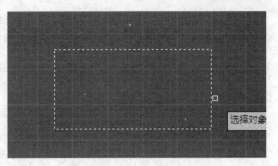

图 3-24　点选示例（一）　　　　　　　　　　图 3-25　点选示例（二）

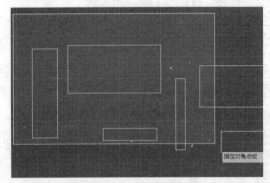
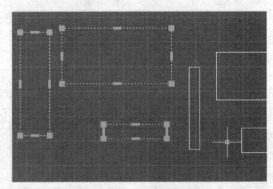

图 3-26　窗口选择框　　　　　　　　　　　　图 3-27　选择结果

　　"窗交选择"是使用频率非常高的选择方式。使用此方式一次也可以选择多个对象。在命令行"指定对角点"提示下从右向左拉出一个矩形选择框，此选择框即为"窗交选择框"，选择框以虚线显示，内部以绿色填充，如图 3-28 所示。

　　当指定选择框的对角点之后，所有与选择框相交的对象都被选中，即使没有完全在选择框内也被选中，如图 3-29 所示。

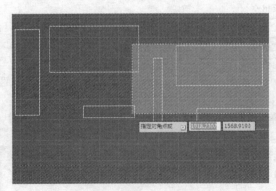
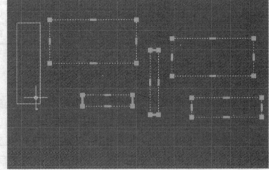

图 3-28　窗交选择框　　　　　　　　　　　　图 3-29　选择结果

提示:

　　除了以上 3 种主要选择方法，AutoCAD 还有"组"、"前一"、"最后"、"全部"、"不规则窗口"、"不规则交叉窗口"、"围线"、"扣除"、"返回到加入"、"多选"、"单选"、"交替选择对象"、"快速选择"、"用选择过滤器选择"等方法来选择对象。

3.3　绘图辅助功能

在绘制图形时，往往难以使用鼠标在绘图区准确定位绘制精确的图形，为了解决这些问题，AutoCAD 提供了"捕捉"、"栅格"、"正交"、"极轴"、"对象捕捉"、"对象追踪"、"动态输入"等一系列绘图辅助工具，从而帮助用户快速绘制精确的图形。

3.3.1　打开或关闭捕捉和栅格功能

在 AutoCAD 中为了精确绘制图形，可以打开各种捕捉及追踪功能辅助绘图，还可以结合栅格功能明确绘图界限，控制绘图区域。

在 AutoCAD 2013 中，用户可以通过以下几种方式激活捕捉功能。

- 单击状态栏上的"捕捉模式"按钮。
- 按 F9 功能键。
- 执行"工具>绘图设置"命令，在打开的"草图设置"对话框中选择"捕捉和栅格"选项卡，在该选项卡中勾选"启用捕捉"复选框。

"栅格"是点或线的矩阵，遍布指定为栅格界限的整个区域，如图 3-30 所示。在 AutoCAD 2013 中，用户可以通过以下几种方式执行栅格功能。

- 单击状态栏上的"栅格显示"按钮。
- 按 F7 功能键。
- 按快捷键 Ctrl+G。
- 执行"工具>绘图设置"命令，在打开的"草图设置"对话框中选择"捕捉和栅格"选项卡，在该选项卡中勾选"启用栅格"复选框。

图 3-30　栅格显示效果

3.3.2　设置捕捉参数

捕捉模式用于限制十字光标，使其按照用户定义的间距移动。当捕捉模式打开时，光标似乎附着或捕捉到不可见的栅格点上，捕捉模式有助于使用箭头键或定点设备来精确地定位点。

例如，将 X 轴的步长设置为 30，将 Y 轴的步长设置为 40，那么光标每次水平跳动一次，则走过 30 个单位的距离，每垂直跳动一次，则走过 40 个单位的距离，如果连续跳动，则走过的距离是步长的整数倍。

自测 18　捕捉功能的打开与设置

素材：无
视频：视频\第 3 章\视频\3-3-2.swf
源文件：无

01 在状态栏的"捕捉模式"按钮上单击鼠标右键，在弹出的快捷菜单中选择"设置"选项，如图 3-31 所示，弹出"草图设置"对话框，如图 3-32 所示。

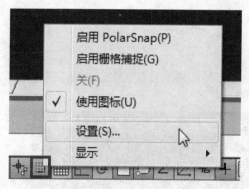

图 3-31　选择"设置"选项

图 3-32　"草图设置"对话框

02 在该对话框中勾选"启动捕捉"复选框，取消勾选"X 轴间距和 Y 轴间距相等"复选框，如图 3-33 所示。在"捕捉 X 轴间距"文本框内输入数值 30，在"捕捉 Y 轴间距"文本框内输入数值 40，如图 3-34 所示。单击"确定"按钮，完成捕捉参数的设置。

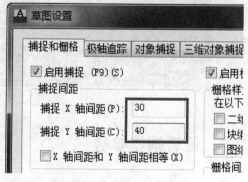

图 3-33　"草图设置"对话框（一）

图 3-34　"草图设置"对话框（二）

"捕捉类型"选项组用于设置捕捉的类型及样式，使用系统默认设置即可。

3.3.3　设置栅格参数

"栅格"是一些标定位置的小点，点的密度、距离、样式都可以通过设置来变换，它就像一张坐标纸，使用它可以提供直观的距离和位置参照。栅格点仅仅显示在图形界限内，只作为绘图的辅助工具出现，不是图形的一部分，也不会被打印输出。

可以将栅格显示为点矩阵或线矩阵，对于所有视觉样式，栅格均显示为线。仅在当前视觉样式设定为"二维线框"时栅格才显示为点，如图 3-35 所示。默认情况下，在二维和三维环境中工作时都会显示线栅格，如图 3-36 所示。

图 3-35　点样式

图 3-36　线样式

如果栅格以线显示，则颜色较深的线（称为主栅格线）将间隔显示。在以小数单位或英尺、英寸绘图时，主栅格线对于快速测量距离尤其有用，可以在"草图设置"对话框中控制主栅格线的频率。

栅格点之间的距离可以随意调整，如果用户使用步长捕捉功能绘图，最好是按照 X、Y 轴方向的捕捉间距设置栅格点间距。要关闭主栅格线的显示，将主栅格线的频率设定为 1 即可。在"草图设置"对话框中，各选项的作用如下所述。

栅格样式: 该选项组用来控制不同空间显示的栅格样式。

➢ 二维模型空间: 勾选该复选框，二维模型空间的栅格样式将设定为点栅格。

➢ 块编辑器: 勾选该复选框，块编辑器的栅格样式将设定为点栅格。

➢ 图纸/布局: 勾选该复选框，图纸和布局的栅格样式将设定为点栅格。

栅格间距: 该选项组用来控制栅格之间的距离，有助于直观显示。

➢ 栅格 X 轴间距: 该文本框用来控制 X 方向上的栅格间距。如果该值为 0，则栅格采用"捕捉 X 轴间距"的数值集。

➢ 栅格 Y 轴间距: 该文本框用来控制 Y 方向上的栅格间距。如果该值为 0，则栅格采用"捕捉 Y 轴间距"的数值集。

➢ 每条主线之间的栅格数: 该微调框用来控制主栅格线相对于次栅格线的频率。将 GRIDSTYLE 设定为 0 时，将显示栅格线而不显示栅格点。

栅格行为: 该选项组用来控制将 GRIDSTYLE 设定为 0 时，所显示的栅格线的外观。

➢ 自适应栅格: 勾选该复选框，缩小时限制栅格密度。

➢ 允许以小于栅格间距的间距再拆分: 勾选该复选框，放大时生成更多间距更小的栅格线。主栅格线的频率确定这些栅格线的频率。

➢ 显示超出界限的栅格: 勾选该复选框, 显示超出 LIMITS 命令指定区域的栅格。
➢ 遵循动态 UCS: 勾选该复选框, 更改栅格平面以跟随动态 UCS 的 XY 平面。

自测19 栅格功能的打开与设置

素材: 无
视频: 视频\第 3 章\视频\3-3-3.swf
源文件: 无

01 用鼠标右键单击状态栏中的"栅格显示"按钮, 在弹出的快捷菜单中选择"设置"选项, 如图 3-37 所示。

02 在弹出的"草图设置"对话框中, 勾选"启用栅格"复选框, 根据需要选择相应选项, 如图 3-38 所示。

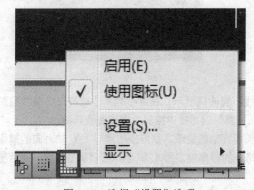

图 3-37 选择"设置"选项

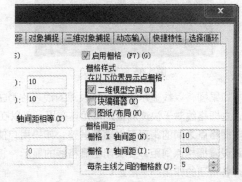

图 3-38 选择相应选项

提示:

如果激活了栅格功能后, 在绘图区没有显示出栅格点, 则说明当前图形界限过大, 导致栅格点太密, 需要修改栅格点之间的距离。

3.3.4 使用正交模式

正交模式可以将光标限制在水平或垂直方向上移动, 以便精确地创建和修改对象。创建或移动对象时, 使用正交模式则光标将限制在水平或垂直方向上。移动光标时, 在水平轴和垂直轴中哪个轴距离光标更近, 引线将沿着哪个轴移动。

提示打开正交模式时, 使用直接距离输入方法以创建指定长度的正交线或将对象移动指定的距离。在绘图和编辑过程中, 可以随时打开或关闭正交模式, 输入坐标或指定对象捕捉时将忽略"正交"。

要临时打开或关闭正交模式, 可按住临时替代键 Shift。使用临时替代键时, 无法使用直接距离输入方法。在 AutoCAD 2013 中，用户可以通过以下几种方法激活正交模式。

- 单击状态栏中的"正交模式"按钮。
- 按功能键 F8。
- 在命令行输入 ORTHO 命令并按 Enter 键。

提示：

　　打开正交模式时，将自动关闭"极轴追踪"，"极轴追踪"与正交模式同时只能打开一个。

3.3.5　使用 GRID 命令

　　GRID 是指在当前视口中显示栅格图案。在 AutoCAD 2013 中，用户也可以使用 GRID 命令设置栅格，在命令行中输入 GRID 命令并按 Enter 键激活该功能，如图 3-39 所示。在命令行中单击"开(ON)"选项，即可在绘图窗口中显示栅格。

命令：
GRID
GRID 指定栅格间距(X) 或 [开(ON) 关(OFF) 捕捉(S) 主(M) 自适应(D) 界限(L) 跟随(F) 纵横向间距(A)] <10.0000>:

图 3-39　执行 GRID 命令

　　栅格间距：设定栅格间距的值。在值后面输入 x 可将栅格间距设定为按捕捉间距增加的指定值。
　　开：打开使用当前间距的栅格。
　　关：关闭栅格。
　　捕捉：将栅格间距设定为由 SNAP 命令指定的捕捉间距。
　　主：指定主栅格线相对于次栅格线的频率。将以除二维线框之外的任意视觉样式显示栅格线而非栅格点。
　　自适应：控制放大或缩小时栅格线的密度。自适应行为，限制缩小时栅格线或栅格点的密度。该设置也由 GRIDDISPLAY 系统变量控制。允许以小于栅格间距的间距再拆分。如果打开，则放大时将生成其他间距更小的栅格线或栅格点。这些栅格线的频率由主栅格线的频率确定。
　　界限：显示超出 LIMITS 命令指定区域的栅格。
　　跟随：更改栅格平面以跟随动态 UCS 的 XY 平面。该设置也由 GRIDDISPLAY 系统变量控制。
　　纵横向间距：沿 X 和 Y 方向更改栅格间距，可具有不同的值。在输入值之后输入 x 将栅格间距定义为捕捉间距的倍数，而不是以图形单位定义栅格间距。

3.3.6　使用 SNAP 命令

　　SNAP 是指限制光标按指定的间距移动，用户可以在命令行输入 SNAP 并按 Enter 键激活该功能，如图 3-40 所示。

命令：
命令：SNAP
SNAP 指定捕捉间距或 [打开(ON) 关闭(OFF) 纵横向间距(A) 传统(L) 样式(S) 类型(T)] <10.0000>:

图 3-40　输入 SNAP 命令

　　打开：使用捕捉栅格的当前设置激活捕捉模式。
　　关闭：关闭捕捉模式但保留当前设置。
　　纵横向间距：在 X 和 Y 方向指定不同的间距。
　　传统：设置与当前 UCS 的 XY 平面平行的矩形捕捉栅格。X 间距与 Y 间距可能不同。
　　样式：指定"捕捉"栅格的样式为标准或等轴测。
　　类型：指定捕捉类型——矩形捕捉。

3.3.7 "对象捕捉"工具栏

"对象捕捉"工具栏包括一个视觉辅助工具，称为"自动捕捉"，它可以帮助用户更有效地查看和使用对象捕捉。当光标移到对象的捕捉位置时，系统将自动显示标记和工具提示。

AutoCAD 2013 共为用户提供了 13 种对象捕捉功能，如图 3-41 所示。使用这些捕捉功能可以非常方便、精准地将光标定位到图形的特征点上，如直线的端点、中点等。

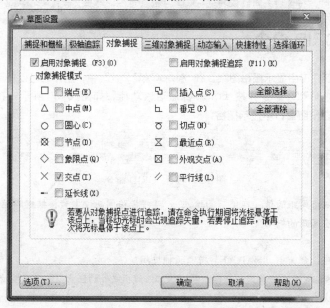

图 3-41 "对象捕捉"选项卡

在该对话框内设置某种捕捉模式后，系统将一直保持这种捕捉模式，直到用户取消维持，所以该对话框中的捕捉被称为"自动捕捉"。用户还可以在"标准"工具栏中单击鼠标右键，在弹出的快捷菜单中选择"对象捕捉"选项，"对象捕捉"工具栏即可出现在绘图区的上方，如图 3-42 所示。

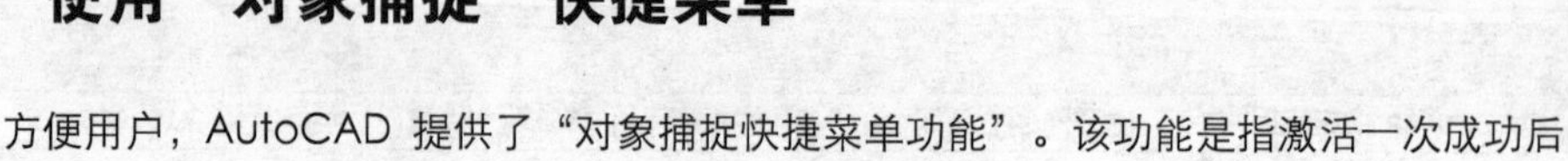

图 3-42 "对象捕捉"工具栏

在绘图过程中，当系统要求用户指定一个点时(例如选择"直线"命令后，系统要求指定一点作为直线的起点)，可以单击该工具栏中相应的"特征点"按钮，再把光标移动到对象附近，系统即可捕捉到该点。

3.3.8 使用"对象捕捉"快捷菜单

为了方便用户，AutoCAD 提供了"对象捕捉快捷菜单功能"。该功能是指激活一次成功后，系统只能捕捉一次，如果需要反复捕捉点，则需要多次激活该功能。

这些临时捕捉功能位于"对象捕捉"快捷菜单中，按住 Shift 或 Ctrl 键，单击鼠标右键，即可打开"对象捕捉"快捷菜单，如图 3-43 所示。

临时追踪点：可以在一次操作中创建多条追踪线，并根据这些追踪线确定所要定位的点的位置。

捕捉自：在使用相对坐标指定下一个应用点时，"捕捉自"工具可以提示输入基点，并将该点作为临时参照点，这与通过输入前缀@使用最后一个点作为参照点类似，虽然不是对象捕捉模式，但经常与对象捕捉一起使用。

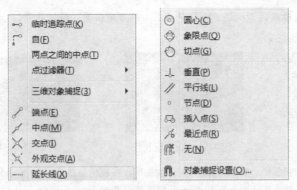

图 3-43　"对象捕捉"快捷菜单

捕捉到端点：捕捉到对象的最近端点。包括圆弧、椭圆弧、直线线段、多段线的线段、射线的端点以及实体及三维面边线的端点，如图 3-44 所示。

捕捉到中点：用来捕捉到对象的中点。包括圆弧、椭圆弧、多线、直线、多段线的线段、样条曲线、构造线的中点，以及实体及三维面边线的中点，如图 3-45 所示。

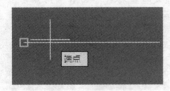
图 3-44　拾取端点

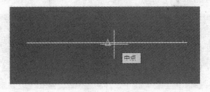
图 3-45　拾取中点

捕捉到交点：捕捉到两个对象的交点。包括圆弧、圆、椭圆、椭圆弧、多线、直线、多段线、射线、样条曲线、参照线彼此间的交点，如图 3-46 所示。还能捕捉面域和曲线边的交点，但不能捕捉三维实体的边线的交点。

另外，还能捕捉两个对象延伸后的交点（通常称为"延伸交点"），如图 3-47 所示。但必须保证这两个对象沿着其路径延伸肯定会相交。若要使用延伸交点模式，必须明确地选择一次交点对象捕捉方式，然后单击其中一个对象，之后系统会提示选择第二个对象，单击第二个对象后，系统将立即捕捉到这两个对象延伸所得到的虚构交点，如图 3-48 所示。

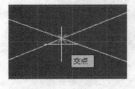
图 3-46　捕捉交点

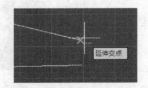
图 3-47　选择第一条线

图 3-48　捕捉到交点

捕捉到外观交点：捕捉到两个对象的外观交点。捕捉到外观交点是捕捉三维空间内对象在当前坐标系平面内投影的交点。这两个对象实际上在三维空间中并未相交，但在屏幕上显示了相交。

可以捕捉到由圆弧、圆、椭圆、椭圆弧、多线、直线、多段线、射线、样条曲线或参照线构成的两个对象的外观交点。延伸的外观交点在意义和操作方法上同上面介绍的"延伸交点"基本相同。

捕捉到延长线（也叫"延伸对象捕捉"）：可捕捉到沿着直线或圆弧的自然延伸线的点。若要使用这种捕捉，需将光标暂停在某条直线或圆弧的端点片刻，系统将在光标位置处显示出一个"+"符号，如图 3-49 所示。

当该直线或圆弧被选为延伸线后，沿着延长线方向移动光标，系统会在延长线处引出一条追踪虚线，此时单击或输入一个距离值，即可在对象延长线上精准定位点，如图 3-50 所示。

捕捉到圆心：捕捉对象的圆心。其中包括圆弧、圆、椭圆、椭圆弧或多段线的圆心。激活该功能后，将光标停在圆或弧等的边缘或圆心附近，系统将在圆心处显示出圆心标记符号，如图 3-51 所示。此时，单击即可捕捉到圆心。

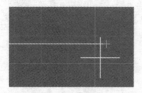

图 3-49 确定端点

图 3-50 选定延长线

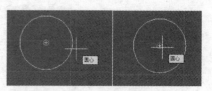

图 3-51 拾取圆心

捕捉到象限点： 可捕捉圆弧、圆、椭圆、椭圆弧或多段线段的象限点，如图 3-52 所示。象限点可以想象为将当前坐标平移至对象圆心处时，对象与坐标系正 X 轴、负 X 轴、正 Y 轴、负 Y 轴等 4 个轴的交点。

捕捉到切点： 捕捉对象上的切点。利用该功能可以绘制两圆相切，制作切线，如图 3-53 所示。当选择圆弧、圆或多段线的线段作为相切直线的起点时，系统将自动启用延伸相切捕捉模式。延伸相切捕捉模式不可用于椭圆或样条曲线。

捕捉到垂足： 捕捉两个相互垂直对象的交点。当圆弧、圆、多线、直线、多段线、参照线或三维实体边线作为绘制垂线的第一捕捉点的参照时，系统将自动启用延伸垂足捕捉模式，如图 3-54 所示。

图 3-52 选择象限点

图 3-53 圆切线

图 3-54 选定垂足

捕捉点到平行线： 用于创建与现有直线段平行的直线段（包括直线或多段线段）。

使用该功能时，可先绘制一条直线 A，在绘制要与该线平行的另一直线 B 时，先指定直线 B 的第一个点，然后单击该按钮，将光标暂停在现有的直线线段 A 上片刻，系统会在直线 A 上显示平行线符号，在光标处显示"平行"提示，如图 3-55 所示。

绕着直线 B 的第一点转动皮筋线，当转动到与直线 A 平行方向时，系统显示临时的平行线路径，在平行线路径上某点处单击指定直线 B 的第二点，如图 3-56 所示。

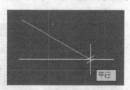

图 3-55 确定要平行的线

图 3-56 转动光标确定平行线

捕捉到插入点： 捕捉到文字、块、属性等对象的插入点。比如画一条直线，然后选择对象捕捉，一般的捕捉选项不是在端点就是在中点，选择插入点以后，就可以在这条直线的任意点取点，进行下一步操作。选择插入点之后会发现靠近直线后，直线上会出现一个叉形标记，如图 3-57 所示。

捕捉到节点： 捕捉到点对象。使用时需要将拾取框放在节点上，系统会显示出节点的标记符号，单击即可拾取该点，如图 3-58 所示。

图 3-57 选择"插入点"

图 3-58 捕捉节点

捕捉到最近点：捕捉到对象上距离光标最近的点，如图 3-59 所示。

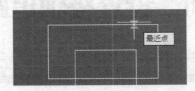

图 3-59　选择最近点

无捕捉：不适用任何对象捕捉模式，暂时关闭对象捕捉模式。

对象捕捉设置：单击该按钮将打开"草图设置"对话框。

3.3.9　极轴追踪与对象捕捉追踪

"极轴追踪"功能可以根据当前设置的追踪角度，控制光标的移动角度。创建或修改对象时，使用"极轴追踪"以显示由指定的极轴角度所定义的临时对齐路径。在三维视图中，极轴追踪额外提供上下方向的对齐路径，工具提示会为该角度显示 +Z 或 -Z。

极轴角与当前用户坐标系（UCS）的方向和图形中基准角度约定的设置相关，用户可以在"图形单位"对话框（UNITS）中设定角度基准方向。在 AutoCAD 2013 中，用户可以通过以下几种方式激活"极轴追踪"功能。

- 单击状态栏上的"极轴追踪"按钮。
- 按功能键 F10。
- 执行"工具>绘图设置"命令，在打开的"草图设置"对话框中单击"极轴追踪"选项卡，勾选"启用对象极轴追踪"复选框。

用鼠标右键单击状态栏中的"对象捕捉"按钮，在弹出的快捷菜单中选择"设置"选项，然后在弹出的"草图设置"对话框中勾选"启用对象捕捉追踪"复选框，可激活对象捕捉追踪功能，如图 3-60 所示。

使用对象捕捉追踪，在命令中指定点时，光标可以沿基于其他对象捕捉点的对齐路径进行追踪，如图 3-61 所示。要使用对象捕捉追踪，必须打开一个或多个对象捕捉。

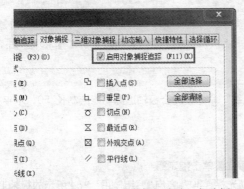

图 3-60　勾选"启用对象捕捉追踪"复选框

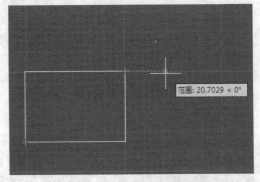

图 3-61　沿对象捕捉点追踪线

小技巧：

在 AutoCAD 2013 中，用户还可以通过按 F11 功能键或是单击状态栏中的"对象捕捉追踪"按钮，启用对象捕捉追踪功能。

自测 20　设置极轴追踪角度

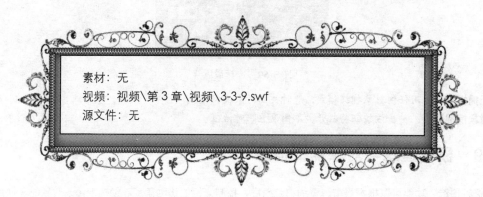

素材：无
视频：视频\第 3 章\视频\3-3-9.swf
源文件：无

01 执行"工具>绘图设置"命令，在弹出的"草图设置"对话框中选择"极轴追踪"选项卡。勾选该选项卡中的"启动极轴追踪"复选框，如图 3-62 所示。

02 单击"增量角"文本框右侧的倒三角按钮，在展开的下拉列表中选择30，如图 3-63 所示。

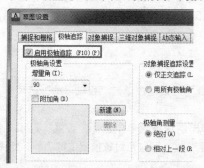

图 3-62　勾选"启用极轴追踪"复选框

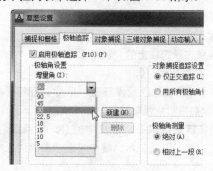

图 3-63　选择角度

> **提示：**
>
> 在"极轴角设置"选项组中的"增量角"下拉列表内，系统提供了多种增量角，用户可以使用极轴追踪沿着 90°、60°、45°、30°、22.5°、18°、15°、10° 和 5° 的极轴角增量进行追踪，也可以指定其他角度。

03 单击"确定"按钮关闭该对话框。执行"绘图>直线"命令，配合极轴追踪功能绘制长 50、水平夹角为 30° 的线段，命令如下。

```
命令：_LINE
指定第一点：                    //在绘图区任意位置单击指定第一点
指定下一点或 [放弃(U)]：50       //向右上方移动光标，30° 方向上引出如图 3-64 所示的极轴追
                                踪线，输入 50 并按 Enter 键
指定下一点或[放弃(U)]：          //按 Enter 键绘制结束，如图 3-65 所示
```

> **提示：**
>
> 为了使读者更好地理解，此处特别添加了标注，尺寸标注的具体内容将在以后的章节中讲到。

图 3-64　输入值

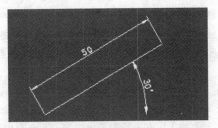

图 3-65　最终效果

在实际操作中，往往要选择预设值以外的其他角度增量值，这时就需要勾选"附加角"复选框，如图 3-66 所示。单击"新建"按钮，创建一个附加角，如图 3-67 所示。系统就会以所设置的附加角进行追踪，如果要删除一个角度值，在选取该角度值后单击"删除"按钮即可。

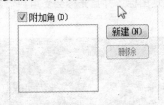

图 3-66　选定附加角

图 3-67　输入值

> **提示：**
> "附加角"最多可以新建 10 个，在该对话框中只能删除用户自定义的附加角，系统预设的增量角不能被删除。

> **提示：**
> 在 AutoCAD 中，不但可以在增量角方向上出现极轴追踪虚线，还可以在增量角的倍数方向上出现极轴追踪虚线。

3.3.10　使用自动追踪绘图功能

使用自动追踪绘图功能可以快速而精确地定位点，这在很大程度上提高了绘图效率。执行"工具>选项"命令，打开"选项"对话框，如图 3-68 所示。单击"绘图"选项卡，在该选项卡中勾选相应的复选框，如图 3-69 所示。

图 3-68　"选项"对话框

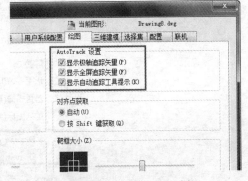

图 3-69　勾选相应的复选框

显示极轴追踪矢量：设置是否显示极轴追踪的矢量数据。

显示全屏追踪矢量：设置是否显示全屏追踪的矢量数据。

显示自动追踪工具提示：设置在追踪特征点时是否显示工具栏上的相应按钮提示文字。

3.3.11　使用动态输入

"动态输入"在光标附近提供了一个命令界面，以帮助用户专注于绘图区域。单击状态栏上的"动态输入"按钮，激活动态输入功能。动态输入共有 3 个组件：指针输入、标注输入和动态提示。

打开动态输入时，工具提示将在光标旁边显示信息，该信息会随光标移动而动态更新。当某命令处于活动状态时，工具提示将为用户提供输入的位置，如图 3-70 所示。

在输入字段中输入值并按 Tab 键后，该字段将显示一个锁定图标，并且光标会受用户输入的值约束，随后可以在第二个输入字段中输入值，如图 3-71 所示。

图 3-70　输入值

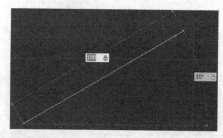

图 3-71　锁定输入值

3.4　图形的有效管理

本节主要讲日常工作中对图形的管理，包括在多个打开的图形之间相互切换、为图形加密、修复图形等内容。

3.4.1　图形的相互切换

在日常工作中，通常会同时打开多张 AutoCAD 图形文件，需要在不同的图形文件中进行编辑。要在不同的图形中相互切换可单击"窗口"菜单，在弹出的菜单中将显示打开的所有文件，如图 3-72 所示。单击选择文件名称，即可切换到其他文件。

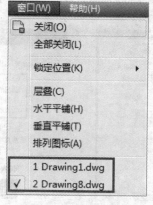

图 3-72　"窗口"菜单

3.4.2　为图形文件加密

　　AutoCAD 2013 还可以为文件加密，即为文件添加密码。当图形文件附加了密码时，未经授权的人员将不再能查看该文件，还可以在一定程度上保证图形数据的安全。只有输入正确的密码，才能重新打开该图形。除非将密码删除，否则即使修改和保存文件，文件仍将继续使用该密码。

自测 21　为图形文件加密

素材：无
视频：视频\第 3 章\视频\3-4-2.swf
源文件：无

　　01 执行"文件>另存为"命令，如图 3-73 所示，弹出"图形另存为"对话框，如图 3-74 所示。

图 3-73　执行"另存为"命令

图 3-74　"图形另存为"对话框

　　02 单击对话框中的"工具"菜单，在弹出的下拉列表中选择"安全选项"选项，如图 3-75 所示。
　　03 在弹出的"安全选项"对话框中的"用于打开此图形的密码或短语"文本框中输入密码，如图 3-76 所示。

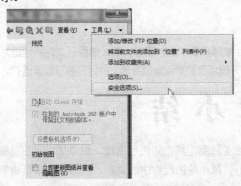

图 3-75　选择"安全选项"选项

图 3-76　"安全选项"对话框

04 单击"确定"按钮，在弹出的"确认密码"对话框中的"再次输入用于打开此图形的密码"文本框中输入密码，如图 3-77 所示。

05 单击"确定"按钮，返回到"图形另存为"对话框，单击"保存"按钮即可保存加密文件。在 AutoCAD 2013 中关闭图形文件，在保存位置找到该文件并双击，弹出"密码"对话框，如图 3-78 所示。

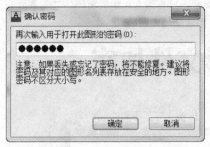

图 3-77 "确认密码"对话框

图 3-78 "密码"对话框

提示:

注意保密前最好备份文件，防止因忘记密码等带来的不便。

在"安全选项"对话框中输入密码后，单击"高级选项"按钮，弹出"高级选项"对话框，如图 3-79 所示。在该对话框中可以选择不同的密钥长度，如图 3-80 所示。密钥长度越长，图形的保护级别越高。

图 3-79 "高级选项"对话框

图 3-80 不同的密钥长度

3.4.3 修复图形

在 AutoCAD 2013 中，如果文件损坏，则可以通过"修改"命令查找并更正错误来修复部分或全部数据。执行"文件>图形实用工具>修改"命令，在弹出的"选择文件"对话框中选择要修复的文件，单击"打开"按钮，AutoCAD 将自动修复图形。

3.4.4 快速恢复图形

如果在图形文件中检测到损坏的数据或者用户在程序发生故障后要求保存图形，那么该图形文件将标记为已损坏。如果只是轻微损坏，有时只需打开图形便可修复它，打开损坏且需要恢复的图形文件时将显示恢复通知。

3.5 本 章 小 结

本章主要讲解了文件的打开、新建、保存方法以及绘图辅助工具，如极轴追踪、对象捕捉、正交模式的运用方法，结合辅助工具可以绘制出更加精确的图形，减小绘图过程中的误差，也为后面章节讲解图形绘制打下基础。

第4章
二维图形的绘制

绘图是 AutoCAD 的主要功能，也是最基本的功能，任何复杂的图形都是由简单的点、线、面等基本图形元素组成的。二维图形包括点、线段、曲线、多段线、正多边形和矩形等。本章将介绍二维图形绘制与编辑的方法及技巧，读者只要熟练掌握这些基本图形的绘制方法，就可以灵活、高效地绘制各种复杂的图形。

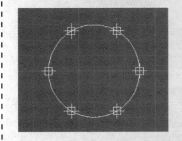

实例名称： 定数等分圆形
视频： 视频\第 4 章\视频\4-1-3.swf
源文件： 源文件\第 4 章\4-1-3.dwg

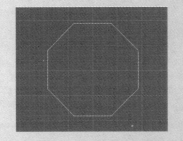

实例名称： 绘制正多边形
视频： 视频\第 4 章\视频\4-3-2.swf
源文件： 源文件\第 4 章\4-3-2.dwg

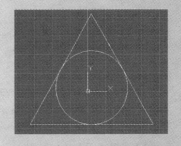

实例名称： 使用"相切、相切、相切"
　　　　　　命令绘制圆
视频： 视频\第 4 章\视频\4-4-6.swf
源文件： 源文件\第 4 章\4-4-6.dwg

实例名称： 创建圆环
视频： 视频\第 4 章\视频\4-4-21.swf
源文件： 源文件\第 4 章\4-4-21.dwg

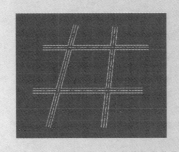

实例名称： 创建多线样式绘制路线图
视频： 视频\第 4 章\视频\4-5-3.swf
源文件： 源文件\第 4 章\4-5-3.dwg

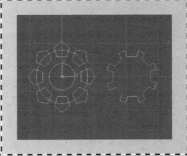

实例名称： 创建边界多段线
视频： 视频第 4 章\视频\4-6-1.swf
源文件： 源文件\第 4 章\4-6-1.dwg

4.1 绘制点对象

在 AutoCAD 2013 中，点对象可用于捕捉和偏移对象的节点或参考点，起到辅助、参照和标记的作用。用户可以通过"单点"、"多点"、"定数等分"和"定距等分"4 种方法创建点对象。

4.1.1 创建单点和多点

启动 AutoCAD 2013 后，执行"绘图>点>单点"命令，如图 4-1 所示。在绘图窗口的任意位置单击，即可完成绘制单点的操作，如图 4-2 所示。

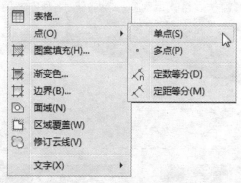

图 4-1 执行"绘图>点>单击"命令   图 4-2 创建单点

提示:

在默认状态下，点图形显示成一个小点。

单点和多点没有太大区别，只是在绘图时单点绘制点时每画一个点就结束命令了；而使用多点绘制点时，可以在屏幕上一直单击绘制很多的点。

执行"绘图>点>多点"命令，如图 4-3 所示，在绘图窗口的任意位置多次单击，即可完成绘制多点的操作，如图 4-4 所示。

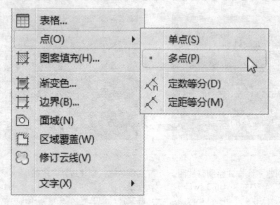

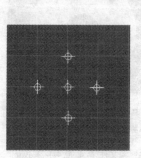

图 4-3 执行"绘图>点>多点"命令   图 4-4 创建多点

自测 22 使用命令创建单点

素材：无
视频：视频\第 4 章\视频\4-1-1.swf
源文件：无

01 启动 AutoCAD 2013，在命令行中输入 POINT 并按 Enter 键，如图 4-5 所示。
02 在绘图窗口的任意位置单击，即可完成单点的创建，如图 4-6 所示。

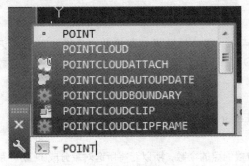

图 4-5 输入 POINT 命令

图 4-6 创建单点

4.1.2 设置点样式

在 AutoCAD 2013 中，默认情况下绘制出的点在绘图区显示为一个实心小圆点，在画面上难以分辨，因此需要先对点的样式进行设置。

AutoCAD 2013 提供了多种点样式，用户可以根据需要设置当前点的显示样式。可以通过以下几种方法设置点样式。

● 执行"格式>点样式"命令。
● 在命令行输入 DDPTYPE 命令并按 Enter 键。

使用以上任意一种方法，都将弹出"点样式"对话框，如图 4-7 所示。在该对话框中可以看到 AutoCAD 2013 提供的 20 种点样式。可从中选择任意一个点的样式，并可以在"点大小"文本框里输入具体值设置点的大小，系统默认的值为 5%。完成设置后单击"确定"按钮，即可完成点样式的设置，更改效果如图 4-8 所示。

提示：

在"点样式"对话框中，选择"相对于屏幕设置大小"单选按钮，点将按照屏幕尺寸的百分比显示；选择"按绝对单位设置大小"单选按钮，点将按照实际尺寸显示。

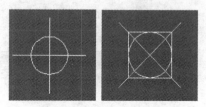

图 4-7 "点样式"对话框 　　　　　　　　　　　　　　　　图 4-8 更改点样式效果

4.1.3 绘制定数等分点

"定数等分"命令用来将对象按照指定的数目等分，等分的结果是在等分点处增加点的标记符号，而源对象并没有被分为多个对象。在 AutoCAD 2013 中，可以通过以下几种方法执行"定数等分"命令。

● 执行"绘图>点>定数等分"命令。
● 在命令行输入 DIVIDE（或别名 DIV）命令并按 Enter 键。

在使用"定数等分"命令时要清楚以下两点。

● 输入为等分数：输入的数值为等分数而并不是放置的点的个数，所以若将所选对象分成 N 份，那么实际上只生成 N–1 个点。
● 对一个对象操作：在同一时段只能对一个对象进行定数等分操作，而不能对两个或两个以上的多个对象进行操作。

自测 23　定数等分圆形

素材：素材\第 4 章\素材\41301.dwg
视频：视频\第 4 章\视频\4-1-3.swf
源文件：源文件\第 4 章\4-1-3.dwg

01 启动 AutoCAD 2013，执行"文件>打开"命令，打开素材文件"素材\第 4 章\素材\41301.dwg"，如图 4-9 所示。

02 执行"格式>点样式"命令，在弹出的"点样式"对话框中选择点样式，如图 4-10 所示。

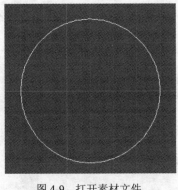

图 4-9 打开素材文件

图 4-10 "点样式"对话框

03 单击"确定"按钮，执行"绘图>点>定数等分"命令，如图 4-11 所示。根据命令行的提示在绘图区域中单击选择图形对象，如图 4-12 所示。

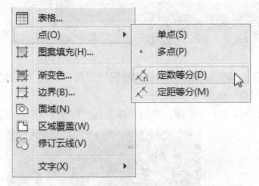

图 4-11 执行"绘图>点>定数等分"命令

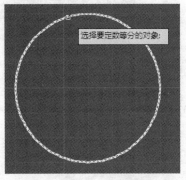

图 4-12 选择图形

04 在命令行中输入等分数目为 6 并按 Enter 键，如图 4-13 所示。定数等分图形效果如图 4-14 所示。

图 4-13 输入等分数

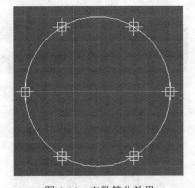

图 4-14 定数等分效果

提示:

"块（B）"选项用于在对象等分点的位置放置内部图块，用来替代点标记。在执行此选项时，必须确保当前文件中存在所需的内部图块。

4.1.4 绘制定距等分点

"定距等分"命令用来将对象按照指定距离等分，等分的结果是在等分点处增加点的标记符号（或内部图块），而源对象并没有被分为多个对象。在 AutoCAD 2013 中，可以通过以下几种方法执行"定距等分"命令。

● 执行"绘图>点>定距等分"命令。
● 在命令行输入 MEASURE（或别名 ME）命令并按 Enter 键。

自测 24　定距等分线段

素材：无
视频：视频\第 4 章\视频\4-1-4.swf
源文件：源文件\第 4 章\4-1-4.dwg

01 启动 AutoCAD 2013，单击状态栏上的"正交模式"按钮，单击"绘图"工具栏上的"直线"按钮，根据命令行的提示，在绘图区域单击指定第一点，如图 4-15 所示。

02 将鼠标水平向右移动，并在命令行中输入 1000 并按 Enter 键，绘制一条直线，如图 4-16 所示。

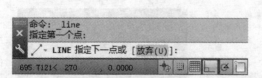

图 4-15　命令行操作记录

图 4-16　绘制一条直线

03 执行"格式>点样式"命令，在弹出的"点样式"对话框中选择点样式，如图 4-17 所示。

04 单击"确定"按钮，执行"绘图>点>定距等分"命令，根据命令行的提示，在绘图区域中单击选择直线，如图 4-18 所示。

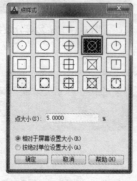

图 4-17　"点样式"对话框

图 4-18　选择直线

05 在命令行中输入数值指定线段长度并按 Enter 键，如图 4-19 所示。定距等分对象效果如图 4-20 所示。

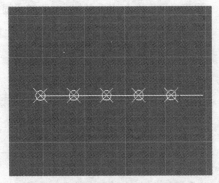

选择要定距等分的对象：
指定线段长度或 [块(B)]: 200
键入命令

图 4-19　输入数值　　　　　　　　　图 4-20　定距等分对象效果

4.2　绘制直线、射线和构造线

线条是各种绘图操作中最基础、最常用的绘图效果之一，只要指定了起点和终点，使用 LINE 命令即可绘制一条直线。使用 LINE 命令不仅可以生成单条线段，也可以生成连续折线。

在 AutoCAD 2013 中，可以用二维坐标 (x, y) 或三维坐标 (x, y, z) 来指定端点，也可以混合使用二维坐标和三维坐标。如果输入二维坐标，则 AutoCAD 2013 将用当前的高度作为 Z 轴坐标值，默认值为 0。

4.2.1　绘制直线

直线是绘图中最简单的线性工具之一，使用"直线"命令可以在两点间绘制直线，用户可以通过鼠标或键盘来决定线段的起点和终点。

使用"直线"命令绘制的线段，都是一个单独的直线对象。在 AutoCAD 2013 中，可以通过以下几种方法执行"直线"命令。

● 执行"绘图>直线"命令。
● 单击"绘图"工具栏中的"直线"按钮。
● 在命令行输入 LINE 命令并按 Enter 键。

自测 25　绘制简单的建筑结构图

素材：无
视频：视频\第 4 章\视频\4-2-1.swf
源文件：源文件\第 4 章\4-2-1.dwg

01 启动 AutoCAD 2013，用鼠标右键单击状态栏中的"极轴追踪"按钮，在弹出的快捷菜单中选择"设置"选项，弹出"草图设置"对话框，设置如图 4-21 所示。

02 在命令行输入 LINE 并按 Enter 键，根据命令行的提示，操作如下：

```
命令: _line 指定第一点:                        //在绘图区中单击指定图形绘制的起点
指定下一点或 [放弃(U)]: 720                     //向右上方 45°方向移动鼠标，输入数值并按
                                               Enter 键

指定下一点或 [放弃(U)]: 250                     //向右移动鼠标，输入数值并按 Enter 键
指定下一点或 [闭合(C)/放弃(U)]: 500              //向下移动鼠标，输入数值并按 Enter 键
指定下一点或 [闭合(C)/放弃(U)]: 750              //向右移动鼠标，输入数值并按 Enter 键
指定下一点或 [闭合(C)/放弃(U)]: 500              //向上移动鼠标，输入数值并按 Enter 键
指定下一点或 [闭合(C)/放弃(U)]: 250              //向右移动鼠标，输入数值并按 Enter 键
指定下一点或 [闭合(C)/放弃(U)]: 720              //向右下方 45°方向移动鼠标，输入数值并按
                                               Enter 键

指定下一点或 [闭合(C)/放弃(U)]: 500              //向下移动鼠标，输入数值并按 Enter 键
指定下一点或 [闭合(C)/放弃(U)]: 2270             //向左移动鼠标，输入数值并按 Enter 键
指定下一点或 [闭合(C)/放弃(U)]: c               //单击命令行中的"闭合"选项，图形效果如
                                               图 4-22 所示。
```

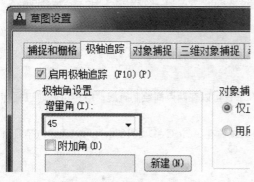

图 4-21 "草图设置"对话框

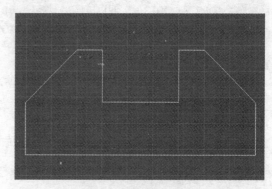

图 4-22 图形效果

提示:

启动"直线"命令后，当输入的端点超过 3 个时，系统将出现"执行下一点或[闭合（C）/放弃（U）]"这个提示，当选择"闭合（C）"选项时，会封闭所绘制的折线并结束绘制；选择"放弃（U）"时，系统将会删除最后一次绘制的图形线段。

4.2.2 绘制射线

一端固定而另一端无限延伸的直线称为射线，射线仅向一个方向延伸，射线在绘图过程中经常被作为辅助线使用。在 AutoCAD 2013 中，可以通过以下几种方法创建射线。

● 执行"绘图>射线"命令。
● 在命令行输入 RAY 命令并按 Enter 键。

自测 26　绘制射线

素材：无
视频：视频\第4章\视频\4-2-2.swf
源文件：源文件\第4章\4-2-2.dwg

启动 AutoCAD 2013，在命令行输入 RAY 并按 Enter 键，根据命令行的提示，操作如下：

指定起点：	//在绘图区任意位置单击，以确定射线的顶点
指定通过点：	//在绘图区其他位置单击，确定射线通过点
指定通过点：	//在绘图区其他位置单击，确定射线通过点
指定通过点：	//在绘图区其他位置单击，确定射线通过点
指定通过点：	//按 Enter 键结束绘制，图形效果如图 4-23 所示

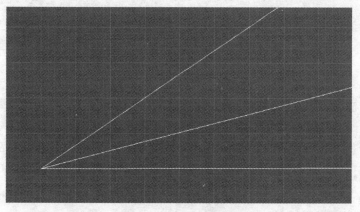

图 4-23　绘制射线效果

4.2.3　绘制构造线

构造线是一条没有起点和终点的无限延伸的直线，它通常被作为辅助线使用。构造线具有普通 AutoCAD 图形对象的各项属性，如图层、颜色、线型等，还可以通过修改变成射线和直线。

构造线可以放置在三维空间中的任意位置。在 AutoCAD 2013 中，可以通过以下几种方法绘制构造线。

- 执行"绘图>构造线"命令。
- 单击"绘图"工具栏中的"构造线"按钮。
- 在命令行输入 XLINE 命令并按 Enter 键。

自测 27　绘制构造线

素材：无
视频：视频\第 4 章\视频\4-2-3.swf
源文件：源文件\第 4 章\4-2-3.dwg

启动 AutoCAD 2013，在命令行输入 XLINE 并按 Enter 键，根据命令行的提示，操作如下：

指定点或 [水平(H)/垂直(V)/角度(A)/二等分(B)/偏移(O)]：H
//单击命令行中的"水平"选项

指定通过点：	//在绘图区任意位置单击指定通过点创建构造线
指定通过点：	//按 Enter 键结束绘制
命令：	//按 Enter 键重复"构造线"命令
XLINE 指定点或 [水平(H)/垂直(V)/角度(A)/二等分(B)/偏移(O)]：A	
	//单击命令行中的"角度"选项
输入构造线的角度 (0) 或 [参照(R)]：45	//输入 45 按 Enter 键指定构造线的角度
指定通过点：	//在绘图区任意位置单击指定通过点创建构造线
指定通过点：	//按 Enter 键结束绘制
命令：	//按 Enter 键重复"构造线"命令
XLINE 指定点或 [水平(H)/垂直(V)/角度(A)/二等分(B)/偏移(O)]：B	
	//单击命令行中的"二等分"选项
指定角的顶点：	//在绘图区单击两条构造线的交点
指定角的起点：	//在绘图区单击其中一条构造线
指定角的端点：	//在绘图区单击另一条构造线
指定角的端点：	//按 Enter 键结束绘制，图形效果如图 4-24 所示

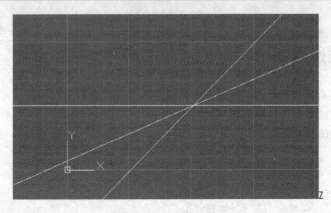

图 4-24　绘制构造线

指定点：是默认的选项，指定任意一点即可创建一条构造线。

水平：可创建经过指定点的水平构造线。

垂直：可创建经过指定点的垂直构造线。

二等分：可创建等分某角度的构造线。

偏移：可创建平行于一条基线且与其有一定距离的构造线。

4.3 绘制矩形和多边形

在 AutoCAD 2013 中可以绘制矩形和多边形，还可以在命令中通过设置不同的参数绘制出不同属性的矩形，多边形包括边数为 3~1024 的正多边形。

4.3.1 绘制矩形

在 AutoCAD 2013 中，通过制定两个对角点不仅可以绘制出标准矩形，还可以根据命令中的不同参数设置绘制出圆角矩形、有厚度的矩形、倒角矩形等多种矩形，如图 4-25 所示。用户可以通过以下几种方式绘制矩形。

- 执行 "绘图>矩形" 命令。
- 单击 "绘图" 工具栏中的 "矩形" 按钮□。
- 在命令行输入 RECTANG 命令并按 Enter 键。

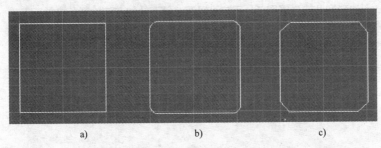

a)   b)   c)

图 4-25   不同类型的矩形

a) 标准矩形   b) 圆角矩形   c) 倒角矩形

自测 28   绘制圆角矩形

素材：无

视频：视频\第 4 章\视频\4-3-1.swf

源文件：源文件\第 4 章\4-3-1.dwg

启动 AutoCAD 2013，在命令行中输入 RECTANG 命令并按 Enter 键。命令行提示如下：

命令：RECTANG

指定第一个角点或 [倒角(C)/标高(E)/圆角(F)/厚度(T)/宽度(W)]: F

//单击命令行中的"圆角"选项

指定矩形的圆角半径 <0.0000>: 50

//输入 50 并按 Enter 键指定圆角半径

指定第一个角点或 [倒角(C)/标高(E)/圆角(F)/厚度(T)/宽度(W)]: 0,0

//输入绝对坐标（0，0）并按 Enter 键

指定另一个角点或 [面积(A)/尺寸(D)/旋转(R)]: 1500,1500

//输入绝对坐标（1500，1500）并按 Enter 键，图形效果如图 4-26 所示。

图 4-26 绘制效果

角点：通过指定矩形框的两个角点绘制矩形。

倒角：设置矩形的倒角距离。

标高：指定矩形的标高，即所绘制的矩形在 Z 轴方向上的高度。

圆角：指定矩形的圆角半径。

厚度：指定矩形的厚度。

宽度：指定所绘制矩形的多段线的宽度。

4.3.2　绘制正多边形

在 AutoCAD 2013 中，多边形可以由 3～1024 条等边长的多段线组成，也可以使用"多边形"命令绘制等边三角形、六边形和八边形等图形。用户可以通过以下几种方法绘制多边形。

● 执行"绘图>多边形"命令。

● 单击"绘图"工具栏中的"多边形"按钮。

● 在命令行输入 POLYGON 命令并按 Enter 键。

自测 29　绘制正多边形

素材：无

视频：视频\第 4 章\视频\4-3-2.swf

源文件：源文件\第 4 章\4-3-2.dwg

启动 AutoCAD 2013，在命令行输入 POLYGON 命令并按 Enter 键。命令行提示如下。

命令: POLYGON

输入侧面数 <5>: 8　　　　　　　　　　　　　//设置多边形的边数

指定正多边形的中心点或[边 (E)]:　　　　　　//在绘图区的任意一点单击确定多边形的中心点

输入选项 [内接于圆(I)/外切于圆(C)] <I>: I　　//选择"内接于圆"选项

指定圆的半径: 500　　　　　　　　　　　　　//指定圆的半径，图形效果如图 4-27 所示

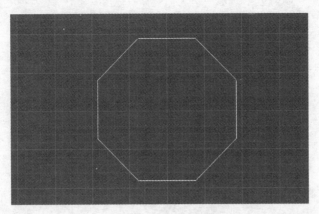

图4-27 正多边形效果

4.4 绘制圆、圆弧、椭圆和椭圆弧

曲线对象是创建图形时较为常用的对象。在 AutoCAD 中，曲线对象主要包括圆、圆弧、椭圆等，与正方形、多边形的绘制方法相比其绘制过程较为复杂，但是绘制方法也比较多。

4.4.1 通过指定圆心和半径绘制圆

在 AutoCAD 2013 中，默认情况下采用指定圆的圆心和半径的方法绘制圆形。用户可以通过以下几种方法指定圆心和半径来绘制圆。

- 执行"绘图>圆>圆心、半径"命令。
- 单击"绘图"工具栏中的"圆"按钮。
- 在命令行输入 CIRCLE 命令并按 Enter 键。

自测 30 通过指定圆心和半径绘制圆

素材：无
视频：视频\第 4 章\视频\4-4-1.swf
源文件：源文件\第 4 章\4-4-1.dwg

启动 AutoCAD 2013，在命令行输入 CIRCLE 命令并按 Enter 键。命令行提示如下：

命令: CIRCLE
指定圆的圆心或 [三点(3P)/两点(2P)/切点、切点、半径(T)]: 0,0   //指定圆的圆心
指定圆的半径或 [直径(D)]: 150   //指定圆的半径并按 Enter 键，
                                                          图形效果如图 4-28 所示

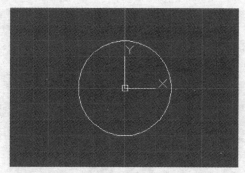

图 4-28　图形效果

4.4.2　通过指定圆心和直径来绘制圆

通过指定圆心和直径来绘制圆的方法与通过指定圆心和半径来绘制圆的方法相同，这里就不再讲解。

4.4.3　通过两点绘制圆

执行"绘图>圆>两点"命令，如图 4-29 所示。在绘图区中单击确定直径的一个点，然后拖动鼠标单击确定直径的第二个点来绘制圆形，如图 4-30 所示。

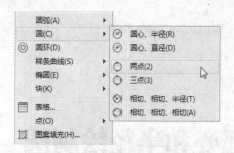

图 4-29　执行菜单命令

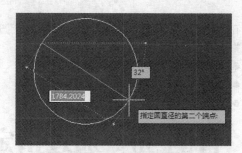

图 4-30　图形效果

4.4.4　通过三点绘制圆

AutoCAD 2013 中绘制圆形的方法多种多样，不仅可以通过两点绘制圆，还可以通过三点绘制圆。执行"绘图>圆>三点"命令，如图 4-31 所示。根据命令行的提示，在绘图区中单击确定三个点绘制圆形，如图 4-32 所示。

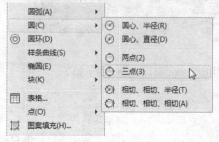

图 4-31　执行菜单命令

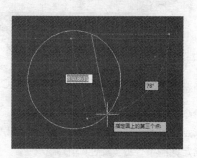

图 4-32　图形效果

4.4.5 使用"相切、相切、半径"命令绘制圆

在 AutoCAD 2013 中，还可以通过指定半径和两个相切对象绘制圆形。使用此方法有可能找不到符合条件的圆形，此时命令行将提示"圆不存在"，有时也会有多个圆符合指定条件。

自测31　使用"相切、相切、半径"命令绘制圆

素材：素材\第 4 章\素材\44501.dwg
视频：视频\第 4 章\视频\4-4-5.swf
源文件：源文件\第 4 章\4-4-5.dwg

01 启动 AutoCAD 2013，打开素材文件"素材\第 4 章\素材\44501.dwg"，如图 4-33 所示。执行"绘图>圆>相切、相切、半径"命令，如图 4-34 所示。

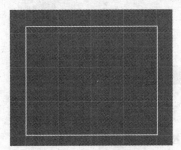

图 4-33　打开素材图形

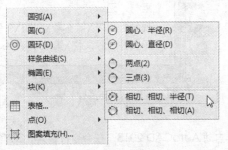

图 4-34　执行菜单命令

02 根据命令行的提示指定对象与圆的第一个切点，如图 4-35 所示。根据命令行的提示指定对象与圆的第二个切点，如图 4-36 所示。

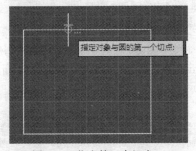

图 4-35　指定第一个切点

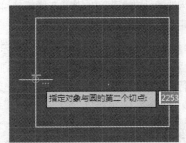

图 4-36　指定第二个切点

03 在命令行输入 400 指定圆的半径并按 Enter 键，如图 4-37 所示。图形效果如图 4-38 所示。

指定对象与圆的第二个切点:
指定圆的半径: 400
键入命令

图 4-37　指定圆的半径

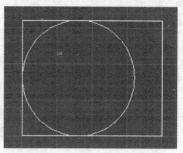

图 4-38　图形效果

4.4.6　使用"相切、相切、相切"命令绘制圆

AutoCAD 2013 中绘制圆的方法很多，该命令是利用与圆的四周相切的 3 个点来绘制圆，接下来通过一个简单的自测来讲解如何使用该方法绘制圆。

自测32　使用"相切、相切、相切" 命令绘制圆

素材: 无
视频: 视频\第 4 章\视频\4-4-6.swf
源文件: 源文件\第 4 章\4-4-6.dwg

01 启动 AutoCAD 2013，在命令行输入 POLYGON 命令并按 Enter 键。命令行提示如下:

命令: POLYGON	
输入侧面数 <4>: 3	//指定多边形的边数
指定正多边形的中心点或 [边(E)]: 50,50	//指定正多边形的中心点
输入选项 [内接于圆(I)/外切于圆(C)] <I>: I	//选择"内接于圆"选项
指定圆的半径: 1000	//指定圆的半径

02 按 Enter 键，图形效果如图 4-39 所示。执行"绘图>圆>相切、相切、相切"命令，如图 4-40 所示。

03 根据命令行的提示在刚绘制的三角形上任意一点处单击，指定圆上的第一点，如图 4-41 所示。根据命令行的提示，确定圆形的 3 个点，图形效果如图 4-42 所示。

提示:

使用"相切、相切、半径"命令和"相切、相切、相切"命令时，根据拾取相切对象的位置不同，得到的结果也不同，系统会在距拾取点最近的部位绘制相切的圆。

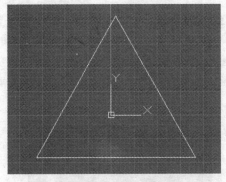

图 4-39　绘制正多边形

图 4-40　执行菜单命令

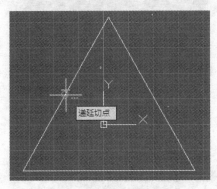

图 4-41　指定圆上的第一点

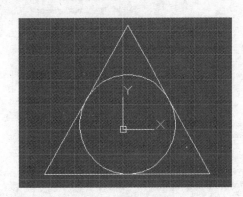

图 4-42　图形效果

4.4.7　通过"三点"命令绘制圆弧

可通过指定圆弧的起点、第二个点和圆弧的端点来绘制圆弧。圆弧的方向是由起点和终点的方向决定的。执行"绘图>圆弧>三点"命令，如图 4-43 所示。根据命令行的提示绘制圆弧，如图 4-44 所示。

图 4-43　执行菜单命令

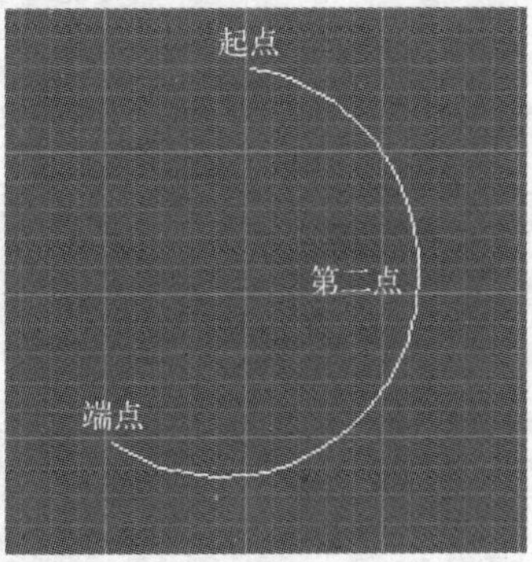

图 4-44　绘制圆弧

命令行提示如下所示：

命令: _arc
指定圆弧的起点或 [圆心(C)]:　　　　　　　　//在绘图窗口中单击指定圆弧的起点
指定圆弧的第二个点或 [圆心(C)/端点(E)]:　　//在绘图窗口中单击指定圆弧的第二点
指定圆弧的端点:　　　　　　　　　　　　　　//在绘图窗口中单击指定圆弧的端点

4.4.8 通过"起点、圆心、端点"命令绘制圆弧

可通过指定圆弧的起点、圆心和端点绘制圆弧，圆弧的起点与圆心决定圆弧的半径，而端点的位置决定了圆弧的长度。执行"绘图>圆弧>起点、圆心、端点"命令，如图 4-45 所示。根据命令行的提示绘制圆弧，如图 4-46 所示。

图 4-45　执行菜单命令

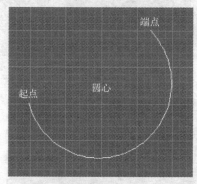

图 4-46　绘制圆弧

命令行提示如下所示：

命令：_arc
指定圆弧的起点或 [圆心(C)]：　　　　　　　　//在绘图窗口中单击指定圆弧的起点
指定圆弧的第二个点或 [圆心(C)/端点(E)]：_c 指定圆弧的圆心：
//在绘图窗口中单击指定圆心
指定圆弧的端点或 [角度(A)/弦长(L)]：　　　　　//在绘图窗口中单击指定圆弧的端点

4.4.9 通过"起点、圆心、角度"命令绘制圆弧

可通过指定圆弧的起点、圆心和角度绘制圆弧。执行"绘图>圆弧>起点、圆心、角度"命令，如图 4-47 所示。根据命令行的提示绘制圆弧，如图 4-48 所示。

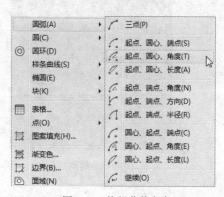

图 4-47　执行菜单命令

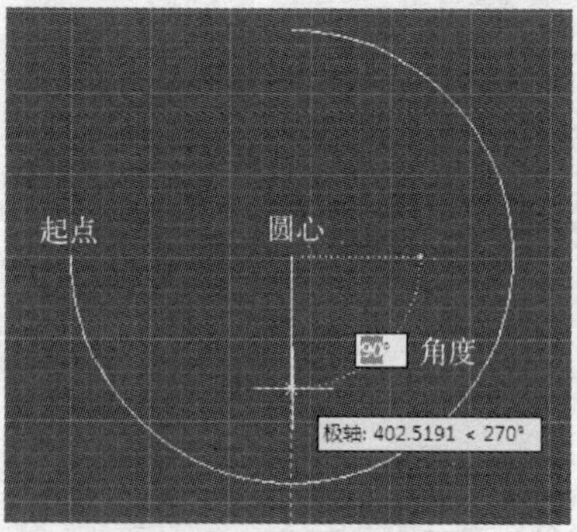

图 4-48　绘制圆弧

命令行提示如下所示：

命令：_arc
指定圆弧的起点或 [圆心(C)]：　　　　　　　　//在绘图窗口中单击指定圆弧的起点

指定圆弧的第二个点或 [圆心(C)/端点(E)]: _c 指定圆弧的圆心:
　　　　　　　　　　　　　//在绘图窗口中单击指定圆心

指定圆弧的端点或 [角度(A)/弦长(L)]: _a 指定包含角:
　　　　　　　　　　　　　//在绘图窗口中指定圆弧的包含角

提示:

如果当前环境设置的角度方向为逆时针方向，并且输入的角度值为正，则从起始点绕圆心沿逆时针方向绘制圆弧；如果输入的角度值为负，则沿顺时针方向绘制圆弧。

4.4.10 通过"起点、圆心、长度"命令绘制圆弧

可通过指定圆弧的起点、圆心和弦长绘制圆弧，所指定的弦长不得超过起点到圆心距离的两倍。执行"绘图>圆弧>起点、圆心、长度"命令，如图 4-49 所示。根据命令行的提示绘制圆弧，如图 4-50 所示。

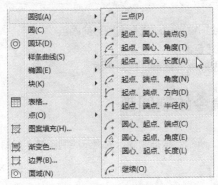

图 4-49 执行菜单命令

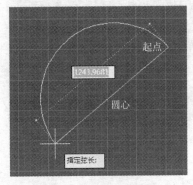

图 4-50 绘制圆弧

命令行提示如下所示:

命令: _arc
指定圆弧的起点或 [圆心(C)]:　　　　　　//在绘图窗口中单击指定圆弧的起点
指定圆弧的第二个点或 [圆心(C)/端点(E)]: _c 指定圆弧的圆心:
//在绘图窗口中单击指定圆心
指定圆弧的端点或 [角度(A)/弦长(L)]: _l 指定弦长:
//指定圆弧两个端点之间的长度

提示:

在命令行指定弦长的提示下，输入的值如果为负值，则此值的绝对值将作为对应整圆的空缺部分圆弧的弦长。

4.4.11 通过"起点、端点、角度"命令绘制圆弧

执行"绘图>圆弧>起点、端点、角度"命令，如图 4-51 所示。根据命令行的提示绘制圆弧，如图 4-52 所示。

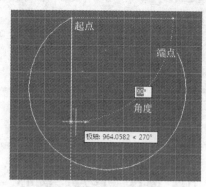

图 4-51 执行菜单命令　　　　　　　　　　　图 4-52 绘制圆弧

命令行提示如下所示：

```
命令: _arc
指定圆弧的起点或 [圆心(C)]:                    //在绘图窗口中单击指定圆弧的起点
指定圆弧的第二个点或 [圆心(C)/端点(E)]: _e
指定圆弧的端点:                               //在绘图窗口中单击指定圆弧的端点
指定圆弧的圆心或 [角度(A)/方向(D)/半径(R)]: _a 指定包含角:
                                            //指定起点与端点之间的角度
```

4.4.12　通过"起点、端点、方向"命令绘制圆弧

执行"绘图>圆弧>起点、端点、方向"命令，如图 4-53 所示。根据命令行的提示绘制圆弧，如图 4-54 所示。

图 4-53 执行菜单命令

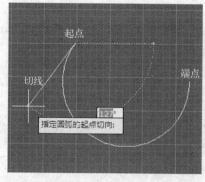

图 4-54 绘制圆弧

命令行提示如下所示：

```
命令: _arc
指定圆弧的起点或 [圆心(C)]:                    //在绘图窗口中单击指定圆弧的起点
指定圆弧的第二个点或 [圆心(C)/端点(E)]: _e
指定圆弧的端点:                               //在绘图窗口中单击指定圆弧的端点
指定圆弧的圆心或 [角度(A)/方向(D)/半径(R)]: _d 指定圆弧的起点切向:
                                            //指定圆弧的切线方向
```

4.4.13 通过"起点、端点、半径"命令绘制圆弧

执行"绘图>圆弧>起点、端点、半径"命令，如图 4-55 所示。根据命令行的提示绘制圆弧，如图 4-56 所示。

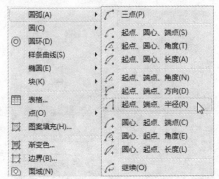

图 4-55 执行菜单命令

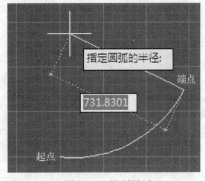

图 4-56 绘制圆弧

命令行提示如下所示：

```
命令: _arc
指定圆弧的起点或 [圆心(C)]:                    //在绘图窗口中单击指定圆弧的起点
指定圆弧的第二个点或 [圆心(C)/端点(E)]: _e
指定圆弧的端点:                                //在绘图窗口中单击指定圆弧的端点
指定圆弧的圆心或 [角度(A)/方向(D)/半径(R)]: _r 指定圆弧的半径:
                                              //指定圆弧的半径
```

4.4.14 通过"圆心、起点、端点"命令绘制圆弧

执行"绘图>圆弧>圆心、起点、端点"命令，如图 4-57 所示。根据命令行的提示绘制圆弧，如图 4-58 所示。

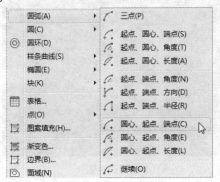

图 4-57 执行菜单命令

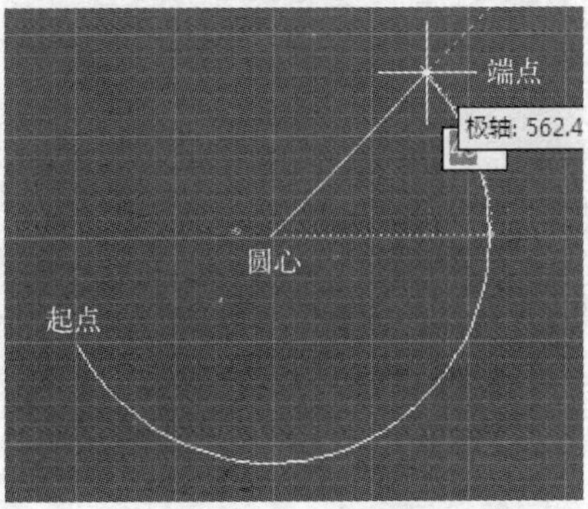

图 4-58 绘制圆弧

命令行提示如下所示：

```
命令: _arc
指定圆弧的起点或 [圆心(C)]: _c 指定圆弧的圆心:     //在绘图窗口中单击指定圆心
指定圆弧的起点:                                  //在绘图窗口中单击指定圆弧的起点
指定圆弧的端点或 [角度(A)/弦长(L)]:              //在绘图窗口中单击指定圆弧的端点
```

4.4.15 通过"圆心、起点、角度"命令绘制圆弧

执行"绘图>圆弧>圆心、起点、角度"命令，如图4-59所示。根据命令行的提示绘制圆弧，如图 4-60 所示。

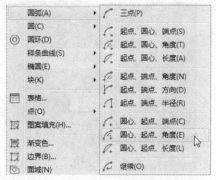

图 4-59 执行菜单命令

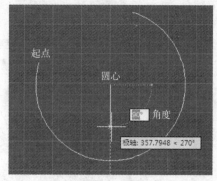

图 4-60 绘制圆弧

命令行提示如下所示：

命令：_arc

指定圆弧的起点或 [圆心(C)]：_c 指定圆弧的圆心：　　//在绘图窗口中单击指定圆心

指定圆弧的起点：　　　　　　　　　　　　　　　//在绘图窗口中单击指定圆弧的起点

指定圆弧的端点或 [角度(A)/弦长(L)]：_a 指定包含角：

　　　　　　　　　　　　　　　　　　　　　　　//在绘图窗口中指定圆弧的包含角

4.4.16 通过"圆心、起点、长度"命令绘制圆弧

执行"绘图>圆弧>圆心、起点、长度"命令，如图4-61所示。根据命令行的提示绘制圆弧，如图 4-62 所示。

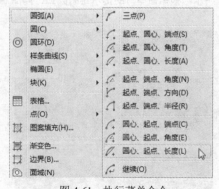

图 4-61 执行菜单命令

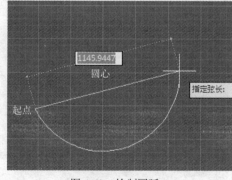

图 4-62 绘制圆弧

命令行提示如下所示：

命令：_arc

指定圆弧的起点或 [圆心(C)]：_c 指定圆弧的圆心：　　//在绘图窗口中单击指定圆心

指定圆弧的起点：　　　　　　　　　　　　　　　//在绘图窗口中单击指定圆弧的起点

指定圆弧的端点或 [角度(A)/弦长(L)]：_l 指定弦长：

　　　　　　　　　　　　　　　　　　　　　　　//在绘图窗口中指定两个端点的长度

4.4.17 通过"继续"命令绘制圆弧

执行"绘图>圆弧>继续"命令,可以在原有圆弧的基础上继续绘制圆弧。在绘图区中绘制一条圆弧,如图 4-63 所示。执行"绘图>圆弧>继续"命令,可以从已有圆弧的结尾处继续绘制圆弧,如图 4-64 所示。

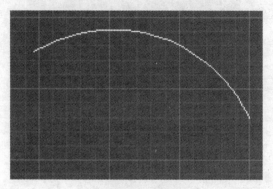

图 4-63 绘制圆弧

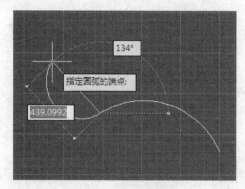

图 4-64 继续绘制圆弧

4.4.18 通过"圆心"命令绘制椭圆

在 AutoCAD 2013 中同样也提供了多种绘制椭圆的方法,椭圆的形状由定义了长度和宽度的两条轴所决定,椭圆与圆最大的区别在于两条轴的长度不相等。用户可以通过以下几种方法绘制椭圆。

- 执行"绘图>椭圆"命令下的子命令。
- 单击"绘图"工具栏中的"椭圆"按钮 。
- 在命令行中输入 ELLIPSE 并按 Enter 键。

执行"绘图>椭圆>圆心"命令,如图 4-65 所示。根据命令行的提示绘制椭圆,如图 4-66 所示。

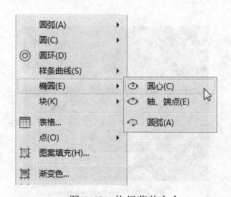

图 4-65 执行菜单命令

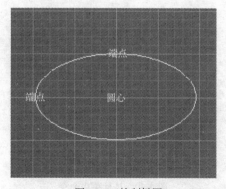

图 4-66 绘制椭圆

命令行提示如下所示:

```
命令: _ellipse
指定椭圆的轴端点或 [圆弧(A)/中心点(C)]: _c    //在绘图窗口中单击指定椭圆的圆心
指定椭圆的中心点:
指定轴的端点:                          //在绘图窗口中单击指定椭圆轴的一个端点
指定另一条半轴长度或 [旋转(R)]:           //在绘图窗口中单击指定另一条半轴的长度
```

4.4.19 通过"轴、端点"命令绘制椭圆

执行"绘图>椭圆>轴、端点"命令，如图 4-67 所示。根据命令行的提示绘制椭圆，图形效果如图 4-68 所示。

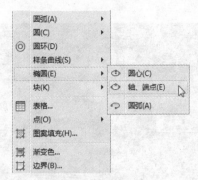

图 4-67 执行菜单命令

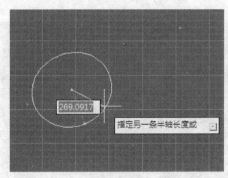

图 4-68 绘制椭圆

命令行提示如下所示：

```
命令: _ellipse
指定椭圆的轴端点或 [圆弧(A)/中心点(C)]:        //在绘图窗口中单击指定椭圆轴的一个端点
指定轴的另一个端点:                           //在绘图窗口中单击指定椭圆轴的另一个端点
指定另一条半轴长度或 [旋转(R)]:               //在绘图窗口中单击指定另一条半轴的长度
```

4.4.20 通过"圆弧"命令绘制椭圆弧

在 AutoCAD 2013 中，用户可以通过指定起点和端点角度绘制椭圆弧。执行"绘图>椭圆>圆弧"命令，如图 4-69 所示。根据命令行的提示绘制椭圆弧，如图 4-70 所示。

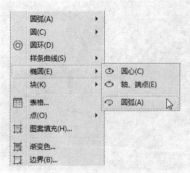

图 4-69 执行菜单命令

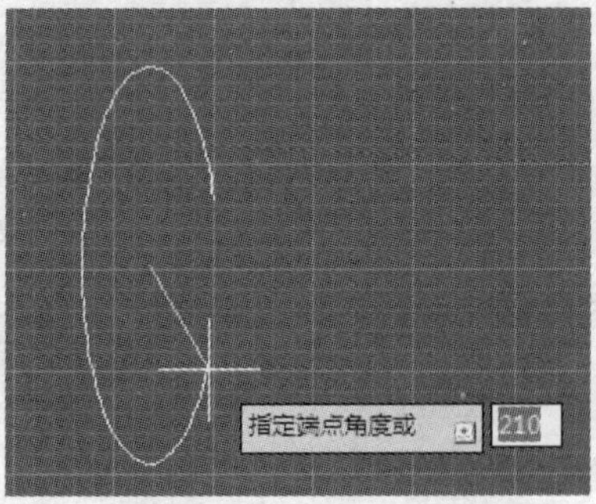

图 4-70 绘制椭圆弧

命令行提示如下所示：

```
命令: _ellipse
指定椭圆的轴端点或 [圆弧(A)/中心点(C)]: _a
指定椭圆弧的轴端点或 [中心点(C)]:             //在绘图窗口中单击指定椭圆轴的一个端点
指定轴的另一个端点:                           //在绘图窗口中单击指定椭圆轴的另一个端点
指定另一条半轴长度或 [旋转(R)]:               //在绘图窗口中单击指定另一条半轴的长度
```

指定起点角度或 [参数(P)]:	//在绘图窗口中单击指定椭圆弧的起点角度
指定端点角度或 [参数(P)/包含角度(I)]:	//在绘图窗口中单击指定椭圆弧的端点角度

4.4.21 创建圆环

圆环是填充环或实体填充圆，即带有宽度的闭合多线段。如果要创建圆环，则要指定圆环的内外直径和圆心。

自测33 创建圆环

素材：无
视频：视频\第 4 章\视频\4-4-20.swf
源文件：源文件\第 4 章\4-4-20.dwg

启动 AutoCAD 2013，在命令行输入 DONUT 命令并按 Enter 键。命令行提示如下。

命令: DONUT	
指定圆环的内径 <0.5000>: 500	//指定圆环的内径
指定圆环的外径 <1.0000>: 1500	//指定圆环的外径
指定圆环的中心点或 <退出>: 0,0	//指定圆环的中心点

按 Enter 键，完成圆环的绘制。图形效果如图 4-71 所示。

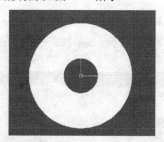

图 4-71 图形效果

4.5 多线的绘制和编辑

所谓多线，就是由两条或两条以上的平行样式构成的复合线对象。在 AutoCAD 2013 中，还可以对每条平行线样式的线型、颜色及间距进行设置，多线常用于绘制建筑图中的墙体、电器线路图等平行线对象。

4.5.1 绘制多线

在 AutoCAD 2013 中，多线可以作为一个单一的实体进行编辑，多线中的平行线可以具有不同的颜色和线型。用户可以通过以下几种方法绘制多线图形。

● 执行"绘图>多线"命令。

● 在命令行中输入 MLINE（或别名 ML）命令并按 Enter 键。

执行"绘图>多线"命令，如图 4-72 所示。根据命令行的提示绘制多线，图形效果如图 4-73 所示。

图 4-72　执行菜单命令

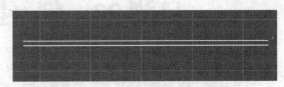

图 4-73　绘制多线

命令行提示如下所示：

```
命令: _mline
当前设置: 对正 = 上，比例 = 20.00，样式 = STANDARD
指定起点或 [对正(J)/比例(S)/样式(ST)]:          //在绘图窗口中单击指定起点
指定下一点:                                      //在绘图窗口中单击指定下一点
指定下一点或 [放弃(U)]:                          //按 Enter 键结束绘制
```

提示:

在默认设置下，所绘制的多线是由两条平行线构成的。

4.5.2　编辑多线

执行"修改>对象>多线"命令，会弹出"多线编辑工具"对话框，如图 4-74 所示。在该对话框中可以对已绘制的多线进行编辑。用户可以改变两条多线的相交形式，在多线中加入和删除控制点，以及将多线切断或结合等。

图 4-74　"多线编辑工具"对话框

自测 34　绘制并编辑多线

素材：无
视频：视频\第 4 章\视频\4-5-2.swf
源文件：源文件\第 4 章\4-5-2.dwg

01 启动 AutoCAD 2013，在命令行中输入 MLINE 命令并按 Enter 键。命令行提示如下：

命令: MLINE	
当前设置: 对正 = 上，比例 = 10.00，样式 = STANDARD	
指定起点或 [对正(J)/比例(S)/样式(ST)]：　0,0	//指定多线的起点
指定下一点：　300,0	//指定多线的下一点
指定下一点或 [放弃(U)]：　300,300	//指定多线的下一点
指定下一点或 [闭合(C)/放弃(U)]：　0,300	//指定多线的下一点
指定下一点或 [闭合(C)/放弃(U)]：　C	//闭合多线绘制

图形效果如图 4-75 所示。

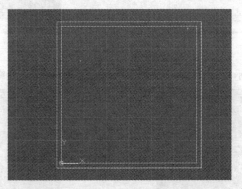

图 4-75　图形效果

提示：

在命令行输入坐标时，需要单击"动态输入"按钮 来关闭"动态输入"状态。

命令:	
MLINE	//重复"多线"命令
当前设置: 对正 = 上，比例 = 10.00，样式 = STANDARD	//多线默认的样式
指定起点或 [对正(J)/比例(S)/样式(ST)]：　145,0	//指定多线的起点
指定下一点：　145,300	//指定多线的下一点
指定下一点或 [放弃(U)]：	//按 Enter 键结束绘制

图形效果如图 4-76 所示。

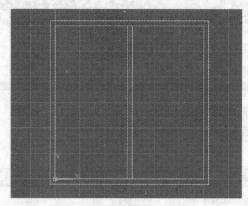

图 4-76　图形效果

02 执行"修改>对象>多线"命令，在弹出的"多线编辑工具"对话框中选择"T 形打开"选项，如图 4-77 所示。

03 返回到绘图窗口中，根据命令行的提示选择两个多线对象，如图 4-78 所示。

图 4-77　"多线编辑工具"对话框

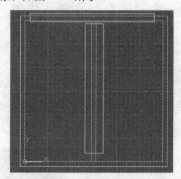

图 4-78　选择两个多线对象

04 图形效果如图 4-79 所示。根据命令行的提示继续选择不同的对象，最终的图形效果如图 4-80 所示。

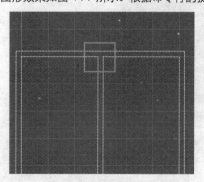

图 4-79　图形效果

图 4-80　最终的图形效果

提示：

　　此处在选择多线对象时，虽然外围的对象是一个整体对象，但是在进行编辑时依然要就近单击选择。比如在编辑下方的交点时，就要单击外围对象的底边。

4.5.3 创建与修改多线样式

多线样式用于控制多线中直线元素的颜色、线型以及每个元素的偏移量，还可以设置背景色和每条多线的端点封口等。用户可以通过以下几种方法执行"多线样式"命令。

● 执行"格式>多线样式"命令。
● 在命令行输入 MLSTYLE 命令并按 Enter 键。

使用以上任意一种方法都可以打开"多线样式"对话框，如图 4-81 所示。在该对话框中，可以新建多线样式并对多线样式进行重命名等操作。

置为当前：单击该按钮，可以将选择的多线样式设置为当前样式。

新建：单击该按钮，可以通过打开的"创建新的多线样式"对话框新建多线样式，如图 4-82 所示。

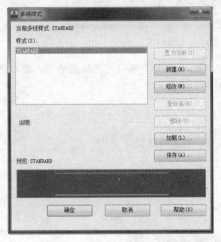

图 4-81 "多线样式"对话框　　　　图 4-82 "创建新的多线样式"对话框

修改：单击该按钮，可以通过打开的"修改多线样式"对话框对选择的多线样式进行修改，系统默认样式不可删除。

重命名：单击该按钮，可以对当前选择的多线样式重新命名。

删除：单击该按钮，可以删除当前选择的多线样式。

加载：单击该按钮，可以通过打开的"加载多线样式"对话框加载外部多线样式，如图 4-83 所示。

保存：单击该按钮，可以通过打开的"保存多线样式"对话框保存多线样式，如图 4-84 所示。

图 4-83 "加载多线样式"对话框　　　　图 4-84 "保存多线样式"对话框

在"创建新的多线样式"对话框中对新建样式的名称进行设置后，单击"继续"按钮，可以打开"新建多线样式：新样式"对话框，如图 4-85 所示。在该对话框中可以对新建的多线样式进行更细致的设置。

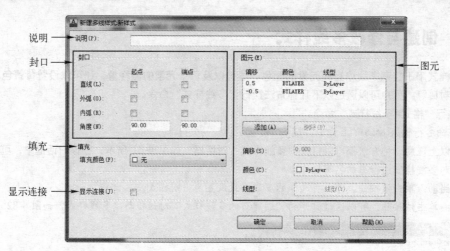

说明 ——
封口 ——
填充 ——
显示连接 ——
图元 ——

图 4-85 "新建多线样式:新样式"对话框

说明:在该文本框中可以为多线样式添加说明,最多可以输入 255 个字符(包括空格)。该部分内容将显示在"多线样式"对话框的"说明"区域,如图 4-86 所示。

填充:用来设置多线的背景色。

显示连接:控制每条多线段顶点处连接的显示。

图元:设置新的和现有的多线样式的样式特性,例如偏移、颜色和线型。

➤ 添加/删除:在多线中添加或删除一条线。

➤ 偏移:设置选中的线样式的偏移量。

➤ 颜色:设置"样式"列表框中选择的线样式的颜色。

➤ 线型:指定"样式"列表框中选择的线样式的线型。

图 4-86 "多线样式"对话框

封口:控制多线起点和端点封口。

➤ 直线:在多线的两端产生直线封口的形式,绘制效果如图 4-87 所示。

➤ 外弧:在多线的两端产生外圆弧封口的形式,绘制效果如图 4-88 所示。

➤ 内弧:在多线的两端产生内圆弧封口的形式,绘制效果如图 4-89 所示。需要注意的是,内弧是指多
    线在有 4 条时连接最里面两条线的封头。

图 4-87 直线封口绘制效果

图 4-88 外弧封口绘制效果

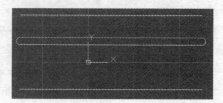

图 4-89 内弧封口绘制效果

➤ 角度：指定多线某一端的端口连线与多线的夹角。

自测 35 创建多线样式绘制路线图

素材：无
视频：视频\第4章\视频\4-5-3.swf
源文件：源文件\第4章\4-5-3.dwg

01 启动 AutoCAD 2013，执行"格式>多线样式"命令，弹出"多线样式"对话框，如图 4-90 所示。

02 单击该对话框中的"新建"按钮，在弹出的"创建新的多线样式"对话框中为新样式命名，如图 4-91 所示。

图 4-90 "多线样式"对话框

图 4-91 "创建新的多线样式"对话框

03 单击"继续"按钮，弹出"新建多线样式：路线"对话框，如图 4-92 所示。单击该对话框中的"添加"按钮添加图元，如图 4-93 所示。

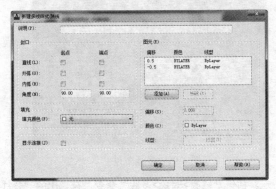

图 4-92 "新建多线样式：路线"对话框

图 4-93 单击"添加"按钮添加图元

04 在"颜色"下拉列表中设置其颜色为黄色，如图 4-94 所示。单击该对话框中的"线型"按钮，弹出"选择线型"对话框，如图 4-95 所示。

图 4-94 设置颜色为黄色

图 4-95 "选择线型"对话框

05 单击该对话框中的"加载"按钮,在弹出的"加载或重载线型"对话框中选择线型,如图 4-96 所示。单击"确定"按钮,返回到"选择线型"对话框,选择加载的线型,如图 4-97 所示。

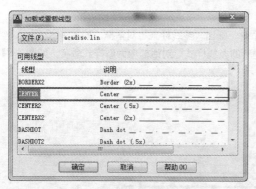

图 4-96 "加载或重载线型"对话框

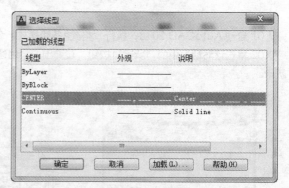

图 4-97 选择加载的线型

06 单击"确定"按钮,返回到"新建多线样式:路线"对话框。单击"确定"按钮,返回到"多线样式"对话框,单击"置为当前"按钮,如图 4-98 所示。

07 单击"确定"按钮,执行"绘图>多线"命令,在绘图窗口中两处不同的位置单击并按 Enter 键,绘制的多线效果如图 4-99 所示。

图 4-98 "多线样式"对话框

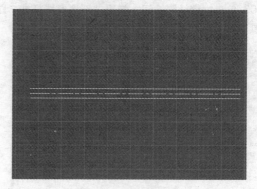

图 4-99 多线效果

08 使用相同的方法绘制多条多线,如图 4-100 所示。执行"修改>对象>多线"命令,在弹出的"多线编辑工具"对话框中选择"十字打开"选项,如图 4-101 所示。

09 返回到绘图区域中,根据命令行的提示选择两条多线,效果如图 4-102 所示。继续选择其他相交的多线,按 Esc 键退出多线的编辑状态,最终效果如图 4-103 所示。

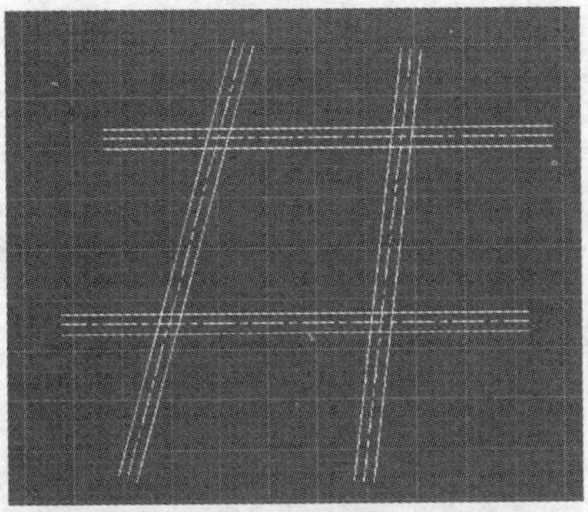

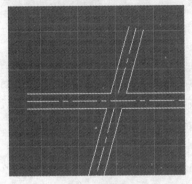

图 4-100　绘制多条多线

图 4-101　"多线编辑工具"对话框

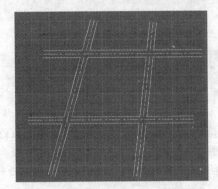

图 4-102　图形效果

图 4-103　最终的图形效果

4.6　多段线的绘制和编辑

多段线是作为单个对象创建的相互连接的线段序列，可以创建直线段、圆弧段或两者的组合线段。使用多段线绘图工具绘图与其他绘图工具绘图的最大区别在于，无论绘制的多段线包含多少条直线或圆弧，AutoCAD 都把它们当做一个单独的对象。

4.6.1　绘制多段线

多段线提供了单个直线段所不具备的编辑功能，用户可以根据需要分别编辑每条线段，设置各线段的宽度等。在 AutoCAD 2013 中，可以通过以下几种方法创建多段线。

- 执行"绘图>多段线"命令。
- 单击"绘图"工具栏中的"多段线"按钮 ⌐⊃。
- 在命令行输入 PLINE（或别名 PL）命令并按 Enter 键。

使用以上任意一种方法都可以激活"多段线"命令。在绘图区任意两点位置单击，命令行将会提示相应的信息，如图 4-104 所示。

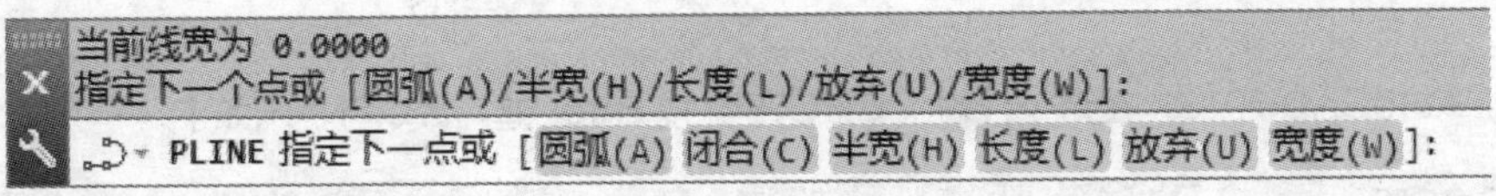

```
当前线宽为 0.0000
指定下一个点或 [圆弧(A)/半宽(H)/长度(L)/放弃(U)/宽度(W)]:
PLINE 指定下一点或 [圆弧(A) 闭合(C) 半宽(H) 长度(L) 放弃(U) 宽度(W)]:
```

图 4-104　命令行信息提示

指定下一个点：该选项是默认的选项，可以指定多段线经过的下一个点，当确定另一端点的位置后将会继续出现同样的提示，可以完成折线的绘制。

闭合：单击该选项，绘制的多段线将自动闭合并结束绘制。若起点与终点有一定的距离，系统将以当前绘制方式连接当前点与起点。

圆弧：单击该选项，绘制方式将由直线转换为圆弧。

半宽/宽度：单击相应的选项，可以设置多段线起点和终点的宽度，起点和终点可以有不同的宽度。

长度：单击该选项，可以设置所绘制直线段的长度。

放弃：单击该选项，将放弃最近的一次线段绘制，即删除最后一次绘制的线段。

> **提示：**
>
> 在 AutoCAD 中绘制具有一定宽度的多段线时，当系统变量 Fillmode 为 1 时，绘制的多段线将被填充；当系统变量 Fillmode 为 0 时，绘制的多段线将不被填充。

在命令行单击选择"圆弧"选项后，命令行将更新相应的提示信息，如图 4-105 所示。

```
指定下一点或 [圆弧(A)/闭合(C)/半宽(H)/长度(L)/放弃(U)/宽度(W)]: A
指定圆弧的端点或
PLINE [角度(A) 圆心(CE) 闭合(CL) 方向(D) 半宽(H) 直线(L) 半径(R) 第二个点(S) 放弃(U) 宽度(W)]:
```

图 4-105　命令行信息提示

角度：选择该选项，系统将根据圆弧对应的圆心角来绘制圆弧段，逆时针为正，顺时针为负。

圆心：选择该选项，系统将根据指定的圆心来绘制圆弧段。

闭合：选择该选项，闭合多段线并结束绘制。当前点与起点有一定距离时，系统将以当前绘制方式连接当前点与起点。

方向：选择该选项，系统将根据起点的切线方向绘制圆弧段。

直线：选择该选项，绘制方式将由圆弧转换为直线。

半径：选择该选项，系统将根据指定的半径值绘制圆弧段。

第二个点：选择该选项，系统将根据 3 个点绘制圆弧段。

放弃：选择该选项，将放弃最近的一次圆弧绘制，即删除最后一次绘制的圆弧段。

自测 36　创建边界多段线

素材：无
视频：视频\第 4 章\视频\4-6-1.swf
源文件：源文件\第 4 章\4-6-1.dwg

01 启动 AutoCAD 2013，在命令行输入 CIRCLE 并按 Enter 键。命令行提示如下：

```
命令: CIRCLE
指定圆的圆心或 [三点(3P)/两点(2P)/切点、切点、半径(T)]: 0,0    //指定圆的圆心
```

```
指定圆的半径或 [直径(D)]: 500                              //指定圆的半径
命令: CIRCLE                                              //重复绘图命令
指定圆的圆心或 [三点(3P)/两点(2P)/切点、切点、半径(T)]: 0,0      //指定圆的圆心
指定圆的半径或 [直径(D)] <500.0000>: 1000                  //指定圆的半径
```

同心圆绘制效果如图 4-106 所示。

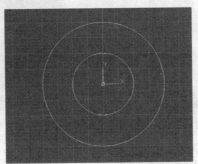

图 4-106　同心圆绘制效果

02 在命令行输入 POLYGON 并按 Enter 键。命令行提示如下:

```
命令: POLYGON
输入侧面数 <4>: 5                                //指定多边形的边数
指定正多边形的中心点或 [边(E)]:                    //单击外围圆形正上方的圆边
输入选项 [内接于圆(I)/外切于圆(C)] <I>: I           //创建内接于圆的多边形
指定圆的半径: 320                                 //指定圆的半径, 绘制多边形
```

03 多边形绘制效果如图 4-107 所示。执行"修改>阵列>环形阵列"命令, 根据命令行的提示, 在绘图区中单击选择多边形, 如图 4-108 所示。

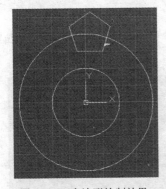

图 4-107　多边形绘制效果

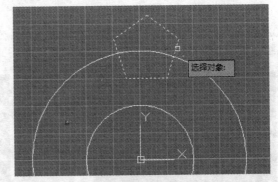

图 4-108　选择多边形

04 按 Enter 键, 根据命令行的提示, 执行如下操作:

```
指定阵列的中心点或 [基点(B)/旋转轴(A)]:               //单击圆心指定阵列的中心点
选择夹点以编辑阵列或 [关联(AS)/基点(B)/项目(I)/项目间角度(A)/填充角度(F)/行(ROW)/层(L)/旋转
项目(ROT)/退出(X)] <退出>: I                       //选择"项目"选项
输入阵列中的项目数或 [表达式(E)] <6>: 8               //指定组成阵列的对象数目
选择夹点以编辑阵列或 [关联(AS)/基点(B)/项目(I)/项目间角度(A)/填充角度(F)/行(ROW)/层(L)/旋转
项目(ROT)/退出(X)] <退出>:                          //按 Enter 键结束
```

05 执行"绘图>边界"命令，弹出"边界创建"对话框，单击"拾取点"按钮，如图 4-109 所示。返回到绘图界面中，在绘图区中单击多边形与圆之间的区域，如图 4-110 所示。

图 4-109 "边界创建"对话框

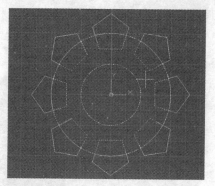

图 4-110 单击多边形与圆之间的区域

06 按 Enter 键，命令行将提示已创建多段线，如图 4-111 所示。单击"修改"工具栏中的"移动"按钮，在绘图区中单击选择创建的多段线，如图 4-112 所示。

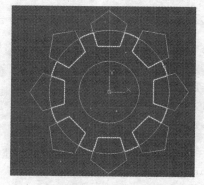

图 4-112 选择多段线

图 4-111 命令行信息提示

07 按 Enter 键，在命令行输入坐标（0，0）指定基点，如图 4-113 所示。将鼠标移动到合适位置单击，即可移动多段线位置，如图 4-114 所示。

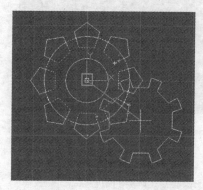

图 4-113 指定基点

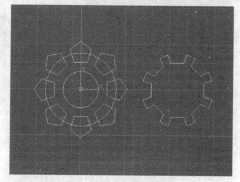

图 4-114 移动多段线位置

4.6.2 编辑多段线

多段线绘制完成后，执行"修改>对象>多段线"命令，在绘图区中选择绘制的多段线，根据命令行的提示可以对多段线进行编辑，如图 4-115 所示。

```
命令: _pedit
选择多段线或 [多条(M)]:
PEDIT 输入选项 [闭合(C) 合并(J) 宽度(W) 编辑顶点(E) 拟合(F) 样条曲线(S) 非曲线化(D) 线型生成(L) 反转(R) 放弃(U)]:
```

图 4-115　命令行提示信息

闭合：创建多段线的闭合线，将首尾连接，如图 4-116 所示。如果多段线是闭合的，系统将提示"打开（O）"选项，用于打断多段线。

合并：将直线段、圆弧或者多段线连接到指定的非闭合多段线上。如果编辑的是多个多段线，则系统将提示输入合并多段线的允许距离；如果编辑的是单个多段线，则系统将连续选取首尾连接的直线、圆弧和多段线等对象，并将它们连成一条多段线。选择该选项时，要连接的各相邻对象必须在形式上彼此首尾相连。

宽度：为整个多段线指定新的统一宽度，如图 4-117 所示。

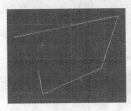 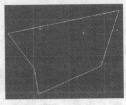

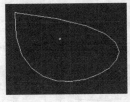 

图 4-116　闭合前后的对比效果　　　　　　图 4-117　设置宽度前后的对比效果

编辑顶点：编辑多段线的顶点，只能对单个多段线进行操作。选择该选项后，单击鼠标右键弹出如图 4-118 所示的快捷菜单。

➤ 打断：删除多段线上指定两点之间的线段。
➤ 插入：在多段线当前编辑的顶点之后添加新的顶点。
➤ 移动：移动当前的编辑顶点。
➤ 重生成：重新生成多段线。
➤ 拉直：拉直多段线中位于指定两个顶点间的线段。
➤ 切向：将切线方向附着到编辑顶点以便使用于以后的曲线拟合。
➤ 宽度：修改当前编辑顶点之后线段的起点宽度和端点宽度。

拟合：采用双圆弧曲线拟合多段线的拐角。

样条曲线：生成以多段线的各顶点作为控制点的样条曲线，如图 4-119 所示。

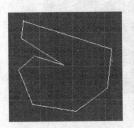 

图 4-118　快捷菜单　　　　　　图 4-119　生成样条曲线前后的对比效果

非曲线化：删除由拟合曲线或样条曲线插入的多余顶点，拉直多段线的所有线段。

线型生成：生成经过多段线顶点的连续图案线型。关闭此选项，将在每个顶点处以点画线开始和结束生成线型。"线型生成"选项不能用于带变宽线段的多段线。

反转：反转多段线顶点的顺序，即起点将变成终点。

放弃：还原操作，可一直返回到 Pedit 任务开始时的状态。

自测 37　编辑多段线

素材：无
视频：视频\第 4 章\视频\4-6-2.swf
源文件：源文件\第 4 章\4-6-2.dwg

01 启动 AutoCAD 2013，使用"多段线"工具在绘图区中绘制多段线，如图 4-120 所示。命令行提示如下：

```
命令:_pline
指定起点:                                                //指定多段线的起点
当前线宽为 0.0000
指定下一个点或 [圆弧(A)/半宽(H)/长度(L)/放弃(U)/宽度(W)]:          //指定下一个点
指定下一个点或 [圆弧(A)/闭合(C)/半宽(H)/长度(L)/放弃(U)/宽度(W)]:    //指定下一个点
指定下一个点或 [圆弧(A)/闭合(C)/半宽(H)/长度(L)/放弃(U)/宽度(W)]:    //指定下一个点
指定下一个点或 [圆弧(A)/闭合(C)/半宽(H)/长度(L)/放弃(U)/宽度(W)]:    //指定下一个点
指定下一个点或 [圆弧(A)/闭合(C)/半宽(H)/长度(L)/放弃(U)/宽度(W)]:    //按 Enter 键结束绘制
```

02 执行"修改>对象>多段线"命令，在绘图区中选择多段线，如图 4-121 所示。

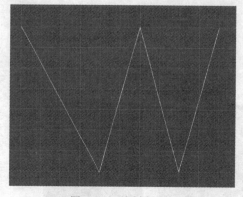

图 4-120　绘制多段线

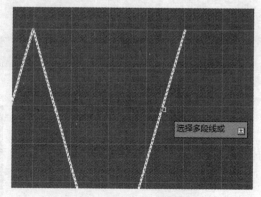

图 4-121　选择多段线

03 单击鼠标右键，在弹出的快捷菜单中选择"编辑顶点"选项，如图 4-122 所示。在命令行中选择

"移动"选项,激活"移动多段线顶点"命令,如图 4-123 所示。

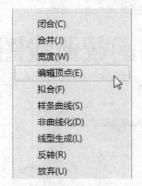

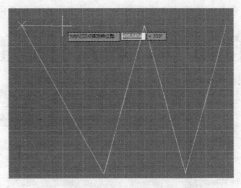

图 4-122 选择"编辑顶点"选项　　　　　　　图 4-123 选择"移动"选项

04 拖动鼠标到合适位置并单击,图形效果如图 4-124 所示。在命令行中选择"退出"选项,退出顶点的编辑状态。选择命令行中的"样条曲线"选项,将多段线曲线化,按 Esc 键退出多段线的编辑状态,图形效果如图 4-125 所示。

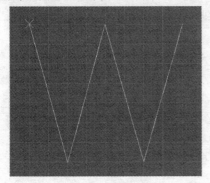

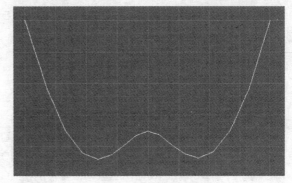

图 4-124 移动顶点　　　　　　　　　图 4-125 样条曲线效果

4.7　样条曲线的绘制和编辑

　　样条曲线是由某些数据点(控制点)拟合生成的光滑曲线,所绘制的曲线可以是二维曲线,也可以是三维曲线。

4.7.1　绘制样条曲线

　　样条曲线至少有 3 个顶点,通常被用来创建形状不规则的曲线。在 AutoCAD 2013 中,可以通过以下几种方法创建样条曲线。

● 执行"绘图>样条曲线>拟合点\控制点"命令。
● 单击"绘图"工具栏中的"样条曲线"按钮 。
● 在命令行输入 SPLINE (或别名 SPL) 命令并按 Enter 键。

　　使用以上任意一种方法都可以激活"样条曲线"命令。在绘制样条曲线的过程中,命令行也会提示相应的信息,各参数含义如下所述。

　　方式: 可设置样条曲线的创建方式,默认方式为"拟合"。

　　对象: 可以把样条曲线拟合的多段线转化为样条曲线。如果选择的是没有经过编辑多段线拟合的多段线,系统将无法转换选定的对象。

公差：用来设置样条曲线对象与数据点的接近程度。公差越小，样条曲线越接近数据点；公差为 0 时，样条曲线精确地通过数据点；公差大于 0 时，样条曲线将在指定的公差范围内通过数据点。

自测 38   利用样条曲线绘制函数曲线图

素材：无
视频：视频\第 4 章\视频\4-7-1.swf
源文件：源文件\第 4 章\4-7-1.dwg

启动 AutoCAD 2013，在命令行中输入 SPLINE 并按 Enter 键。命令行提示如下。

```
命令: SPLINE
当前设置: 方式=拟合    节点=弦
指定第一个点或 [方式(M)/节点(K)/对象(O)]: 0,0                          //指定第一个点的位置
输入下一个点或 [起点切向(T)/公差(L)]: 1000,1000                        //指定下一个点的位置
输入下一个点或 [端点相切(T)/公差(L)/放弃(U)]: 2000,0                   //指定下一个点的位置
输入下一个点或 [端点相切(T)/公差(L)/放弃(U)/闭合(C)]: 3000,1000       //指定下一个点的位置
输入下一个点或 [端点相切(T)/公差(L)/放弃(U)/闭合(C)]: 4000,0          //指定下一个点的位置
输入下一个点或 [端点相切(T)/公差(L)/放弃(U)/闭合(C)]:                  //按 Enter 键结束绘制
```

图形效果如图 4-126 所示。

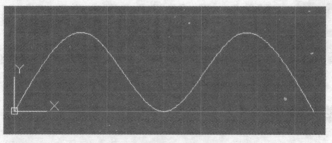

图 4-126   绘制样条曲线

4.7.2   编辑样条曲线

执行"修改>对象>样条曲线"命令，在绘图区中选择绘制的样条曲线，根据命令行的提示可对样条曲线进行编辑，如图 4-127 所示。

```
命令: _splinedit
选择样条曲线:
SPLINEDIT 输入选项 [闭合(C) 合并(J) 拟合数据(F) 编辑顶点(E) 转换为多段线(P) 反转(R) 放弃(U) 退出(X)] <退出>:
```

图 4-127   命令行提示信息

闭合：使打开的样条曲线闭合，并使其在端点处切向连续（平滑），如图 4-128 所示。不论使用"闭合"选项之前，样条曲线是开放还是封闭的，"打开"选项都将使样条曲线返回原始状态并删除切向连续性。

合并：使样条曲线通过其端点合并为单个对象。样条曲线必须是开放曲线。

拟合数据：选择该选项后，单击鼠标右键弹出快捷菜单，如图 4-129 所示。

图 4-128　样条曲线闭合前后的对比效果　　　　　图 4-129　快捷菜单

> **添加**：在样条曲线中添加拟合点。
> **删除**：从样条曲线中删除拟合点并用其余点重新拟合样条曲线。
> **移动**：移动拟合点的位置。
> **清理**：从图形数据库中删除样条曲线的拟合数据。清理样条曲线的拟合数据后，将显示不包括"拟合数据"选项的 SPLINEDIT 主提示。
> **切线**：改变样条曲线的起点和端点切向到指定方向，或改为系统默认切向。
> **公差**：使用新的拟合公差值将样条曲线重新拟合至现有拟合点集。

编辑顶点：编辑样条曲线顶点的方法与编辑多段线的方法基本相同，这里不再赘述。

转换为多段线：选择该选项，可以将选中的样条曲线转换为多段线。

放弃：取消之前做的操作。

反转：反转样条曲线的方向。样条曲线的起点/端点被重新定义成端点/起点。

自测 39　编辑样条曲线

素材：无
视频：视频\第 4 章\视频\4-7-2.swf
源文件：源文件\第 4 章\4-7-2.dwg

01 启动 AutoCAD 2013，在命令行输入 SPLINE 并按 Enter 键。命令行提示如下：

```
命令: SPLINE
当前设置: 方式=拟合  节点=弦
指定第一个点或 [方式(M)/节点(K)/对象(O)]: 0,0                    //指定样条曲线的第一个点
输入下一个点或 [起点切向(T)/公差(L)]: 1500,1500                 //指定样条曲线的下一个点
输入下一个点或 [端点相切(T)/公差(L)/放弃(U)]: 3000,0            //指定样条曲线的下一个点
输入下一个点或 [端点相切(T)/公差(L)/放弃(U)/闭合(C)]:          //按 Enter 键结束绘制
```

完成样条曲线的绘制，效果如图 4-130 所示。

02 执行"修改>对象>样条曲线"命令，选择绘制的样条曲线，如图 4-131 所示。

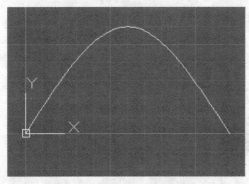

图 4-130　样条曲线的绘制效果

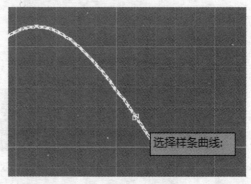

图 4-131　选择样条曲线

03 单击鼠标右键，在弹出的快捷菜单中选择"闭合"选项，如图 4-132 所示。图形效果如图 4-133 所示。

图 4-132　选择"闭合"选项

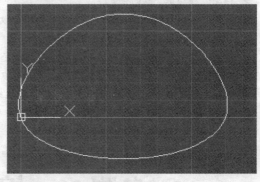

图 4-133　图形效果

4.8　云线的绘制和修订

在查看或用红线圈阅图形时，可以使用修订云线功能亮显标记以提高工作效率。所谓修订云线，是指由连续圆弧组成的多段线，用于在查看阶段提醒用户注意图形的某个部分。

4.8.1　云线的绘制

使用"修订云线"命令绘制的图形被看做一条多段线，可以是闭合的，也可以是开放的。在 AutoCAD 2013 中，可以通过以下几种方法绘制修订云线。

- 执行"绘图>修订云线"命令。
- 单击"绘图"工具栏中的"修订云线"按钮 。

- 在命令行输入 REVCLOUD 并按 Enter 键。

通过以上任意一种方法都可以激活"修订云线"命令，命令行将提示相应的信息，如图 4-134 所示。

```
命令: revcloud
最小弧长: 0.5  最大弧长: 0.5  样式: 普通
REVCLOUD 指定起点或 [弧长(A) 对象(O) 样式(S)] <对象>:
```

图 4-134 命令行提示信息

弧长：用来设置修订云线的最小弧长和最大弧长。

对象：选择的对象将转化为修订云线。

样式：用来设置修订云线的样式，包括"普通"和"手绘"两种样式。

提示：

　　在绘制闭合的云线时，移动光标将云线的端点放在起点处，系统就会自动绘制闭合的云线。

自测 40　绘制修订云线

```
素材：无
视频：视频\第 4 章\视频\4-8-1.swf
源文件：源文件\第 4 章\4-8-1.dwg
```

01 启动 AutoCAD 2013，使用"矩形"工具绘制一个长为 1000，宽为 500 的矩形，如图 4-135 所示。

02 执行"绘图>修订云线"命令，命令行提示如下：

```
命令: _revcloud
最小弧长: 0.5    最大弧长: 0.5    样式: 普通
指定起点或 [弧长(A)/对象(O)/样式(S)] <对象>: A              //选择"弧长"选项
指定最小弧长 <0.5>: 50                                      //设置最小弧长
指定最大弧长 <50>: 50                                       //设置最大弧长
指定起点或 [弧长(A)/对象(O)/样式(S)] <对象>: S              //选择"样式"选项
选择圆弧样式 [普通(N)/手绘(C)] <普通>:C
手绘                                                       //设置样式为"手绘"
指定起点或 [弧长(A)/对象(O)/样式(S)] <对象>: O              //选择"对象"选项
选择对象：                                                  //选择转化为修订云线的对象
反转方向 [是(Y)/否(N)] <否>: Y                             //反转修订云线的方向
```

绘制修订云线后的图形效果如图 4-136 所示。

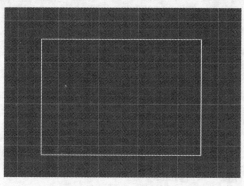

图 4-135　绘制矩形

图 4-136　修订云线效果

4.8.2　云线的修订

　　绘制修订云线之后，可以使用光标拾取点选取弧线段的夹点（端点和中点），通过调整拾取点位置来更改弧长。

　　可以像编辑多段线一样编辑云线，前面对多段线的编辑已经进行了详细的讲解，这里就不再进行过多的介绍。

4.9　本章小结

　　本章主要对二维图形的绘制进行了详细的讲解。通过本章的学习，读者要学会如何绘制点、椭圆、圆、圆弧、直线、多边形等二维图形，并掌握二维图形的绘制方法和技巧，为后面的学习打下坚实的基础。

第5章

选择和编辑二维图形

在绘制图形的过程中，如果只是单纯地使用绘图工具，则只能创建一些基本图形对象。通过一些图形编辑命令对图形对象进行编辑，则可以创建更为复杂的图形。AutoCAD 2013 提供了丰富的图形编辑命令，包括复制、移动、镜像、阵列等，本章将讲解如何使用这些命令构造新的图形。

实例名称： 复制图形对象
视频： 视频\第 5 章\视频\5-2-1.swf
源文件： 源文件\第 5 章\5-2-1.dwg

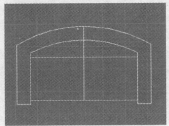

实例名称： 镜像图形对象
视频： 视频\第 5 章\视频\5-4-2.swf
源文件： 源文件\第 5 章\5-4-2.dwg

实例名称： 矩形阵列图形对象
视频： 视频\第 5 章\视频\5-5-2.swf
源文件： 源文件\第 5 章\5-5-2.dwg

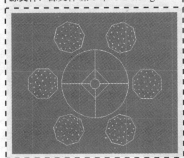

实例名称： 环形阵列图形对象
视频： 视频\第 5 章\视频\5-5-3.swf
源文件： 源文件\第 5 章\5-5-3.dwg

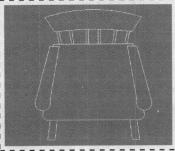

实例名称： 修剪图形对象
视频： 视频\第 5 章\视频\5-6-3.swf
源文件： 源文件\第 5 章\5-6-3.dwg

实例名称： 为多个图形对象倒角
视频： 视频\第 5 章\视频\5-7-4.swf
源文件： 源文件\第 5 章\5-7-4.dwg

5.1 选择图形对象

在 AutoCAD 2013 中，经常要对图形对象进行编辑，在对图形对象进行编辑之前首先要选择图形对象。选择对象的方法很多，接下来就为读者逐一进行讲解。

5.1.1 选择对象模式

在 AutoCAD 中使用不同的方法选择对象，其选择区域的显示效果也不尽相同。执行"工具>选项"命令，在弹出的"选项"对话框中单击"选择集"选项卡，如图 5-1 所示。在该选项卡中单击"视觉效果设置"按钮，弹出"视觉效果设置"对话框，如图 5-2 所示。在该对话框中可以设置选择对象时的显示效果。

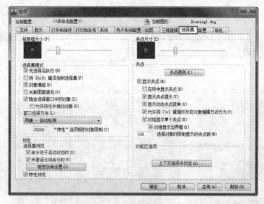

图 5-1 "选择集"选项卡   图 5-2 "视觉效果设置"对话框

在命令行输入 SELECT 命令并按 Enter 键确认，在命令行中输入"？"并按 Enter 键，在命令行中会出现相应的提示，如图 5-3 所示，输入相应的选项字母即可指定对象的选择模式。

需要点或窗口(W)/上一个(L)/窗交(C)/框(BOX)/全部(ALL)/栏选(F)/圈围(WP)/圈交(CP)/编组(G)/添加(A)/删除(R)/多个(M)/前一个(P)/放弃(U)/自动(AU)/单个(SI)/子对象(SU)/对象(O)
SELECT 选择对象：

图 5-3 命令行提示信息

需要点或窗口（W）：系统默认的选择模式，通过逐个单击或者使用窗口选择对象。当使用窗口选择对象时，拖动鼠标创建封闭的矩形区域来选择对象，如图 5-4 所示。

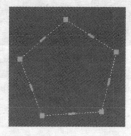

图 5-4 选择对象（一）

上一个（L）：选择可见元素中最后创建的对象。

窗交（C）：使用交叉窗口选择对象，与用窗口选择对象的方法类似，但无论是全部位于窗口之内或是与窗口边界相交的对象都可以被选中，如图 5-5 所示。

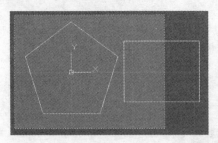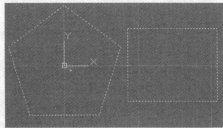

图 5-5　选择对象（二）

框（BOX）：选择该选项后，如果从左到右拖动鼠标框选对象，该选取窗口为普通选取窗口；如果从右往左拖动鼠标框选对象，该选取窗口为交叉选取窗口。

全部（ALL）：选取图形中没有位于锁定、关闭或冻结图层上的所有对象。

栏选（F）：绘制一条开放的多点栅栏（多段直线），所有与栅栏线相接触的对象全部被选中，如图 5-6 所示。

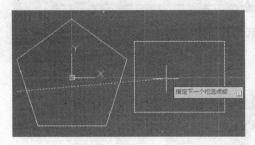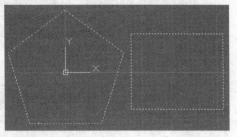

图 5-6　选择对象（三）

圈围（WP）：绘制一条不规则的紫色封闭多边形，并用它作为选取框来选取对象，完全被包围在多边形中的对象则被选中，如图 5-7 所示。

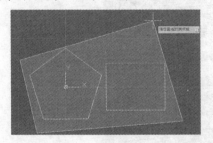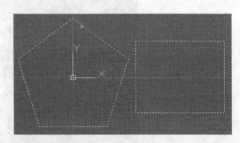

图 5-7　选择对象（四）

圈交（CP）：与圈围方法类似，但这种方法选择对象时，只要与多边形相交或在多边形中的对象都会被选中，如图 5-8 所示。

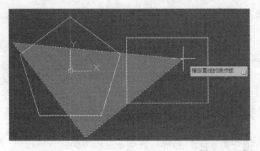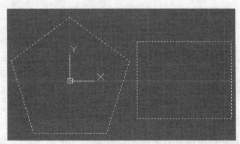

图 5-8　选择对象（五）

编组（G）：使用组名选择已定义的对象组。

添加（A）：从选择集中添加选取的对象。

删除（R）：从选择集中删除选取的对象。

多个（M）：通过单击选择多个对象。

前一个（P）：将最近的选择集设为当前选择集。

放弃（U）：取消最近的对象选择操作。

自动（AU）：切换到自动选择，指向一个对象即选择该对象。

单个（SI）：切换到单个模式，选择指定的第一个或者第二组对象而不继续提示近一点选择。

自测41　选择对象

素材：素材\第5章\素材\51101.dwg

视频：视频\第5章\视频\5-1-1.swf

源文件：无

01 启动 AutoCAD 2013，打开素材文件"素材\第5章\素材\5-1-1.dwg"，如图5-9所示。

图 5-9　打开素材文件

02 在命令行中输入 SELECT 命令并按 Enter 键，命令行提示如下：

命令: SELECT

选择对象: ?   //在命令行中输入？并按 Enter 键

无效选择

需要点或窗口(W)/上一个(L)/窗交(C)/框(BOX)/全部(ALL)/栏选(F)/圈围(WP)/圈交(CP)/编组(G)/添加(A)/删除(R)/多个(M)/前一个(P)/放弃(U)/自动(AU)/单个(SI)/子对象(SU)/对象(O)

选择对象: f   //在命令行中输入 f 并按 Enter 键

03 根据命令行的提示，在绘图区中单击确定第一个和第二个栏选点，如图 5-10 所示。按 Enter 键确认，即可完成对象的选择，如图 5-11 所示。

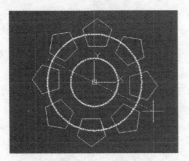

图 5-10　指定栏选点

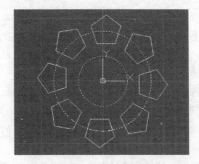

图 5-11　选择对象

04 在命令行中输入？并按 Enter 键，命令行提示如下：

需要点或窗口(W)/上一个(L)/窗交(C)/框(BOX)/全部(ALL)/栏选(F)/圈围(WP)/圈交(CP)/编组(G)/添加(A)/删除(R)/多个(M)/前一个(P)/放弃(U)/自动(AU)/单个(SI)/子对象(SU)/对象(O)

选择对象: a　　　　　　　　　　　　　　//在命令行中输入 a 并按 Enter 键

05 根据命令行的提示，在绘图区中选择四周的多边形，即可将四周的多边形也选中，效果如图 5-12 所示。

5.1.2　快速选择对象

快速选择方式是 AutoCAD 中唯一以窗口作为对象选择界面的选择方式。当需要选择具有共性的对象时，可通过"快速选择"命令根据对象的图层、线型、颜色和图案填充等特性来创建选择集。执行"工具>快速选择"命令，弹出"快速选择"对话框，如图 5-13 所示。

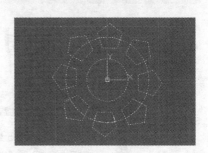

图 5-12　选择对象

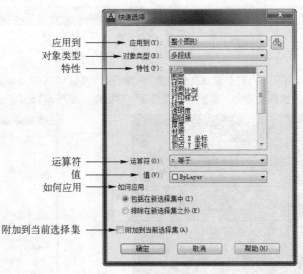

图 5-13　"快速选择"对话框

应用到：将过滤条件应用到整个图形或当前选择集（如果存在）。要选择将在其中应用该过滤条件的一组对象，可使用"选择对象"按钮 。完成对象选择后，按 Enter 键将重新显示该对话框，"应用到"选项也将自动设置为"当前选择"。

对象类型：指定要包含在过滤条件中的对象类型。如果过滤条件正应用于整个图形，则"对象类型"下拉列表包含全部的对象类型，包括自定义。否则，该列表只包含选定对象的对象类型。

特性：指定过滤器的对象特性。此列表包括选定对象类型的所有可搜索特性。选定的特性决定"运算符"和"值"下拉列表中的可用选项。

运算符：控制过滤的范围。根据选定的特性，选项可能包括"等于"、"不等于"、"大于"、"小于"和"*通配符匹配"。

值：指定过滤器的特性值，如果选定对象的已知值可用，则"值"成为一个列表，可以从中选择一个值。否则，需要输入一个值。

如何应用：指定是将符合给定过滤条件的对象包含在新选择集内，还是排除在新选择集外。

附加到当前选择集：指定是将由QSELECT命令创建的选择集替换当前选择集，还是附加到当前选择集。

提示：

"运算符"下拉列表中的"大于"和"小于"选项对于某些特性来说是不可用的，而"*通配符匹配"选项只能用于可编辑的文字字段。

自测 42 使用"快速选择"创建选择集

素材：素材\第 5 章\素材\51201.dwg
视频：视频\第 5 章\视频\5-1-2.swf
源文件：无

01 启动 AutoCAD 2013，打开素材文件"素材\第 5 章\素材\51201.dwg"，如图 5-14 所示。

02 执行"工具>快速选择"命令，弹出"快速选择"对话框，如图 5-15 所示。

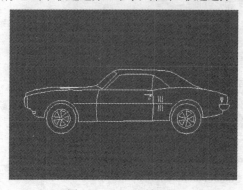

图 5-14 打开素材文件

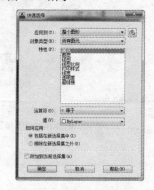

图 5-15 "快速选择"对话框

03 在"对象类型"下拉列表中选择"圆"选项，如图 5-16 所示，然后单击"确定"按钮，即可选中图形中的所有圆，如图 5-17 所示。

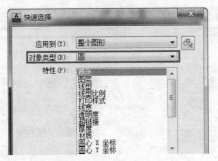

图 5-16　"快速选择"对话框

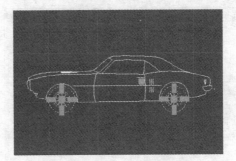

图 5-17　快速选择效果

5.1.3　选择密集或重叠对象

在一个文件中，如果有大量的图形，并且分布非常密集，在选择所需要的对象时就比较困难，此时单击状态栏中的"选择循环"按钮，将光标移动到密集图形的上方使其高亮显示，然后按住 Shift 键并连续按空格键，可以在这些对象之间循环选择，当所需对象亮显时单击以选择该对象。

自测 43　使用"对象选择过滤器"创建选择集

素材：素材\第 5 章\素材\51301.dwg

视频：视频\第 5 章\视频\5-1-3.swf

源文件：无

01 启动 AutoCAD 2013，打开素材文件"素材\第 5 章\素材\51301.dwg"，如图 5-18 所示。在命令行中输入 FILTER 命令并按 Enter 键，弹出"对象选择过滤器"对话框，如图 5-19 所示。

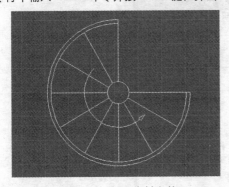

图 5-18　打开素材文件

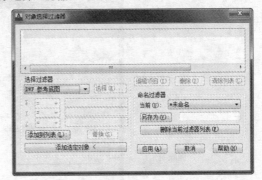

图 5-19　"对象选择过滤器"对话框

02 在"选择过滤器"选项区的下拉列表中选择"圆弧"选项，如图 5-20 所示。单击"添加到列表"按钮，将其添加到过滤器列表中，如图 5-21 所示。

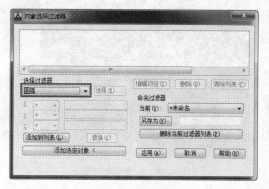

图 5-20 选择"圆弧"选项　　　　　　图 5-21 将"圆弧"添加到过滤器列表中

03 单击"应用"按钮，在绘图窗口中使用窗口选择方式选择所有图形对象，如图 5-22 所示。按 Enter 键，只有满足条件的对象被选中，如图 5-23 所示。

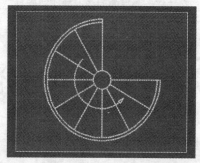

图 5-22 用窗口选择方式选择所有图形对象

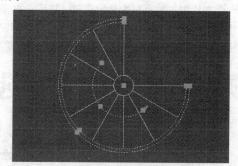

图 5-23 图形选择效果

5.1.4 对象编组

编组是保存对象集的一种方法，在 AutoCAD 中可以根据需要同时选择和编辑这些对象，也可以分别进行。编组提供了以组为单位操作图形元素的简单方法，在对图形对象进行编组后，还可以通过添加或删除对象来更改编组的部件。在命令行中输入 CLASSICGROUP 命令并按 Enter 键，将弹出"对象编组"对话框，如图 5-24 所示。

图 5-24 "对象编组"对话框

添加/删除：向编组中添加对象或从编组中删除对象。

重命名：重新对编组命名。

重排：重新排序编组成员。

说明：为编组添加说明内容。

分解：用于取消编组。

可选择的：调整编组的可选择性。

查找名称：可用来查看对象所属编组。

亮显：在绘图窗口中查看该编组成员。

自测 44 创 建 编 组

素材：素材\第 5 章\素材\51401.dwg
视频：视频\第 5 章\视频\5-1-4.swf
源文件：源文件\第 5 章\5-1-4.dwg

01 启动 AutoCAD 2013，打开素材文件"素材\第 5 章\素材\51401.dwg"，如图 5-25 所示。

02 在命令行中输入 CLASSICGROUP 命令并按 Enter 键，在弹出的"对象编组"对话框中为编组命名，如图 5-26 所示。

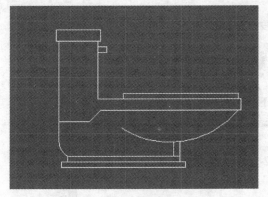

图 5-25 打开素材文件

图 5-26 "对象编组"对话框

03 单击"新建"按钮，返回到绘图窗口中使用窗口选择方式将图形对象全选，如图 5-27 所示。按 Enter 键，返回到"对象编组"对话框中，新建编组将添加到"编组名"列表中，如图 5-28 所示。单击"确定"按钮，完成编组的创建。

图 5-27 全选图形对象 　　　　　　　　图 5-28 "对象编组"对话框

小技巧：

在命令行输入 PICKSTYLE 命令并按 Enter 键，为其赋予新值 0，即可选择对象编组中的单个对象。

5.2　复制和删除操作

在 AutoCAD 2013 中，可以通过复制操作得到多个相同的图形对象，也可以通过删除操作将不需要的图形对象删除。

5.2.1　复制图形对象

复制对象是将源对象按指定的角度和方向创建对象的副本。复制后的对象与源对象的尺寸、形状等保持不变，唯一发生改变的就是图形的位置。在 AutoCAD 2013 中，可以通过以下几种方法复制图形对象。

- 执行"修改>复制"命令。
- 单击"修改"工具栏中的"复制"按钮 。
- 在命令行输入 COPY（或别名 CO）命令并按 Enter 键。

自测 45　复制图形对象

素材：无
视频：视频\第 5 章\视频\5-2-1.swf
源文件：源文件\第 5 章\5-2-1.dwg

01 启动 AutoCAD 2013，打开素材文件"素材\第 5 章\素材\52101.dwg"，如图 5-29 所示。
02 单击"修改"工具栏中的"复制"按钮，在绘图区选择图形，如图 5-30 所示。

图 5-29　打开素材文件

图 5-30　选择图形对象

03 按 Enter 键，在图形的中心单击指定基点，拖动鼠标到合适位置单击，如图 5-31 所示。继续将鼠标移动到其他位置单击，可连续复制图形对象，如图 5-32 所示，按 Enter 键结束复制。

图 5-31　复制图形对象（一）

图 5-32　复制图形对象（二）

5.2.2　删除图形对象

在绘制图形的过程中，经常需要删除一些辅助图形或多余的图形，"删除"命令的功能就是将选中的图形对象删除。在 AutoCAD 2013 中，可以通过以下几种方法使用"删除"命令。

● 执行"修改>删除"命令。
● 单击"修改"工具栏中的"删除"按钮 。
● 在命令行输入 ERASE 命令并按 Enter 键。

自测 46　删除图形对象

素材：素材\第 5 章\素材\52201.dwg
视频：视频\第 5 章\视频\5-2-2.swf
源文件：源文件\第 5 章\5-2-2.dwg

01 启动 AutoCAD 2013，打开"素材\第 5 章\素材\52201.dwg"，如图 5-33 所示。执行"修改>删除"命令，在绘图区中单击选择需要删除的部分，如图 5-34 所示。

02 按 Enter 键确认，所选图形对象将被删除，效果如图 5-35 所示。

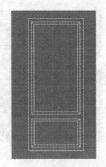

图 5-33　打开素材文件　　　　图 5-34　选择对象　　　　图 5-35　删除图形对象

5.2.3　恢复删除的图形对象

在绘制图形时经常会因为误操作而将一些有用的对象删除，这时可以使用 OOPS 或者 UNDO 命令将删除的对象恢复。

提示:

OOPS 命令只能恢复上一次 ERASE 命令删除的对象，若要恢复被连续删除的多个对象，需要使用 UNDO 命令，也可以按 Ctrl+Z 键恢复删除的对象。

5.3　移动和偏移对象

在 AutoCAD 中可以轻松地实现图形对象的移动和偏移，在移动对象的时候，图形对象只是在位置上发生了改变，大小不会改变，而偏移操作是对指定的直线、圆弧、圆等图形对象进行同心偏移复制。

5.3.1　移动图形对象

在 AutoCAD 2013 中使用"移动"命令可以对图形对象以指定的角度和位置进行移动，可以通过以下几种方法使用"移动"命令。

- 执行"修改>移动"命令。
- 单击"修改"工具栏中的"移动"按钮 ✛。
- 在命令行输入 MOVE（或别名 M）命令并按 Enter 键。

自测 47　移动图形对象

素材：素材\第 5 章\素材\53101.dwg

视频：视频\第 5 章\视频\5-3-1.swf

源文件：源文件\第 5 章\5-3-1.dwg

01 启动 AutoCAD 2013，打开素材文件"素材\第 5 章\素材\53101.dwg"，如图 5-36 所示。单击"修改"工具栏中的"移动"按钮，在绘图区中选择需要移动的对象，如图 5-37 所示。

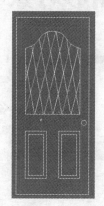

图 5-36　打开素材文件

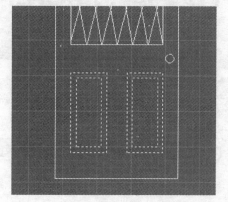

图 5-37　选择移动对象

02 按 Enter 键确认，根据命令行的提示指定基点，如图 5-38 所示。将鼠标移至合适的位置单击，完成对象的移动，效果如图 5-39 所示。

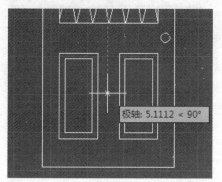

图 5-38　指定基点

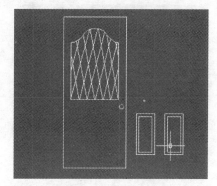

图 5-39　移动图形对象

小技巧：

激活"移动"命令后，在命令行中单击"位移"选项，可继续在命令行中输入坐标值对所选的图形对象进行移动，坐标值将用做相对位移，而不是基点位移。在输入坐标值时，不需要输入@标记，可直接输入坐标值。

5.3.2　指定距离偏移图形对象

在 AutoCAD 中，通常利用"偏移"命令来创建平行线或等距离分布图形，可以偏移的图形对象包括：直线、圆弧、圆、椭圆、椭圆弧、二维多段线、构造线、射线和样条曲线。用户可以通过以下几种方法使用"偏移"命令。

● 执行"修改>偏移"命令。
● 单击"修改"工具栏中的"偏移"按钮。
● 在命令行输入 OFFSET（或别名 O）命令并按 Enter 键。

自测 48　指定距离偏移图形对象

素材：素材\第 5 章\素材\53201.dwg
视频：视频\第 5 章\视频\5-3-2.swf
源文件：源文件\第 5 章\5-3-2.dwg

5

01 启动 AutoCAD 2013，打开素材文件"素材\第 5 章\素材\53201.dwg"，如图 5-40 所示。

02 执行"修改>偏移"命令，在命令行中输入 30 指定偏移距离，按 Enter 键并单击图形外边框选择偏移对象，如图 5-41 所示。

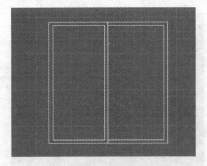

图 5-40　打开素材文件

图 5-41　指定偏移对象

03 将光标移动到图形对象的外部，使对象向外部偏移，如图 5-42 所示。在图形外部单击并按 Enter 键，即可完成图形对象的偏移，如图 5-43 所示。

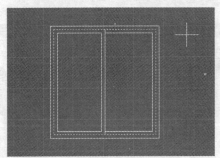

图 5-42　指定图形偏移方向

图 5-43　图形偏移效果

提示：

　　在选择偏移对象时，只能以点选的方式选择对象，且每次只能偏移一个对象。需要注意的是，对于不同结构的对象，其偏移结果也会不同。对圆或椭圆等对象进行偏移后，图形对象的尺寸将会发生变化；而对直线进行偏移后，图形对象的尺寸将保持不变。

5.3.3　指定通过点偏移图形对象

在执行"偏移"命令时，还可以定点偏移图形对象，就是为对象指定一个通过点来进行偏移。

自测 49　指定通过点偏移图形对象

素材：素材\第 5 章\素材\53301.dwg
视频：视频\第 5 章\视频\5-3-3.swf
源文件：源文件\第 5 章\5-3-3.dwg

01 启动 AutoCAD 2013，打开素材文件"素材\第 5 章\素材\53301.dwg"，如图 5-44 所示。

02 执行"修改>偏移"命令，在命令行中单击"通过"选项，在绘图窗口中指定偏移对象，如图 5-45 所示。

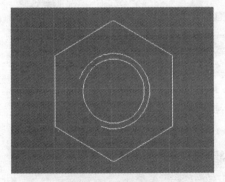

图 5-44　打开素材文件

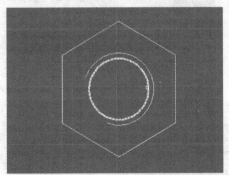

图 5-45　指定偏移对象

03 向右拖动鼠标移至通过点上方，如图 5-46 所示。单击鼠标左键并按 Enter 键，即可完成图形偏移，如图 5-47 所示。

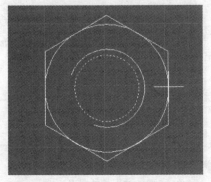

图 5-46　指定通过点

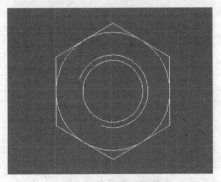

图 5-47　图形偏移效果

5.4 旋转和镜像对象

在 AutoCAD 中不仅可以完成对象的旋转操作，还可以完成对象的镜像操作。"旋转"命令是指绕指定点旋转选中的对象，"镜像"命令是指绕指定轴翻转对象创建对称的镜像图像。

5.4.1 旋转图形对象

在进行旋转操作时，如果输入的旋转角度为正值，将按逆时针方向旋转；如果输入的旋转角度为负值，将按顺时针方向旋转。用户可以通过以下几种方法使用"旋转"命令。

- 执行"修改>旋转"命令。
- 单击"修改"工具栏中的"旋转"按钮 ⟳。
- 在命令行输入 ROTATE（或别名 RO）命令并按 Enter 键。

自测 50 旋转图形对象

素材：素材\第 5 章\素材\54101.dwg
视频：视频\第 5 章\视频\5-4-1.swf
源文件：源文件\第 5 章\5-4-1.dwg

01 启动 AutoCAD 2013，打开素材文件"素材\第 5 章\素材\54101.dwg"，如图 5-48 所示。
02 在命令行输入 ROTATE 命令并按 Enter 键，命令行提示如下：

```
命令: ROTATE
UCS 当前的正角方向：ANGDIR=逆时针   ANGBASE=0
选择对象：找到 1 个                          //选择图形对象
选择对象：                                   //按 Enter 键结束选择
指定基点：                                   //指定图形右下角为基点
指定旋转角度，或 [复制(C)/参照(R)] <0>: 270   //指定旋转的角度，效果如图 5-49 所示
```

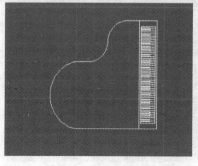

图 5-48 打开素材文件

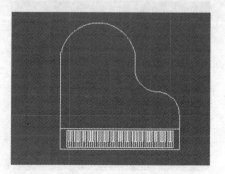

图 5-49 旋转图形效果

小技巧:

在对图形对象进行旋转时,还可以使用"参照"选项使其与绝对角度对齐。通过"参照"选项指定一个参照角度和新角度,两个角度的差值就是对象实际的旋转角度。

5.4.2 镜像图形对象

在 AutoCAD 2013 中创建图形时,可以先绘制半个对象,再利用"镜像"命令复制对象从而创建一个完整的图形。在镜像过程中,源对象可以保留也可以被删除。用户可以通过以下几种方法使用"镜像"命令。

● 执行"修改>镜像"命令。
● 单击"修改"工具栏中的"镜像"按钮 ▲▲。
● 在命令行输入 MIRROR(或别名 MI)命令并按 Enter 键。

自测 51　　镜像图形对象

素材: 素材\第 5 章\素材\54201.dwg
视频: 视频\第 5 章\视频\5-4-2.swf
源文件: 源文件\第 5 章\5-4-2.dwg

01 启动 AutoCAD 2013,打开素材文件"素材\第 5 章\素材\54201.dwg",如图 5-50 所示。

02 在命令行输入 MIRROR 命令并按 Enter 键,命令行提示如下:

命令: MIRROR	
选择对象: 找到 7 个,1 个编组	//选择图形对象
选择对象:	//按 Enter 键结束选择
指定镜像线的第一点: 指定镜像线的第二点:	//指定图形右侧垂直方向上的两点
要删除源对象吗? [是(Y)/否(N)] <N>: N	//不删除源对象,图形效果如图 5-51 所示

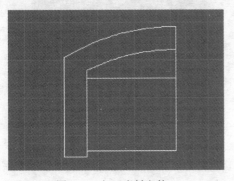

图 5-50　打开素材文件

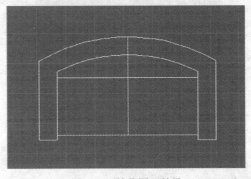

图 5-51　镜像图形效果

对文字对象进行镜像后，当系统变量 MIRRTEX 的值为 1 时，文字不再具有可读性；当 MIRRTEX 的值为 0 时，文字具有可读性。

5.5　对齐和阵列对象

在 AutoCAD 中，利用"对齐"命令可以对图形进行移动和旋转，使其与其他图形对齐；利用"阵列"命令不仅可以复制多个对象，并且还可以使复制的图形规则分布。

5.5.1　对齐图形对象

通过"对齐"命令可以将对象移动和旋转，使其与另一个对象对齐，同时还可以使对象尺寸与要对齐的对象匹配。用户可以通过以下几种方法使用"对齐"命令。

● 执行"修改>三维操作>对齐"命令。
● 在命令行输入 ALING 命令并按 Enter 键。

自测 52　对齐图形对象

素材：素材\第 5 章\素材\55101.dwg
视频：视频\第 5 章\视频\5-5-1.swf
源文件：源文件\第 5 章\5-5-1.dwg

01 启动 AutoCAD 2013，打开素材文件"素材\第 5 章\素材\55101.dwg"，如图 5-52 所示。在命令行输入 ALING 并按 Enter 键，在绘图窗口中选择图形对象，如图 5-53 所示。

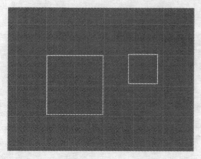
图 5-52　打开素材文件

图 5-53　选择图形对象

02 按 Enter 键，根据命令行的提示指定第一个源点，如图 5-54 所示。移动鼠标到其他位置指定第一个目标点，如图 5-55 所示。

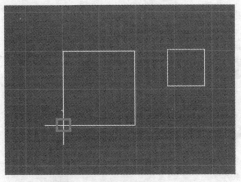

图 5-54　指定第一个源点

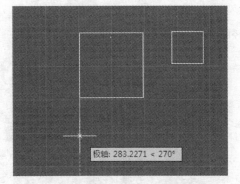

图 5-55　指定第一个目标点

03 在合适位置单击确定参照长度，如图 5-56 所示。按 Enter 键确认，效果如图 5-57 所示。

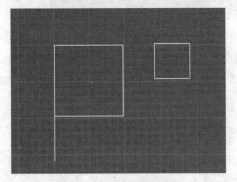

图 5-56　确定参照长度

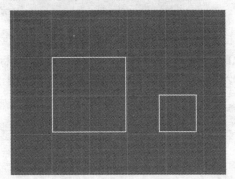

图 5-57　图形效果

5.5.2　矩形阵列图形对象

阵列是一种用于创建规则图形结构的复合命令，在 AutoCAD 中通过该命令可以将对象快速、准确地复制成规则分布的图形。矩形阵列就是将选中的图形对象按照指定的行数和列数以矩形的排列方式进行复制，用户可以通过以下几种方法使用此命令。

- 执行"修改>阵列>矩形阵列"命令下的各子命令。
- 单击"修改"工具栏中的"矩形阵列"按钮 。
- 在命令行中输入 ARRAY（或别名 AR）命令并按 Enter 键。

AutoCAD 2013 对以往版本的阵列功能进行了增强，可帮助用户以更快且更方便的方式创建对象。为矩形阵列选择对象之后，图形对象会立即显示在 3 行 4 列的栅格中；在创建环形阵列时，指定圆心后将立即在 6 个完整的环形阵列中显示选定的图形对象；为路径阵列选择对象和路径后，对象立即沿路径的整个长度均匀显示。

对于每种类型的阵列，在阵列对象上的多功能夹点可使用户动态编辑相关的特性，可以按住 Ctrl 键循环浏览具有多个选项的夹点。除了使用多功能夹点外，还可以在上下文功能区选项卡以及命令行中修改阵列的值。

当使用测量方法时，路径阵列可提供更大的灵活性和控制力，在创建期间使用"切线方向"选项，更易于指定相对于路径的阵列中对象的方向。

项目计数可使用户基于间距和曲线长度计数以填充路径，也可以明确控制该数量。在增加或缩小项目间距时，项目数会自动增大或减小以适合指定的路径。同样，当路径长度更改时，项目数会自动增加或减少以填充路径。

当项目计数切换处于禁用状态时，阵列末端的其他夹点提供项目计数和项目总间距的动态编辑，以沿路径曲线的一部分进行排列。

自测 53 矩形阵列图形对象

素材：素材\第 5 章\素材\55201.dwg
视频：视频\第 5 章\视频\5-5-2.swf
源文件：源文件\第 5 章\5-5-2.dwg

01 启动 AutoCAD 2013，打开素材文件"素材\第 5 章\素材\55201.dwg"，如图 5-58 所示。
02 在命令行中输入 ARRAY 命令并按 Enter 键，命令行提示如下：

```
命令: ARRAY
选择对象: 找到 1 个, 总计 3 个                          //选择图形对象
选择对象:                                             //按 Enter 键结束选择
输入阵列类型 [矩形(R)/路径(PA)/极轴(PO)] <矩形>: R      //激活"矩形"选项
类型 = 矩形   关联 = 是
选择夹点以编辑阵列或 [关联(AS)/基点(B)/计数(COU)/间距(S)/列数(COL)/行数(R)/层数(L)/退出(X)]
<退出>: R                                            //激活"行数"选项
输入行数或 [表达式(E)] <3>: 4                          //指定阵列的行数
指定 行数 之间的距离或 [总计(T)/表达式(E)] <692.9564>: 800  //指定行之间的距离
指定 行数 之间的标高增量或 [表达式(E)] <0>:              //按 Enter 键确认
选择夹点以编辑阵列或 [关联(AS)/基点(B)/计数(COU)/间距(S)/列数(COL)/行数(R)/层数(L)/退出(X)]
<退出>:                                              //按 Enter 键结束操作
```

图形效果如图 5-59 所示。

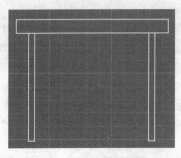

图 5-58 打开素材文件

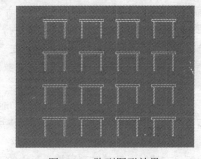

图 5-59 阵列图形效果

5.5.3 环形阵列图形对象

环形阵列就是将选中的图形对象按照指定的中心点和阵列数目呈圆形排列。用户可以通过以下几种方

法使用此命令：

- 执行"修改>阵列>环形阵列"命令。
- 单击"修改"工具栏中的"环形阵列"按钮 。
- 在命令行中输入 ARRAYPOLAR 命令并按 Enter 键。

自测 54　环形阵列图形对象

素材：素材\第 5 章\素材\55301.dwg
视频：视频\第 5 章\视频\5-5-3.swf
源文件：源文件\第 5 章\5-5-3.dwg

01 启动 AutoCAD 2013，打开素材文件"素材\第 5 章\素材\55301.dwg"，如图 5-60 所示。

02 执行"修改>阵列>环形阵列"命令，在绘图窗口中选择图形对象，如图 5-61 所示。

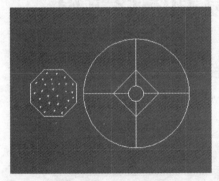

图 5-60　打开素材文件

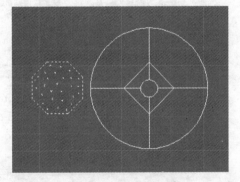

图 5-61　选择图形对象

03 按 Enter 键，根据命令行的提示指定阵列的中心点，如图 5-62 所示。在中心位置单击并按 Enter 键即可完成环形阵列操作，如图 5-63 所示。

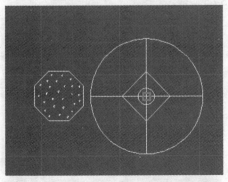

图 5-62　指定阵列中心点

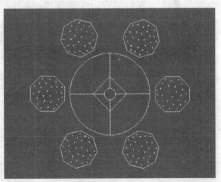

图 5-63　环形阵列图形效果

5.6 修改对象的形状

在 AutoCAD 中，通过"缩放"、"拉伸"、"修剪"和"延伸"等命令可以对图形对象的形状进行修改和编辑，以快速获得所需图形。

5.6.1 缩放图形对象

通过"缩放"命令可以将所选择的图形对象按指定的比例进行放大或缩小处理，从而快速创建形状相同、大小不同的图形对象。用户可以通过以下几种方法使用该命令：

● 执行"修改>缩放"命令。
● 单击"修改"工具栏中的"缩放"按钮 。
● 在命令行中输入 SCALE（或别名 SC）命令并按 Enter 键。

自测 55　缩放并复制图形对象

素材：素材\第 5 章\素材\56101.dwg
视频：视频\第 5 章\视频\5-6-1.swf
源文件：源文件\第 5 章\5-6-1.dwg

01 启动 AutoCAD 2013，打开素材文件"素材\第 5 章\素材\56101.dwg"，如图 5-64 所示。执行"修改>缩放"命令，在绘图窗口中选择内部的圆，如图 5-65 所示。

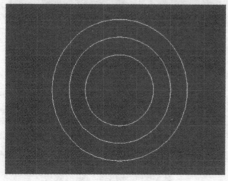

图 5-64　打开素材文件

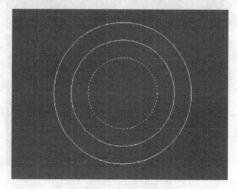

图 5-65　选择图形对象

02 按 Enter 键，打开"对象捕捉"功能，根据命令行的提示单击圆心指定基点，如图 5-66 所示。单击命令行中的"复制"选项，输入 0.5 指定比例因子并按 Enter 键，图形如图 5-67 所示。

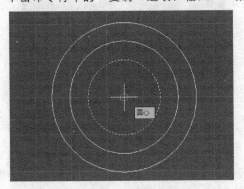 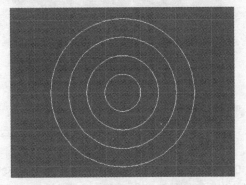

图 5-66　指定基点　　　　　　　　　　　图 5-67　缩放并复制图形效果

提示：

在等比缩放对象时，如果输入的比例因子大于 1，则对象将被放大；如果输入的比例因子小于 1，则对象将被缩小。

5.6.2　拉伸图形对象

使用"拉伸"命令可以实现对图形对象的移动。"拉伸"命令可以拉伸至少有一个顶点或端点包含在窗交选择内部的任何对象，以及完全在窗交选择内部的任何对象移动（并不进行拉伸变形）。用户可以通过以下几种方法使用该命令：

- 执行"修改>拉伸"命令。
- 单击"修改"工具栏中的"拉伸"按钮 ▣ 。
- 在命令行中输入 STRETCH（或别名 S）命令并按 Enter 键。

自测 56　拉伸图形对象

素材：素材\第 5 章\素材\56201.dwg
视频：视频\第 5 章\视频\5-6-2.swf
源文件：源文件\第 5 章\5-6-2.dwg

01 启动 AutoCAD 2013，打开素材文件"素材\第 5 章\素材\56201.dwg"，如图 5-68 所示。执行"修改>拉伸"命令，在绘图窗口中选择图形对象，如图 5-69 所示。

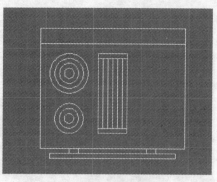
图 5-68　打开素材文件

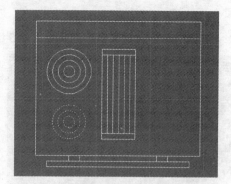
图 5-69　选择图形对象

02 按 Enter 键，根据命令行的提示单击圆环的中心指定基点，如图 5-70 所示。将光标移动到合适位置单击指定第二个点，即完成图形的移动操作，如图 5-71 所示。

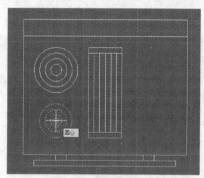
图 5-70　指定基点

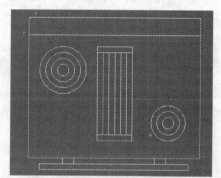
图 5-71　图形效果

5.6.3　修剪图形对象

通过"修剪"命令可以修剪图形对象上指定的部分。在修剪时，需要事先指定一个边界。在 AutoCAD 中，可以修剪的对象包括直线、圆弧、圆、多段线、椭圆、椭圆弧、构造线、样条曲线、块和图纸空间的布局视口。用户可以通过以下几种方法使用该命令：

- 执行"修改>修剪"命令。
- 单击"修改"工具栏中的"修剪"按钮 -/-。
- 在命令行中输入 TRIM（或别名 TR）命令并按 Enter 键。

自测 57　修剪图形对象

素材：素材\第 5 章\素材\56301.dwg
视频：视频\第 5 章\视频\5-6-3.swf
源文件：源文件\第 5 章\5-6-3.dwg

01 启动 AutoCAD 2013，打开素材文件"素材\第 5 章\素材\56301.dwg"，如图 5-72 所示。执行
"修改>修剪"命令，在绘图窗口中选择图形对象作为剪切边，如图 5-73 所示。

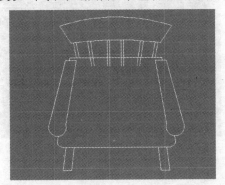

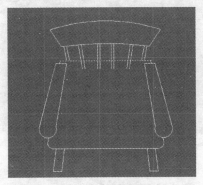

图 5-72　打开素材文件　　　　　　　　　　　　　图 5-73　指定剪切边

02 按 Enter 键，根据命令行的提示使用窗交方式选择多余的直线，如图 5-74 所示。释放鼠标并按
Enter 键，修剪的图形效果如图 5-75 所示。

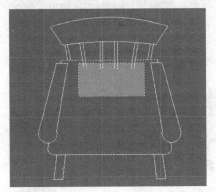

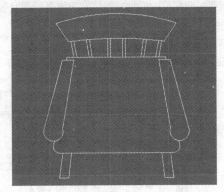

图 5-74　选择多余的直线　　　　　　　　　　　　图 5-75　修剪的图形效果

在修剪对象时，边界的选择是关键，而边界必须要与修剪对象相交或与其延长线相交，才能成功修剪
对象。因此，系统为用户设置了两种修剪模式，即"延伸"模式和"不延伸"模式。在绘图窗口中绘制两
条延长线相交但实际未相交的直线，如图 5-76 所示。

在命令行中输入 TRIM 命令并按 Enter 键，命令行提示如下：

```
命令: TRIM
当前设置:投影=UCS，边=无
选择剪切边...
选择对象或 <全部选择>: 找到 1 个        //指定垂直直线为剪切边
选择对象:                        //按 Enter 键结束选择
选择要修剪的对象，或按住 Shift 键选择要延伸的对象，或[栏选(F)/窗交(C)/投影(P)/边(E)/删除(R)/
放弃(U)]: E                       //激活"边"选项
输入隐含边延伸模式 [延伸(E)/不延伸(N)] <不延伸>:E   //指定"延伸"模式
选择要修剪的对象，或按住 Shift 键选择要延伸的对象，或[栏选(F)/窗交(C)/投影(P)/边(E)/删除(R)/
放弃(U)]:                       //单击水平直线的左侧
选择要修剪的对象，或按住 Shift 键选择要延伸的对象，或[栏选(F)/窗交(C)/投影(P)/边(E)/删除(R)/
放弃(U)]:                       //按 Enter 键，图形效果如图 5-77 所示
```

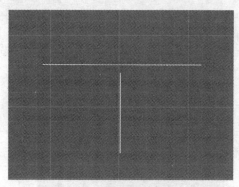

图 5-76 绘制两条直线

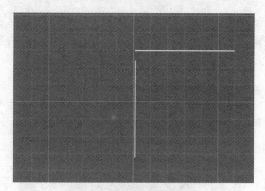

图 5-77 修剪直线效果

5.6.4 延伸图形对象

通过"延伸"命令可以将对象延伸至指定的边界上。在 AutoCAD 中，可以被延伸的对象有直线、圆弧、椭圆弧、非闭合的二维多段线和三维多段线及射线。用户可以通过以下几种方法使用该命令：

- 执行"修改>延伸"命令。
- 单击"修改"工具栏中的"延伸"按钮--/。
- 在命令行中输入 EXTEND（或别名 EX）命令并按 Enter 键。

自测 58　延伸图形对象

素材：素材\第 5 章\素材\56401.dwg
视频：视频\第 5 章\视频\5-6-4.swf
源文件：源文件\第 5 章\5-6-4.dwg

01 启动 AutoCAD 2013，打开素材文件"素材\第 5 章\素材\56401.dwg"，如图 5-78 所示。
02 在命令行中输入 EXTEND 命令并按 Enter 键，命令行提示如下：

命令: EXTEND
当前设置:投影=UCS，边=延伸
选择边界的边...
选择对象或 <全部选择>: 找到 1 个　　//选择图形右侧的边
选择对象:　　　　　　　　　　　　//按 Enter 键结束选择
选择要延伸的对象，或按住 Shift 键选择要修剪的对象，或[栏选(F)/窗交(C)/投影(P)/边(E)/放弃(U)]:
//选择图形下方半截直线
选择要延伸的对象，或按住 Shift 键选择要修剪的对象，或[栏选(F)/窗交(C)/投影(P)/边(E)/放弃(U)]:
//按 Enter 键完成操作，效果如图 5-79 所示

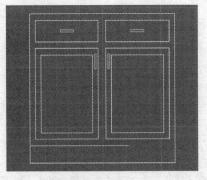
图 5-78　打开素材文件

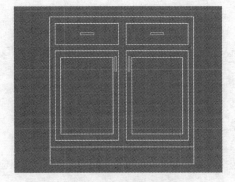
图 5-79　延伸图形效果

提示:

　　选择延伸对象时，要在靠近延伸边界的一端选择需要延伸的对象，否则对象将不被延伸。

5.7　角　操　作

　　在 AutoCAD 中，可以通过"倒角"或"圆角"命令将尖锐的角变成倾斜的面或圆角。"倒角"与"圆角"命令的区别在于，"圆角"命令使用连接圆弧取代了倒角线。

5.7.1　倒角图形对象

　　通过"倒角"命令可以将对象的某些尖锐的角变成一个倾斜的面。可以倒角的对象有直线、多段线、射线、构造线和三维实体等，不能倒角的有圆、圆弧、椭圆和椭圆弧等。用户可以通过以下几种方法使用该命令:

- 执行"修改>倒角"命令。
- 单击"修改"工具栏中的"倒角"按钮 。
- 在命令行中输入 CHAMFER（或别名 CHA）命令并按 Enter 键。

自测 59　指定倒角距离

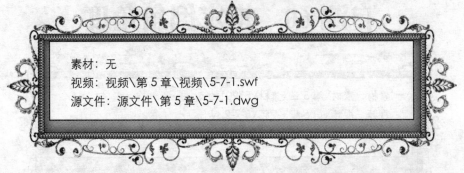

素材: 无
视频: 视频\第 5 章\视频\5-7-1.swf
源文件: 源文件\第 5 章\5-7-1.dwg

01 启动 AutoCAD 2013，使用"矩形"工具绘制一个 500×800 的矩形，如图 5-80 所示。
02 在命令行中输入 CHAMFER 命令并按 Enter 键，命令行提示如下:

命令:_CHAMFER

("修剪"模式)当前倒角距离 1 = 0.0000，距离 2 = 0.0000

选择第一条直线或 [放弃(U)/多段线(P)/距离(D)/角度(A)/修剪(T)/方式(E)/多个(M)]:

　　　　　　　　　　　　　　　　　　//选择矩形上方的边

选择第二条直线，或按住 Shift 键选择直线以应用角点或 [距离(D)/角度(A)/方法(M)]: D

　　　　　　　　　　　　　　　　　　//选择"距离"选项

指定 第一个 倒角距离 <0.0000>: 150　　　　//指定第一个倒角距离

指定 第二个 倒角距离 <150.0000>: 100　　　//指定第二个倒角距离

选择第二条直线，或按住 Shift 键选择直线以应用角点或 [距离(D)/角度(A)/方法(M)]:

　　　　　　　　　　　　　　　　　　//选择矩形左方的边，效果如图 5-81 所示

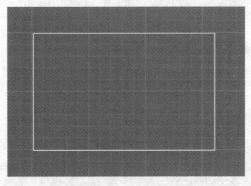 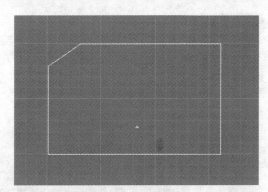

　　图 5-80　绘制矩形　　　　　　　　　　　图 5-81　图形效果

提示:

　　用于倒角的两个倒角距离值不能为负值；如果将两个倒角距离设置为零，那么倒角的结果就是两条图线被修剪或延长，直至相交于一点。如果两条直线平行，则不能进行倒角处理。

5.7.2　指定倒角角度

　　在对图形对象进行倒角操作时，有时需要以指定的角度进行倒角，其原理为通过设置一条图线的倒角长度和角度进行图线倒角。

自测 60　指定倒角角度

素材：素材\第 5 章\素材\57201.dwg

视频：视频\第 5 章\视频\5-7-2.swf

源文件：源文件\第 5 章\5-7-2.dwg

01 启动 AutoCAD 2013，打开素材文件"素材\第 5 章\素材\57201.dwg"，如图 5-82 所示。

02 在命令行中输入 CHAMFER 命令并按 Enter 键，命令行提示如下：

命令: CHAMFER

("修剪"模式) 当前倒角距离 1 = 0.0000，距离 2 = 0.0000

选择第一条直线或 [放弃(U)/多段线(P)/距离(D)/角度(A)/修剪(T)/方式(E)/多个(M)]:　A

　　　　　　　　　　　　　　　　　　　　　　　//选择"角度"选项

指定第一条直线的倒角长度 <0.0000>: 100　　　　//设置倒角长度

指定第一条直线的倒角角度 <0>: 45　　　　　　　//设置倒角角度

选择第一条直线或 [放弃(U)/多段线(P)/距离(D)/角度(A)/修剪(T)/方式(E)/多个(M)]:

　　　　　　　　　　　　　　　　　　　　　　　//选择图形右侧垂直直线

选择第二条直线，或按住 Shift 键选择直线以应用角点或 [距离(D)/角度(A)/方法(M)]:

　　　　　　　　　　　　　　　　　　　//选择图形下方的直线，效果如图 5-83 所示

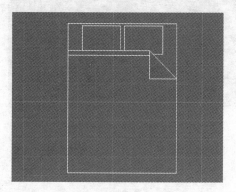

图 5-82　打开素材文件

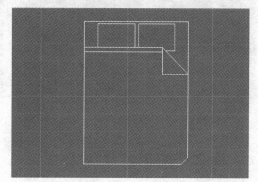

图 5-83　图形效果

5.7.3　为整个多段线倒角

对于由多段线绘制的图形可以一次性为其进行多处倒角，可以使用相同的倒角距离值，也可以使用不同的倒角距离值。

自测 61　为整个多段线倒角

素材：素材\第 5 章\素材\57301.dwg

视频：视频\第 5 章\视频\5-7-3.swf

源文件：源文件\第 5 章\5-7-3.dwg

01 启动 AutoCAD 2013，打开素材文件"素材\第 5 章\素材\57301.dwg"，如图 5-84 所示。

02 在命令行中输入 CHAMFER 命令并按 Enter 键，命令行提示如下：

命令: CHAMFER

("修剪"模式) 当前倒角距离 1 = 0.0000, 距离 2 = 0.0000

选择第一条直线或 [放弃(U)/多段线(P)/距离(D)/角度(A)/修剪(T)/方式(E)/多个(M)]: P

//选择"多段线"选项

选择二维多段线或 [距离(D)/角度(A)/方法(M)]: D   //选择"距离"选项

指定 第一个 倒角距离 <0.0000>: 50   //指定第一个倒角距离

指定 第二个 倒角距离 <50.0000>: 50   //指定第二个倒角距离

选择二维多段线或 [距离(D)/角度(A)/方法(M)]:   //在绘图窗口中选择多段线

4 条直线已被倒角   //完成倒角操作, 效果如图 5-85 所示

图 5-84 打开素材文件

图 5-85 图形效果

5.7.4 为多个图形对象倒角

在 AutoCAD 的默认情况下, 执行"倒角"命令一次只能产生一个倒角。如果需要对多个图形对象同时进行倒角处理, 可以采用修剪多个对象功能进行倒角。

自测 62 为多个图形对象倒角

素材: 素材\第 5 章\素材\57301.dwg
视频: 视频\第 5 章\视频\5-7-4.swf
源文件: 源文件\第 5 章\5-7-4.dwg

01 启动 AutoCAD 2013, 打开素材文件 "素材\第 5 章\素材\57301.dwg", 如图 5-86 所示。

02 在命令行中输入 CHAMFER 命令并按 Enter 键, 命令行提示如下:

命令: CHAMFER

("修剪"模式) 当前倒角距离 1 = 0.0000, 距离 2 = 0.0000

选择第一条直线或 [放弃(U)/多段线(P)/距离(D)/角度(A)/修剪(T)/方式(E)/多个(M)]: D

```
                                       //选择"距离"选项
指定 第一个 倒角距离 <0.0000>: 50     //指定第一个倒角距离
指定 第二个 倒角距离 <50.0000>: 50     //指定第二个倒角距离
选择第一条直线或 [放弃(U)/多段线(P)/距离(D)/角度(A)/修剪(T)/方式(E)/多个(M)]:  M
                                       //选择"多个"选项
选择第一条直线或 [放弃(U)/多段线(P)/距离(D)/角度(A)/修剪(T)/方式(E)/多个(M)]:
                                       //指定第一条直线
选择第二条直线,或按住 Shift 键选择直线以应用角点或 [距离(D)/角度(A)/方法(M)]:
                                       //指定第二条直线
……                                    //指定不同的直线进行倒角处理
选择第一条直线或 [放弃(U)/多段线(P)/距离(D)/角度(A)/修剪(T)/方式(E)/多个(M)]:
                                       //按 Enter 键结束选择,效果如图 5-87 所示
```

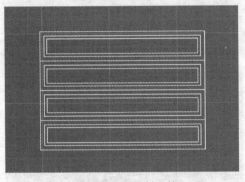

图 5-86　打开素材文件

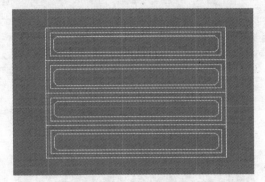

图 5-87　图形效果

5.7.5　倒角而不修剪图形对象

在 AutoCAD 的默认情况下,对图形对象进行倒角处理后,其拐角边将被删除,用户也可以设置其不被删除。命令行中的"修剪"选项用于设置倒角的修剪状态,系统提供了两种倒角边的修剪模式,即"修剪"和"不修剪"。

当将倒角模式设置为"修剪"时,被倒角的两条直线被修剪到倒角的端点;当将倒角模式设置为"不修剪"时,则用于倒角的图线将不被删除。

自测 63　倒角而不修剪图形对象

素材:素材\第 5 章\素材\57501.dwg
视频:视频\第 5 章\视频\5-7-5.swf
源文件:源文件\第 5 章\5-7-5.dwg

01 启动 AutoCAD 2013, 打开素材文件 "素材\第 5 章\素材\57501.dwg", 如图 5-88 所示。

02 在命令行中输入 CHAMFER 命令并按 Enter 键, 命令行提示如下:

命令: CHAMFER

("不修剪"模式) 当前倒角距离 1 = 0.0000, 距离 2 = 0.0000

选择第一条直线或 [放弃(U)/多段线(P)/距离(D)/角度(A)/修剪(T)/方式(E)/多个(M)]: D
//选择 "距离" 选项

指定 第一个 倒角距离 <0.0000>: 100　　　　　//指定第一个倒角距离

指定 第二个 倒角距离 <100.0000>: 100　　　　//指定第二个倒角距离

选择第一条直线或 [放弃(U)/多段线(P)/距离(D)/角度(A)/修剪(T)/方式(E)/多个(M)]: T
//选择 "修剪" 选项

输入修剪模式选项 [修剪(T)/不修剪(N)] <修剪>: N　　//选择 "不修剪" 选项

选择第一条直线或 [放弃(U)/多段线(P)/距离(D)/角度(A)/修剪(T)/方式(E)/多个(M)]: P
//选择 "多段线" 选项

选择二维多段线或 [距离(D)/角度(A)/方法(M)]:　　//选择图形外围的多段线

4 条直线已被倒角　　　　　　　　　　　　　　//结束倒角操作, 效果如图 5-89 所示

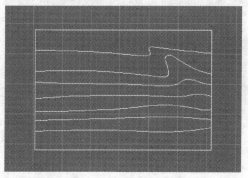
图 5-88　打开素材文件

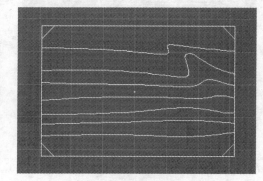
图 5-89　图形效果

小技巧:

　　系统变量 TRIMMODE 控制倒角的修剪状态。当该变量值为 0 时, 图形对象进行倒角处理时不被修剪; 当该变量值为 1 时, 图形对象将被修剪。

5.7.6　圆角图形对象

　　圆角图形对象就是使用一段给定半径的光滑圆弧连接两条图线。可以使用 "圆角" 命令的对象包括直线、多段线、构造线、圆弧、椭圆、椭圆弧、样条曲线和射线等。

　　"圆角" 命令的具体操作方法与 "倒角" 命令大致相同。用户可以通过以下几种方法使用 "圆角" 命令:

● 执行 "修改>圆角" 命令。

● 单击 "修改" 工具栏中的 "圆角" 按钮。

● 在命令行中输入 FILLET (或别名 F) 命令并按 Enter 键。

自测 64　圆角图形对象

素材：素材\第 5 章\素材\57601.dwg
视频：视频\第 5 章\视频\5-7-6.swf
源文件：源文件\第 5 章\5-7-6.dwg

01 启动 AutoCAD 2013，打开素材文件"素材\第 5 章\素材\57601.dwg"，如图 5-90 所示。
02 在命令行中输入 FILLET 命令并按 Enter 键，命令行提示如下：

命令: FILLET
当前设置: 模式 = 修剪，半径 = 0.0000
选择第一个对象或 [放弃(U)/多段线(P)/半径(R)/修剪(T)/多个(M)]: R
//选择"半径"选项
指定圆角半径 <0.0000>: 100   //指定圆角半径
选择第一个对象或 [放弃(U)/多段线(P)/半径(R)/修剪(T)/多个(M)]: P
  //选择"多段线"选项
选择二维多段线或 [半径(R)]:   //选择外围的多段线
4 条直线已被圆角   //结束圆角处理，效果如图 5-91 所示

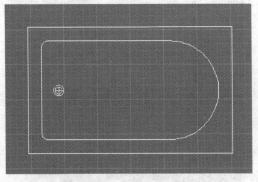

图 5-90　打开素材文件

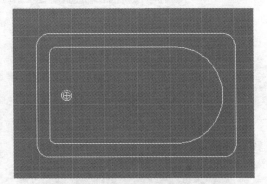

图 5-91　图形效果

提示：

如果用于圆角的图线是两条平行线，那么在执行"圆角"命令后 AutoCAD 将不考虑当前的圆角半径，而是自动使用一条半圆弧连接两条平行线，半圆弧的直径为两条平行线之间的距离。

5.8 打断、合并和分解操作

在 AutoCAD 中根据绘图的需要，可以通过相关的命令将图形分为两部分或是删除图形对象上的某一部分，也可以将同类图形合并为一个整体，还可以将图形对象分解成多个对象。

5.8.1 打断图形对象

使用"打断"命令可以将对象指定的两点间的部分删掉，或将一个对象打断成两个具有同一端点的对象。该命令不适合"块"、"标注"、"多行"和"面域"对象。用户可以通过以下几种方法使用此命令：

- 执行"修改>打断"命令。
- 单击"修改"工具栏中的"打断"按钮 。
- 在命令行中输入 BREAK（或别名 BR）命令并按 Enter 键。

自测 65　打断图形对象

素材：素材\第 5 章\素材\58101.dwg
视频：视频\第 5 章\视频\5-8-1.swf
源文件：源文件\第 5 章\5-8-1.dwg

01 启动 AutoCAD 2013，打开素材文件"素材\第 5 章\素材\58101.dwg"，如图 5-92 所示。执行"修改>打断"命令，根据命令行的提示选择图形对象，如图 5-93 所示。

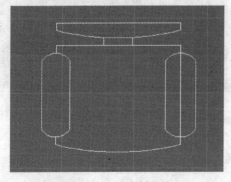

图 5-92　打开素材文件

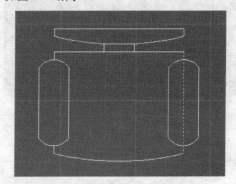

图 5-93　选择图形对象

02 选择命令行中的"第一点"选项，在图形中分别指定第一个和第二个打断点，如图 5-94 所示。图形效果如图 5-95 所示。

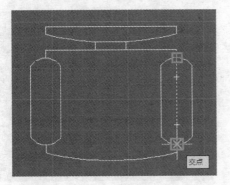

图 5-94　指定第一个和第二个打断点

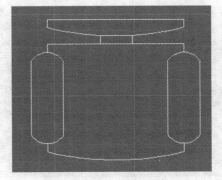

图 5-95　图形效果

提示：

　　由于在选择对象时不可能拾取到准确的第一个断点，所以需要激活"第一点"选项，用以重新定位第一个断点。

小技巧：

　　如果只是将图形对象一分为二，而不删除任何部分，可以在指定第二个断点时输入相对坐标符号@，或者直接单击"修改"工具栏中的"打断于点"按钮 □。

5.8.2　合并图形对象

　　使用"合并"命令可以将相似的对象合并以形成一个完整的对象，还可以将圆弧或椭圆弧闭合为一个完整的圆或椭圆。用户可以通过以下几种方法使用该命令：

- 执行"修改>合并"命令。
- 单击"修改"工具栏中的"合并"按钮 ＋＋。
- 在命令行中输入 JOIN（或别名 J）命令并按 Enter 键。

自测 66　合并图形对象

素材：素材\第 5 章\素材\58201.dwg
视频：视频\第 5 章\视频\5-8-2.swf
源文件：源文件\第 5 章\5-8-2.dwg

01 启动 AutoCAD 2013，打开素材文件"素材\第 5 章\素材\58201.dwg"，如图 5-96 所示。
02 执行"修改>合并"命令，根据命令行的提示选择源对象，如图 5-97 所示。

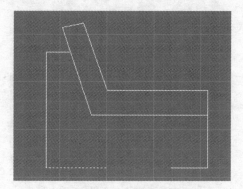

图 5-96　打开素材文件　　　　　　　　图 5-97　选择源对象

03 根据命令行的提示选择要合并的对象，如图 5-98 所示。按 Enter 键，合并图形效果如图 5-99 所示。

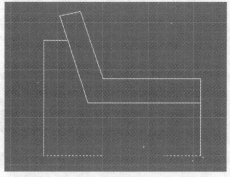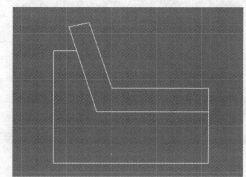

图 5-98　选择合并对象　　　　　　　　图 5-99　合并图形效果

5.8.3　分解图形对象

通过"分解"命令可以将复合对象分解成其部件对象，在希望单独修改复合对象的部件时，可分解复合对象。可以分解的对象包括块、多段线及面域等。用户可以通过以下几种方法使用此命令：

● 执行"修改>分解"命令。
● 单击"修改"工具栏中的"分解"按钮 。
● 在命令行中输入 EXPLODE 命令并按 Enter 键。

自测 67　　分解多段线

素材：素材\第 5 章\素材\58301.dwg
视频：视频\第 5 章\视频\5-8-3.swf
源文件：源文件\第 5 章\5-8-3.dwg

01 启动 AutoCAD 2013，打开素材文件"素材\第 5 章\素材\58301.dwg"，如图 5-100 所示。该文件中的图形对象为块元素。

02 执行"修改>分解"命令，根据命令行的提示在绘图窗口中选择该图形并按 Enter 键，即可将对象分解。对于分解后的图形，用户可单独选择其任意部分，如图 5-101 所示。

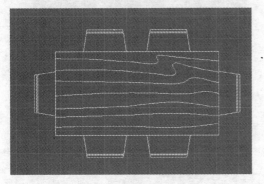

图 5-100 打开素材文件

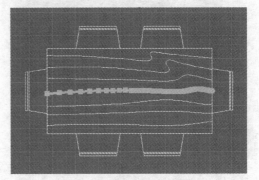

图 5-101 选择部分对象

5.9 拉长图形对象

"拉长"命令可以使对象按照一定方向进行延伸。可以拉长的图形对象包括直线、圆弧、非闭合多段线、椭圆弧和非封闭样条曲线。用户可以通过以下几种方法使用该命令：

● 执行"修改>拉长"命令。
● 在命令行中输入 LENGTHEN（或别名 LEN）命令并按 Enter 键。

自测 68 拉长图形对象

素材：素材\第 5 章\素材\59101.dwg
视频：视频\第 5 章\视频\5-9-1.swf
源文件：源文件\第 5 章\5-9-1.dwg

01 启动 AutoCAD 2013，打开素材文件"素材\第 5 章\素材\59101.dwg"，如图 5-102 所示。
02 在命令行中输入 LENGTHEN 命令并按 Enter 键，命令行提示如下：

命令：LENGTHEN
选择对象或 [增量(DE)/百分数(P)/全部(T)/动态(DY)]: DE   //选择"增量"选项
输入长度增量或 [角度(A)] <500.0000>: 300   //输入增量长度
选择要修改的对象或 [放弃(U)]:   //选择图形的底边
选择要修改的对象或 [放弃(U)]:   //按 Enter 键结束选择

拉长图形效果如图 5-103 所示。

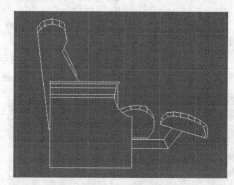

图 5-102 打开素材文件   图 5-103 拉长图形效果

小技巧：

在未激活"增量"选项之前单击要拉长的对象，命令行将显示其当前长度。选择"动态"选项，可以通过拖动图形的方式改变对象长度。

5.10 夹点编辑图形

所谓的夹点，实际上就是对象上的控制点。可以通过夹点实现对图形对象的拉伸、移动、旋转、缩放和镜像操作。在不执行任何编辑命令的情况下，直接单击对象可显示夹点，夹点是一种集成的编辑模式，可以拖动夹点直接而快速地编辑对象。

AutoCAD 中的夹点是一些实心的小方块，选择图形对象后，对象关键点上将出现夹点，拖动不同的夹点时执行的操作也是不同的，并且每个图形对象都有自身的夹点标记。

线段：两个端点和一个中点。

多段线：直线段的两个端点、圆弧段的中点和两个端点。

射线：起始点和射线上的一个点。

构造线：控制点和构造线上邻近的两点。

多线：控制线上的两个端点。

圆：象限点和圆心。

圆弧：两个端点和圆心。

椭圆：4 个顶点和中心点。

椭圆弧：端点、中点和中心点。

文字：插入点和第二个对齐点。

多行文字：各顶点。

属性：插入点。

形：插入点。

三维网格：网格上的各顶点。

三维面：周边顶点。

线性尺寸标注\对齐尺寸标注：尺寸线端点和尺寸界线的起始点、尺寸文字的中心点。

半径标注\直径标注：尺寸线端点、尺寸文字中心点。

坐标标注：被标注点、引出线端点和尺寸文字的中心点。

5.10.1 拉伸图形对象

夹点被激活后,默认情况下夹点的操作模式为拉伸。可以通过移动选中的夹点,实现对图形对象的拉伸。

自测 69 通过夹点拉伸图形对象

素材: 素材\第 5 章\素材\510101.dwg
视频: 视频\第 5 章\视频\5-10-1.swf
源文件: 无

01 启动 AutoCAD 2013,打开素材文件"素材\第 5 章\素材\510101.dwg",选择要拉伸的图形对象使其夹点呈选择状态,如图 5-104 所示。

02 单击并向上拖动最上方的夹点到合适位置并按 Enter 键确认,图形效果如图 5-105 所示。

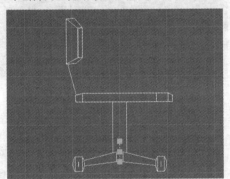

图 5-104 选择要拉伸的图形

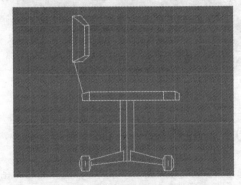

图 5-105 拉伸图形效果

> 提示:
>
> 对于一些特殊的夹点,在移动时,图形对象不会被拉伸,如文字、图块、直线中点、圆心、椭圆圆心和点对象上的夹点。

5.10.2 移动图形对象

通过夹点还可以将图形对象移动到新位置。选择要移动的图形对象,使夹点呈选择状态,单击图线对象并拖动中点即可移动其位置。

自测 70　通过夹点移动图形对象

素材：素材\第 5 章\素材\510201.dwg
视频：视频\第 5 章\视频\5-10-2.swf
源文件：无

01 启动 AutoCAD 2013，打开素材文件"素材\第 5 章\素材\510101.dwg"，选择要移动的图形对象使其夹点呈选择状态，如图 5-106 所示。

02 单击并向左拖动中点到合适位置并按空格键确认，图形效果如图 5-107 所示。

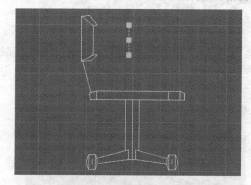

图 5-106　打开素材文件

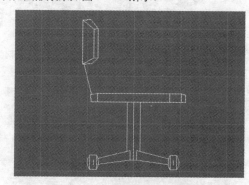

图 5-107　移动图形效果

5.10.3　旋转图形对象

通过夹点还可以使图形对象绕基点进行旋转。在进行旋转操作时，不仅可以按指定角度进行旋转，也可以手动拖动图形对象进行自由旋转。

自测 71　通过夹点旋转图形对象

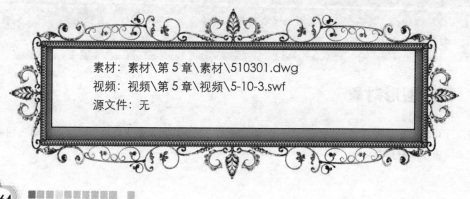

素材：素材\第 5 章\素材\510301.dwg
视频：视频\第 5 章\视频\5-10-3.swf
源文件：无

01 启动 AutoCAD 2013，打开素材文件"素材\第 5 章\素材\510101.dwg"，选择要旋转的图形对象使其夹点呈选择状态，如图 5-108 所示。

02 单击右侧中间的夹点并按 Enter 键确认，此时可以移动对象，再次按 Enter 键确认，输入旋转角度为 180°并按 Enter 键，最后按 Esc 键退出，图形效果如图 5-109 所示。

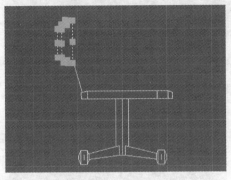

图 5-108　打开素材文件

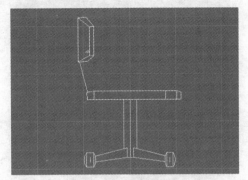

图 5-109　旋转图形效果

5.10.4　缩放图形对象

在旋转编辑模式下按 Enter 键确认，即可进入缩放编辑模式。此时，可以将图形对象相对于基点进行缩放，既可以手动拖动光标缩放图形，也可以在命令行中输入比例因子进行缩放。

5.10.5　镜像图形对象

在使用夹点对图形对象进行编辑时，通常通过按 Enter 键进行不同的操作。选择图形对象后，连续按 4 次 Enter 键即可进入镜像图形对象状态。

自测 72　通过夹点镜像图形对象

素材：素材\第 5 章\素材\510501.dwg

视频：视频\第 5 章\视频\5-10-5.swf

源文件：无

01 启动 AutoCAD 2013，打开素材文件"素材\第 5 章\素材\510501.dwg"，选择要旋转的图形对象使其夹点呈选择状态，如图 5-110 所示。

02 选择其中一个夹点并按 4 次 Enter 键，选择命令行中的"复制"选项，再选择命令行中的"基点"选项，在绘图窗口中指定镜像基点，如图 5-111 所示。

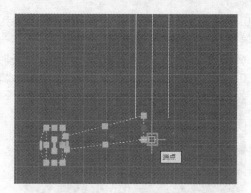

图 5-110　打开素材文件　　　　　　　　　图 5-111　指定镜像基点

03 拖动鼠标将复制的图形对象拖动到合适位置，如图 5-112 所示。单击鼠标左键即可镜像并复制图形对象，按 Enter 键确认，再按 Esc 键退出，图形效果如图 5-113 所示。

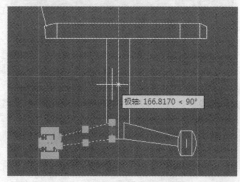

图 5-112　拖动鼠标到合适位置

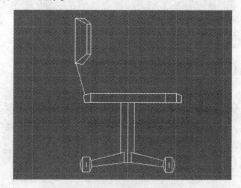

图 5-113　镜像图形效果

5.11　本章小结

本章主要对图形的选择以及编辑进行了详细的讲解，主要内容包括图形对象的旋转、镜像、复制、阵列等。本章内容为后面的学习起铺垫作用，读者要熟练掌握图形对象的编辑方法。

第6章

图层、特性和查询

图层的强大功能，使得用户对图形能够进行统一管理。通过对图层的相关设置，能够控制图层上对象的显示、隐藏以及冻结该图层上的对象；通过对图形特性的设置和视图的结合，可以改变图形的显示效果，通过"查询"命令能更加精确地计算出两点之间的距离。

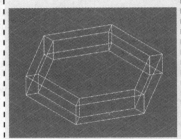

实例名称： 设置图形对象的特性
视频： 视频\第 6 章\视频\6-3-1.swf
源文件： 源文件\第 6 章\6-3-1.dwg

实例名称： 特性匹配
视频： 视频\第 6 章\视频\6-3-2.swf
源文件： 源文件\第 6 章\6-3-2.dwg

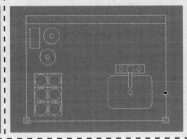

实例名称： 查询两点之间的距离
视频： 视频\第 6 章\视频\6-4-1.swf
源文件： 无

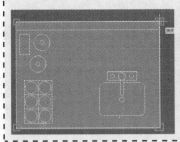

实例名称： 查询面积和周长
视频： 视频\第 6 章\视频\6-4-2.swf
源文件： 无

实例名称： 查询图形文件的时间信息
视频： 视频\第 6 章\视频\6-4-5.swf
源文件： 无

实例名称： 查询状态
视频： 视频\第 6 章\视频\6-4-6.swf
源文件： 无

6.1 认 识 图 层

图层是 AutoCAD 提供的一个管理图形对象的工具，使用图层可以管理和控制复杂的图形。在绘图过程中，可以把不同种类和用途的图形分别置于不同的图层中，从而实现对相同种类图形的统一管理。

使用图层管理不同的对象，不仅能使图形的各种信息清晰、有序、便于观察，而且也会给图形的编辑、修改和输出带来很大的方便。

6.1.1 图层的概念

图层相当于图纸绘图中使用的重叠图纸，用户可以透过上面对图形中的对象进行组织和编辑。图层是用户组织和管理图形对象的一个有力工具。

在 AutoCAD 中，用户可以根据需要创建多个图层，在创建的图层中设置每个图层相应的名称、线型、颜色等。熟练地使用图层，可以提高图形的清晰度和绘制效率，这在绘制复杂的工程图形中显得尤为重要。

6.1.2 图层工具栏

在 AutoCAD 中，系统为用户提供了方便管理图层的"图层"工具栏。在"图层"工具栏中可以对图层的颜色、线型和线宽等进行设置，如图 6-1 所示。

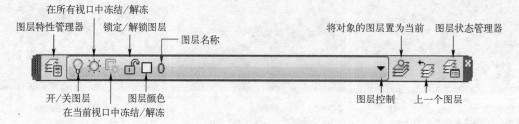

图 6-1 "图层"工具栏

图层特性管理器： 单击该按钮，即可打开"图层特性管理器"面板。

开/关图层： 单击该按钮，可以打开/关闭当前图层，默认状态下图层为打开状态。关闭该图层后，该图层中的对象将不可见。

在所有视口中冻结/解冻： 单击该按钮，可以对所有图层进行冻结/解冻，默认状态下图层是被解冻的。

在当前视口中冻结/解冻： 单击该按钮，可以对图层进行冻结/解冻，默认状态下图层是被解冻的。对图层冻结后，该图层上的对象不能在屏幕上显示或由绘图仪输出，不能进行重生成、消隐、渲染和打印等操作。

锁定/解锁图层： 该按钮用于锁定图层或解锁图层，默认状态下图层是解锁的。当图层被锁定后，用户只能观察该图层上的图形，不能对其进行编辑和修改，但该图层上的图形仍可以被显示和输出。

图层颜色： 此处显示的是当前图层的颜色。

图层名称： 此处显示的是当前图层的名称。

图层控制： 单击该下拉按钮，可以显示出文件中的所有图层。

将对象的图层置为当前： 单击该按钮，在绘图区中选择相应的对象，可以将该对象所在的图层设置为当前图层。

上一个图层： 单击该按钮，会自动将图层 0 设置为当前图层。

图层状态管理器：单击该按钮，可以弹出"图层状态管理器"对话框，在该对话框中可以对图层进行编辑等操作。

提示：

> 当前图层不能被冻结，但是可以被关闭和锁定。

6.1.3 图层特性管理器

在 AutoCAD 中，可以通过"图层特性管理器"面板设置图层的属性，"图层特性管理器"面板提供了更直观的管理和访问图层的方式。用户可以通过以下几种方法启用"图层特性管理器"面板：

- 执行"格式>图层"命令。
- 单击"图层"工具栏中的"图层特性管理器"按钮 。
- 在命令行中输入 LAYER 命令并按 Enter 键。

使用以上任意一种方式都将打开"图层特性管理器"选项板，如图 6-2 所示。通过该选项板可以对图层进行重命名、新建图层、更改图层颜色等操作。

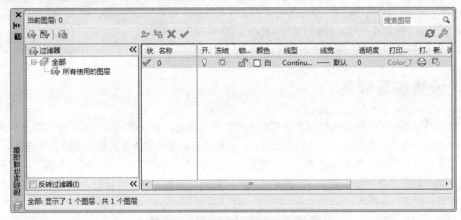

图 6-2 "图层特性管理器"选项板

通过创建图层，可以将类型相似的对象指定给同一图层以使其相关联。可以将构造线、文字、标注和标题栏置于不同的图层上，然后可以控制其共同的属性。

- 图层上的对象在任何视口中是否都可见。
- 是否打印对象以及如何打印对象。
- 为图层的所有对象指定颜色、线型和线宽。
- 图层上的对象是否可以修改。
- 对象是否在各个布局视口中显示不同的图层特性。

默认情况下，新建空白图形文件中包含一个图层 0，并且无法对图层 0 进行重命名和删除操作。图层 0 的作用是确保每个图形至少包括一个图层，并且提供与块中的控制颜色相关的特殊图层。

6.1.4 创建图层

通常情况下，在绘制图形之前要设置好图层的各个属性，当然也可以在绘制图形的过程中根据需要创建新图层。

执行"格式>图层"命令，在弹出的"图层特性管理器"选项板中单击"新建图层"按钮，即可新建一个图层，如图6-3所示。在图层1反白区域可以为图层重新命名。

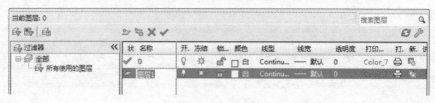

图6-3 新建图层

提示：

为新图层命名时，图层名称最长可达255个字符，可以是数字、字母或其他字符，但是不能含有标点符号和特殊符号。

小技巧：

在"图层特性管理器"面板中选中某个图层的情况下，按快捷键 Alt+N 可快速创建新图层。如果在创建图层时选择了一个现有图层，或为新建图层指定了图层特性，那么以后创建的新图层将继承先前图层的一切特性，例如颜色、线型等。

6.1.5 设置图层颜色

在"图层特性管理器"选项板中可以对图层的颜色进行设置。默认情况下，新建图层与当前图层的状态、颜色、线型、线宽等设置相同，当创建图层后，仍然可以根据绘图的需要重新设置图层的颜色。

在"图层特性管理器"面板中新建一个"图层 1"，单击"颜色"色块，如图6-4所示。打开"选择颜色"对话框，如图6-5所示，在该对话框中选择一个颜色，单击"确定"按钮，即可将图层的颜色设置为所选的颜色，如图6-6所示。

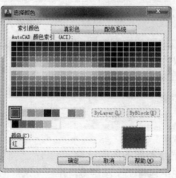

图6-4 单击"颜色"色块　　　图6-5 "选择颜色"对话框　　　图6-6 更改图层颜色

6.1.6 设置图层线型

在 AutoCAD 中，可以根据不同的需要使用不同的线型绘制不同的对象元素。线型是图形基本线条的组成和显示方式，利用不同的线型可以满足不同行业标准的绘图要求。

自测 73　设置图层线型

素材：无
视频：视频\第 6 章\视频\6-1-6.swf
源文件：无

01 执行"格式>图层"命令，打开"图层特性管理器"选项板，单击"新建图层"按钮新建"图层1"，如图 6-7 所示。单击"图层 1"中的"线型"名称，如图 6-8 所示。

图 6-7　新建"图层 1"

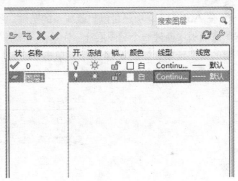

图 6-8　单击"线型"名称

02 弹出"选择线型"对话框，如图 6-9 所示。单击该对话框中的"加载"按钮，在打开的"加载或重载线型"对话框中选择需要的线型，如图 6-10 所示。

图 6-9　"选择线型"对话框

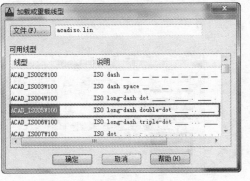

图 6-10　"加载或重载线型"对话框

提示：

默认情况下，系统为用户提供一种 Continuous 线型，可以根据需要加载线型。

03 单击"确定"按钮，选择的线型将被加载到"选择线型"对话框中，如图 6-11 所示。选择刚加载

的线型，然后单击"确定"按钮，该图层的线型将被更改，如图 6-12 所示。

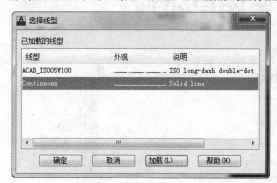
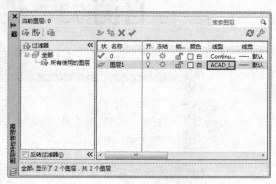

图 6-11 "选择的线型"对话框   图 6-12 更改图层线型

6.1.7 设置图层线宽

在 AutoCAD 中还可以更改线条的宽度，不同的线条可以表现对象的大小或类型。在"图层特性管理器"选项板中新建一个"图层 1"，单击"线宽"名称，如图 6-13 所示。在打开的"线宽"对话框中选择需要的线宽选项，如图 6-14 所示。单击"确定"按钮即可更改图层的线宽，如图 6-15 所示。

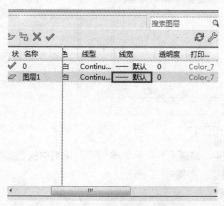

图 6-13 单击"线宽"名称

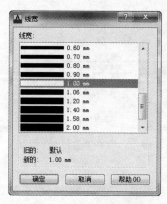
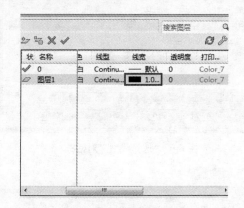

图 6-14 "线宽"对话框   图 6-15 更改图层线宽

6.2　管理图层

在 AutoCAD 中所有的对象都分布在不同的图层中，对图层的管理也就是对所有对象的管理，下面将详细地讲解如何管理图层。

6.2.1　设置为当前图层

在绘制图形时，常常需要将图形绘制在不同的图层上，此时就要切换当前图层。设置为当前图层的方法有下面几种：

- 单击"图层"工具栏中的"图层控制"按钮，在弹出的下拉列表中选择不同的图层，即可将选择的图层设置为当前图层，如图 6-16 所示。
- 在"图层特性管理器"面板的图层列表中选择某个图层后使其高亮显示，然后单击"置为当前"按钮✓，即可将选择的图层设置为当前层，如图 6-17 所示。

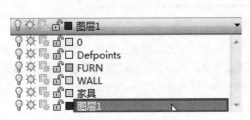

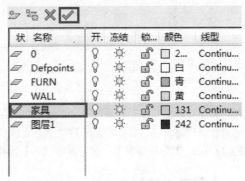

图 6-16　选择图层　　　　　　　　　　图 6-17　单击"置为当前"按钮

- 单击"图层"工具栏中的"将对象的图层置为当前"按钮，然后选择某个图形或实体，如图 6-18 所示，即可将其所在的图层设置为当前层，如图 6-19 所示。

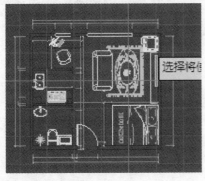

图 6-18　选择图形　　　　　　　　　　图 6-19　设置为当前图层

小技巧：

在命令行中输入 CLAYER 并按 Enter 键，命令行弹出相应的提示：输入 CLAYER 的新值<"0">:，其中 0 表示当前层的名称。在此提示下输入新的图层名称并按 Enter 键，即可将所选的图层设置为当前层。

6.2.2 过滤器的使用

在绘制图形时，如果图形中包含大量的图层，可以在"图层特性管理器"面板中勾选"反转过滤器"复选框，则表示仅显示通过过滤器的图层。如果要命名图层过滤器，单击"新建特性过滤器"按钮，打开"图层过滤器特性"对话框，如图 6-20 所示。

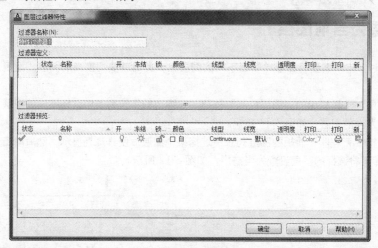

图 6-20　"图层过滤器特性"对话框

在"图层过滤器特性"对话框的"过滤器名称"文本框中输入过滤器的名称；在"过滤器定义"列表框中可以设置过滤条件，包括图层名称、状态、颜色等过滤条件。当指定过滤器的图层名称时，可以使用标准的【?】和【*】等多种通配符，其中【?】用于代替任意一个字符，【*】用于代替多个字符。

6.2.3 图层的转换

使用图层转换器可以转换图层，实现图形的标准化和规范化。通过转换，可以将当前图形中的图层与其他图形的图层结构或 CAD 标准文件相匹配。执行"工具>CAD 标准>图层转换器"命令，弹出"图层转换器"对话框，如图 6-21 所示。

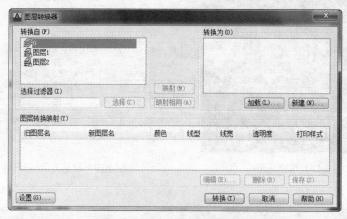

图 6-21　"图层转换器"对话框

单击"加载"按钮，在弹出的"选择图形文件"对话框中选择需要的文件，然后单击"打开"按钮，返回到"图层转换器"对话框。此时"图层转换器"对话框将显示可转换的图层，在"转换自"和"转换

为"列表框中选择合适的选项，再单击"映射"按钮，"图层转换映射"列表框中显示具体信息，如图6-22所示，最后单击"转换"按钮即可。

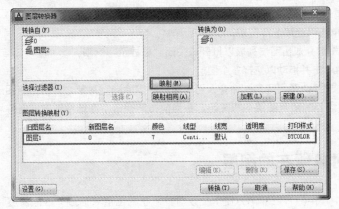

图6-22 "图层转换器"对话框

6.2.4 图层漫游与隔离

在 AutoCAD 中，还可以在图纸空间视口中使用"图层漫游"对话框来控制图层上对象的可见性，如图6-23所示。用户可以通过以下几种方法使用"图层漫游"命令：

- 执行"格式>图层工具>图层漫游"命令。
- 在命令行中输入 LAYWALK 命令并按 Enter 键。

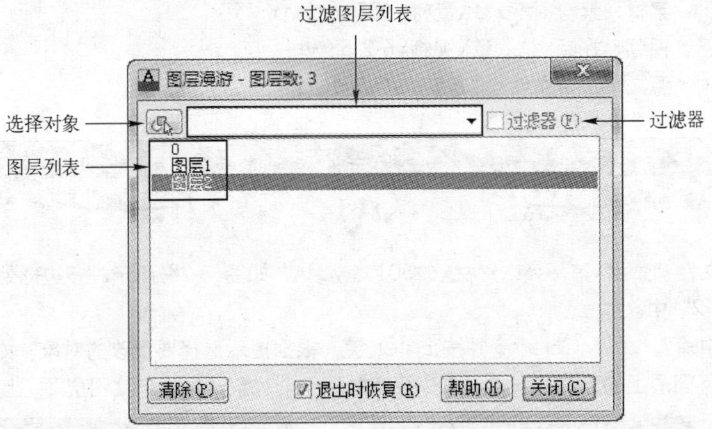

过滤图层列表

选择对象

图层列表

过滤器

图6-23 "图层漫游"对话框

选择对象：选择对象及图层。

过滤图层列表：输入通配符并按 Enter 键，以仅显示并亮显名称与通配符匹配的图层。单击鼠标右键中的命令来保存和删除过滤器，过滤器列表仅显示已保存的过滤器。

过滤器：打开和关闭活动过滤器。勾选该复选框时，列表将仅显示与活动过滤器匹配的图层。取消勾选该复选框时，将显示完整的图层列表（仅当存在活动过滤器时，该选项才可用）。若要打开活动的过滤器，可在过滤器列表中输入通配符并按 Enter 键，可选择已保存的过滤器。

图层列表：如果过滤器处于活动状态，则显示该过滤器中定义的图层列表；如果过滤器不处于活动状态，则显示图形中的图层列表，双击图层将其设置为"总显示"。

在图层列表中，可以进行下列操作。

- 单击图层名以显示图层的内容。
- 双击图层名以打开或关闭"总显示"选项。
- 按 Ctrl 键并单击图层以选择多个图层。
- 按 Shift 键并单击以连续选择图层。
- 按 Ctrl 或 Shift 键并双击图层列表以打开或关闭"总显示"选项。
- 在图层列表中单击并拖动以选择多个图层。

执行"格式>图层工具>图层隔离"命令,可隐藏或锁定除选定对象之外的所有图层。根据当前设置,除选定对象所在图层之外的所有图层均将关闭、在当前布局视口中冻结或锁定。保持可见且未锁定的图层称为隔离。

6.2.5　改变对象所在的图层

在 AutoCAD 中,用户可以非常方便地更改对象所在的图层。通过"匹配图层"命令就可达到此目的,以使对象匹配目标图层,用户可以通过以下几种方法使用此命令:

- 执行"格式>图层工具>匹配图层"。
- 在命令行中输入 LAYMCH 命令并按 Enter 键。

自测 74　改变对象所在的图层

素材:素材\第 6 章\素材\62501.dwg
视频:视频\第 6 章\视频\6-2-5.swf
源文件:源文件\第 6 章\6-2-5.dwg

01 打开素材文件"素材\第 6 章\素材\62501.dwg",如图 6-24 所示。多边形处于"图层 1"中,正方形处于"图层 2"中。

02 在命令行中输入 LAYMCH 命令并按 Enter 键,根据提示选择要更改的对象,如图 6-25 所示。按 Enter 键并选择目标图层上的正方形对象,命令行将提示一个对象已更改到"图层 2"上。

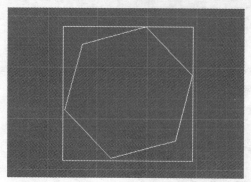

图 6-24　打开素材文件

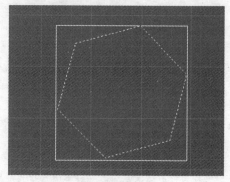

图 6-25　选择对象

6.2.6　图层状态管理器的使用

使用图层状态管理器可以保存和恢复图层状态，使用图层的状态控制功能，可以对复杂图形进行规划管理和状态控制等。用户可以通过以下几种方法使用此命令：

- 执行"格式>图层状态管理器"命令。
- 单击"图层"工具栏中的"图层状态管理器"按钮 ▤。
- 在命令行中输入 LAYERSTATE 命令并按 Enter 键。

使用以上任意一种方法都可以打开"图层状态管理器"对话框，如图 6-26 所示。单击"新建"按钮，弹出"要保存的新图层状态"对话框，在该对话框中可以为新的图层状态命名并添加说明信息，如图 6-27 所示。

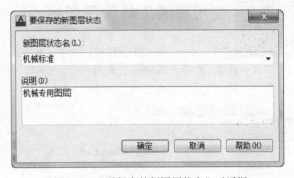

图 6-26　"图层状态管理器"对话框　　　　　　图 6-27　"要保存的新图层状态"对话框

单击"确定"按钮即可新建图层状态，并返回到"图层状态管理器"对话框中。在该对话框中，如果改变了图层的显示状态，则单击"恢复"按钮，即可恢复到以前保存的图层状态。

单击"编辑"按钮，弹出"编辑图层状态"对话框，如图 6-28 所示。单击"将图层添加到图层状态"按钮 ▣，可在弹出的"选择要添加到图层状态的图层"对话框中选择要添加到图层状态的图层，如图 6-29 所示。

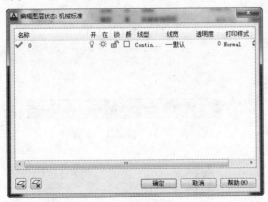

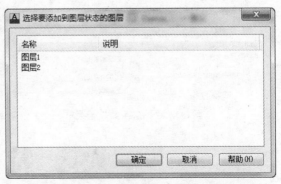

图 6-28　"编辑图层状态"对话框　　　　　图 6-29　"选择要添加到图层状态的图层"对话框

在该对话框中选择图层，然后单击"确定"按钮，即可将其添加到图层状态，如图 6-30 所示。

单击该对话框中的"从图层状态中删除图层"按钮，可将选择的图层从状态图层中删除，如图 6-31 所示。

 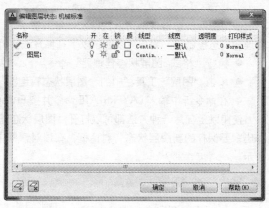

图 6-30 "编辑图层状态"对话框 图 6-31 "编辑图层状态"对话框

6.2.7 使用图层工具管理图层

"图层工具"是一个集成的图层管理命令，其中包含多个子菜单，执行"格式>图层工具"命令，即可打开其子菜单，如图 6-32 所示，利用"图层工具"子菜单下的各子命令可以更加方便地管理图层。也可以执行"工具>工具栏>AutoCAD>图层Ⅱ"命令，打开"图层Ⅱ"工具栏，如图 6-33 所示。

图 6-32 "图层工具"子菜单 图 6-33 "图层Ⅱ"工具栏

6.3 特 性

在 AutoCAD 中每个对象都具有自己的特性，对象的这些特性都可以在"特性"选项板中显现出来，并可以在该选项板中修改任何可以通过指定新值进行修改的特性。

6.3.1　对象特性

AutoCAD 中的"特性"选项板可以显示出每一种 CAD 图元的基本特性、几何特性及其他特性等。用户可以通过以下几种方法打开"特性"选项板：

- 执行"工具>选项板>特性"命令。
- 单击"标准"工具栏中的"特性"按钮 。
- 在命令行中输入 PROPERTIES（或别名 PR）命令并按 Enter 键。
- 按快捷键 Ctrl+1。

用以上任意一种方法都可以打开"特性"选项板，如图 6-34 所示。"特性"选项板分为标题栏、工具栏、特性窗口 3 部分。用户可以通过该选项板查看和修改图形对象的内部特性。

标题栏：位于窗口的一侧。单击标题栏中的按钮，可以控制窗口的显示和隐藏状态；单击标题栏中的按钮，可以弹出一个快捷菜单，如图 6-35 所示。在该菜单中选择不同的选项可以改变窗口的尺寸大小、位置及窗口的显示与否。

工具栏：主要用于显示当前被选择的图形的名称，以及用于构建新的选择集。列表用于显示当前图形区域中所有被选择的图形名称；按钮用于切换系统变量 PICKADD 的参数值；"选择对象"按钮用于在图形区域中选择一个或多个对象，按 Enter 键，则选择的图形对象名称及所包含的实体特性都显示在特性窗口内，以便对其进行编辑；"快速选择"按钮用于快速构造选择集。

特性窗口：系统默认的特性窗口包括"常规"、"三维效果"、"打印样式"、"视图"和"其他"5 个组合框，分别用于控制和修改所选对象的各种特性。

图 6-34　"特性"选项板

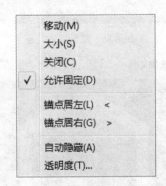

图 6-35　快捷菜单

AutoCAD 2013 在对对象特性处理的操作中比原有版本有所增强，用户可以在应用更改前动态预览对对象和视口特性的更改。例如选择图形对象，使用"特性"选项板更改其颜色，当光标经过列表或"选择颜色"对话框中的每种颜色时，选定的对象会随之动态地改变颜色；更改透明度时，也会动态应用对象透明度。

预览并不局限于对象特性，会影响视口内显示的任何更改都可预览。例如，当光标经过视觉样式、视图、阴影显示和 UCS 图标时，其效果会随之动态地应用到视口中。用户可以使用新的系统变量 PROPERTYPREVIEW 控制特性预览行为。

自测 75 设置图形对象的特性

素材：无
视频：视频\第6章\视频\6-3-1.swf
源文件：源文件\第6章\6-3-1.dwg

01 单击"绘图"工具栏中的"多边形"按钮，根据命令行的提示绘制一个内接于圆的正六边形，如图
6-36 所示。

02 选择刚刚绘制的正六边形，单击"标准"工具栏中的"特性"按钮，在打开的"特性"选项板中设
置相关特性，如图 6-37 所示。

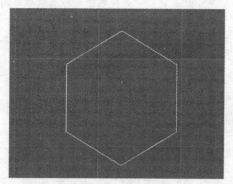

图 6-36 绘制正六边形

图 6-37 "特性"选项板

03 图形效果如图 6-38 所示。执行"视图>三维视图>西南等轴测"命令，图形效果如图 6-39 所示。

图 6-38 图形效果（一）

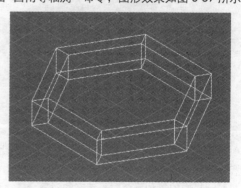

图 6-39 图形效果（二）

6.3.2 特性匹配

执行"修改>特性匹配"命令，可以将一个对象的某些特性或所有特性复制到其他对象。可以复制的特

性类型有颜色、图层、线型、线型比例和线宽等。用户可以通过以下几种方法使用此命令：

- 执行"修改>特性匹配"命令。
- 单击"标准"工具栏中的"特性匹配"按钮 ⌨。
- 在命令行中输入 MATCHPROP（或别名 MA）命令并按 Enter 键。

自测76 特 性 匹 配

素材：素材\第 6 章\素材\63201.dwg
视频：视频\第 6 章\视频\6-3-2.swf
源文件：源文件\第 6 章\6-3-2.dwg

01 打开素材文件"素材\第 6 章\素材\63201.dwg"，如图 6-40 所示。单击"绘图"工具栏中的"矩形"按钮，绘制一个 800×800 的矩形，如图 6-41 所示。

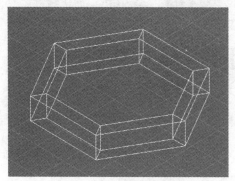

图 6-40 打开素材文件

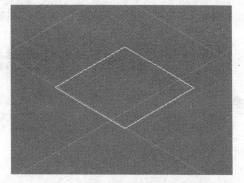

图 6-41 绘制矩形

02 执行"修改>特性匹配"命令，根据命令行的提示选择源对象，光标也会随之改变形状，如图 6-42 所示。继续在绘图窗口中选择目标对象，执行"视图>消隐"命令，图形效果如图 6-43 所示。

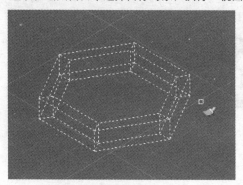

图 6-42 选择源对象

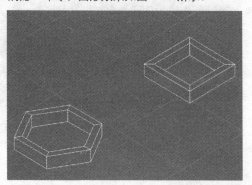

图 6-43 图形效果

在为图形进行特性匹配操作时，选择源对象之后，命令行提示如图 6-44 所示。"设置"选项用于设置需要匹配的对象特性，选择"设置"选项，弹出"特性设置"对话框，如图 6-45 所示。

图 6-44　命令行提示信息　　　　　　　　　　　图 6-45　"特性设置"对话框

默认情况下，AutoCAD 将匹配对话框中的所有特性。用户也可以根据绘图需要有选择性地匹配基本特性和特殊特性。

提示：

"颜色"和"图层"选项适用于除 OLE（对象链接嵌入）对象之外的所有对象；"线型"和"线型比例"选项适用于除属性、图案填充、多行文字、OLE 对象、点和视口之外的所有对象。

6.4　查询图形对象信息

在绘制图形的过程中，查询是一项很重要的功能。它可以提供图形中对象的相关信息及执行有用的计算，可以计算对象之间的距离及复杂对象的面积等，对于从对象中获取信息很有帮助。

6.4.1　查询距离

使用"距离"命令可以测量两点之间的距离和角度。用户可以通过以下几种方法使用此命令：

● 执行"工具>查询>距离"命令。
● 单击"查询"工具栏中的"距离"按钮。
● 在命令行中输入 DIST 命令并按 Enter 键。

自测 77　查询两点之间的距离

素材：素材\第 6 章\素材\64101.dwg
视频：视频\第 6 章\视频\6-4-1.swf
源文件：无

01 打开素材文件"素材\第 6 章\素材\64101.dwg",如图 6-46 所示。执行"工具>查询>距离"命令,根据命令行的提示指定第一个点和第二个点,如图 6-47 所示。

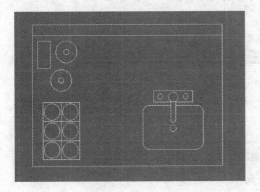

图 6-46 打开素材文件

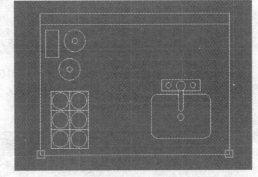

图 6-47 指定两点

02 按 Esc 键结束查询,AutoCAD 即可计算出两点间的距离为 917.3735,命令行提示如下:

命令:_MEASUREGEOM
输入选项 [距离(D)/半径(R)/角度(A)/面积(AR)/体积(V)] <距离>: _distance
指定第一点:
指定第二个点或 [多个点(M)]:
距离 = 917.3735,XY 平面中的倾角 = 0, 与 XY 平面的夹角 = 0
X 增量 = 917.3735, Y 增量 = 0.0000, Z 增量 = 0.0000
输入选项 [距离(D)/半径(R)/角度(A)/面积(AR)/体积(V)/退出(X)] <距离>: *取消*

距离:两点之间的三维距离。

XY 平面中的倾角:两点之间的连线在 XY 平面上的投影与 X 轴的夹角。

与 XY 平面的夹角:两点之间的连线与 XY 平面的夹角。

X 增量:第二点 X 坐标相对于第一点 X 坐标的增量。

Y 增量:第二点 Y 坐标相对于第一点 Y 坐标的增量。

Z 增量:第二点 Z 坐标相对于第一点 Z 坐标的增量。

提示:

在图纸空间中的布局上绘图时,通常以图纸空间单位表示距离。但是,如果将 DIST 命令与显示在单个视口内的模型空间对象上的对象捕捉一起使用,则将以二维模型空间单位表示距离。在使用 DIST 命令测量三维距离时,建议切换到模型空间。

6.4.2 查询面积和周长

使用"面积"命令可以计算对象或指定区域的面积和周长。用户可以通过以下几种方法使用此命令:

● 执行"工具>查询>面积"命令。
● 在命令行中输入 AREA 命令并按 Enter 键。

自测 78　查询面积和周长

素材：素材\第 6 章\素材\64101.dwg
视频：视频\第 6 章\视频\6-4-2.swf
源文件：无

01 打开素材文件"素材\第 6 章\素材\64101.dwg"，如图 6-48 所示。执行"工具>查询>面积"命令，根据命令行的提示指定多个点，如图 6-49 所示。

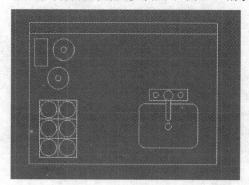

图 6-48　打开素材文件

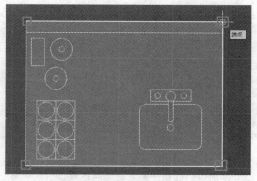

图 6-49　指定多个点

02 按 Enter 键确认，并按 Esc 键结束查询，AutoCAD 即可计算出 4 点间的面积为 605833.4535，周长为 3155.5470，命令行提示如下：

命令：_MEASUREGEOM
输入选项 [距离(D)/半径(R)/角度(A)/面积(AR)/体积(V)] <距离>: _area
指定第一个角点或 [对象(O)/增加面积(A)/减少面积(S)/退出(X)] <对象(O)>:
指定下一个点或 [圆弧(A)/长度(L)/放弃(U)]:
指定下一个点或 [圆弧(A)/长度(L)/放弃(U)]:
指定下一个点或 [圆弧(A)/长度(L)/放弃(U)/总计(T)] <总计>:
指定下一个点或 [圆弧(A)/长度(L)/放弃(U)/总计(T)] <总计>:
区域 = 605833.4535，周长 = 3155.5470
输入选项 [距离(D)/半径(R)/角度(A)/面积(AR)/体积(V)/退出(X)] <面积>: *取消*

提示：

　　使用 AREA 命令，用户可以指定一系列的点或选择一个对象。如果需要计算多个对象的组合面积，可在选择集中每次加减一个面积时保持总面积，不能使用窗口选择或窗交选择来选择对象。

6.4.3 列表信息

使用"列表"命令可以显示选定对象的数据库信息。用户可以通过以下几种方法使用此命令:

- 执行"工具>查询>列表"命令。
- 单击"查询"工具栏中的"列表"按钮圓。
- 在命令行中输入 LIST 命令并按 Enter 键。

使用以上任意一种方法执行该命令后,文本窗口中将显示对象类型、对象图层、相对于当前用户坐标系的 X、Y、Z 位置,以及对象是位于模型空间还是图纸空间。

自测 79 查询选定对象的数据库信息

素材: 素材\第 6 章\素材\64101.dwg
视频: 视频\第 6 章\视频\6-4-3.swf
源文件: 无

01 打开素材文件"素材\第 6 章\素材\64101.dwg",执行"工具>查询>列表"命令,根据命令行的提示选择对象,如图 6-50 所示。

02 按 Enter 键确认,系统将弹出 AutoCAD 文本窗口,显示选定对象的数据库信息,如图 6-51 所示。

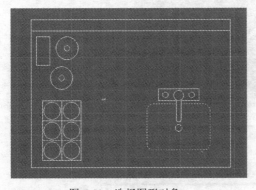

图 6-50 选择图形对象

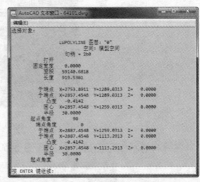

图 6-51 AutoCAD 文本窗口

提示:

如果颜色、线型和线宽没有设置为"随层",则 LIST 命令将报告这些项目的相关信息。如果对象厚度为非零,则列出其厚度。Z 坐标的信息用于定义标高。如果输入的拉伸方向与当前 UCS 的 Z 轴不同,则 LIST 命令也会以 UCS 坐标报告拉伸方向。

6.4.4   查询点坐标

使用"点坐标"命令可以列出指定点的 X、Y 和 Z 值。用户可以通过以下几种方法使用此命令：

● 执行"工具>查询>点坐标"命令。
● 在命令行中输入 ID 命令并按 Enter 键。

自测 80   查询点坐标

素材：素材\第 6 章\素材\64101.dwg
视频：视频\第 6 章\视频\6-4-4.swf
源文件：无

01 打开素材文件"素材\第 6 章\素材\64101.dwg"，执行"工具>查询>点坐标"命令，根据命令行的提示选择坐标点，如图 6-52 所示。

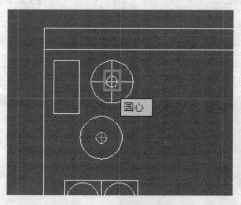

图 6-52   选择坐标点

02 命令行将显示指定点的坐标，如图 6-53 所示。

图 6-53   命令行提示信息

6.4.5   查询时间

使用"时间"命令可以显示图形的日期和时间统计信息。用户可以通过以下几种方法使用此命令：

● 执行"工具>查询>时间"命令。
● 在命令行中输入 TIME 命令并按 Enter 键。

自测 81　查询图形文件的时间信息

素材：素材\第 6 章\素材\64101.dwg
视频：视频\第 6 章\视频\6-4-5.swf
源文件：无

01 打开素材文件"素材\第 6 章\素材\64101.dwg"，如图 6-54 所示。

02 执行"工具>查询>时间"命令，系统弹出 AutoCAD 文本窗口。在该文本窗口中将显示该图形的时间信息，如图 6-55 所示。

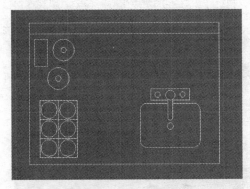

图 6-54　打开素材文件

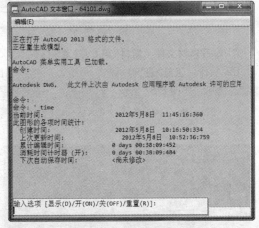

图 6-55　AutoCAD 文本窗口

当前时间：使用 24h 制显示当前日期和时间，精确到 ms。

创建时间：显示创建当前图形时的日期和时间。

上次更新时间：显示当前图形最后一次更新的日期和时间。此日期和时间最初是图形创建的时间，每次保存图形文件后，此时间都会被修改。

累计编辑时间：显示编辑当前图形花费的时间。此计时器由程序更新，不能重置或停止。累计编辑时间不包括打印时间。如果不保存图形就退出编辑任务，则编辑任务的时间不记入累计编辑时间。

消耗时间计时器：程序运行时，作为另一个计时器运行。可随时打开、关闭和重置此计时器。

下次自动保存时间：指示距离下一次自动保存的时间。

显示：重复显示更新的时间。

开：启动关闭的用户消耗时间计时器。

关：停止用户消耗时间计时器。

重置：将用户消耗时间计时器重置为 0 天 00：00：00.000。

6.4.6 查询状态

使用"状态"命令可以显示图形的统计信息、模式和范围等信息。用户可以通过以下几种方法使用此命令：

● 执行"工具>查询>状态"命令。
● 在命令行中输入 STATUS 命令并按 Enter 键。

自测 82 查 询 状 态

素材：素材\第 6 章\素材\64101.dwg
视频：视频\第 6 章\视频\6-4-6.swf
源文件：无

01 打开素材文件"素材\第 6 章\素材\64101.dwg"，如图 6-56 所示。

02 执行"工具>查询>状态"命令，系统将弹出 AutoCAD 文本窗口。在该文本窗口中将显示该图形的状态信息，如图 6-57 所示。

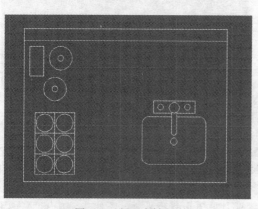

图 6-56　打开素材文件

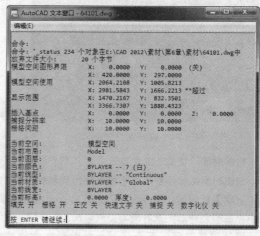

图 6-57　AutoCAD 文本窗口

6.4.7 查询系统变量

AutoCAD 2013 提供了各种系统变量，用于存储操作环境的设置、图形信息和一些命令的设置。利用系统变量可以显示当前状态，也可以控制 AutoCAD 的某些功能和设计环境、命令的工作方式。

在命令行中输入系统变量可以打开或关闭模式，如"捕捉"、"栅格"或"正交"；可以设定填充图案的默认比例；可以存储有关当前图形和程序配置的信息。

自测 83   在命令行中输入系统变量

素材：无
视频：视频\第 6 章\视频\6-4-7.swf
源文件：无

01 启动 AutoCAD 2013，进入"AutoCAD 经典"工作空间，如图 6-58 所示。

02 在命令行中输入 GRIDMODE 命令并按 Enter 键。在命令行中输入 0 并按 Enter 键，为变量赋予新值，效果如图 6-59 所示。

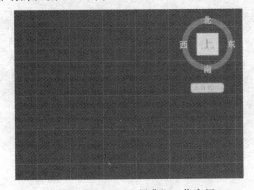

图 6-58 "AutoCAD 经典"工作空间

图 6-59 隐藏栅格

6.5 本 章 小 结

　　本章主要介绍了有关图层的基本操作以及有关查询的相关命令，详细地讲解了图层的管理，通过对图层的管理操作，可以提高工作效率，通过"查询"命令可以精确地知道两点之间的距离等。这些命令和操作在工作中都是经常会用到的，将为绘图提供很大的帮助。

第7章

学习创建面域和填充图案

在实际的绘图工具中经常会遇到较为复杂的图形，并且绘制出图形之后还要为图形填充不同的图案或颜色，以标识不同的用途，这些操作在绘图工作中非常重要。本章将讲解如何使用面域创建复杂的图形及为图形填充图案的方法。

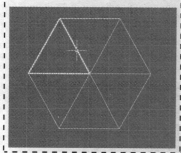

实例名称：使用"边界"命令创建面域
视频：视频\第 7 章\视频\7-1-2.swf
源文件：源文件\第 7 章\7-1-2.dwg

实例名称：并集
视频：视频\第 7 章\视频\7-2-1.swf
源文件：源文件\第 7 章\7-2-1.dwg

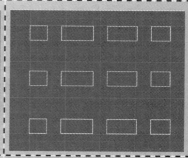

实例名称：差集
视频：视频\第 7 章\视频\7-2-2.swf
源文件：源文件\第 7 章\7-2-2.dwg

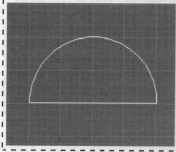

实例名称：交集
视频：视频\第 7 章\视频\7-2-3.swf
源文件：源文件\第 7 章\7-2-3.dwg

实例名称：填充图案
视频：视频\第 7 章\视频\7-3-2.swf
源文件：源文件\第 7 章\7-3-2.dwg

实例名称：填充渐变色
视频：视频\第 7 章\视频\7-4-2.swf
源文件：源文件\第 7 章\7-4-2.dwg

7.1　将图形转换为面域

面域是具有物理特性的二维封闭区域，其边界可以由直线、多段线、圆等对象形成。面域与圆、正多边形等封闭图形有着本质的区别，圆、正多边形只包含边的信息，没有面的信息，属于线框模型；面域既包含了边的信息也包含了面的信息，属于实体模型。

面域可用于填充和着色，使用布尔操作将简单对象合并到更复杂的对象，使用"工具>查询>面域/质量特性命令"提取设计信息，例如区域等。

7.1.1　使用"面域"命令创建面域

在 AutoCAD 2013 中，使用"面域"命令可将闭合对象转化为面域。用户可以通过以下几种方法调用此命令：

- 执行"绘图>面域"命令。
- 单击"绘图"工具栏中的"面域"按钮 ⬚。
- 在命令行中输入 REGION（或别名 RGE）命令并按 Enter 键。

自测 84　使用"面域"命令创建面域

素材：无
视频：视频\第 7 章\视频\7-1-1.swf
源文件：源文件\第 7 章\7-1-1.dwg

01 单击"绘图"工具栏中的"圆"按钮，根据命令行的提示绘制两个同心圆，如图 7-1 所示。

02 在命令行中输入 REGION 命令并按 Enter 键，命令行提示如下：

```
命令：_region
选择对象：找到 1 个                    //选择外围的圆形，如图 7-2 所示
选择对象：找到 1 个，总计 2 个          //选择内部的圆形
选择对象：                              //按 Enter 键结束选择
已提取 2 个环。
已创建 2 个面域。                       //创建两个面域
```

小技巧：

在 AutoCAD 2013 中将对象转化为面域后，创建的面域将替换掉原来的对象，原来的对象将被删除。如果要保留原来的对象，可在创建面域前先将系统变量 DELOBJ 设置为 0。

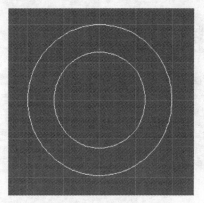

图 7-1　绘制同心圆

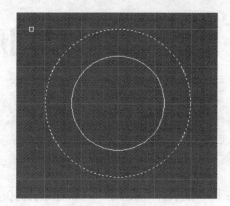

图 7-2　选择外围的圆形

提示:

在 AutoCAD 2013 中将对象转化为面域时，这些对象必须各自形成闭合区域，例如圆或闭合多段线等。

7.1.2　使用"边界"命令创建面域

在 AutoCAD 2013 中，使用"边界"命令可从由对象包围的区域创建面域，与"面域"命令不同的是，使用"边界"命令不用考虑对象共用一个端点和相交问题。用户可以通过以下几种方法调用此命令：

- 执行"绘图>边界"命令。
- 在命令行中输入 BOUNDARY（或别名 BOU）命令并按 Enter 键。

自测85　使用"边界"命令创建面域

素材：无
视频：视频\第 7 章\视频\7-1-2.swf
源文件：源文件\第 7 章\7-1-2.dwg

01 单击"绘图"工具栏中的"多边形"按钮，根据命令行的提示绘制任意大小的正六边形，如图 7-3 所示。

02 结合"对象捕捉"绘图辅助功能绘制相交于正六边形端点的多条直线，如图 7-4 所示。

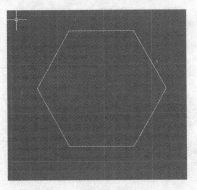

图 7-3 绘制正六边形

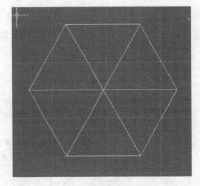

图 7-4 绘制多条直线

03 执行"绘图>边界"命令，弹出"边界创建"对话框，在该对话框中的"对象类型"下拉列表中选择"面域"选项，如图 7-5 所示。

04 单击该对话框中的"拾取点"按钮⬚，该对话框自动关闭并返回到绘图窗口。根据命令行的提示拾取内部点，如图 7-6 所示。

图 7-5 "边界创建"对话框

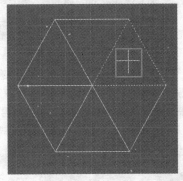

图 7-6 拾取内部点

05 分别在不同的部位单击并按 Enter 键，如图 7-7 所示，命令行将提示已创建 6 个面域。将鼠标移至创建的面域上方，边界将高光显示，如图 7-8 所示。

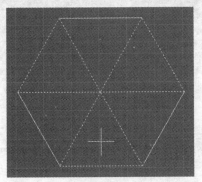

图 7-7 拾取多个内部点

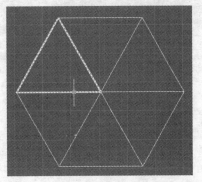

图 7-8 高光显示面域

7.2 对面域进行逻辑运算

在 AutoCAD 2013 中将对象创建成面域后，可对两个或多个面域执行布尔运算，创建更为复杂的图形。布尔运算是数学上的一种逻辑运算，使用布尔运算，可以大大提高绘图效率。用户可以对面域进行"并集"、"差集"及"交集"3种布尔运算。

7.2.1 并集

使用"并集"命令，可以将两个或两个以上单独的面域合并成一个整体面域。

自测86 并 集

素材：素材\第 7 章\素材\72101.dwg
视频：视频\第 7 章\视频\7-2-1.swf
源文件：源文件\第 7 章\7-2-1.dwg

01 打开素材文件"素材\第 7 章\素材\72101.dwg"，如图 7-9 所示。执行"修改>实体编辑>并集"命令，根据命令行的提示在绘图窗口中选择要合并的对象，如图 7-10 所示。

02 按 Enter 键确认，选择的对象将合并成一个新的闭合面域，如图 7-11 所示。

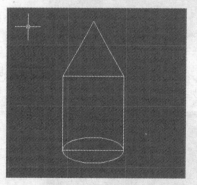
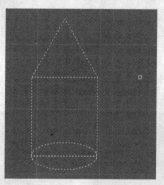
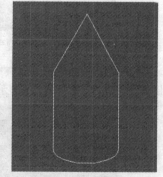

图 7-9　打开素材文件　　图 7-10　选择要合并的对象　　图 7-11　并集效果

提示:

布尔运算的对象只包括实体和共面的面域，普通的线条图形对象则无法使用布尔运算。因此，用户在使用布尔运算之前应先将绘制的对象转化为面域。

7.2.2 差集

使用"差集"命令，可以从第一次选择的面域中减去第二次所选择面域的区域。

自测87　差　集

素材：素材\第 7 章\素材\72201.dwg
视频：视频\第 7 章\视频\7-2-2.swf
源文件：源文件\第 7 章\7-2-2.dwg

01 打开素材文件"素材\第 7 章\素材\72201.dwg"，如图 7-12 所示。执行"修改>实体编辑>差集"命令，根据命令行的提示在绘图窗口中依次选择图形对象，如图 7-13 所示。

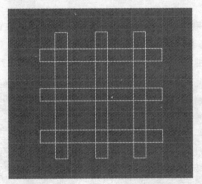

图 7-12　打开素材文件

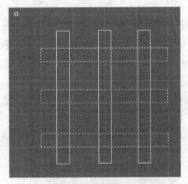

图 7-13　选择被减区域对象

02 按 Enter 键确认，根据命令行的提示选择要减去的面域，如图 7-14 所示。按 Enter 键确认，效果如图 7-15 所示。

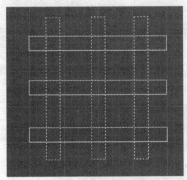

图 7-14　选择要减去的面域

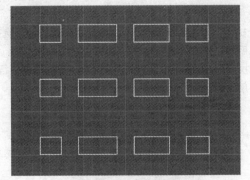

图 7-15　差集效果

提示：

在 AutoCAD 2013 中使用"差集"命令进行布尔运算时，被减面域和要减去的面域可以是一个或多个。

7.2.3 交集

使用"交集"命令，将得到两个或两个以上面域的重叠区域。

自测88 交 集

素材：无
视频：视频\第 7 章\视频\7-2-3.swf
源文件：源文件\第 7 章\7-2-3.dwg

01 单击"绘图"工具栏中的"矩形"按钮，在绘图窗口任意位置单击指定第一个角点，在命令行中输入@1000,1000 并按 Enter 键确认，绘制正方形如图 7-16 所示。

02 单击"绘图"工具栏中的"圆"按钮，结合"对象捕捉"绘图辅助功能绘制正圆，如图 7-17 所示。

图 7-16 绘制正方形

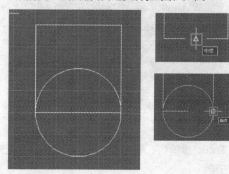

图 7-17 绘制正圆

03 执行"绘图>面域"命令，根据命令行的提示选择所有对象并按 Enter 键，将其转化为面域，如图 7-18 所示。

04 执行"修改>实体编辑>交集"命令，根据命令行的提示选择所有面域并按 Enter 键确认，效果如图 7-19 所示。

图 7-18 选择对象

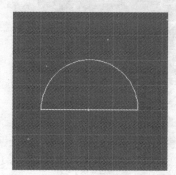

图 7-19 交集效果

7.3 图案填充

在 AutoCAD 2013 中，图案填充用来填充图形中的某个区域，以表达该区域的特征。例如，在机械工程图中用图案填充来表达剖切的区域等，可以使用不同的图案填充表达不同的零件或者材料。

7.3.1 图案填充的设置

在 AutoCAD 2013 中，可以使用预定义填充图案填充区域和使用当前线型定义简单的线图案，以及创建更复杂的填充图案。可以对封闭区域进行图案填充，对于没有封闭的图形，可以通过选择对象来定义边界进行图案填充。用户可以通过以下几种方法调用"图案填充"命令：

- 执行"绘图>图案填充"命令。
- 单击"绘图"工具栏中的"图案填充"按钮 。
- 在命令行中输入 HATCH（或别名 H）命令并按 Enter 键。

执行"绘图>图案填充"命令，弹出"图案填充和渐变色"对话框，单击该对话框右下角的"更多选项"按钮 ，可展开更多选项，如图 7-20 所示。在该对话框中，用户可以设置图案填充时的图案特性、填充边界以及填充方式等。

图 7-20 "图案填充和渐变色"对话框

类型和图案：该选项区用于设置图案填充的类型和图案。

➤ 类型：用来设置填充图案的类型。在该下拉列表中包括"预定义"、"用户定义"和"自定义"3个选项，如图 7-21 所示。

选择"预定义"选项，将使用 AutoCAD 提供的图案进行填充；选择"用户定义"选项，则需要临时定义填充图案，该图案由一组平行线或互相垂直的两组平行线组成（即交叉线）；选择"自定义"选项，可以使用事先定义好的图案进行填充。

➢ 图案：当在"类型"下拉列表中选择"预定义"选项时，可在该下拉列表中选择填充的图案，也可以通过单击右侧的"填充图案选项板"按钮，在弹出的"填充图案选项板"对话框中选择填充图案，如图 7-22 所示。注意，当在"类型"下拉列表中选择"用户定义"或"自定义"选项时，该下拉列表不可用。

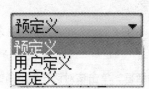

图 7-21　图案填充类型

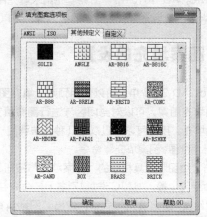

图 7-22　"填充图案选项板"对话框

➢ 颜色：使用填充图案和实体填充的指定颜色替代当前颜色。该选项右侧的颜色下拉列表，用来设置图案填充对象的背景色。

➢ 样例：用来显示当前所选填充图案的预览图像。单击预览图像也可打开"填充图案选项板"对话框，可重新选择填充图案。

➢ 自定义图案：用来选择用户自定义的填充图案，只有在"类型"下拉列表中选择"自定义"选项时，该下拉列表才可用。最近使用的自定义图案将出现在列表顶部。

角度和比例：该选项区用于设置图案填充的填充角度和缩放比例。

➢ 角度：用来设置填充图案的角度。每种图案在定义时的旋转角度都为零，用户既可以在"角度"文本框内输入图案填充时要旋转的角度，也可以从该下拉列表中选择。此处的角度相对当前 UCS 坐标系的 X 轴。

➢ 比例：用来设置填充图案的缩放比例。每种图案在定义时的比例都为 1，用户既可以在"比例"文本框内输入图案填充时要缩放的比例，也可以从该下拉列表中选择。只有在"类型"下拉列表中选择"预定义"或"自定义"选项时，该下拉列表才可用。

➢ 双向：当在"类型"下拉列表中选择"用户定义"选项时，勾选该复选框，可使用相互垂直的两组平行线填充图形。

➢ 相对图纸空间：该复选框用来设置比例因子是否为图纸空间的比例。

➢ 间距：用来设置用户定义图案中的直线距离。当在"类型"下拉列表中选择"用户定义"选项时，该选项才可用。

➢ ISO 笔宽：用来设置笔的宽度。当填充图案使用 ISO 图案时，该选项才可用。

图案填充原点：该选项区用于设置图案填充原点的位置。

➢ 使用当前原点：选择该单选按钮，当前用户坐标系的原点将作为图案填充的原点。

➢ 指定的原点：选择该单选按钮，将使用用户指定点作为图案填充的原点。单击"单击以设置新原点"按钮，可直接在绘图窗口中单击选择某一点作为填充图案的原点；勾选"默认为边界范围"复选框，可以在该下拉列表中选择不同的点作为图案填充的原点；勾选"存储为默认原点"复选框，可将用户指定的点作为默认图案填充的原点。

边界：该选项区用于设置图案填充的边界。

➢ "添加：拾取点"按钮：该按钮以拾取点的方式确定填充区域的边界。单击该按钮，可临时切换到绘图窗口并提示选择内部点，用户可以在需要填充的封闭区域内任意单击拾取一点，AutoCAD 会自动确定包围该点的封闭填充边界，同时以虚线形式显示边界。如果在拾取点后系统不能形成封闭的填充边界，则会显示错误的提示信息。

➢ "添加：选择对象"按钮：该按钮以选择对象的方式确定填充区域的边界。单击该按钮，可临时切换到绘图窗口并提示选择对象，用户可以选择需要填充的封闭对象。如果选择的对象不是封闭区域，将不能达到预期的填充效果。

➢ 删除边界：单击该按钮，可在临时切换的绘图窗口中单击选择要删除的边界。

➢ 重新创建边界：该按钮用来重新创建图案填充边界。

➢ 查看选择集：单击该按钮，可在临时切换的绘图窗口中查看图案填充边界。仅当定义了填充边界时，该选项才可用。

选项：该选项区用于设置图案填充时的附加选项。

➢ 注释性：勾选该复选框，可将图案定义为可注释性对象。

➢ 关联：用来设置填充图案与填充边界的关联性。勾选该复选框，填充的图案将与填充边界保持关联关系。即对填充边界进行某些编辑时，AutoCAD 会根据边界的新位置重新生成填充图案。

➢ 创建独立的图案填充：用来设置当指定多个单独的封闭边界时，创建单个图案填充或是多个图案填充。勾选该复选框，将创建多个图案填充。

➢ 绘图次序：该选项用来设置图案填充的绘图顺序。图案填充可以放在其他对象之后、之前以及图案填充边界之后、之前，如图 7-23 所示。

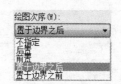

图 7-23　图案填充绘图次序

➢ 图层：为指定的图层指定新图案填充对象，替代当前图层。

➢ 透明度：用来设置新图案填充或填充的透明度，替代当前对象的透明度。选择"指定值"选项时，用户可以拖动下方的滑块或输入数值来设置透明度。

继承特性：单击该按钮，在临时切换的绘图窗口中选择某一填充图案对象，可使用选定对象的图案填充或填充特性对其他对象进行图案填充或填充。

孤岛：该选项组区来设置图形最外层边界图案填充的方法。

➢ 孤岛检测：该复选框用来控制是否检测内部闭合边界（内部闭合边界被称为孤岛）。孤岛显示样式有普通、外部和忽略 3 种。

普通样式：从外部边界向内填充。如果遇到内部孤岛，填充将关闭，直到遇到孤岛中的另一个孤岛。

外部样式：从外部边界向内填充。此选项仅填充指定的区域，不会影响内部孤岛。忽略样式：忽略所有内部的对象，填充图案时将通过这些对象。

边界保留：该选项区用来设置是否将填充边界以对象的形式保留下来以及保留的类型。

➢ 保留边界：勾选该复选框，可将填充边界以对象的形式保留，并将其添加到图形中。

➢ 对象类型：用来设置新边界对象的类型。边界对象结果可以是多段线对象，也可以是面域对象。只有勾选了"保留边界"复选框，该下拉列表才可用。

边界集：该选项区用来定义填充边界的对象集，即 AutoCAD 将根据哪些对象来确定填充边界。默认情况下，将根据当前视口中所有可见对象确定填充边界。或者单击"新建"按钮，在绘图窗口中指定对象来定义边界集，此时"边界集"下拉列表中将显示为"现有集合"选项。注意，当使用"选择对象"定义边界时，选定的边界集无效。

允许的间隙：该选项区用来设置将对象作用于图案填充边界时可以忽略的最大间隙。默认值为 0，此值指定对象必须封闭而没有间隙。

继承选项：该选项区用来设置当用户使用"继承特性"选项创建图案填充时是否继承图案填充原点。

预览：单击该按钮，可临时切换到绘图窗口查看图案填充效果，在绘图窗口中单击对象或按 Esc 键可返回到"图案填充和渐变色"对话框，单击鼠标左键或按 Enter 键则确认图案填充。

7.3.2 图案填充的编辑

创建图案填充后，还可以对图案进行相应的编辑，用户可以根据需要修改填充图案或修改图案区域的边界。执行"修改>对象>图案填充"命令，根据命令行的提示在绘图窗口中选择已有的填充图案，将弹出"图案填充编辑"对话框，如图 7-24 所示。

该对话框和"图案填充和渐变色"对话框相同，只是"孤岛"和"边界"选项区不再可用。在"图案填充编辑"对话框中，用户只能进行改变填充图案、填充比例、旋转角度等操作。

直接在绘图窗口中双击已填充的图案，将弹出"图案填充"选项板，如图 7-25 所示。在该选项板中可以对填充的图案进行少量的修改。

 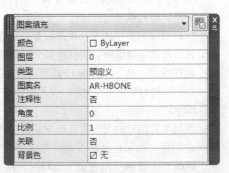

图 7-24 "图案填充编辑"对话框　　　　　图 7-25 "图案填充"选项板

提示：

默认情况下，AutoCAD 中创建的都是关联图案填充，即改变边界时填充图案会自动进行调整，以适应边界的变化。但当用户移动、删除原边界对象、孤岛或图案时，填充图案和原边界对象之间将失去联系。

在 AutoCAD 中图案是一种特殊的块，这种块被称为"匿名"块，是一个单独的对象。可以使用"修改>分解"命令对其进行分解，当图案被分解后，它不再是一个单独的对象，而是一组组成图案的线条。

同时，分解后的图案将失去与图形的关联性，无法再使用"修改>对象>图案填充"命令对其进行编辑。

自测 89 填 充 图 案

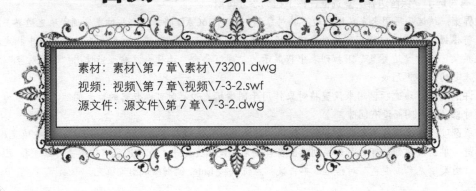

素材：素材\第 7 章\素材\73201.dwg

视频：视频\第 7 章\视频\7-3-2.swf

源文件：源文件\第 7 章\7-3-2.dwg

01 打开素材文件"素材\第 7 章\素材\73201.dwg"，如图 7-26 所示。执行"绘图>图案填充"命令，弹出"图案填充和渐变色"对话框，如图 7-27 所示。

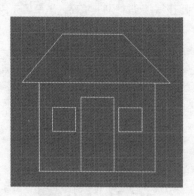

图 7-26 打开素材文件

图 7-27 "图案填充和渐变色"对话框

02 在该对话框的"类型和图案"选项区中，单击"图案"选项右侧的"填充图案选项板"按钮，在弹出的"填充图案选项板"对话框中选择要填充的图案，如图 7-28 所示。

03 单击"确定"按钮，返回到"图案填充和渐变色"对话框。单击该对话框中"边界"选项区中的"添加：拾取点"按钮，根据命令行的提示在要填充图案的区域内部单击，如图 7-29 所示。

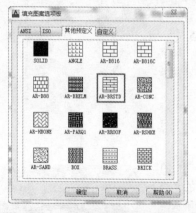

图 7-28 "填充图案选项板"对话框

图 7-29 拾取内部点

04 按 Enter 键返回到"图案填充和渐变色"对话框，然后单击"确定"按钮，图案填充效果如图 7-30 所示。使用相同的方法为图形的其他区域填充图案，效果如图 7-31 所示。

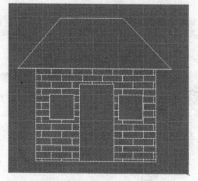

图 7-30 图案填充效果

图 7-31 图案填充效果

7.4 渐 变 填 充

在 AutoCAD 中不仅可以为对象填充图案，还可以为图形对象进行渐变填充。渐变填充包括单色渐变填充和双色渐变填充。

7.4.1 渐变填充的设置

单击"图案填充和渐变色"对话框中的"渐变色"选项卡，如图 7-32 所示。在该对话框中，可以对图形对象进行单色或双色渐变填充。

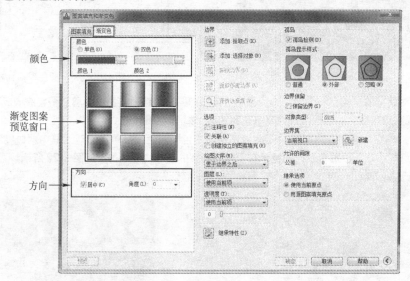

颜色 ——
渐变图案 ——
预览窗口
方向 ——

图 7-32 "渐变色"选项卡

颜色：该选项区用来设置图形对象填充的颜色。

➢ **单色**：选择该单选按钮，可以使用指定的一种颜色产生的渐变色来填充图形。单击"浏览"按钮，可在弹出的"选择颜色"对话框中指定渐变填充的颜色，如图 7-33 所示；拖动"色调"滑块，可指定一种颜色的渐浅（选定颜色与白色的混合）或着色（选定颜色与黑色的混合）。

➢ **双色**：选择该单选按钮，可设置在两种颜色之间平滑过渡的双色渐变填充。

渐变图案预览窗口：显示当前设置的渐变色效果，共有 9 种渐变效果。

方向：该选项区用来设置渐变填充的方向。

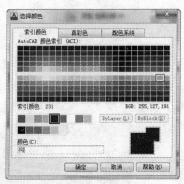

图 7-33 "选择颜色"对话框

➢ **居中**：用来设置对称渐变色配置。勾选该复选框，所创建的渐变色为均匀渐变；如果没有勾选该复选框，渐变填充将朝左上方变化，创建光源在对象左边的图案。

➢ **角度**：用来设置渐变填充的角度。相对当前 UCS 指定角度，此选项与指定给图案填充的角度互不影响。

7.4.2　渐变填充的编辑

　　同图案填充一样，也可以对图形对象的渐变填充进行编辑。执行"修改>对象>图案填充"命令，弹出 "图案填充编辑"对话框，如图 7-34 所示，在该对话框中可以对已填充的渐变各选项进行编辑。

　　直接在绘图窗口中双击已填充的渐变色，弹出"图案填充"选项板，如图 7-35 所示。在该选项板中可 对填充的渐变色进行少量的修改。

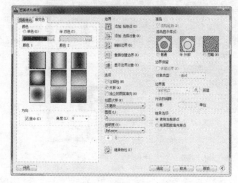

图 7-34　"图案填充编辑"对话框

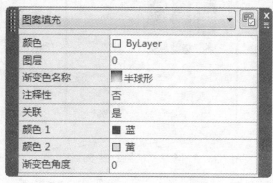

图 7-35　"图案填充"选项板

自测 90　填充渐变色

素材：无
视频：视频\第 7 章\视频\7-4-2.swf
源文件：源文件\第 7 章\7-4-2.dwg

　　01 单击"绘图"工具栏中的"圆"按钮，根据命令行的提示绘制一个任意大小的正圆，如图 7-36 所示。

　　02 使用相同的方法，结合"对象捕捉"绘图辅助功能绘制一个较小的同心圆，如图 7-37 所示。

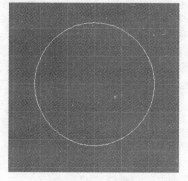

图 7-36　绘制正圆

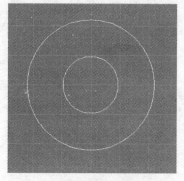

图 7-37　绘制同心圆

03 单击"绘图"工具栏中的"渐变色"按钮，弹出"图案填充和渐变色"对话框，如图 7-38 所示。选择"颜色"选项区中的"单色"单选按钮，并打开"选择颜色"对话框，从中选择渐变颜色，如图 7-39 所示。

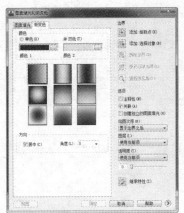

图 7-38 "图案填充和渐变色"对话框

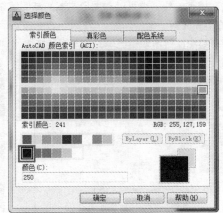

图 7-39 "选择颜色"对话框

04 单击"确定"按钮，在"渐变图案预览窗口"选项区中单击选择第二个选项，并在"方向"选项区中设置渐变填充角度为 60°，如图 7-40 所示。

05 单击该对话框中"边界"选项区中的"添加：拾取点"按钮，切换到绘图窗口。根据命令行的提示单击图形内部拾取内部点，如图 7-41 所示。

06 按 Enter 键返回到"图案填充和渐变色"对话框，然后单击"确定"按钮，填充效果如图 7-42 所示。

图 7-40 "图案填充和渐变色"对话框

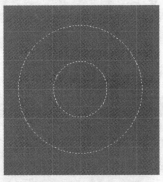

图 7-41 指定填充区域

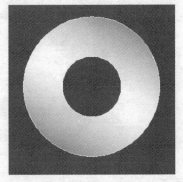

图 7-42 渐变填充效果

7.5 本章小结

本章主要讲解了将图形转换为面域、对面域进行布尔运算和图形对象的图案填充及渐变填充。通过本章的学习，用户可以快速创建比较复杂的图形，并为图形填充图案或渐变色，以识别各图形区域的特征。

第8章

文字和表格的创建与编辑

在使用 AutoCAD 绘图的过程中，经常要为绘制的图形添加标注或说明性文字，其中图纸空间的标题栏尤为重要。本章将讲解文字和表格的创建与编辑方法。通过本章的学习，用户可以为不同类型的图形添加不同的表格和文字内容。

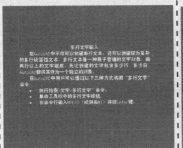

实例名称：编辑多行文字
视频：视频\第 8 章\视频\8-2-5.swf
源文件：源文件\第 8 章\8-2-5.dwg

户型明细		
户型编号	A	B
户型类型	两居	两居
建筑面积（M²）	89.6300	90.0000
套内面积（M²）	75.6000	75.9100

实例名称：填充文字
视频：视频\第 8 章\视频\8-5-3.swf
源文件：源文件\第 8 章\8-5-3.dwg

户型编号	A	备注
户型类型	三居	
建筑面积（M²）	134.15	
套内面积（M²）	109.97	

实例名称：修改表格单元
视频：视频\第 8 章\视频\8-5-5.swf
源文件：源文件\第 8 章\8-5-5.dwg

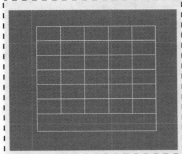

实例名称：使用"特性"选项板修改表格
视频：视频\第 8 章\视频\8-5-6.swf
源文件：无

数量	总价
4	
8	
2	

实例名称：在表格中使用公式
视频：视频\第 8 章\视频\8-5-7.swf
源文件：源文件\第 8 章\8-5-7.dwg

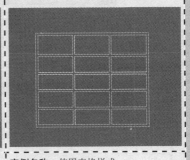

实例名称：使用表格样式
视频：视频\第 8 章\视频\8-5-8.swf
源文件：源文件\第 8 章\8-5-8.dwg

8.1 文 字 样 式

在图形中输入文字时，当前的文字样式决定输入文字的字体、字号、角度、方向和其他文字特征。文字样式是对同一类文字的格式设置的集合。通过设置不同的文字样式，可创建统一、标准、美观的文字效果。

8.1.1 设置文字样式

图形中的所有文字都具有与之相关联的文字样式，输入文字时程序将使用当前文字样式。在AutoCAD 中输入文字时采用系统默认的文字样式，如果默认样式不能满足要求，用户可根据需要创建不同的文字样式。

在 AutoCAD 中设置文字样式需要在"文字样式"对话框中进行，用户可通过以下几种方式打开该对话框：

● 执行"格式>文字样式"命令。
● 单击"样式"工具栏中的"文字样式"按钮 。
● 在命令行中输入 STYLE（或别名 ST）命令并按 Enter 键。

使用以上任意一种方法，都将弹出"文字样式"对话框，在该对话框中可以对文字样式进行一系列设置，如字体、字号、角度等。

自测 91　设置文字样式

素材：无
视频：视频\第 8 章\视频\8-1-1.swf
源文件：无

01 执行"格式>文字样式"命令，弹出"文字样式"对话框，如图 8-1 所示。单击该对话框右侧的"新建"按钮，弹出 "新建文字样式"对话框，如图 8-2 所示。

图 8-1 "文字样式"对话框

图 8-2 "新建文字样式"对话框

02 为新建文字样式输入新名称，如图 8-3 所示。单击"确定"按钮，返回到"文字样式"对话框中，新建的文字样式将显示在文字样式列表中，如图 8-4 所示。

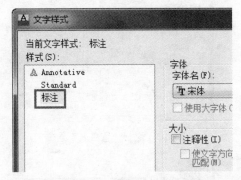

图 8-3　输入新建文字样式名称　　　　　图 8-4　"文字样式"对话框

> **提示：**
>
> 　　在 AutoCAD 默认情况下，新建文字样式以"样式 1"作为新样式名称，再次创建文字样式时名称后缀数字依次递增，如样式 2、样式 3。

8.1.2　重命名样式名

在 AutoCAD 2013 中，如果文字样式的名称不合适，还可以为文字样式重新命名以更改文字样式名称。

自测 92　重命名样式名

素材：无
视频：视频\第 8 章\视频\8-1-2.swf
源文件：无

01 执行"格式>文字样式"命令，弹出"文字样式"对话框，该对话框的文字样式列表中会显示所有字体样式。

02 用鼠标右键单击字体样式的名称，在弹出的快捷菜单中选择"重命名"选项，如图 8-5 所示。为文字样式输入新名称，然后按 Enter 键即可，如图 8-6 所示。

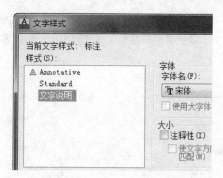

图 8-5 选择"重命名"选项　　　　　　　　　　图 8-6 重命名字体样式名称

8.1.3　设置文字字体和高度

在 AutoCAD 2013 中设置"文字样式"包括一系列的设置，其中就包括文字字体和高度的设置。在"文字样式"对话框的"字体名"下拉列表中将显示计算机中所有注册的 TrueType 字体和所有编译的形(SHX) 字体的字体族名称。

如果选择了 TrueType 字体，则可以在"字体样式"下拉列表中指定字体格式，比如斜体、粗体或常规字体，如图 8-7 所示。如果选择 SHX 字体，勾选"使用大字体"复选框后，"字体样式"选项将变为"大字体"选项，用于选择大字体文件，如图 8-8 所示。

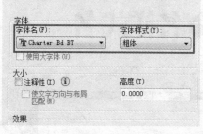　　　　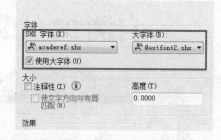

图 8-7 选择 TrueType 字体　　　　　　　　　图 8-8 选择 SHX 字体

在"文字样式"对话框的"大小"选项区中可以设置文字的高度，如图 8-9 所示。默认情况下，文字的高度为 0，当在绘图窗口中创建文字时，命令行会提示输入文字的高度，如果在此处设置文字的高度，命令行中将不再提示。

注释性用来指定文字为注释性文字，勾选该复选框，"高度"选项将变为"图纸文字高度"选项，如图 8-10 所示。如果勾选了"注释性"复选框，"使文字方向与布局匹配"复选框将可用，勾选该复选框，图纸空间视口中的文字方向与布局方向匹配。

图 8-9 "文字样式"对话框中的"高度"选项   图 8-10 "文字样式"对话框中的"注释性"选项

自测 93   设置文字字体和高度

素材：无
视频：视频\第 8 章\视频\8-1-3.swf
源文件：源文件\第 8 章\8-1-3.dwg

01 执行"工具>选项板>工具选项板"命令，在打开的工具选项板中，单击"建筑"选项卡中的"铝窗（立面图）-英制"选项，如图 8-11 所示。将鼠标移至绘图窗口并单击插入图形，如图 8-12 所示。

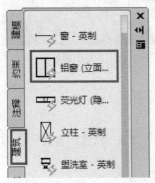

图 8-11   工具选项板

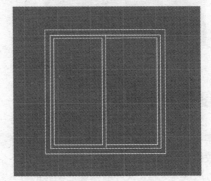

图 8-12   插入图形

02 执行"格式>文字样式"命令，弹出"文字样式"对话框，单击该对话框中的"新建"按钮，新建一个名称为"门窗"的文字样式，如图 8-13 所示。

03 在"字体"选项区中设置文字字体为黑体，如图 8-14 所示，然后分别单击"应用"和"关闭"按钮返回到绘图窗口中。

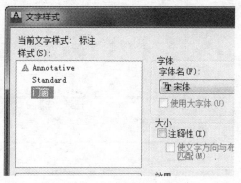

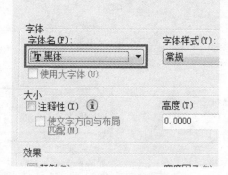

图 8-13　新建文字样式　　　　　　　　图 8-14　设置字体为黑体

04 在命令行中输入 TEXT 命令并按 Enter 键，命令行提示如下：

```
命令: TEXT
当前文字样式：　"门窗"　文字高度：　2.5000　注释性：　否
指定文字的起点或 [对正(J)/样式(S)]:          //在绘图窗口中指定文字的起点，如图 8-15 所示
指定高度 <2.5000>: 130                       //指定文字高度
指定文字的旋转角度 <0>:                       //按 Enter 键，指定文字的旋转角度为 0°
```

05 在绘图窗口中弹出的文本输入框中输入文字，在其他位置单击并按 Esc 键退出，效果如图 8-16 所示。

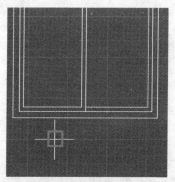

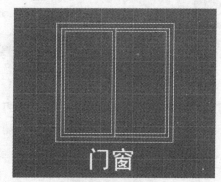

图 8-15　指定文字起点　　　　　　　　图 8-16　文字效果

8.1.4　设置文字效果

在"文字样式"对话框的"效果"选项区中，通过"颠倒"、"反向"和"垂直"等选项可设置文字的不同显示效果。

颠倒：勾选该复选框，文字将以垂直翻转的形式显示。

反向：勾选该复选框，文字将以水平翻转的形式显示。

垂直：勾选该复选框，文字将垂直排列，但该选项只对单选文字起作用，对 TrueType 类型的字体没有效果。

宽度因子：该选项用来设置文字的宽高比。当数值小于 1 时，文字将变窄；当数值大于 1 时，文字将变宽。

倾斜角度：该选项用来设置文字的倾斜角度。在该文本框中输入-85~85 的数值，为正值时，文字向右倾斜；为负值时，文字向左倾斜。

自测 94　设置文字效果

素材：无
视频：视频\第 8 章\视频\8-1-4.swf
源文件：源文件\第 8 章\8-1-4.dwg

01 执行"格式>文字样式"命令，弹出"文字样式"对话框，新建一个名称为"版本"的文字样式，如图 8-17 所示。

02 在"效果"选项区中设置"宽度因子"为 0.7，"倾斜角度"为 30，如图 8-18 所示。

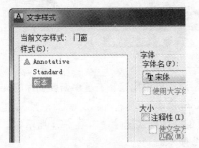

图 8-17　新建文字样式

图 8-18　设置文字样式

03 分别单击"应用"和"关闭"按钮返回到绘图窗口中。在命令行中输入 TEXT 命令并按 Enter 键，命令行提示如下：

```
命令: TEXT
当前文字样式: "版本"  文字高度: 130.0000  注释性: 否
指定文字的起点或 [对正(J)/样式(S)]:        //在绘图窗口中指定文字的起点
指定高度 <2.5000>: 150                     //指定文字的高度
指定文字的旋转角度 <0>:                     //按 Enter 键，指定文字的旋转角度为 0°
```

04 在弹出的文字框中输入文字，在其他位置单击并按 Esc 键退出，效果如图 8-19 所示。

图 8-19　文字效果

8.1.5 删除文字样式

在 AutoCAD 中设置过多的文字样式，文件将会相对增大，也会占用较多的磁盘空间。因此，在设置文字样式时，应尽量设置文字的共性，对于个别样式可以在绘图窗口中输入文字时通过命令行设置。对于不需要的文字样式可以将其删除，以缩小文件大小。

自测 95　删除文字样式

素材：无
视频：视频\第 8 章\视频\8-1-5.swf
源文件：无

01 执行"格式>文字样式"命令，在弹出的"文字样式"对话框中用鼠标右键单击要删除的文字样式的名称，然后在弹出的快捷菜单中选择"删除"选项，如图 8-20 所示。

02 系统将弹出"acad 警告"对话框，提示是否将选择的文字样式删除，如图 8-21 所示。单击该对话框中的"确定"按钮，选择的文字样式将被删除，如图 8-22 所示。

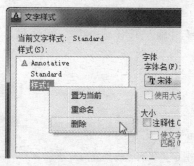
图 8-20　选择"删除"选项

图 8-21　"acad 警告"对话框

图 8-22　删除文字样式

提示：

在 AutoCAD 中，系统默认的文字样式、当前样式和在文件中已经使用过的文字样式不能被删除。

8.2　输入与编辑文字

在 AutoCAD 中绘制图形之后会相应地添加注释内容，此时需要输入相应的文字。在 AutoCAD

2013 中输入文字分为输入单行文字和多行文字，单行文字每次只输入一行文字，不可自动换行，但是可以按 Enter 键强制换行；多行文字可以在设置的区域内输入多行文字，并且文字将自动换行。

在 AutoCAD 2013 中输入文字后，还可以对文字进行二次更改，包括文字的内容、缩放比例和对正方式等。

8.2.1　创建单行文字

"单行文字"命令主要用于创建单行文字，创建的每一行文字都被看做是一个独立的对象。用户可以通过以下几种方法使用"单行文字"命令：

- 执行"绘图>文字>单行文字"命令。
- 在命令行中输入 DTEXT（或别名 DT）命令并按 Enter 键。

自测 96　使用文字样式创建单行文字

素材：无
视频：视频\第 8 章\视频\8-2-1.swf
源文件：源文件\第 8 章\8-2-1.dwg

01 执行"格式>文字样式"命令，在弹出的"文字样式"对话框中新建一个名称为"单行文字"的文字样式，如图 8-23 所示。

02 在"字体"选项区中设置"字体名"为黑体，在"效果"选项区中设置"倾斜角度"为 30°，如图 8-24 所示。

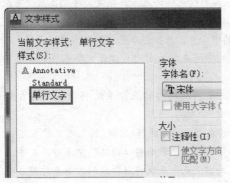

图 8-23　新建文字样式

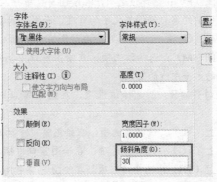

图 8-24　设置文字样式

03 分别单击"应用"和"关闭"按钮返回到绘图窗口中。在命令行中输入 DTEXT 命令并按 Enter 键，命令行提示如下：

命令: DTEXT

当前文字样式: "单行文字" 文字高度: 130.0000 注释性: 否
指定文字的起点或 [对正(J)/样式(S)]:   //在绘图窗口中指定文字的起点
指定高度 <2.5000>: 150   //指定文字的高度
指定文字的旋转角度 <0>:   //按 Enter 键,指定文字的旋转角度为 0°

04 绘图窗口将弹出单行文字输入框及倾斜的光标效果,如图 8-25 所示。输入文字并在其他位置单击并按 Esc 键退出,文字效果如图 8-26 所示。

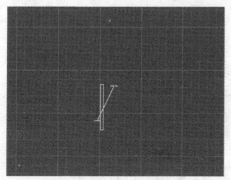

图 8-25 单行文字输入框   图 8-26 输入文字效果

8.2.2 设置文字的对齐方式

在 AutoCAD 中输入单行文字时,命令行会提示"指定文字的起点或[对正(J)/样式(S)]",在命令行中选择"样式"选项,命令行将显示出文字的对正方式,如图 8-27 所示。

当前文字样式: "Standard" 文字高度: 2.5000 注释性: 否
指定文字的起点或 [对正(J)/样式(S)]: J
AI- DTEXT 输入选项 [对齐(A) 布满(F) 居中(C) 中间(M) 右对齐(R) 左上(TL) 中上(TC) 右上(TR) 左中(ML) 正中(MC) 右中(MR) 左下(BL) 中下(BC) 右下(BR)]:

图 8-27 文字对正方式

对齐(A):选择该选项,在绘图窗口中插入文字基线的起点和终点,系统会根据两点之间的距离自动调整文字的大小。

布满(F):选择该选项,在绘图窗口中插入文字基线的起点和终点,并指定文字的高度,系统会根据两点之间的距离自动调整文字的宽度,而文字的高度并不改变。

居中(C):选择该选项,在绘图窗口中插入文字的中心点,系统会以基线的中点对齐文字。

中间(M):选择该选项,在绘图窗口中插入文字的中间点,该中间点就是文字基线的垂直中线和文字高度的水平中线的交点。

右对齐(R):选择该选项,在绘图窗口中插入文字基线的右端点,系统将以基线的右端点对齐文字。

左上(TL):选择该选项,在绘图窗口中插入文字的左上点,系统将以顶线的左端点对齐文字。

中上(TC):选择该选项,在绘图窗口中插入文字的中上点,系统将以顶线的中点对齐文字。

右上(TR):选择该选项,在绘图窗口中插入文字的右上点,系统将以顶线的右端点对齐文字。

左中(ML):选择该选项,在绘图窗口中插入文字的左中点,系统将以中线的左端点对齐文字。

正中(MC):选择该选项,在绘图窗口中插入文字的中间点,系统将以中线的中点对齐文字。

右中(MR):选择该选项,在绘图窗口中插入文字的右中点,系统将以中线的右端点对齐文字。

左下(BL):选择该选项,在绘图窗口中插入文字的左下点,系统将以底线的左端点对齐文字。

中下(BC):选择该选项,在绘图窗口中插入文字的中下点,系统将以底线的中点对齐文字。

右下（BR）：选择该选项，在绘图窗口中插入文字的右下点，系统将以底线的右端点对齐文字。

自测 97　设置文字的对正方式

素材：无
视频：视频\第 8 章\视频\8-2-2.swf
源文件：源文件\第 8 章\8-2-2.dwg

01 在命令行中输入 DTEXT 命令并按 Enter 键，命令行提示如下：

```
命令: DTEXT
当前文字样式：  "Standard"    文字高度：  2.5000  注释性：  否
指定文字的起点或 [对正(J)/样式(S)]: J          //选择"对正"选项
输入选项 [对齐(A)/布满(F)/居中(C)/中间(M)/右对齐(R)/左上(TL)/中上(TC)/右上(TR)/左中(ML)/正中
(MC)/右中(MR)/左下(BL)/中下(BC)/右下(BR)]: F
                                              //选择"布满"选项
指定文字基线的第一个端点:                      //指定文字基线的第一个端点
指定文字基线的第二个端点:                      //指定文字基线的第二个端点，如图 8-28 所示
指定高度 <2.5000>: 100                         //指定文字高度
```

02 在绘图窗口弹出的单行文字输入框中输入文字，单击其他位置并按 Esc 键退出，效果如图 8-29
所示。

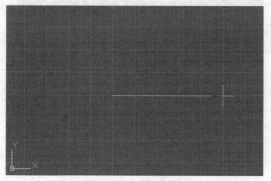

图 8-28　指定基线的两个端点

图 8-29　文字效果

8.2.3　编辑单行文字

在 AutoCAD 中还可以对已创建的单行文字进行编辑，包括修改现有文字的内容、文字的对正方式和
缩放比例等。用户可通过以下几种方法使用"编辑"命令：

- 执行"修改>对象>文字>编辑"命令。
- 直接在单行文字上方双击。
- 在命令行中输入 DDEDIT（或别名 ED）命令并按 Enter 键。

用户还可以通过以下几种方法调用"比例"命令：

- 执行"修改>对象>文字>比例"命令。
- 在命令行中输入 SCALETEXT 命令并按 Enter 键。

用户还可以通过以下几种方式调用"对正"命令：

- 执行"修改>对象>文字>对正"命令。
- 在命令行中输入 JUSTIFYTEXT（或别名 JU）命令并按 Enter 键。

自测 98　编辑单行文字

```
素材：素材\第 8 章\素材\82301.dwg
视频：视频\第 8 章\视频\8-2-3.swf
源文件：源文件\第 8 章\8-2-3.dwg
```

01 打开素材文件"素材\第 8 章\素材\82301.dwg"，如图 8-30 所示。执行"修改>对象>文字>编辑"命令，根据命令行的提示在绘图窗口中单击选择文字内容，文字背景将变为蓝色，如图 8-31 所示。

图 8-30　打开素材文件　　　　　　　　　图 8-31　选择文字对象

02 此时文字为可编辑状态，输入新的文字内容并按 Enter 键，效果如图 8-32 所示。执行"修改>对象>文字>比例"命令，根据命令行的提示单击选择文本并按 Enter 键，在命令行中输入 C 指定文字缩放基点并按 Enter 键。

03 根据命令行的提示，在命令行中输入 200 并按 Enter 键，文字最终效果如图 8-33 所示。

图 8-32 输入文字内容   图 8-33 缩放文字效果

8.2.4 创建多行文字

在 AutoCAD 中不仅可以创建单行文本，还可以创建较为复杂的多行段落性文本。多行文本是一种易于管理的文字对象，由两行以上的文字组成，无论创建的文字包含多少行、多少段，AutoCAD 都将其作为一个独立的对象。用户可以通过以下几种方法使用此命令：

● 执行"绘图>文字>多行文字"命令。
● 单击"绘图"工具栏中的"多行文字"按钮 A 。
● 在命令行中输入 MTEXT（或别名 MT）命令并按 Enter 键。

自测 99 创建多行文字

素材：无
视频：视频\第 8 章\视频\8-2-4.swf
源文件：源文件\第 8 章\8-2-4.dwg

01 在命令行中输入 MTEXT 命令并按 Enter 键，命令行提示如下：

命令: MTEXT
当前文字样式:"Standard" 文字高度: 2.5 注释性: 否
指定第一角点: //在绘图窗口中指定第一个角点
指定对角点或 [高度(H)/对正(J)/行距(L)/旋转(R)/样式(S)/宽度(W)/栏(C)]: W
                                           //选择"宽度"选项
指定宽度: 100   //指定宽度

02 绘图窗口中将弹出多行文字输入框，在文本框中输入文字，如图 8-34 所示。在绘图窗口中单击其他位置退出文字输入状态，适当放大视图缩放比例，效果如图 8-35 所示。

8

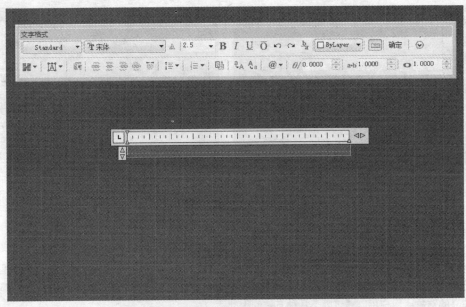

图 8-34　多行文字输入框

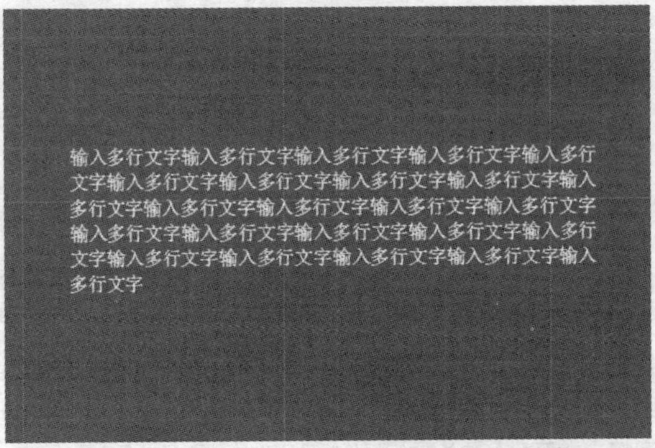

图 8-35　多行文字效果

8.2.5　编辑多行文字

在 AutoCAD 中多行文字同单行文字一样，创建之后都可以再次编辑。用户可通过以下几种方法编辑多行文字：

- 执行"修改>对象>文字>编辑"命令。
- 直接双击多行文字内容。
- 在命令行中输入 MTEDIT（或别名 MTE）并按 Enter 键。

使用以上任意一种方法，在多行文字的上方都将弹出"文字格式"编辑器，如图 8-36 所示。在该编辑器中可以对多行文字进行一系列复杂的编辑。

文字样式：用来设置文字的样式。

字体：用来设置文字的字体。

注释性：用来设置文字是否为注释性文字。

文字高度：用来设置文字的高度。

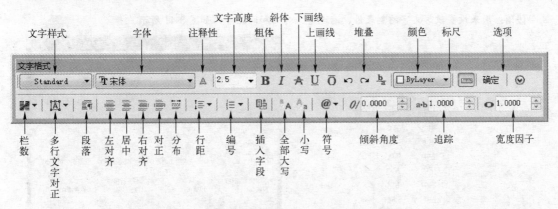

图 8-36 "文字格式"编辑器

粗体：用来设置文字的粗体格式，该选项仅适用于 TrueType 字体的字符。

斜体：用来设置文字的斜体格式，该选项仅适用于 TrueType 字体的字符。

下画线：用来设置文字的下画线格式。

上画线：用来设置文字的上画线格式。

堆叠：用来设置文字的堆叠格式，如图 8-37 所示为数字堆叠对比效果。

颜色：用来设置文字的颜色。

标尺：用来控制文字输入框顶端标尺的开关状态。

图 8-37 数字堆叠对比效果

选项：用来设置段落文字的附加选项，如图 8-38 所示。其中，大多数选项功能与工具栏中的各按钮功能相对应。

➢ 查找和替换：用来搜索指定的字符串并使用新的字符串将其替换。

➢ 改变大小写：用来改变选定段落文字的大小写状态。

➢ 自动大写：用来将文字设置为大写状态。

➢ 合并段落：用来将选定的段落合并为一段并使用空格替换每段的 Enter 键。

➢ 删除格式：用来删除选定段落文字的所有格式，如粗体、下画线等。

➢ 背景遮罩：用来设置段落文字的背景，如图 8-39 所示。

图 8-38 "选项"菜单

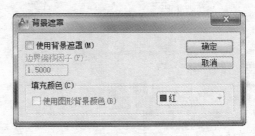

图 8-39 "背景遮罩"对话框

➢ 编辑器设置：用来设置"文字格式"编辑器的显示状态。

栏数：用来设置段落文字的分栏格式。

多行文字对正：用来设置多行文字的对正方式，如图 8-40 所示。

段落： 用来设置段落文字的制表位、缩进量、对齐和间距等，如图 8-41 所示。

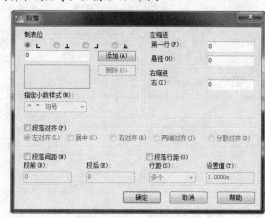

图 8-40　多行文字的对正方式　　　　　图 8-41　"段落"对话框

左对齐： 用来设置段落文字的左对齐方式。

居中： 用来设置段落文字的居中对齐方式。

右对齐： 用来设置段落文字的右对齐方式。

对正： 用来设置段落文字为对正方式。

分布： 用来设置段落文字为分布方式。单击该按钮，文字将呈两端对齐状态。

行距： 用来设置段落文字每行之间的距离。

编号： 用来为段落文字的每一段进行编号。

插入字段： 用来为段落文字插入一些特殊字段，如图 8-42 所示。

全部大写： 用来将英文字母更改为大写状态。

小写： 用来将英文字母更改为小写状态。

符号： 用来添加一些特殊符号，如图 8-43 所示。

倾斜角度： 用来对段落文字的倾斜角度进行微调。

追踪： 用来对段落文字间的距离进行微调。

宽度因子： 用来对段落文字的宽度比例进行微调。

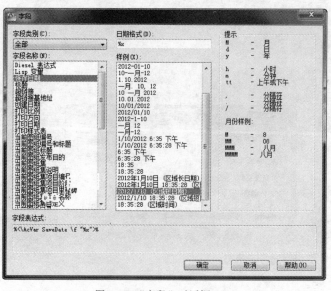

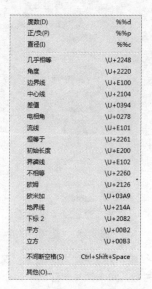

图 8-42　"字段"对话框　　　　　图 8-43　特殊符号菜单

自测 100　编辑多行文字

素材：无
视频：视频\第 8 章\视频\8-2-5.swf
源文件：源文件\第 8 章\8-2-5.dwg

8

01 执行"格式>文字样式"命令，弹出"文字样式"对话框，如图 8-44 所示。新建一个名称为"标注"的文字样式，如图 8-45 所示。

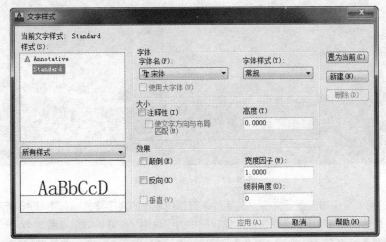

图 8-44　"文字样式"对话框

02 在"字体名"下拉列表中选择"黑体"，如图 8-46 所示。分别单击该对话框中的"应用"和"关闭"按钮，返回到绘图窗口中。

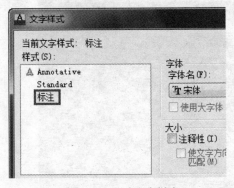

图 8-45　新建文字样式

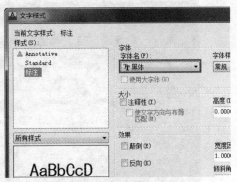

图 8-46　设置字体

03 在命令行中输入 MTEXT 命令并按 Enter 键，命令行提示如下：

命令: MTEXT
当前文字样式: "Standard"　文字高度: 2.5　注释性: 否
指定第一角点:　　　　　　　　　　　　　//在绘图窗口中指定第一个角点
指定对角点或 [高度(H)/对正(J)/行距(L)/旋转(R)/样式(S)/宽度(W)/栏(C)]: W
　　　　　　　　　　　　　　　　　　　//选择"宽度"选项
指定宽度: 100　　　　　　　　　　　　　//指定宽度

04 在绘图窗口中将弹出多行文字输入框，如图 8-47 所示。

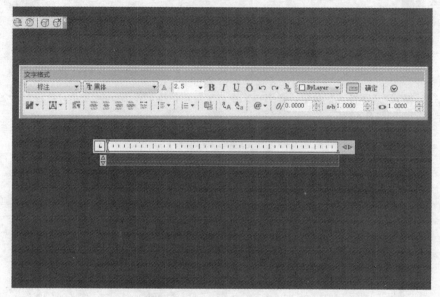

图 8-47　多行文字输入框

05 在弹出的输入框中输入多行文字，文字效果将应用新建的文字样式，如图 8-48 所示。在段落文字的第一行任意位置单击，并单击"文字格式"编辑器中的"居中"按钮，效果如图 8-49 所示。

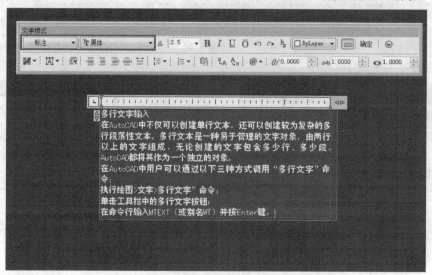

图 8-48　输入段落文字

06 单击并拖动鼠标选择除第一行文字之外的所有文字，并向右拖动"标尺"顶部的滑块，调整段落文字的缩进效果，如图 8-50 所示。

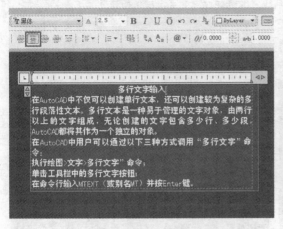

图 8-49　设置文字的居中效果　　　　　　　　　　图 8-50　设置文字的缩进效果

07 单击并拖动鼠标选择段落文字的最后 3 行并单击鼠标右键，在弹出的快捷菜单中选择"项目符号和列表"子菜单中的"以项目符号标记"选项，如图 8-51 所示。

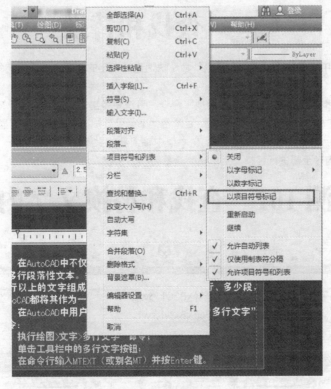

图 8-51　快捷菜单

08 所选文字将添加项目符号，效果如图 8-52 所示，在多行文字输入框的外部单击并调整视图比例，效果如图 8-53 所示。

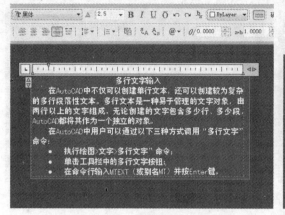

图 8-52 添加项目符号

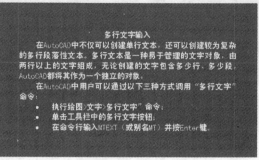

图 8-53 最终文字效果

8.3 查找和替换

在 AutoCAD 中可以使用"查找和替换"命令快速查找指定的文字，或将指定的文字更改成其他文字。

在文字的可编辑状态下调用"查找和替换"命令，系统将弹出"查找和替换"对话框，在该对话框的"查找"文本框中输入查找的文字内容，然后单击"下一个"按钮，文字将突出显示出来。

如果要替换文字内容，可在"替换为"文本框中输入新的文字内容，再单击"替换"按钮即可替换；如果要将查找内容全部进行替换，则单击"全部替换"按钮。

自测 101 查找和替换文字内容

素材：素材\第 8 章\素材\8301.dwg
视频：视频\第 8 章\视频\8-3-1.swf
源文件：无

01 打开素材文件"素材\第 8 章\素材\8301.dwg"，如图 8-54 所示。双击文字内容进行文字的编辑，单击鼠标右键，然后在弹出的快捷菜单中选择"查找和替换"选项，如图 8-55 所示。

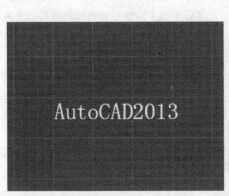

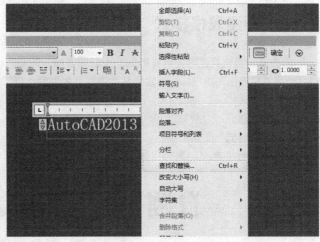

图 8-54 打开素材文件　　　　　　　　　　图 8-55 选择"查找和替换"选项

02 系统将弹出"查找和替换"对话框，如图 8-56 所示。在该对话框的"查找"文本框中输入 "2013"，在"替换为"文本框中输入"中文版"，如图 8-57 所示。

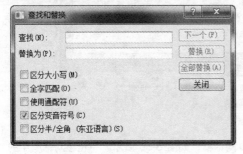

图 8-56 "查找和替换"对话框　　　　　　　　图 8-57 输入查找和替换为内容

03 单击该对话框中的"下一个"按钮，文字中相应的内容背景加深显示，如图 8-58 所示。单击"替换"按钮，文字内容将被更换，如图 8-59 所示。

图 8-58 查找内容　　　　　　　　　　图 8-59 替换内容

8.4 创建与编辑表格样式

在 AutoCAD 中，表格的外观由表格样式控制。用户可以使用默认表格样式 STANDARD，也可以自行创建满足需要的表格样式，包括填充、表格中的字体、高度及边框样式等。

8.4.1 新建表格样式

创建新的表格样式时，可以指定一个起始表格，起始表格是图形中用于设置新表格样式的样例的表格。一旦选定表格，用户即可指定要从此表格复制到表格样式的结构和内容。用户可以通过以下几种方法使用此命令：

- 执行"格式>表格样式"命令。
- 单击"样式"工具栏中的"表格样式"按钮 。
- 在命令行中输入 TABLESTYLE 命令并按 Enter 键。

自测 102　新建表格样式

素材：无
视频：视频\第 8 章\视频\8-4-1.swf
源文件：无

01 执行"格式>表格样式"命令，弹出"表格样式"对话框，如图 8-60 所示。单击该对话框中的"新建"按钮，弹出"创建新的表格样式"对话框，在该对话框的"新样式名"文本框中输入新样式的名称，如图 8-61 所示。

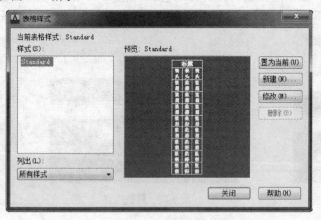

图 8-60　"表格样式"对话框

图 8-61　"创建新的表格样式"对话框

02 单击该对话框中的"继续"按钮，弹出"新建表格样式：标注"对话框，如图 8-62 所示。在该对话框中，可对表格的对齐方式及边框样式等进行设置。

03 单击"确定"按钮，返回到"表格样式"对话框。新建的表格样式将出现在"样式"列表中，如图 8-63 所示。

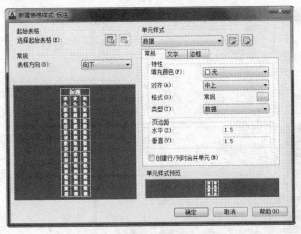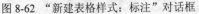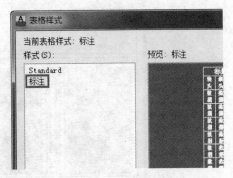

图 8-62　"新建表格样式：标注"对话框　　　　　　图 8-63　添加表格样式

8.4.2　编辑表格样式

在 AutoCAD 中，用户可以通过"表格样式"对话框来管理所有表格样式。在"样式"列表中选择一个表格样式，再单击"修改"按钮，即可在弹出的"修改表格样式"对话框中对选择的样式进行修改，该对话框与"新建表格样式：标注"对话框相似，很方便修改。

如果在"样式"列表中选择一个表格样式，并单击"删除"按钮，则可将选择的表格样式删除。

8.5　创建与编辑表格

AutoCAD 2013 具有新的智能表格对象，用户可以在绘图窗口中直接插入表格，而无需再动手绘制表格，用户还可对创建的表格进行编辑。

表格是由单元构成的矩形矩阵，这些单元中包含注释（主要是文字，但也有块）。表格以多种不同的形式出现在多张构成图形集的图纸中。

8.5.1　创建表格

表格对象可以创建用于各种用途的任意尺寸的表格，其中包括图纸集的列表或索引。在 AutoCAD 2013 中，用户可以通过以下几种方法使用此命令：

- 执行"绘图>表格"命令。
- 单击"绘图"工具栏中的"表格"按钮 ⊞ 。
- 在命令行中输入 TABLE（或别名 TAB）命令并按 Enter 键。

使用以上任意一种方法，系统都将弹出"插入表格"对话框，如图 8-64 所示。

表格样式： 用来选择表格样式，通过单击下拉列表旁边的按钮，可以创建新的表格样式。

插入选项： 用来设置表格中数据的来源。

➢ 从空表格开始：选择该单选按钮，可创建手动填充数据的空表格。

➢ 自数据链接：选择该单选按钮，可通过外部电子表格中的数据创建表格，单击其右侧的"数据链接管理器"按钮，可在弹出的"选择数据链接"对话框中选择源数据文件，如图 8-65 所示。

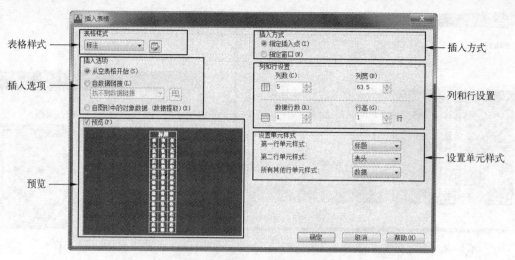

图 8-64 "插入表格"对话框

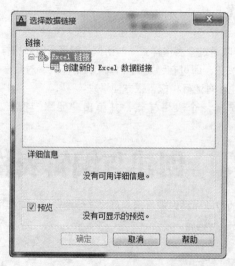

图 8-65 "选择数据链接"对话框

> 自图形中的对象数据（数据提取）：选择该单选按钮，表格中的数据将来自绘图窗口中对象的数据。

预览：用来显示预览效果。如果选择"从空表格开始"单选按钮，则显示表格样式的样例；如果选择"自数据链接"单选按钮，则显示结果表格。当处理大型表格时，建议取消此选项以提高性能。

插入方式：用来设置表格的创建方法。

> 指定插入点：选择该单选按钮，则可在绘图区中任意点插入固定大小的表格。可以使用定点设备，也可以在命令行提示下输入坐标值。如果表格样式将表格的方向设定为由下而上读取，则插入点位于表格的左下角。

> 指定窗口：选择该单选按钮，则可以在绘图区中通过拖动鼠标来创建任意大小的表格。可以使用定点设备，也可以在命令行提示下输入坐标值。选定此选项时，行数、列数、列宽和行高取决于窗口的大小以及列和行的设置。

列和行设置：用来设置表格的行和列。

> 列数：指定列数。选择"指定窗口"单选按钮并指定列宽时，"自动"选项将被选定，且列数由表格的宽度控制。如果已指定包含起始表格的表格样式，则可以选择要添加到此起始表格的其他

列的数量。

➢ 列宽：指定列的宽度。选择"指定窗口"单选按钮并指定列数时，则选定了"自动"选项，且列宽由表格的宽度控制。最小列宽为一个字符。

➢ 数据行数：指定行数。选择"指定窗口"单选按钮并指定行高时，则选定了"自动"选项，且行数由表格的高度控制。带有标题行和表格头行的表格样式最少应有 3 行。最小行高为一个文字行。如果已指定包含起始表格的表格样式，则可以选择要添加到此起始表格的其他数据行的数量。

➢ 行高：按照行数指定行高。文字行高基于文字高度和单元边距，这两项均在表格样式中设置。选择"指定窗口"单选按钮并指定行数时，则选定了"自动"选项，且行高由表格的高度控制。

设置单元样式：用来设置表格的单元样式。

➢ 第一行单元样式：指定表格中第一行的单元样式。默认情况下，使用标题单元样式。

➢ 第二行单元样式：指定表格中第二行的单元样式。默认情况下，使用表头单元样式。

➢ 所有其他行单元样式：指定表格中所有其他行的单元样式。默认情况下，使用数据单元样式。

自测 103　创建表格

素材：无
视频：视频\第8章\视频\8-5-1.swf
源文件：无

01 执行"绘图>表格"命令，弹出"插入表格"对话框，如图 8-66 所示。在该对话框的"插入方式"选项区中选择"指定窗口"单选按钮，在"列和行设置"选项区中设置"列数"和"行高"均为 5，如图 8-67 所示。

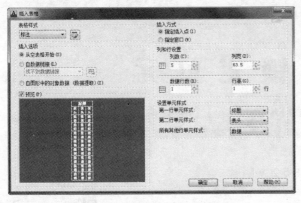

图 8-66 "插入表格"对话框

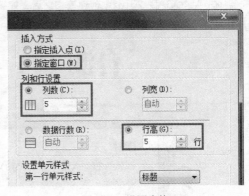

图 8-67 设置表格

02 单击"确定"按钮，根据命令行的提示在绘图区域中单击指定第一个角点，拖动光标到合适位置单击插入第二个角点并创建表格，如图 8-68 所示。

8

03 按两次 Esc 键分别退出插入文字和表格选择状态，表格效果如图 8-69 所示。

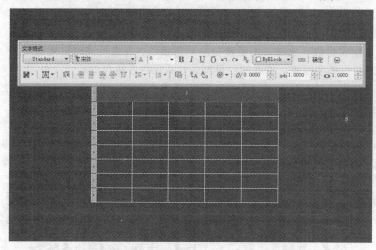

图 8-68　创建表格

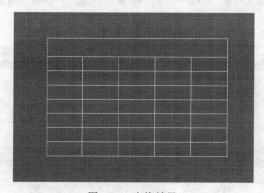

图 8-69　表格效果

8.5.2　锁定单元

在 AutoCAD 2013 中创建表格之后，如果确定了某单元或单元中的内容，可以将其锁定，以避免误操作对其进行修改。

自测104　锁 定 单 元

素材：无

视频：视频\第 8 章\视频\8-5-2.swf

源文件：无

01 执行"格式>表格样式"命令，在弹出的"插入表格"对话框中设置行和列参数，如图 8-70 所示。

02 单击"确定"按钮，根据命令行的提示在绘图区域内单击插入表格并按 Esc 键，效果如图 8-71 所示。

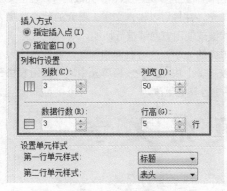

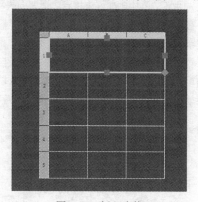

图 8-70　设置行和列参数　　　　　　　　图 8-71　插入表格

03 用鼠标右键单击系统默认选择的单元格，在弹出的快捷菜单中选择"锁定"子菜单中的内容和格式已锁定"选项，如图 8-72 所示。

04 当光标移至该单元内时，光标的右上方将显示小锁标记，如图 8-73 所示。

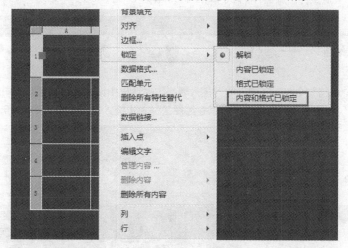

图 8-72　快捷菜单

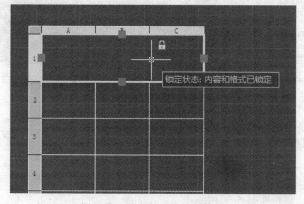

图 8-73　锁定单元内容和格式

8.5.3 填充文字和块

在 AutoCAD 中创建好表格后，需要向表格各单元中添加相应的内容，表格单元数据可以包括文字和块。

当在绘图区域中插入表格后，系统会亮显第一个单元，并且可以输入文字。单元的行高会加大以适应输入文字的行数，如果要移动到下一个单元，可按 Tab 键或使用方向键进行切换。

在表格单元中插入块时，插入的块可以自动适应单元的大小，也可以调整单元以适应块的大小。选择不同的单元通过表格工具栏或快捷菜单插入块，还可以将多个块插入到表格单元中。可使用表格工具栏和快捷菜单在单元中设置文字的格式、输入文字或对文字进行其他更改。

自测 105 填 充 文 字

素材：无
视频：视频\第 8 章\视频\8-5-3.swf
源文件：源文件\第 8 章\8-5-3.dwg

01 执行"绘图>表格"命令，在弹出的"插入表格"对话框中设置行和列参数，如图 8-74 所示。
02 单击"确定"按钮，根据命令行的提示在绘图区域单击插入表格，如图 8-75 所示。

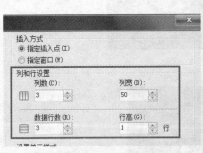

图 8-74 设置行和列参数

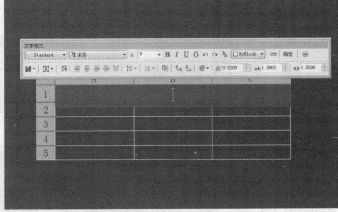

图 8-75 插入表格

提示：

在创建表格的过程中可适当放大视图，以精确填充表格。

03 在亮显的单元内输入文字，如图 8-76 所示。使用键盘上的方向键选择不同的单元并输入不同的文字，然后按 Esc 键退出，效果如图 8-77 所示。

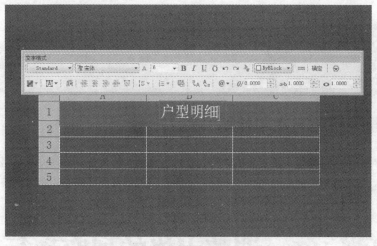

图 8-76　输入文字（一）

户型明细		
户型编号	A	B
户型类型	两居	两居
建筑面积（M²）	89.6300	90.0000
套内面积（M²）	75.6000	75.9100

图 8-77　输入文字（二）

提示:

此处的平方单位"2"，可通过在"文字格式"编辑器中插入符号输入。

04 单击表格中右下角的单元，在弹出的"表格"编辑器的对齐方式中选择"正中"选项，如图 8-78 所示。使用相同的方法，更改其他单元的对齐方式并按 Esc 键退出，效果如图 8-79 所示。

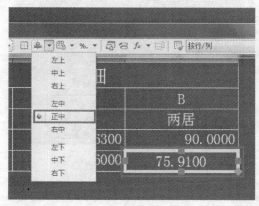

图 8-78　更改单元对齐方式

图 8-79　表格最终效果

小技巧：

通过在选定的单元内双击，可以快速编辑单元文字或输入文字以替换单元的当前内容。

8.5.4　调整表格的列宽和行高

在 AutoCAD 中表格创建完成后，用户可以单击该表格上的任意网格线以选中该表格，通过使用"特性"选项板、快捷菜单或夹点来修改该表格。对于表格的列宽和行高，用户可以使用夹点进行快速调整。

自测 106　调整表格的列宽和行高

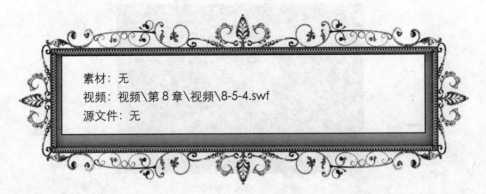

素材：无
视频：视频\第 8 章\视频\8-5-4.swf
源文件：无

01 单击"绘图"工具栏中的"表格"按钮，在弹出的"插入表格"对话框中设置行和列参数，如图 8-80 所示。

02 单击"确定"按钮，在绘图窗口中单击插入表格，按两次 Esc 键并适当放大视图，效果如图 8-81 所示。

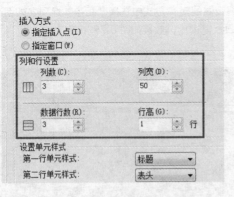

图 8-80　设置行和列参数

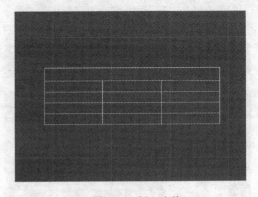

图 8-81　插入表格

03 使用窗交方法选择表格，系统将显示表格所有夹点，如图 8-82 所示。单击表格其中一个夹点并向右拖动，即可调整表格列宽，如图 8-83 所示。

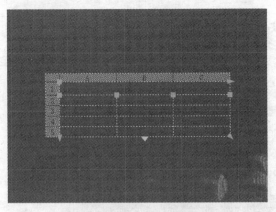

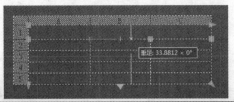

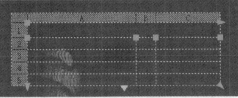

图 8-82　选择表格　　　　　　　　　　图 8-83　调整表格列宽

04 单击选择表格其中一个单元，将显示出表格单元的夹点，如图 8-84 所示。单击并向下拖动表格单元底边的中点，即可调整行高，如图 8-85 所示。

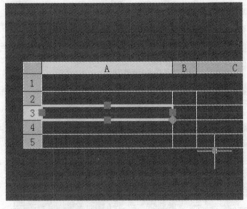

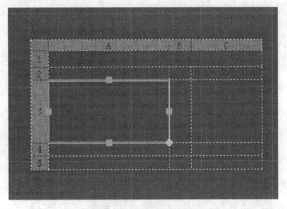

图 8-84　选择表格单元　　　　　　　　图 8-85　调整表格行高

小技巧：

在 AutoCAD 中框选表格全部范围，单击表格夹点并按住 Ctrl 键向右拖动，不仅可以调整表格列宽，还可以拉伸表格，调整表格整体的宽度。

小技巧：

在 AutoCAD 中框选表格全部范围，将显示表格所有的夹点。单击表格左上角的夹点，可移动表格位置；单击表格右上角的夹点，可均匀更改表格宽度；单击表格左下角的夹点，可均匀更改表格高度；单击表格右下角的夹点，可均匀拉伸表格宽度和高度。

8.5.5　修改表格单元

如果创建的表格不能满足内容的填充或表格有多余部分，可以进行添加、删除行和列操作，使表格满足用户要求。在 AutoCAD 中，用户还可以将多个单元格合并为一个单元格。

自测 107　修改表格单元

素材：素材\第 8 章\素材\85501.dwg
视频：视频\第 8 章\视频\8-5-5.swf
源文件：源文件\第 8 章\8-5-5.dwg

01 打开素材文件 "素材\第 8 章\素材\85501.dwg"，如图 8-86 所示。单击选择左下角的表格单元，在弹出的 "表格" 编辑器中单击 "删除行" 按钮，如图 8-87 所示。

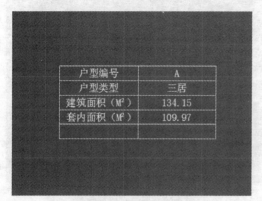

图 8-86　打开素材文件

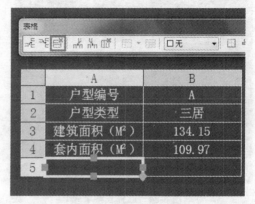

图 8-87　删除所选单元行

02 表格最底层一行将被删除，如图 8-88 所示。按键盘上的右方向键选择当前单元右侧的单元格，并单击 "表格" 编辑器中的 "在右侧插入列" 按钮，如图 8-89 所示。

图 8-88　删除行效果

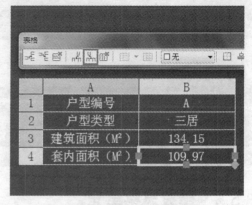

图 8-89　在所选单元右侧插入列

03 当前表格的右侧将添加一列，如图 8-90 所示。双击右上角的单元输入文字并按 Esc 键，在弹出的 "多行文字-未保存的更改" 对话框中单击 "确定" 按钮，效果如图 8-91 所示。

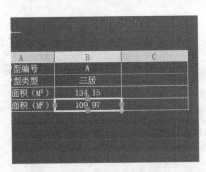

图 8-90 插入列效果

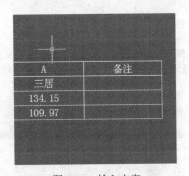

图 8-91 输入文字

04 单击表格右下角的单元并向上拖动光标，选择连续的单元格，如图 8-92 所示。在选择的单元格内部单击鼠标右键，在弹出的快捷菜单中选择"合并"子菜单中的"全部"命令，如图 8-93 所示。

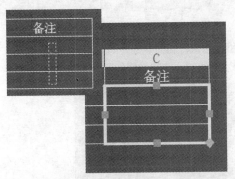

图 8-92 选择连续的单元格

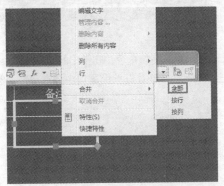

图 8-93 合并单元格

05 所选择的单元格将被合并为一个单元格，如图 8-94 所示。按 Esc 键，表格最终效果如图 8-95 所示。

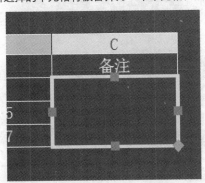

图 8-94 合并单元格效果

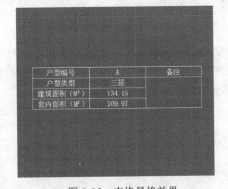

图 8-95 表格最终效果

小技巧：

　　在 AutoCAD 中要选择多个单元格，还可以单击选择第一个单元格，然后按住 Shift 键再单击另一个单元格，从而同时选中这两个单元以及它们之间的所有单元。

8.5.6 使用"特性"选项板修改表格

　　AutoCAD 2013 中修改表格的方式多种多样，除了前面讲到的方法外，用户还可以通过"特性"选项板对表格进行修改。

自测108 使用"特性"选项板修改表格

素材：无
视频：视频\第8章\视频\8-5-6.swf
源文件：无

01 执行"绘图>表格"命令，在弹出的"插入表格"对话框中设置行和列参数，如图8-96所示。

02 单击"确定"按钮，在绘图窗口中插入表格，然后按两次 Esc 键，表格效果如图8-97所示。

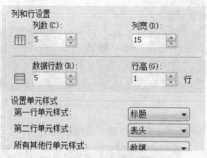

图8-96 设置行和列参数

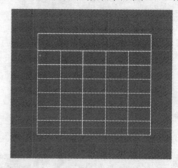

图8-97 插入表格

03 框选所有单元格并执行"修改>特性"命令，弹出"特性"选项板，如图8-98所示。

04 在"常规"选项组中设置"颜色"为青色，在"表格"选项组中设置"方向"为向上，最后按 Esc 键，表格最终效果如图8-99所示。

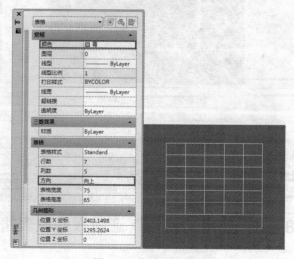

图8-98 "特性"选项板

图8-99 表格最终效果

8.5.7 在表格中使用公式

在 AutoCAD 2013 中，表格单元可以包含使用其他表格单元中的值进行计算的公式。选定表格单元后，可以从表格工具栏及快捷菜单中插入公式，也可以打开在位文字编辑器，随后在表格单元中手动输入公式。

在表格单元中插入公式时，可以通过单元的列字母和行号来引用单元格。例如，表格中左上角的单元为 A1，合并的单元使用左上角单元的编号。

单元的范围由第一个单元和最后一个单元定义，并在这两个单元之间加一个冒号。例如，范围 A5:C10 包括第 5 行到第 10 行 A、B 和 C 列中的单元。

在表格单元中插入公式时，还应注意公式必须以 "=" 开始，用于求和、求平均值和计数的公式将忽略空单元以及未解析为数值的单元。如果算术表达式中的任何单元为空，或者包含非数字数据，则其他公式将显示错误 "#"。

使用 "单元" 选项可选择同一图形中其他表格中的单元，选择单元后，将打开在位文字编辑器，以便输入公式的其余部分。

自测 109　在表格中使用公式

素材：素材\第 8 章\素材\85701.dwg
视频：视频\第 8 章\视频\8-5-7.swf
源文件：源文件\第 8 章\8-5-7.dwg

01 打开素材文件 "素材\第 8 章\素材\85701.dwg"，如图 8-100 所示。单击选择单元格，在弹出的 "表格" 编辑器中单击 "插入公式" 按钮，在弹出的下拉列表中选择 "方程式" 选项，如图 8-101 所示。

图 8-100　打开素材文件　　　　　　　　　　图 8-101　插入方程式

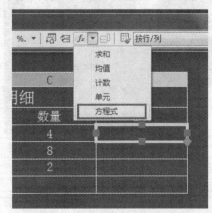

02 进入在位文字编辑状态，直接在弹出的 "=" 后面输入 B3*C3，如图 8-102 所示。单击表格以外的

区域，方程式将转换为运算结果，如图 8-103 所示。

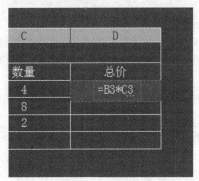

图 8-102　插入方程式

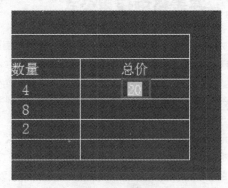

图 8-103　运算结果

03 使用相同的方法，计算出同类内容的总价，表格效果如图 8-104 所示。单击选择右下角的单元，单击"表格"编辑器中的"插入公式"按钮，在弹出的下拉列表中选择"求和"选项，如图 8-105 所示。

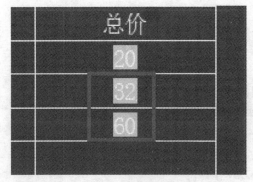

图 8-104　表格效果

图 8-105　求和

04 根据命令行的提示，单击表格单元 D5 内部，选择表格单元范围的第一个角点，拖动鼠标并单击表格单元 D3 内部，选择表格单元范围的第二个角点，如图 8-106 所示。

05 在表格单元 D6 中将自动插入方程式，按 Enter 键，表格最终效果如图 8-107 所示。

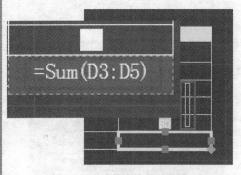

图 8-106　选择表格单元范围

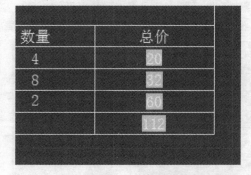

图 8-107　表格最终效果

8.5.8　使用表格样式

在 AutoCAD 中，用户可以根据需要创建不同的表格样式，同样也可以使用不同的表格样式绘制不同的表格。

自测 110　使用表格样式

素材：无
视频：视频\第8章\视频\8-5-8.swf
源文件：源文件\第8章\8-5-8.dwg

01 单击"绘图"工具栏中的"表格"按钮，在弹出的"插入表格"对话框中单击"表格样式"按钮，弹出"表格样式"对话框，如图8-108所示。

02 单击该对话框中的"新建"按钮，在弹出的"创建新的表格样式"对话框中输入表格样式名称，如图8-109所示。

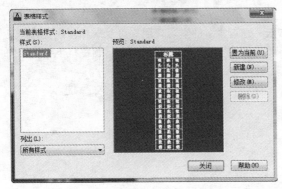

图 8-108　"表格样式"对话框　　　　　　　　图 8-109　"创建新的表格样式"对话框

03 单击"继续"按钮，在弹出的"新建表格样式：双边框"对话框的"边框"选项卡中勾选"双线"复选框并单击"所有边框"按钮，如图8-110所示。

04 单击"确定"按钮，返回到"表格样式"对话框。新建的表格样式将添加到"样式"列表中，如图8-111所示。

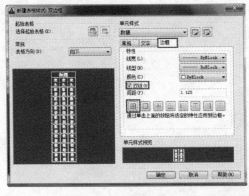

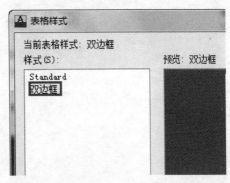

图 8-110　设置相应选项　　　　　　　　　　图 8-111　添加表格样式

05 单击"关闭"按钮，返回到"插入表格"对话框。新建的表格样式将成为当前表格样式，在该对话框中对其他选项进行设置，如图 8-112 所示。

06 单击"确定"按钮，在绘图区域中单击插入表格，然后按两次 Esc 键，表格最终效果如图 8-113 所示。

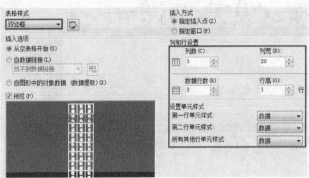
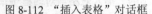

图 8-112 "插入表格"对话框

图 8-113 表格最终效果

8.6 本章小结

本章主要讲解了文字和表格的创建与编辑方法。通过本章的学习，用户可以熟练创建不同的文字样式与表格样式并且加以应用，为绘制图形时添加标注、说明性文字及创建标题栏打下了良好的基础。

第9章
创建和使用块

　　使用图块操作可以将许多对象作为一个部件进行组织和操作，并可以多次使用，这样就不需要多次绘制相同的图形。在图形中多次插入同一个图块，文件的存储容量仅会增加一个图块的大小，在一定程度上节省了磁盘空间。

　　外部参照是将已有的图形文件以参照的形式插入到当前图形中。如果在绘制过程中，一个图形需要参照其他图形或者图像来绘图，又不希望增加太多存储空间，就可以使用外部参照功能来实现。

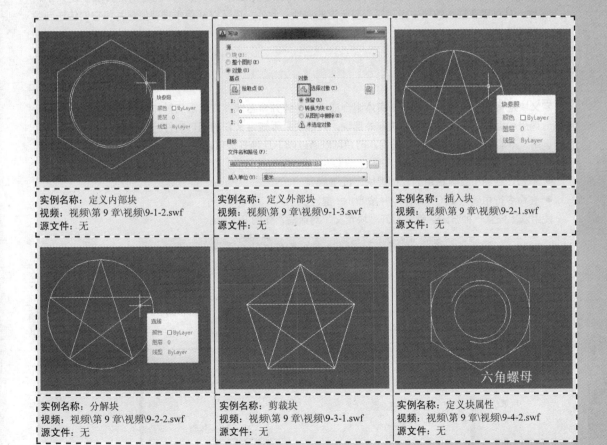

实例名称： 定义内部块 **视频：** 视频\第 9 章\视频\9-1-2.swf **源文件：** 无	**实例名称：** 定义外部块 **视频：** 视频\第 9 章\视频\9-1-3.swf **源文件：** 无	**实例名称：** 插入块 **视频：** 视频\第 9 章\视频\9-2-1.swf **源文件：** 无
实例名称： 分解块 **视频：** 视频\第 9 章\视频\9-2-2.swf **源文件：** 无	**实例名称：** 剪裁块 **视频：** 视频\第 9 章\视频\9-3-1.swf **源文件：** 无	**实例名称：** 定义块属性 **视频：** 视频\第 9 章\视频\9-4-2.swf **源文件：** 无

9.1 图块简介

图块是由一个或多个图形对象组成的对象，常用于绘制复杂图形，创建单个的对象。图块帮助用户在同一图形或其他图形中重复使用对象。

9.1.1 图块的特点

在 AutoCAD 中，由于块自身的特点，块成为经常用到的功能之一，使用块不仅可以提高绘图效率、节省存储空间、便于修改图形，并且还能为其添加属性。下面对块的特点进行详细讲解。

- 提高绘图效率：如果将一组对象组合成块，就可以根据作图需要将这组对象插入到图形中任意指定的位置，而且还可以按不同的比例和旋转角度插入，从而避免了重复性工作，节省了工作时间。
- 节省存储空间：在 AutoCAD 中保存图形文件时，系统将保存每一个对象的相关信息，包括对象的类型、位置、线型及颜色等，这些信息要占用一部分存储空间。如果对于相同的图形使用块插入，则既可以满足绘图要求，又可以节省磁盘空间。
- 便于修改图形：当一个复杂的图形需要修改时，如果在该图形中使用了块，则只需要重新定义块，就可以对图形中所有插入的块进行修改。
- 可以添加属性：在有些情况下，块需要有文字内容的标注。AutoCAD 允许用户为块创建文字属性，并可以在插入的块中指定是否显示这些属性。此外，还可以从图中提取信息并将它们传送到数据库中。

9.1.2 定义内部块

定义块是将图形中的一个或多个实体组合成一个整体并命名保存，以后将其作为一个实体在一个图形中随时调用和编辑。图块分为内部块和外部块，内部块只跟随定义它的图形文件一起保存，只能在当前文件中调用，不能在其他图形文件中使用。用户可以通过以下几种方法创建块：

- 执行"绘图>块>创建"命令。
- 单击"绘图"工具栏中的"创建块"按钮。
- 在命令行中输入 BLOCK 命令并按 Enter 键。

使用以上任意一种方法，都将打开"块定义"对话框，如图 9-1 所示。

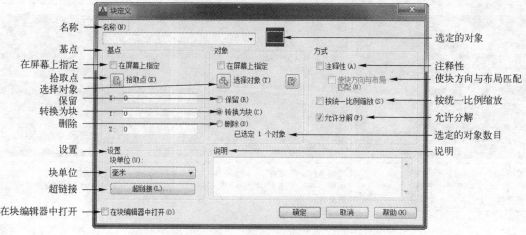

图 9-1 "块定义"对话框

名称： 指定块的名称。名称最多可以包含 255 个字符，包括字母、数字、空格，以及操作系统或程序未作他用的任何特殊字符。块名称及块定义保存在当前图形中。

基点： 指定块的插入基点。默认值是 (0,0,0)。

拾取点： 单击"拾取点"按钮，可以暂时关闭对话框以使用户能在当前图形中拾取插入基点。也可以在"基点"选项区的 X、Y、Z 文本框中分别输入坐标值。

对象： 指定新块中要包含的对象，以及创建块之后如何处理这些对象，是保留还是删除选定的对象或者是将它们转换成块实例。

在屏幕上指定： 关闭对话框时，将提示用户指定对象。

选择对象： 暂时关闭"块定义"对话框，允许用户选择块对象。选择完对象后，按 Enter 键可返回到该对话框。

保留： 创建块以后，将选定对象保留在图形中作为区别对象。

转换为块： 创建块以后，将选定对象转换成图形中的块实例。

删除： 创建块以后，从图形中删除选定的对象。

选定的对象数目： 显示选定对象的数目。

选定的对象： 显示选定的对象。

注释性： 指定块为注释性。单击信息图标以了解有关注释性对象的详细信息。

使块方向与布局匹配： 指定在图纸空间视口中的块参照的方向与布局的方向匹配。如果未勾选"注释性"复选框，则该复选框不可用。

按统一比例缩放： 指定是否阻止块参照不按统一比例缩放。

允许分解： 指定块参照是否可以被分解。

设置： 指定块的设置。

块单位： 指定块参照插入单位。

超链接： 打开"插入超链接"对话框。可以使用该对话框将某个超链接与块定义相关联，如图 9-2 所示。

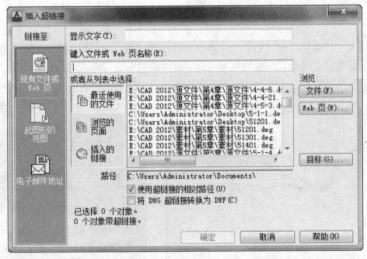

图 9-2 "超链接"对话框

说明： 指定块的文字说明。

在块编辑器中打开： 单击"确定"按钮后，在块编辑器中打开当前的块定义。

自测 111　定义内部块

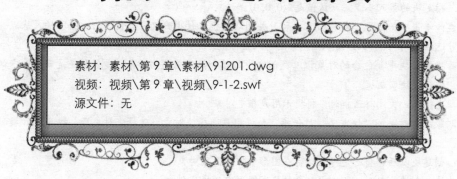

素材：素材\第9章\素材\91201.dwg
视频：视频\第9章\视频\9-1-2.swf
源文件：无

01 打开素材"素材\第9章\素材\91201.dwg"，如图9-3所示。执行"绘图>块>创建"命令，如图9-4所示。

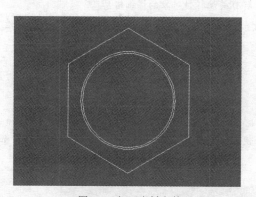

图9-3　打开素材文件

图9-4　执行"绘图>块>创建"命令

02 弹出"块定义"对话框，在"名称"文本框中输入块的名称为"91201"，如图9-5所示。

03 在"对象"选项区中单击"选择对象"按钮，返回到绘图窗口中，选择图形对象，如图9-6所示。

图9-5　"块定义"对话框

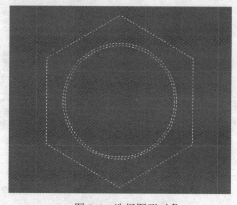

图9-6　选择图形对象

04 按 Enter 键确认，返回到"块定义"对话框，"名称"文本框右侧将会显示出图块的缩略图，如图9-7所示。单击"确定"按钮，即可定义一个内部块，图形文件被定义成块后会变成一个整体，如图9-8所示。

图 9-7　"块定义"对话框

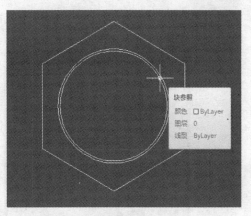

图 9-8　内部块

9.1.3　定义外部块

外部图块也称为外部图块文件,它以文件的形式保存在本地磁盘中,用户可以根据需要随时将外部图块调用到其他图形文件中。

自测 112　定义外部块

素材:　素材\第 9 章\素材\91201.dwg
视频:　视频\第 9 章\视频\9-1-3.swf
源文件:无

01 打开素材文件"素材\第 9 章\素材\91201.dwg",如图 9-9 所示。在"草图与注释"工作空间下,在"功能区"选项板中单击"插入"选项卡,在其中的"块定义"选项板上单击"创建块"按钮,在弹出的下拉列表中单击"写块"按钮,如图 9-10 所示。

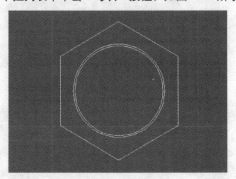

图 9-9　打开素材文件

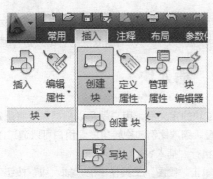

图 9-10　单击"写块"按钮

02 弹出"写块"对话框，在"对象"选项区中单击"选择对象"按钮 🔃，如图 9-11 所示。返回到绘图窗口中，选择全部对象，如图 9-12 所示。

 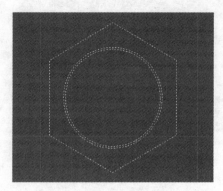

图 9-11 "写块"对话框   图 9-12 选择全部对象

03 按 Enter 键确认，返回到"写块"对话框，该对话框中将显示选择的对象数目，如图 9-13 所示。在"目标"选项区中单击"显示标准文件选择对话框" ⋯ 按钮，在弹出的"浏览图形文件"对话框中，指定文件的保存路径并输入文件名，如图 9-14 所示。

04 单击"保存"按钮返回到"写块"对话框，然后单击"确定"按钮，即可完成外部块的定义。

 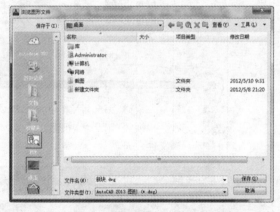

图 9-13 显示选择的对象数目   图 9-14 "浏览图形文件"对话框

9.2 插入块与分解块

插入块是将已经定义的图块插入到当前的文件中，AutoCAD 提供了多种插入块的方法。同时，还可以对块进行分解，以对组成块的各部分进行编辑。

9.2.1 插入块

完成块的定义后，用户就可以根据需要将所定义的块插入到图形中。插入块时，请创建块参照并指定它的位置、缩放比例和旋转角度。用户可以通过以下几种方法使用此命令：

- 执行"插入>块"命令。
- 单击"绘图"工具栏中的"插入块"按钮。
- 在命令行中输入 INSERT 命令并按 Enter 键。

自测 113　插　入　块

素材：素材\第 9 章\素材\92101.dwg
视频：视频\第 9 章\视频\9-2-1.swf
源文件：无

01 执行"插入>块"命令，弹出"插入"对话框，如图 9-15 所示。单击该对话框中的"浏览"按钮，在弹出的"选择图形文件"对话框中选择"素材\第 9 章\素材\92101.dwg"，如图 9-16 所示。

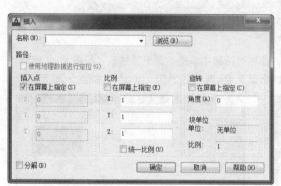

图 9-15　"插入"对话框

图 9-16　"选择图形文件"对话框

02 单击"打开"按钮，返回到"插入"对话框。单击"确定"按钮，在绘图窗口中指定插入点插入块，如图 9-17 所示。将光标移至图块上方，系统将提示其块参照属性，如图 9-18 所示。

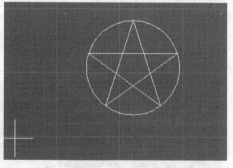

图 9-17　插入块

图 9-18　块参照

提示：

在插入块时，图块内的每个对象仍在其原来的图层上绘出，而图层 0 上的对象在插入时被绘制在当前层上，线型、颜色、线宽等会随当前层改变，因此定义图块时，尽量不要使用图层 0。

9.2.2 分解块

如果需要在一个块中单独修改一个或多个对象，可以将块定义分解为它的组成对象。分解块参照时，块参照将分解为其组成对象，但是块定义仍存在于图形中供以后插入。通过勾选"插入"对话框中的"分解"复选框，可以在插入时自动分解块参照。

01 执行"插入>块"命令，弹出"插入"对话框，在该对话框中单击"浏览"按钮，如图 9-19 所示。

02 在弹出的"选择图形文件"对话框中选择"素材\第9章\素材\92101.dwg"，如图 9-20 所示。

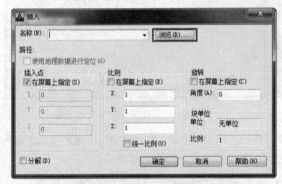

图 9-19 "插入"对话框

图 9-20 "选择图形文件"对话框

03 单击"打开"按钮，返回到"插入"对话框。在该对话框中勾选"分解"复选框，如图 9-21 所示。单击"确定"按钮，在绘图窗口中指定插入点插入分解的图块，如图 9-22 所示。

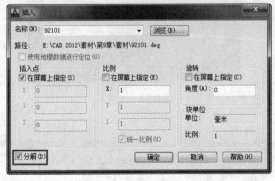

图 9-21 勾选"分解"复选框

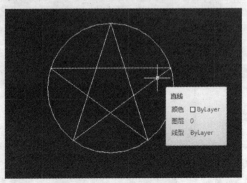

图 9-22 插入分解的图块

9.3　剪　裁　块

图块插入后，除了对图块进行适当的缩放、旋转外，还经常会因遮挡而需要剪裁图块的某一部分。下面将详细讲解剪裁块的命令和剪裁块的方法。

执行"修改>剪裁>外部参照"命令，根据命令行的提示选择要剪裁的图块对象并按 Enter 键确认，命令行将出现相应的提示，如图 9-23 所示。

```
选择对象：
输入剪裁选项
XCLIP [开(ON) 关(OFF) 剪裁深度(C) 删除(D) 生成多段线(P) 新建边界(N)] <新建边界>：
```

图 9-23　命令行提示信息

开（ON）：启用块剪裁功能，即如果为插入的块定义了剪裁边界、前后剪裁面，则 AutoCAD 仅显示位于剪裁边界、前后剪裁面之内的块部分。

关（OFF）：关闭块剪裁功能，即显示块的全部图形，不受边界限制。

剪裁深度（C）：对块设置前后剪裁面。

删除（D）：删除指定块的剪裁边界。

生成多段线（P）：绘制一条与剪裁边界一致的多段线。

新建边界（N）：设置新的剪裁边界。

自测 115　剪　裁　块

素材：素材\第 9 章\素材\92101.dwg
视频：视频\第 9 章\视频\9-3-1.swf
源文件：无

01 执行"插入>块"命令，将素材文件"素材\第 9 章\素材\92101.dwg"作为块插入到当前文件中。

02 执行"修改>剪裁>外部参照"命令，命令行提示如下：

```
命令:_xclip
选择对象：找到 1 个                    //选择插入的块
选择对象：                            //按 Enter 键结束选择
输入剪裁选项
```

```
[开(ON)/关(OFF)/剪裁深度(C)/删除(D)/生成多段线(P)/新建边界(N)] <新建边界>: N
外部模式 - 边界外的对象将被隐藏。                    //选择"新建边界"选项
指定剪裁边界或选择反向选项:
[选择多段线(S)/多边形(P)/矩形(R)/反向剪裁(I)] <矩形>: P
                                              //选择"多边形"选项

指定第一点:                                    //单击图形上方的顶点,如图 9-24 所示
指定下一点或 [放弃(U)]:                         //按顺时针顺序指定下一点
指定下一点或 [放弃(U)]:                         //按顺时针顺序指定下一点
指定下一点或 [放弃(U)]:                         //按顺时针顺序指定下一点
指定下一点或 [放弃(U)]:                         //按顺时针顺序指定下一点
指定下一点或 [放弃(U)]:                         //按 Enter 键,图形效果如图 9-25 所示
```

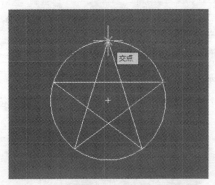

图 9-24　指定第一点

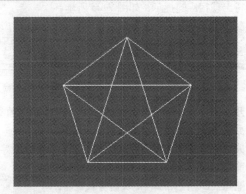

图 9-25　图形效果

9.4　块属性

块属性是将数据附着到块上的标签或标记,是附属于块的非图形信息,是块的组成部分,是从属于块的文本信息。通常所设置的属性将在插入过程中进行自动注释。

9.4.1　了解属性定义

在使用属性前,首先需要对属性进行定义。特征包括标记、插入块时显示的提示、值的信息、文字格式、块中的位置和所有可选模式。用户可以通过以下几种方法使用"定义属性"命令:

● 执行"绘图>块>定义属性"命令。

● 在命令行中输入 ATTDEF 命令并按 Enter 键。

使用以上任意一种方法,都将打开"属性定义"对话框,如图 9-26 所示。

不可见:指定插入块时不显示或打印属性值。

固定:在插入块时赋予属性固定值。

验证:插入块时提示验证属性值是否正确。

预设:插入包含预设属性值的块时,将属性设置为默认值。

锁定位置:锁定参照块中属性的位置。解锁后,属性可以相对于使用夹点编辑的块的其他部分移动,并且可以调整多行属性的大小。

图 9-26 "属性定义"对话框

多行：指定属性值可以包含多行文字。勾选该复选框后，可以指定属性的边界宽度。

标记：标识图形中每次出现的属性。使用任何字符组合（空格除外）输入属性标记。小写字母会自动转换为大写字母。

提示：指定在插入包含该属性定义的块时显示的提示。如果不输入提示，属性标记将会进行提示。如果在"模式"选项区勾选"固定"复选框，"提示"选项将不可用。

默认：指定默认属性值。可以直接在文本框中输入值或单击"插入字段"按钮，打开"字段"对话框，在"字段"对话框中选择相应的"字段类别"输入表达式。

插入点：用来指定属性位置。可以直接输入坐标值或者勾选"在屏幕上指定"复选框，并使用定点设备根据与属性关联的对象指定属性的位置。

文字设置：该选项区中的参数用来设置属性文字显示效果，如对正、样式、高度等。

9.4.2 定义块属性

在为块定义属性时，可以为块定义单属性，也可以为块的不同组成部分定义不同的属性。本节将以实例的形式讲解定义块属性的方法。

自测 116　定义块属性

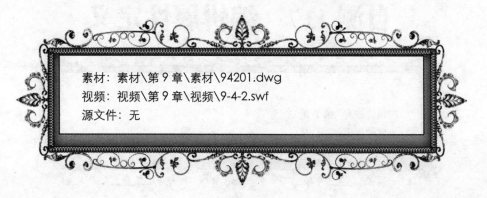

素材：素材\第 9 章\素材\94201.dwg

视频：视频\第 9 章\视频\9-4-2.swf

源文件：无

01 打开素材文件"素材\第 9 章\素材\94201.dwg",如图 9-27 所示。该文件中的对象为创建的块参照。

02 执行"绘图>块>定义属性"命令,弹出"属性定义"对话框,在"标记"文本框中输入"六角螺母",如图 9-28 所示。

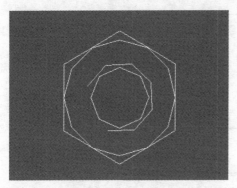

图 9-27　打开素材文件

图 9-28　"属性定义"对话框

03 单击"确定"按钮,根据命令行的提示在绘图窗口中指定起点,如图 9-29 所示。单击确认,即可完成属性的定义,如图 9-30 所示。

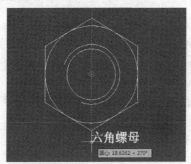

图 9-29　指定起点

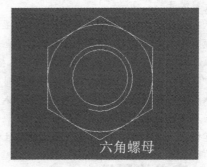

图 9-30　定义属性效果

9.4.3　编辑属性定义

在 AutoCAD 中为块定义属性后,还可以修改定义中的属性标记名、提示和默认值,通过 DDEDIT 命令即可对其进行编辑。

自测 117　编辑属性定义

素材:无

视频:视频\第 9 章\视频\9-4-3.swf

源文件:无

01 继续 9.4.2 节的自测，在命令行中输入 DDEDIT 命令并按 Enter 键，根据命令行的提示在绘图窗口中选择注释对象，在弹出的"编辑属性定义"对话框的"标记"文本框中输入"螺钉"，如图 9-31 所示。

02 单击"确定"按钮，即可完成属性的修改，如图 9-32 所示。

图 9-31 "编辑属性定义"对话框

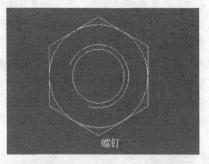

图 9-32 修改属性后的效果

9.5 使用块编辑器

块编辑器提供了一种简单的方法，可用来定义和编辑块以及将动态行为添加到块定义。在块编辑器中，用户可以定义块、添加动作参数、定义属性、管理可见性状态以及测试和保存块定义。

9.5.1 打开块编辑器

块编辑器是一个专门的编写区域，用于添加能够使块成为动态块的元素。用户可以通过以下几种方法打开块编辑器：

● 执行"工具>块编辑器"命令。

● 在命令行中输入 BEDIT（或别名 BE）命令并按 Enter 键。

使用以上任意一种方法，都将打开"编辑块定义"对话框，如图 9-33 所示。在该对话框中可选择当前文件中的块，单击"确定"按钮，即可打开块编辑器，如图 9-34 所示。块编辑器包含一个特殊的编写区域，在该区域中可以像在绘图区域中一样绘制和编辑几何图形。

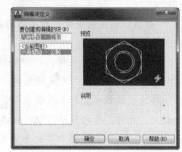

图 9-33 "编辑块定义"对话框

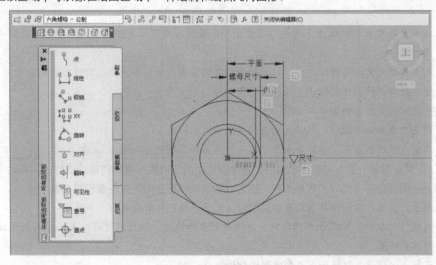

图 9-34 块编辑器

9.5.2　创建动态块

动态块包含规则或参数，用于说明当块参照插入图形时如何更改块参照的外观。用户可以使用动态块插入可更改形状、大小或配置的一个块，而不是插入许多静态块定义中的一个。

在创建动态块之前，应当了解其外观以及在图形中的使用方式，确定当操作动态块参照时块中的哪些对象会更改或移动。另外，还要确定这些对象将如何更改，这些因素决定了添加到块定义中的参数和动作的类型，以及如何使参数、动作和几何图形共同作用。

可以使用块编辑器创建动态块。使用块编辑器可以从头创建块，也可以向现有的块定义添加动态行为，还可以像在绘图区域中一样创建几何图形。

> **提示：**
>
> 不建议在同一个块定义中同时使用约束参数和动作参数。

9.5.3　动态块的参数和动作

在块编辑器中向块定义中添加动态元素。除了几何图形外，动态块中通常包含一个或多个参数和动作。

"参数"的实质是指定其关联对象的变化方式。通过制定块中几何图形的位置、距离和角度来定义动态块的自定义特性。

点：点参数可与平移、拉伸动作配合形成点移动或点拉伸。由于点参数可向任意方向发生改变，所以点移动和点拉伸的方向也是任意的。

线性：线性参数的本质是矢量，具有方向特性，该参数限定了其关联对象变化的方向。线性参数可以和移动、拉伸、阵列等动作配对成线性移动、线性拉伸、线性阵列。

极轴：极轴参数的本质也是矢量，只不过是以极轴坐标定义的矢量，其关联的对象不但可以以参数基点为中心发生旋转，而且可以沿参数径向产生拉伸或移动。

XY：受 XY 参数约束的对象可以沿 X 轴和 Y 轴的方向发生改变，而且 X 方向和 Y 方向可以产生联动效果。

旋转：控制关联对象以参数基点为中心产生旋转，旋转角度可以是任意的，也可以将旋转角度限定在某一范围内或特定之。

对齐：对齐参数无需与动作配对，可以为对象指定对齐方向和对齐方式，实现对象的自动对齐。

翻转：该参数与翻转动作配对，实现相关对象翻转。

可见性：控制相关对象的显示与隐藏。

查询：与查询参数动作配对，可以反向查询关联参数的特征。

基点：为动态块添加基点。添加基点后，基点将成为动态块的插入点。

"动作"定义在图形中操作动态块参照时，该块参照中的几何图形将如何移动或修改。向动态块定义中添加动作后，必须将这些动作与参数相关联。也可以指定动作所影响的几何图形选择集。

移动：与点、线性、极轴以及 XY 等参数配对，实现对指定对象的移动。

缩放：与线性、极轴、XY 等参数配对，实现对对象的缩放，而且通过修改与其配对的参数的属性，可以得到多种缩放效果。

拉伸：可与点、线性、极轴和 XY 参数形成拉伸组合。

极轴拉伸：该动作只能与极轴拉伸参数配对，实现极轴拉伸功能。

旋转：旋转参数的专用动作。可以自由旋转，也可以为其配对参数指定列表或增量，实现精确旋转。

翻转：翻转参数的专用动作。

阵列：可与线性、极轴、XY 参数配对，实现多种阵列方式。

查询：查询参数的专用动作。利用该动作，可以一次性为动态块中的多个参数赋值，快速实现动态块的复杂调整。

9.6 外部参照

外部参照就是把已有的图形文件插入到当前图形中，但外部参照不同于块。一旦插入块，该块就永久性地插入到当前图形中，成为当前图形的一部分。而以外部参照方式将图形插入到某一图形（称之为主图形）后，被插入图形文件的信息并不直接加入到主图形中，主图形只是记录参照的关系。

另外，对主图形的操作不会改变外部参照图形文件的内容。当打开具有外部参照的图形时，系统会自动把各外部参照图形文件重新调入内存并在当前图形中显示出来。

9.6.1 "外部参照"工具栏

一个图形可以作为外部参照同时附着到多个图形中，反之，也可以将多个图形作为参照图形附着到单个图形中。"外部参照"工具栏如图 9-35 所示。

图 9-35 "外部参照"工具栏

9.6.2 插入外部参照

可以将整个图形文件作为参照图形（外部参照）附着到当前图形中。通过外部参照，参照图形中所作的更改将反映在当前图形中。附着的外部参照链接至另一图形，并不真正插入，因此使用外部参照可以生成图形而不会显著增加图形文件的大小。使用参照图形时应注意的事项主要有以下几点。

- 通过在图形中参照其他用户的图形协调用户之间的工作，从而与其他设计师所作的更改保持同步。用户也可以使用组成图形装配一个主图形，主图形将随工程的开发而被更改。
- 确保显示参照图形的最新版本。打开图形时将自动重载每个参照图形，从而反映参照图形文件的最新状态。
- 请勿在图形中使用参照图形中已存在的图层名、标注样式、文字样式和其他命名元素。
- 当工程完成并准备归档时，将附着的参照图形和当前图形永久性地合并（绑定）到一起。

> **提示：**
>
> 与块参照相同，外部参照在当前图形中以单个对象的形式存在。但是必须首先绑定外部参照，才能将其分解。

自测 118　插入外部参照

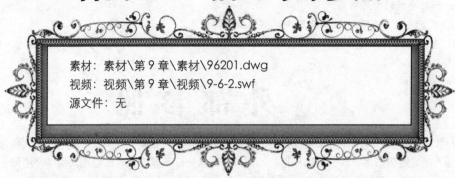

素材：素材\第 9 章\素材\96201.dwg
视频：视频\第 9 章\视频\9-6-2.swf
源文件：无

01 执行"工具>工具栏>AutoCAD>参照"命令，弹出"参照"工具栏。单击该工具栏中的"附着外部参照"按钮，弹出"选择参照文件"对话框，如图 9-36 所示。在该对话框中选择"素材\第 9 章\素材\96201.dwg"文件。

02 单击"打开"按钮，弹出"附着外部参照"对话框，如图 9-37 所示，"名称"选项后即为选择的文件。

图 9-36　"选择参照文件"对话框

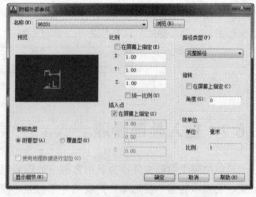

图 9-37　"附着外部参照"对话框

03 单击"确定"按钮，在绘图窗口中指定插入点，即可插入外部参照，如图 9-38 所示。将光标移到外部参照的上方，将显示其外部参照属性，如图 9-39 所示。

图 9-38　插入外部参照

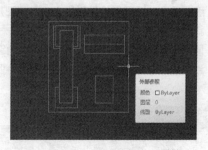

图 9-39　显示外部参照属性

9.6.3　通过命令插入外部参照

在 AutoCAD 2013 中，还可以通过执行菜单命令插入外部参照。使用此方法插入外部参照时，需要使用"外部参照"选项板。

自测 119　通过命令插入外部参照

素材：素材\第 9 章\素材\96201.dwg
视频：视频\第 9 章\视频\9-6-3.swf
源文件：无

01 执行"插入>外部参照"命令，弹出"外部参照"选项板，如图 9-40 所示。单击该选项板左上方的"附着 DWG"按钮 ，在弹出的"选择参照文件"对话框中选择"素材\第 9 章\素材\96201.dwg"，如图 9-41 所示。

图 9-40　"外部参照"选项板

图 9-41　"选择参照文件"对话框

02 单击"打开"按钮，弹出"附着外部参照"对话框，如图 9-42 所示。单击"确定"按钮，然后在绘图窗口中单击插入外部参照，如图 9-43 所示。

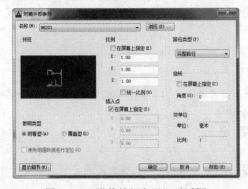

图 9-42　"附着外部参照"对话框

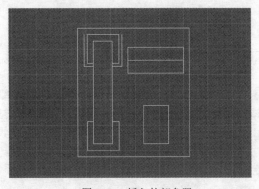

图 9-43　插入外部参照

9.6.4　更新和绑定外部参照

在"外部参照"选项板中选择参照名，单击鼠标右键，然后在弹出的快捷菜单中选择"绑定"选项，如图 9-44 所示。此时，系统弹出"绑定外部参照/DGN 参考底图"对话框，如图 9-45 所示。

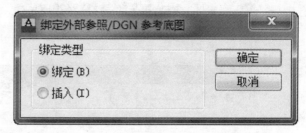

图 9-44　选择"绑定"选项　　　　　　　　图 9-45　"绑定外部参照/DGN 参考底图"对话框

提示：

> 如果选择"绑定"单选按钮，则选择的参照会绑定到当前图形中。

对于外部参照，除了上面介绍的绑定方法外，还可以选择该参照文件的部分进行局部绑定，即在命令行中输入 XBIND 命令，弹出"外部参照绑定"对话框，绑定该参照的块、图层、标注样式等，如图 9-46 所示。

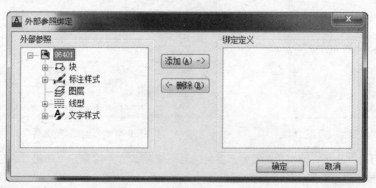

图 9-46　"外部参照绑定"对话框

9.6.5　编辑外部参照

可以使用在位参照编辑来修改当前图形中的外部参照，或者重定义当前图形中的块定义。块和外部参照都被视为参照。用户可以通过以下几种方法使用参照编辑命令：

- 执行"工具>外部参照和块在位编辑>在位编辑参照"命令。
- 在命令行中输入 REFEDIT 命令并按 Enter 键。

使用以上任意一种方法后选择图形中的参照，系统会弹出"参照编辑"对话框，如图 9-47 所示。

图 9-47 "参照编辑"对话框

选择参照后，可以指定编辑其中的哪些对象，提示用户从当前图形中选择要编辑的外部参照和块参照。用户可以对外部参照或块参照进行少量的修改，而不必打开参照图形或者分解和重定义块。

9.7 本章小结

本章学习了图块的常见、使用等方面的知识。通过插入图块及使用外部参照等方法，可以提高绘图效率、节省大量时间；而通过写块等操作，可以将有用的图块长期保存起来，以便下次直接调用。

第 10 章
关于 AutoCAD 设计中心

设计中心用来组织图形、图案填充和其他图形内容。可以将源图形中的任何内容拖到当前图形中，可以将图形、块和图案填充拖到工具选项板上，源图形可以位于计算机、网络位置或网站上。另外，如果打开了多个图形，则可以通过 AutoCAD 设计中心在图形之间复制和粘贴其他内容（如图层定义、布局和文字样式）来简化绘图过程。

实例名称： 查看图形文件信息
视频： 视频\第 10 章\视频\10-2-1.swf
源文件： 无

实例名称： 查看历史记录
视频： 视频\第 10 章\视频\10-2-2.swf
源文件： 无

实例名称： 插入块
视频： 视频\第 10 章\视频\10-3-1.swf
源文件： 无

实例名称： 附着光栅图像
视频： 视频\第 10 章\视频\10-3-2.swf
源文件： 无

实例名称： 插入图形文件
视频： 视频\第 10 章\视频\10-3-3.swf
源文件： 无

实例名称： 插入图层样式
视频： 视频\第 10 章\视频\10-3-4.swf
源文件： 无

10.1 启动 AutoCAD 设计中心

AutoCAD 设计中心（AutoCAD Design Center，简称 ADC）是 AutoCAD 中一个非常有用的工具，在进行机械设计时，特别是需要编辑多个图形对象，调用不同驱动器甚至不同计算机中的文件，引用以创建的图层、图块、样式等时，使用 AutoCAD 设计中心将帮助用户提高绘图效率。

10.1.1 AutoCAD 设计中心

AutoCAD 设计中心的功能十分强大，特别是对于需要同时编辑多个文件的用户，设计中心可以发挥巨大作用。在 AutoCAD 2013 中，用户可以使用设计中心进行以下操作。

- 浏览用户计算机、网络驱动器和 Web 页上的图形内容（例如图形或符号库）。
- 在定义表中查看图形文件中命名对象（例如块和图层）的定义，然后将定义插入、附着、复制和粘贴到当前图形中。
- 更新（重定义）块定义。
- 创建指向常用图形、文件夹和 Internet 网址的快捷方式。
- 向图形中添加内容（例如外部参照、块和图案填充）。
- 在新窗口中打开图形文件。
- 将图形、块和图案填充拖到工具选项板上以便于访问。

10.1.2 启动 AutoCAD 设计中心

AutoCAD 设计中心为用户提供了一个直观且高效的工具，它与 Windows 资源管理器类似。在 AutoCAD 2013 中，用户可以通过以下几种方法启动 AutoCAD 设计中心：

- 执行"工具>选项板>设计中心"命令。
- 在命令行中输入 ADCENTER 命令并按 Enter 键。
- 按快捷键 Ctrl+2。

使用以上任意一种方法，都将打开"设计中心"选项板，如图 10-1 所示。

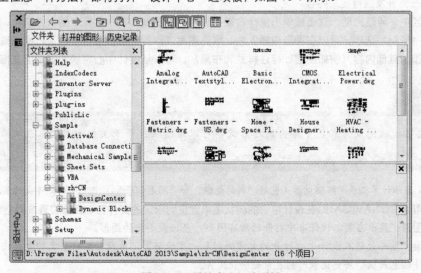

图 10-1 "设计中心"选项板

10.1.3 了解"设计中心"选项板

"设计中心"选项板分为两部分，左边为树状图，右边为内容区。可以在树状图中浏览内容的源，而在内容区显示内容，也可以在内容区中将项目添加到图形或工具选项板中。

浮动状态下的设计中心在内容区的下面，也可以显示选定的图形、块、填充图案或外部参照的预览或说明。窗口顶部的工具栏提供若干选项和操作。

用户可以控制设计中心的大小、位置和外观，其中许多选项可通过单击鼠标右键并在快捷菜单中选择选项来设定。

- 要调整设计中心的大小，可拖动内容区与树状图之间的滚动条，或者拖动窗口的一边。
- 要固定设计中心，可将其拖至应用程序窗口右侧或左侧的固定区域，直至捕捉到固定位置。也可以通过双击"设计中心"窗口标题栏将其固定。
- 要浮动设计中心，可拖动工具栏上方的区域，使设计中心远离固定区域。拖动时按住 Ctrl 键可防止窗口固定。
- 要锚定设计中心，可从快捷菜单中选择"锚点居右"或"锚点居左"选项。当光标移至被锚定的"设计中心"窗口时，窗口将展开，移开时则会隐藏。当打开被锚定的"设计中心"窗口时，其内容将与绘图区域重叠。无法将其设定为保持打开状态。
- 当设计中心处于浮动状态时，可使用自动隐藏将其设定为随光标移至和移开而展开和隐藏。

在"设计中心"选项板中单击"文件夹"或"打开的图形"选项卡时，将显示两个窗格，从中可以管理图形内容，即内容区（右侧窗格）和树状图（左侧窗格）。

内容区显示树状图中当前选定"容器"的内容。容器是包含设计中心可以访问的信息的网络、计算机、磁盘、文件夹、文件或网址 (URL)。根据树状图中选定的容器，内容区通常显示以下内容：

- 含有图形或其他文件的文件夹。
- 图形。
- 图形中包含的命名对象（命名对象包括块、外部参照、布局、图层、标注样式、表格样式、多重引线样式和文字样式）。
- 表示块或填充图案的图像或图标。
- 基于 Web 的内容。
- 由第三方开发的自定义内容。

在内容区中，通过拖动、双击或单击鼠标右键并在弹出的快捷菜单中选择"插入为块"、"附着为外部参照"或"复制"选项，可以在图形中插入块、填充图案或附着外部参照。可以通过拖动或单击鼠标右键向图形中添加其他内容（例如图层、标注样式和布局）。可以从设计中心将块和图案填充拖动到工具选项板中。

提示：

通过在树状图或内容区中单击鼠标右键，可以访问快捷菜单上的相关内容区域或树状图选项。

文件夹：显示计算机或网络驱动器（包括"我的电脑"和"网上邻居"）中文件和文件夹的层次结构。

可以使用 ADCNAVIGATE 在设计中心的树状图中定位到指定的文件名、目录位置或网络路径。

打开的图形：显示当前工作任务中打开的所有图形，包括最小化的图形。

历史记录：显示最近在设计中心打开的文件的列表。显示历史记录后，在一个文件上单击鼠标右键，则显示此文件信息或从"历史记录"列表中删除此文件。

10.1.4　了解 "设计中心" 工具栏

"设计中心" 工具栏用于控制树状图和内容区中信息的浏览和显示，如图 10-2 所示。快捷菜单上提供了相同的浏览和显示选项，在设计中心的内容区中单击鼠标右键即可显示该快捷菜单。

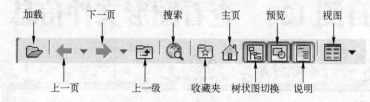

图 10-2　"设计中心" 工具栏

加载：单击该按钮，会弹出 "加载" 对话框（标准文件选择对话框）。使用 "加载" 选项浏览本地和网络驱动器或 Web 上的文件，然后选择内容加载到内容区。

上一页：返回到 "历史记录" 列表中上一次的位置。

下一页：返回到 "历史记录" 列表中下一次的位置。

上一级：显示当前容器的上一级容器的内容。

搜索：单击该按钮，会弹出 "搜索" 对话框，从中可以指定搜索条件以便在图形中查找图形、块和非图形对象。搜索也显示保存在桌面上的自定义内容。

收藏夹：在内容区中显示 "收藏夹" 文件夹的内容。"收藏夹" 文件夹包含经常访问项目的快捷方式。要在收藏夹中添加项目，可以在内容区或树状图中的项目上单击鼠标右键，然后在弹出的快捷菜单中选择 "添加到收藏夹" 选项。要删除收藏夹中的项目，可以使用快捷菜单中的 "组织收藏夹" 选项和 "刷新" 选项。

主页：将设计中心返回到默认文件夹。安装时，默认文件夹被设定为 ...\Sample\Design Center。可以使用树状图中的快捷菜单更改默认文件夹。

树状图切换：显示和隐藏树状视图。如果绘图区域需要更多的空间，可隐藏树状图。树状图隐藏后，可使用内容区浏览容器并加载内容。

在树状图中使用 "历史记录" 列表时，"树状图切换" 按钮不可用。

预览：显示和隐藏内容区中选定项目的预览。如果选定项目没有保存的预览图像，"预览" 区域将为空。

说明：显示和隐藏内容区中选定项目的文字说明。如果同时显示预览图像，文字说明将位于预览图像下面。如果选定项目没有保存的说明，"说明" 区域将为空。

视图：为加载到内容区中的内容提供不同的显示格式。可以从 "视图" 列表中选择一种视图，或者重复单击 "视图" 按钮在各种显示格式之间循环切换。默认视图根据内容区中当前加载的内容类型的不同而有所不同。

➢ **大图标**：以大图标格式显示加载内容的名称。

➢ **小图标**：以小图标格式显示加载内容的名称。

➢ **列表视图**：以列表形式显示加载内容的名称。

➢ **详细信息**：显示加载内容的详细信息。根据内容区中加载的内容类型，可以将项目按名称、大小、类型或其他特性进行排序。

10.2　利用设计中心进行图形文件管理

AutoCAD 设计中心主要由上部的工具栏按钮和各视图构成。10.1.4 节对 "设计中心" 工具栏上各按钮的含义和功能进行了讲解，下面将介绍如何利用这些工具进行图形文件的管理。

10.2.1 查看图形文件信息

在"设计中心"选项板中，通过树状图和内容区可以非常方便地查看图形文件信息。

自测120 查看图形文件信息

素材：无

视频：视频\第10章\视频\10-2-1.swf

源文件：无

01 执行"工具>选项板>设计中心"命令，打开"设计中心"选项板，在左侧列表框中选择需要打开的文件后，会在右侧的列表框中显示该文件包含的标注样式、布局、块、图层等详细信息，如图10-3所示。

02 在需要查看的信息图标上单击，即可在右侧列表框中显示出其详细信息，如图10-4所示。

图10-3 选择图形文件

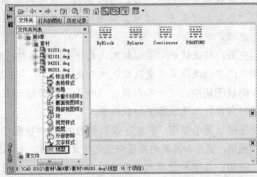

图10-4 显示文件信息图标的详细信息

提示：

利用设计中心可以方便、快捷地查询较大的图形文件信息，其中可能定义了许多图层、块、标注样式。在设计新图形文件时，如果需要引用前面已设计过的图层、块、标注样式等内容，通过设计中心则可以方便地查找并将其引入。

10.2.2 查看历史记录

在"设计中心"选项板中，通过"历史记录"选项卡还可以查看最近访问过的图形。

自测 121 查看历史记录

素材：无

视频：视频\第 10 章\视频\10-2-2.swf

源文件：无

01 执行"工具>选项板>设计中心"命令，打开"设计中心"选项板，如图 10-5 所示。

02 单击"历史记录"选项卡，即可在内容区查看最近访问过的图形记录，如图 10-6 所示。

10

图 10-5 "设计中心"选项板

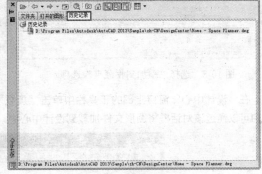

图 10-6 查看历史记录

10.2.3 关闭树状图

如果用户不想显示树状图，可以将其关闭。执行"工具>选项板>设计中心"命令，在打开的"设计中心"选项板中单击工具栏上的"树状图形切换"按钮，即可将树状图关闭，如图 10-7 所示。

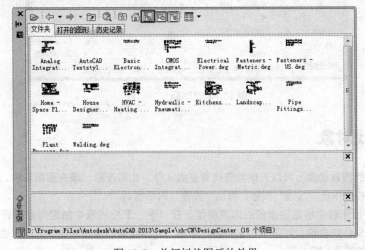

图 10-7 关闭树状图后的效果

10.2.4　收藏与加载

AutoCAD 2013 设计中心的"收藏夹"文件夹包含经常访问项目的快捷方式。可以将常用的文件搜集在一起，以便以后使用。

执行"工具>选项板>设计中心"命令，打开"设计中心"选项板，在需要添加到收藏夹的文件上单击鼠标右键，在弹出的快捷菜单中选择"添加到收藏夹"选项，如图 10-8 所示。单击工具栏中的"收藏夹"按钮，在列表中即可显示已添加至收藏夹的文件，如图 10-9 所示。

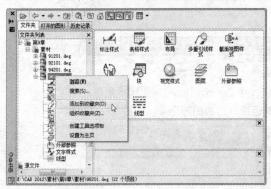 

图 10-8　选择"添加到收藏夹"选项　　　　　图 10-9　添加至收藏夹的文件

在"设计中心"窗口上部的工具栏中单击"加载"按钮，将弹出"加载"对话框，如图 10-10 所示。用户可以通过该对话框将图形文件加载到设计中心中。

图 10-10　"加载"对话框

10.2.5　查找对象

使用设计中心的搜索功能，可以方便地查找需要的文件，比如图形、填充图案和块。在"设计中心"选项板上部的工具栏中单击"搜索"按钮，弹出"搜索"对话框。

在"搜索"下拉列表中指定要搜索的内容类型，在"于"下拉列表中指定搜索路径名，在"搜索文字"文本框中输入文件的名称，如图 10-11 所示。单击"立即搜索"按钮，在下方的列表框中即可显示搜索出的图形文件，如图 10-12 所示。

图 10-11 "搜索"对话框

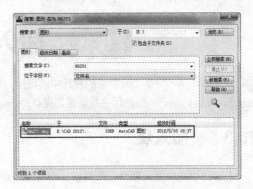

图 10-12 搜索结果

10.2.6 预览

使用 AutoCAD 设计中心的预览功能，可以显示图形的预览效果。在"设计中心"选项板左侧的列表框中选择需要查看的信息图标，再在右侧的列表框中选择需要进行预览的文件，如图 10-13 所示。在工具栏中单击"预览"按钮，即可查看选择的图形文件的预览效果，如图 10-14 所示。

图 10-13 选择预览文件

图 10-14 单击"预览"按钮

10.2.7 切换视图

同 Windows 操作系统一样，在 AutoCAD 设计中心中也可以根据需要设置内容的显示方式。在"设计中心"选项板上部的工具栏中单击"视图"按钮，从弹出的下拉列表中选择"列表"选项，如图 10-15 所示。视图效果如图 10-16 所示。

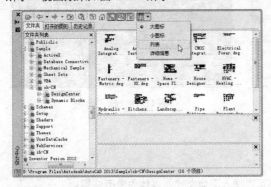

图 10-15 选择"列表"选项

图 10-16 视图效果

10.3 插入选定的内容

使用 AutoCAD 2013 中的设计中心可以方便快捷地插入各种图形文件，与使用命令菜单有所不同的是，在设计中心一般使用的方法是拖曳。

10.3.1 插入块

在设计中心中插入图块非常简便，但与使用命令菜单插入图块不同的是，在设计中心插入的图块不能进行缩放和旋转操作。

自测 122 插 入 块

素材：素材\第 10 章\素材\103101.dwg

视频：视频\第 10 章\视频\10-3-1.swf

源文件：无

01 执行"工具>选项板>设计中心"命令，打开"设计中心"选项板。在左侧列表框中展开"素材\第 10 章\素材\103101.dwg"文件，在其子层级选择"块"信息图标，此时在右侧的内容区域中将显示该文件包含的所有图块，如图 10-17 所示。

02 单击选中图，按住鼠标左键拖曳至绘图窗口，即可插入图块，如图 10-18 所示。

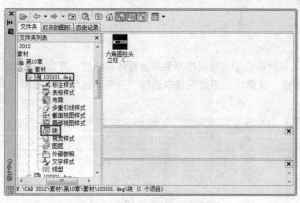

图 10-17 "设计中心"选项板

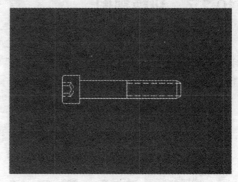

图 10-18 插入图块

10.3.2 附着光栅图像

在 AutoCAD 2013 "设计中心"选项板中，用户还可以插入图像文件，以作为参考使用。

自测 123　附着光栅图像

素材：素材\第 10 章\素材\103201.dwg
视频：视频\第 10 章\视频\10-3-2.swf
源文件：无

01 执行"工具>选项板>设计中心"命令，打开"设计中心"选项板，如图 10-19 所示。

02 在右侧内容区域中，用鼠标右键单击需要插入的图像"素材\第 10 章\素材\103201.dwg"，在弹出的快捷菜单中选择"附着图像"选项，如图 10-20 所示。

图 10-19　"设计中心"选项板

图 10-20　选择"附着图像"选项

03 弹出"附着图像"对话框，如图 10-21 所示。使用默认设置，单击"确定"按钮，根据命令行提示进行操作，指定插入点为"0,0"按两次 Enter 键确认，即可插入图像，适当放大视图，效果如图 10-22 所示。

图 10-21　"附着图像"对话框

图 10-22　插入的图像

10.3.3　插入图形文件

通过"设计中心"选项板插入图形文件的操作方法与插入图块类似。

自测 124　插入图形文件

素材：素材\第 10 章\素材\103301.dwg
视频：视频\第 10 章\视频\10-3-3.swf
源文件：无

10

01 执行"工具>选项板>设计中心"命令，打开"设计中心"选项板，在右侧的列表框中选择需要插入的图形文件"素材\第 10 章\素材\103301.dwg"，如图 10-23 所示。

02 按住鼠标左键将其拖曳至绘图窗口中，根据命令行提示进行操作，命令行提示如下：

指定插入点或 [基点(B)/比例(S)/X/Y/Z/旋转(R)]: 0,0	//指定插入点
输入 X 比例因子，指定对角点，或 [角点(C)/XYZ(XYZ)] <1>: 2	//指定 X 比例因子
输入 Y 比例因子或 <使用 X 比例因子>: 2	//指定 Y 比例因子
指定旋转角度 <0>:	//指定旋转角度

03 按 Enter 键，即可插入图形文件，如图 10-24 所示。

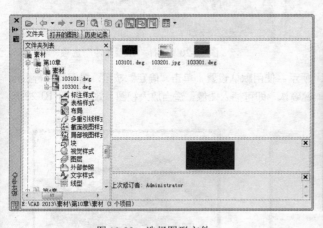

图 10-23　选择图形文件

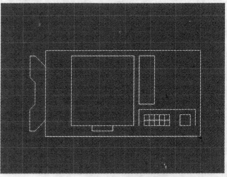

图 10-24　插入图形文件

10.3.4　插入其他内容

对于从事图形设计的用户来说，在建筑绘图或机械绘图新建文件时经常设计新的图层、添加新的线型以及设置新的标注样式等。这些操作不仅烦琐，而且很多是重复操作。通过"设计中心"选项板，用户可以将其他图形文件中的图层、图层样式或其他内容插入到当前文件中。

自测 125　插入图层样式

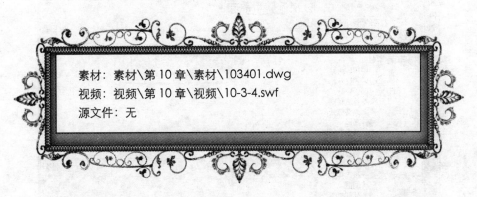

素材：素材\第 10 章\素材\103401.dwg

视频：视频\第 10 章\视频\10-3-4.swf

源文件：无

01 执行"工具>选项板>设计中心"命令，打开"设计中心"选项板，如图 10-25 所示。

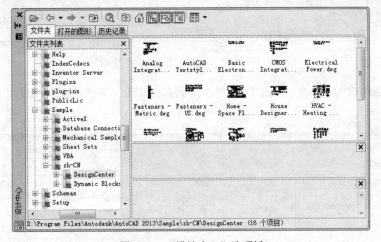

图 10-25　"设计中心"选项板

02 在左侧列表框中选择素材文件"素材\第 10 章\素材\103401.dwg"，在右侧内容区中将显示与素材文件相关的"图层"、"标注样式"等内容，如图 10-26 所示。

图 10-26　选择素材文件

03 在右侧列表框中双击"图层"选项，此时将显示素材图形中的所有图层，选择图层并单击鼠标右键，在弹出的快捷菜单中选择"添加图层"选项，如图 10-27 所示。

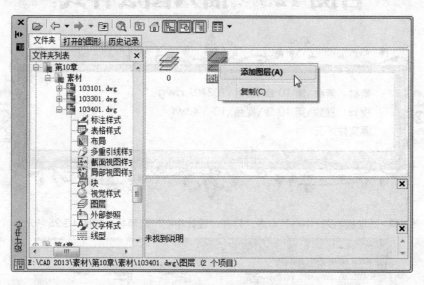

图 10-27　选择"添加图层"选项

04 执行"格式>图层"命令，弹出"图层特性管理器"选项板。在该选项板中显示了已添加的图层，如图 10-28 所示。

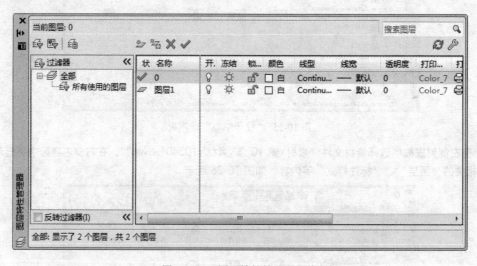

图 10-28　"图层特性管理器"选项板

10.3.5　在树状图中查找并打开图形文件

通过设计中心可以快速查找图形文件，而利用预览功能可以查看图形文件的内容。当需要查看图形文件的详细内容或者需要对图形文件进行编辑时，可以将其在 AutoCAD 的绘图窗口中打开。这种方式与通过使用打开一个文件方式的不同之处在于可以随时查找并打开一个文件，有利于编辑多个图形文件。

自测 126 在树状图中查找并打开图形文件

素材：素材\第 10 章\素材\103501.dwg
视频：视频\第 10 章\视频\10-3-5.swf
源文件：无

01 执行"工具>选项板>设计中心"命令，打开"设计中心"选项板，在"设计中心"选项板右侧的内容区中用鼠标右键单击"素材\第 10 章\素材\103501.dwg"，如图 10-29 所示。

02 在弹出的快捷菜单中选择"在应用程序窗口中打开"选项，打开图形文件，如图 10-30 所示。

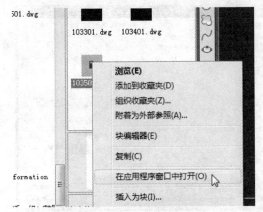

图 10-29 用鼠标右键单击图形文件

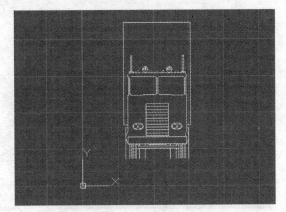

图 10-30 打开图形文件

10.4 使用 CAD 标准

为了维护图形文件的一致性，可以创建标准文件以定义常用属性。标准为命名对象（例如图层和文字样式）定义一组常用特性。为了增强一致性，用户或用户的 CAD 管理员可以创建、应用和核查图形中的标准。因为标准可使其他人容易对图形做出解释，在合作环境下许多人都致力于创建一个图形，所以标准特别有用。

10.4.1 创建 CAD 标准

创建 AutoCAD 标准，是指将一个图形文件以样板的形式保存起来。要设定标准，可以创建用于定义图层特性、标注样式、线型和文字样式的文件，并将其保存为扩展名为.dws 的标准文件。

自测 127　创建 CAD 标准

素材：素材\第 10 章\素材\104101.dwg
视频：视频\第 10 章\视频\10-4-1.swf
源文件：无

01 打开素材文件"素材\第 10 章\素材\104101.dwg"，如图 10-31 所示。

02 执行"文件>另存为"命令，弹出"图形另存为"对话框，指定保存路径并输入文件名，在"文件类型"下拉列表中选择"AutoCAD 图形标准（*.dws）"选项，如图 10-32 所示。单击"保存"按钮，即可生成一个标准文件。

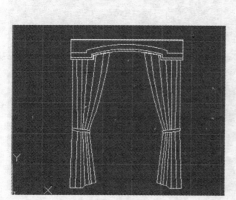

图 10-31　打开素材文件

图 10-32　"图形另存为"对话框

10.4.2　关联文件

在使用 CAD 标准文件检查图形文件之前，首先要将检查的图形文件设置为当前图形文件，然后执行"工具>CAD 标准>配置"命令，弹出"配置标准"对话框，如图 10-33 所示。

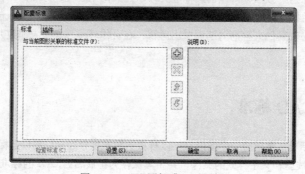

图 10-33　"配置标准"对话框

单击该对话框中的"添加标准文件"按钮,在弹出的"选择标准文件"对话框中选择已经创建的 CAD 标准文件,单击"打开"按钮,返回到"配置标准"对话框,如图 10-34 所示。

图 10-34 添加标准文件

10.4.3 检查图形

在检查图形是否符合标准时,将对照与图形相关联的标准文件,检查每个特定类型的命名对象。例如,对照标准文件中的图层,图形中的每个图层都受到了检查。标准核查可以找出两种问题:

- 在检查的图形中出现带有非标准名称的对象。例如,名为 WALL 的图层出现在图形中,但并未出现在任何相关的标准文件中。
- 图形中的命名对象可以与标准文件中的某一名称相匹配,但它们的特性并不相同。例如,图形中 WALL 图层为黄,而标准文件将 WALL 图层指定为红。

用非标准名称固定对象时,非标准对象将从图形中被清除。与非标准对象关联的任何图形对象都将传输给指定的替换标准对象。

要在 AutoCAD 2013 中使用 CAD 标准检查图形,可以在"配置标准"对话框中单击"检查标准"按钮,在弹出的"检查标准"对话框中进行检查,如图 10-35 所示。

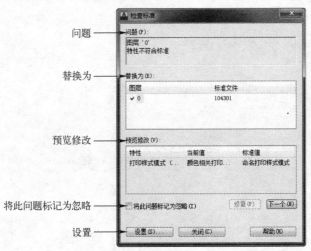

图 10-35 "检查标准"对话框

问题:该列表框中列出了当前图形中的非标准对象。单击"下一个"按钮,该列表框将显示其中一个非标准对象。

替换为：如果当前文件存在非标准配置，就会列出相应的替换选项。

预览修改：显示非标准对象的特性以及替换后的新值。

将此问题标记为忽略：若勾选该复选框，则当前问题将被忽略。

设置：单击该按钮，系统将弹出"CAD 标准设置"对话框。用户可以在该对话框中进行相应的设置，如图 10-36 所示。

图 10-36 "CAD 标准设置"对话框

10.5 本 章 小 结

本章详细讲解了 AutoCAD 2013 设计中心的应用，并且通过大量的实际操作来加深理解。在日常绘图中经常要使用到设计中心，希望读者可以多加练习和尝试。

第11章

标注图形尺寸

尺寸标注在工程建筑图和机械图中是重要的组成部分，正确的尺寸标注可以使建筑和生产工作顺利进行。尺寸标注明确标注了图形对象各部分的尺寸大小及坐标位置，为后续施工提供了可靠而有力的依据。本章将讲解尺寸标注的类型及创建尺寸标注的方法。

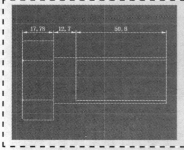

实例名称：创建连续尺寸标注
视频：视频\第 11 章\视频\11-8-4.swf
源文件：源文件\第 11 章\11-8-4.dwg

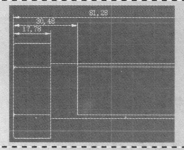

实例名称：创建基线尺寸标注
视频：视频\第 11 章\视频\11-8-5.swf
源文件：源文件\第 11 章\11-8-5.dwg

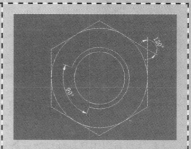

实例名称：创建角度尺寸标注
视频：视频\第 11 章\视频\11-8-9.swf
源文件：源文件\第 11 章\11-8-9.dwg

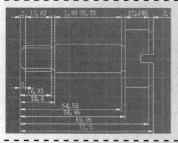

实例名称：创建快速标注
视频：视频\第 11 章\视频\11-9-2.swf
源文件：源文件\第 11 章\11-9-2.dwg

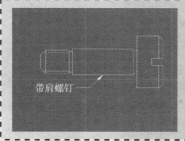

实例名称：创建多重引线标注
视频：视频\第 11 章\视频\11-9-3.swf
源文件：源文件\第 11 章\11-9-3.dwg

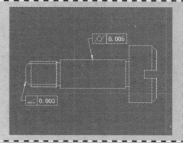

实例名称：创建几何公差标注
视频：视频\第 11 章\视频\11-10-2.swf
源文件：源文件\第 11 章\11-10-2.dwg

11.1 尺寸标注的规则与组成

在 AutoCAD 中将图形绘制完成之后，还可以使用某些标注命令将测量结果添加到图形中，为图形添加尺寸标注对后期的工程制作具有关键作用。在为图形添加标注之前，首先要了解标注的组成及其需要遵循的规则等基础内容。

11.1.1 尺寸标注基本规则

为了避免在后期工程制作中造成误差，利用 AutoCAD 2013 对已绘制的图形添加尺寸标注时要遵循以下规则。

- 对图形进行尺寸标注时，如果图形中的尺寸是以毫米（mm）为单位，则不需要标注计量单位的代号或名称。如果采用其他单位，则必须注明计量单位的代号或名称，例如厘米（cm）、米（m）或度（°）等。
- 一般情况下，图形对象的每一个尺寸只标注一次，并且标注在最后反映该对象最清晰的图形上。
- 图形中标注的尺寸为该图形表示的对象的最后完工尺寸，如果不是，则需要另外说明。
- 对象的真实大小应以图样上所标注的尺寸数值为依据，与图形的大小及绘图的准确度无关。

> **提示：**
>
> 在为图形添加尺寸标注时，还应注意简化图形组织和标注缩放。建议在图纸空间中创建标注，而不要在模型空间中创建标注。

11.1.2 尺寸标注的组成

标注具有以下几种独特的元素：标注文字、尺寸线、箭头和尺寸界线，如图 11-1 所示。有时还需要用到圆心标记和中心线，执行"标注>圆心标记"命令，或单击"标注"工具栏中的"圆心标记"按钮，可以绘制圆心标记或中心线，如图 11-2 所示。

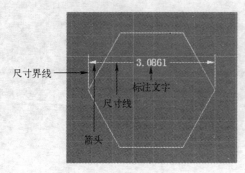

图 11-1　尺寸标注元素

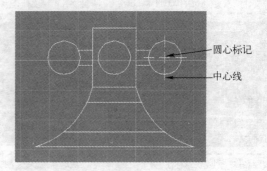

图 11-2　圆心标记和中心线

标注文字： 用于指示测量值的文本字符串，文字还可以包含前缀、后缀和公差。标注文字应按标准字体书写，在同一张图纸上的字高要一致。标注文字在图形中遇到图线时，需将图线断开，如果此方法影响到图形，则需要调整尺寸标注的位置。

尺寸线： 用于指示标注的方向和范围。对于角度标注，尺寸线是一段圆弧。在 AutoCAD 中通常将尺-

寸线放置在测量区域内，如果空间不足，则将尺寸线或标注文字移到测量区域外部。

箭头：也称为终止符号，显示在尺寸线的两端，可以为箭头或标记指定不同的尺寸和形状。

尺寸界线：也称为投影线或证示线，从部件延伸到尺寸线。另外，尺寸界线应使用细实线来绘制。

圆心标记：标记圆或圆弧中心的小十字。圆心标记细实线的长度应在 12d 左右（d 为细实线宽度）。

中心线：标记圆或圆弧的圆心的打断线。

11.1.3 尺寸标注的类型

AutoCAD 2013 为用户提供了多种尺寸标注类型，分别为线性标注、对齐尺寸标注、角度尺寸标注、弧长尺寸标注、半径尺寸标注、直径尺寸标注、折弯尺寸标注、坐标尺寸标注、连续标注、基线标注和多重引线标注等。

"标注"菜单和"标注"工具栏列出了各种尺寸标注类型，如图 11-3 所示。

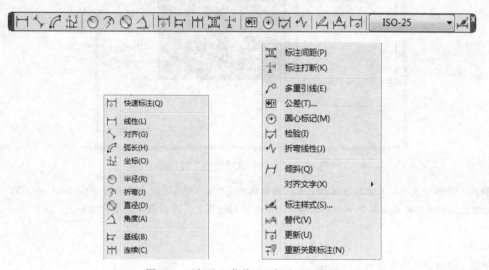

图 11-3 "标注"菜单及"标注"工具栏

11.1.4 尺寸标注的步骤

当用户了解了尺寸标注的必要组成部分及规则等基础知识后，就可以为几何图形添加相应的标注了。在 AutoCAD 2013 中，对图形进行尺寸标注的基本步骤如下：

● 创建一个独立的图形用于尺寸标注，以便于管理图形。

● 创建单独的文字样式用于尺寸标注。

● 创建标注样式，此外还需要创建子标注样式或替代标注样式，用于标注一些特殊尺寸。

● 打开对象捕捉模式，结合标注功能，对图形中的元素进行标注。

11.2 创建标注样式

标注样式是标注设置的命名集合，可用来控制标注的外观，如箭头样式、文字位置和尺寸公差等。用户可以创建标注样式，以快速指定标注的格式，并确保标注符合行业或工程标准。通过修改标注样式，可以更新以前由该样式创建的所有标注以反映新设置。

11.2.1 打开标注样式管理器

AutoCAD 中所有的标注样式都放置在标注样式管理器中，在该对话框中用户可以创建不同的标注样式。在 AutoCAD 2013 中，用户可以通过以下几种方法打开"标注样式管理器"对话框：

● 执行"格式>标注样式"命令。
● 在命令行输入 DIMSTYLE 命令并按 Enter 键。

使用以上任意一种方法，系统都将弹出"标注样式管理器"对话框，如图 11-4 所示。

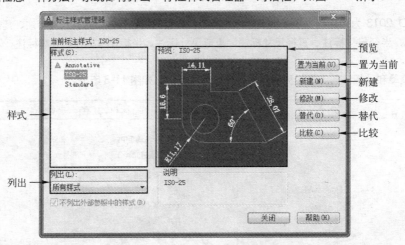

图 11-4 "标注样式管理器"对话框

样式：该选择区用来显示所有标注样式。在默认情况下，"样式"列表中会有 Annotative、ISO-25 和 Standard 三种标注样式，其中 Annotative 为注释性标注样式。单击选择某个标注样式，该样式将蓝底反白显示。

列出：该下拉列表用来控制标注样式的显示。

预览：该显示区域用来预览标注样式。

置为当前：单击该按钮，可将所选择的标注样式设置为当前使用的标注样式。

新建：单击该按钮，可在弹出的"创建新标注样式"对话框中创建新标注样式。

修改：在"样式"列表中单击选择需要修改的标注样式，再单击"修改"按钮，可在弹出的"修改标注样式"对话框中修改各选项卡中的参数。

替代：在 AutoCAD 2013 中，可以对同一个对象标注两个以上的尺寸和公差。单击该按钮，可在弹出的"替代当前样式"对话框中修改各选项卡中的参数。

比较：单击该按钮，可在弹出的"比较标注样式"对话框中比较两个标注样式或列出一个标注样式的所有特性，如图 11-5 所示。

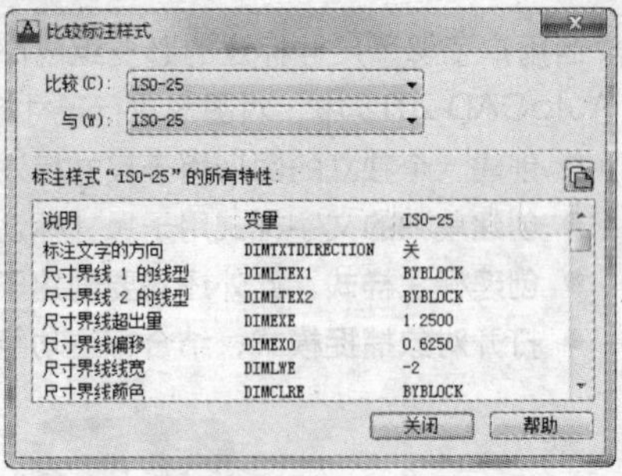

图 11-5 "比较标注样式"对话框

11.2.2 创建标注样式

在 AutoCAD 2013 中，如果要为对象标注尺寸，在没有用另一种样式替代当前样式前，将使用美国国家标准协会（ANSI）标注标准设计的 Standard 样式。

如果绘制图形时选择了公制单位，则默认标注样式将为 ISO-25——国际标准组织标注标准。用户可以根据需要创建符合要求的标注样式。

自测 128　创建标注样式

素材：无

视频：视频\第 11 章\视频\11-2-2.swf

源文件：无

01 执行"格式>标注样式"命令，弹出"标注样式管理器"对话框，如图 11-6 所示。

02 单击"新建"按钮，在弹出的"创建新标注样式"对话框中输入新的样式名称，如图 11-7 所示。

图 11-6　"标注样式管理器"对话框

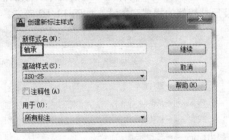

图 11-7　"创建新标注样式"对话框

提示：

在"创建新标注样式"对话框中选择一种基础样式，新样式将在该基础样式上进行修改。"用于"下拉列表用来指定新标注样式的适用范围，范围包括"所有标注"、"线性标注"、"角度标注"、"半径标注"、"直径标注"、"坐标标注"及"引线和公差"。

03 单击"继续"按钮，在弹出的"新建标注样式：轴承"对话框中可以对不同选项卡的各参数进行设置，如图 11-8 所示。

04 设置好各参数后，单击"确定"按钮，返回到"标注样式管理器"对话框，新建的标注样式将添加到"样式"列表中，如图 11-9 所示。

图 11-8　"新建标注样式：轴承"对话框

图 11-9　"标注样式管理器"对话框

小技巧：

在创建了新的标注样式后，单击"置为当前"按钮，可将新标注样式设置为当前标注样式。

11.3 设置标注样式

在 AutoCAD 2013 中，用户可以通过"新建标注样式：新样式"对话框中的各选项卡，分别对不同标注组成部分进行设置，其中包括"线"、"符号和箭头"。

11.3.1 设置线

在"新建标注样式：新样式"对话框中，默认情况下选择的是"线"选项卡，在该选项卡下可以设置尺寸线及尺寸界线的格式和特性，如图 11-10 所示。

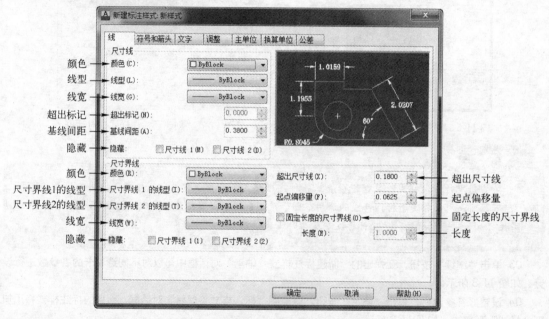

图 11-10 "新建标注样式：新样式"对话框

在"尺寸线"选项区中，可以设置尺寸线的颜色、线型、线宽、超出标记、基线间距和隐藏属性。

颜色：该下拉列表用来设置尺寸线的颜色，默认尺寸线的颜色为 ByBlock。在"颜色"下拉列表中有多种颜色可供选择，如图 11-11 所示。

选择"选择颜色"选项，在弹出的"选择颜色"对话框中可以选择更多颜色，如图 11-12 所示。

线型：该下拉列表用来设置尺寸线的线型。选择该下拉列表中的"其他"选项，可以在弹出的"选择线型"对话框中加载并选择其他线型，如图 11-13 所示。

线宽：该下拉列表用来设置尺寸线的宽度。

超出标记：当尺寸线的箭头使用倾斜、建筑标记、积分或无标记等样式时，该选项用来设置尺寸线超出尺寸界线的距离，如图 11-14 所示。

基线间距：该选项用来控制基线标注中连续尺寸线之间的间距。当进行基线尺寸标注时，可以设置各尺寸线之间的距离，如图 11-15 所示。

图 11-11 "颜色"下拉列表

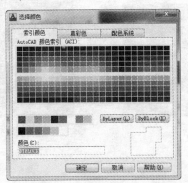
图 11-12 "选择颜色"对话框

图 11-13 "选择线型"对话框

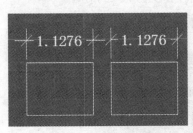
图 11-14 超出标记对比效果

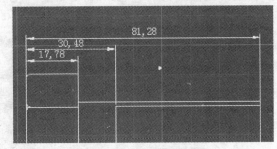
图 11-15 基线间距效果

隐藏：该选项用来控制尺寸线的显示，在文字折断尺寸线时，隐藏尺寸线的一半或全部，如图 11-16 所示。将两个复选框都选中时，将隐藏所有尺寸线。

在"尺寸界线"选项区中，可以设置尺寸界线的颜色、线型、线宽、隐藏、超出尺寸线和起点偏移量等属性。

颜色：该下拉列表用来设置尺寸界线的颜色。

尺寸界线1的线型/尺寸界线2的线型：分别用来设置第一条和第二条尺寸界线的线型。

线宽：该下拉列表用来设置尺寸界线的宽度。

隐藏：该选项用来控制两条尺寸界线的显示与隐藏。

超出尺寸线：该选项用来设置尺寸线超出尺寸线的长度，如图 11-17 所示。

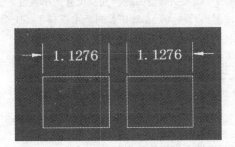
图 11-16 尺寸线的显示效果

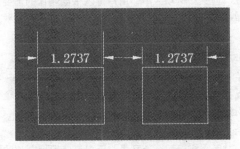
图 11-17 超出尺寸线对比效果

起点偏移量：该选项用来控制尺寸界线原点偏移长度，即尺寸界线原点和尺寸界线起点之间的距离，如图 11-18 所示。

固定长度的尺寸界线：勾选该复选框后，可在下方的"长度"微调框中输入数值以固定尺寸界线的长度，如图 11-19 所示。

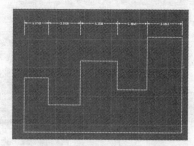

图 11-18 起点偏移对比效果   图 11-19 固定长度的尺寸界线

11.3.2 设置符号和箭头

在"新建标注样式：新样式"对话框中，单击"符号和箭头"选项卡，在该选项卡下可以设置箭头、圆心标记、弧长符号以及半径折弯标注与线性折弯标注的格式和特性，如图 11-20 所示。

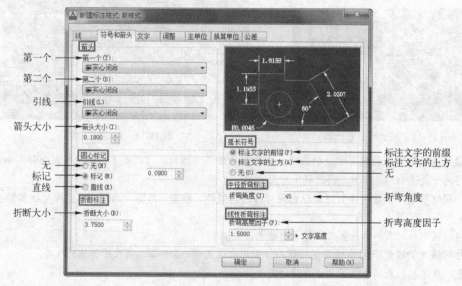

图 11-20 "符号和箭头"选项卡

在"箭头"选项区中，用户可以根据制作的需要设置尺寸线和引线箭头的样式及尺寸大小属性。

第一个/第二个：分别用来设置第一个和第二个尺寸线箭头的样式。在该下拉列表中提供了 20 种箭头样式，如图 11-21 所示。

如果选择"用户箭头"选项，则可以从弹出的"选择自定义箭头块"对话框中选择当前图形中已有的图块名，如图 11-22 所示，AutoCAD 将以该图块作为尺寸线的箭头样式。

另外，当用户改变第一个箭头的类型时，第二个箭头将自动改变，尺寸线的两个箭头将保持一致。

引线：该下拉列表用来设置引线箭头的样式。

箭头大小：该选项用来显示和设置箭头的大小。

在"圆心标记"选项区中，用户可以根据制作的需要设置圆心标记的类型及大小。

无：选择该单选按钮，将不显示任何标记。

标记：选择该单选按钮，可以对圆或圆弧创建圆心标记。右侧的微调框用来设置圆心标记的大小，如图 11-23 所示为不同大小的圆心标记。

直线：选择该单选按钮，可以对圆或圆弧创建中心线，如图 11-24 所示。

在"弧长符号"选项区中，用户可以根据制作的需要设置弧长符号的位置及显示。

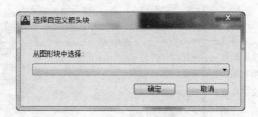

图 11-21 箭头样式　　　　　　　图 11-22 "选择自定义箭头块"对话框

标注文字的前缀： 选择该单选按钮，弧长符号将放置在标注文字之前。

标注文字的上方： 选择该单选按钮，弧长符号将放置在标注文字的上方。

无： 选择该单选按钮，将不显示弧长符号。

"折断标注"选项区用于控制折断标注的间距宽度，如果圆弧或圆心位于圆形边界之外，用户可以使用折弯标注来测量并显示其半径。"线性折弯标注"选项区用于控制线性标注折弯的显示，当标注不能精确表示实际尺寸时，通常将折弯线添加到线性标注中。

折断大小： 该微调框用来显示和设置折断标注的间隙大小。

折弯角度： 该微调框用来显示和设置圆弧或圆的半径标注的折弯角度，如图 11-25 所示。

折弯高度因子： 该微调框用来显示和设置形成折弯角度的两个顶点之间的距离。

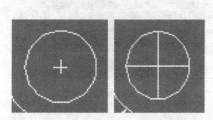　　　　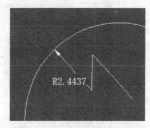

图 11-23 不同大小的圆心标记　　　图 11-24 中心线　　　图 11-25 半径折弯标注

▶ 11.4 设 置 文 字

在"新建标注样式：新样式"对话框中，单击"文字"选项卡，在该选项卡下可以设置文字的外观、位置及对齐方式，如图 11-26 所示。

11.4.1 文字外观

在"文字外观"选项区中，用户可以根据制作的需要设置文字的样式、颜色、填充颜色、高度、分数高度比例及边框属性。

文字样式： 该下拉列表用来显示和设置标注的文本样式。单击右侧的"文字样式"按钮，在弹出的"文字样式"对话框中可以创建或修改标注文字样式，如图 11-27 所示。

文字颜色： 该下拉列表用来显示和设置标注的文本颜色。选择该下拉列表中的"选择颜色"选项，可以在弹出的"选择颜色"对话框中选择其他颜色，如图 11-28 所示。

填充颜色： 该下拉列表用来显示和设置标注文字的背景颜色。

文字高度： 该微调框用来显示和设置标注文字的高度。如果在"文字样式"中为文字设置了大于 0 的固定值，则该高度值将替代此处设置的文字高度；如果在"文字样式"中设置文字高度为 0，那么文字高度将使用此处设置的数值。

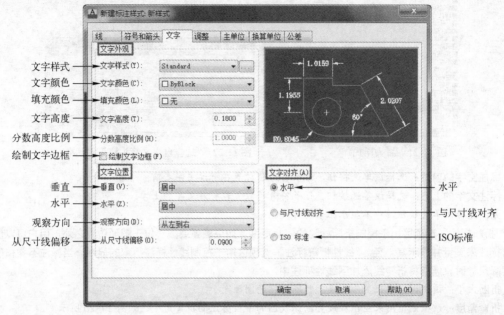

图 11-26 "文字"选项卡

图 11-27 "文字样式"对话框

图 11-28 "选择颜色"对话框

分数高度比例：该微调框用来显示和设置标注文字中的分数相对于其他标注文字的比例。在此处输入的值乘以文字高度，可确定标注分数相对于标注文字的高度。该选项只有在"主单位"选项卡中的"单位格式"设置为"分数"时才可以使用。

绘制文字边框：勾选该复选框，将在标注文字周围绘制一个边框，如图 11-29 所示。

11.4.2 文字位置

在"文字位置"选项区中，用户可以根据制作的需要设置文字的垂直位置、水平位置、观察方向及从尺寸线偏移的距离。

垂直：该下拉列表用来控制标注文字相对于尺寸线的垂直位置。该下拉列表中包括 5 个选项，分别是"居中"、"上"、"外部"、"JIS"和"下"，如图 11-30 所示。

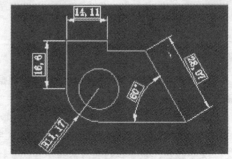

图 11-29 标注文字边框效果

水平：该下拉列表用来控制标注文字在尺寸线上相对于尺寸界线的位置。该下拉列表中包括 5 个选项，分别是"居中"、"第一条尺寸界线"、"第二条尺寸界线"、"第一条尺寸界线上方"和"第二条尺寸界线上方"，如图 11-31 所示。

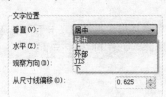

图 11-30 "垂直"下拉列表　　　　　　　　　图 11-31 "水平"下拉列表

观察方向：该下拉列表用来控制标注文字的观察方向。该下拉列表中包括"从左到右"和"从右到左"两个选项，如图 11-32 所示为选择"从右到左"选项标注文字的效果。

从尺寸线偏移：该微调框用来设置当前文字间距。文字间距是指当尺寸线断开以容纳标注文字时，标注文字与尺寸线端点间的距离。

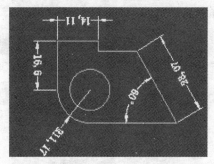

图 11-32 "从右到左"标注文字的效果

11.4.3　文字对齐

在"文字对齐"选项区中，用户可以根据制作的需要设置标注文字的对齐方式。

水平：选择该单选按钮，将水平放置标注文字，如图 11-33 所示。

与尺寸线对齐：选择该单选按钮，标注文字将与尺寸线对齐，如图 11-34 所示。

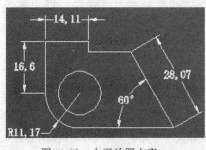

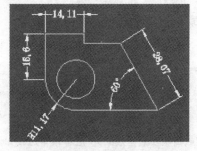

图 11-33　水平放置文字　　　　　　　　　图 11-34　与尺寸线对齐放置文字

ISO 标准：选择该单选按钮，当文字在尺寸界线内时，文字与尺寸线对齐，当文字在尺寸界线外时，文字水平排列，如图 11-35 所示。

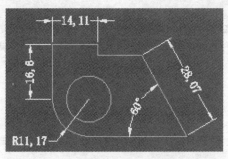

图 11-35　按照 ISO 标准放置文字

11.5 设置调整

在"新建标注样式:新样式"对话框中,单击"调整"选项卡,在该选项卡下可以设置文字与箭头的位置、文字与尺寸线的相对位置、标注特征比例及优化属性,如图11-36所示。

11.5.1 调整选项

在"调整选项"选项组中,用户可以根据制作的需要设置当尺寸界线之间没有足够的空间来放置文字和箭头时,首先从尺寸界线中移出的对象。

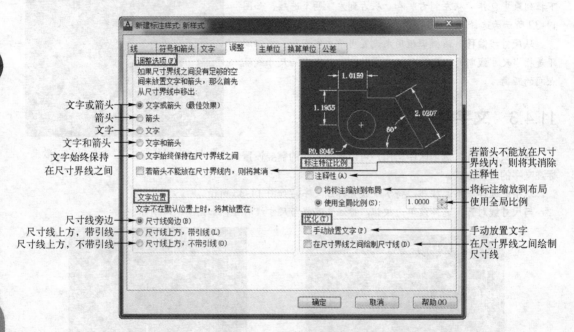

图11-36 "调整"选项卡

文字或箭头(最佳效果):选择该单选按钮,则按照最佳效果将文字或箭头移动到尺寸界线之外。

箭头:选择该单选按钮,先将箭头移动到尺寸界线外,然后移动文字。

文字:选择该单选按钮,先将文字移动到尺寸界线外,然后移动箭头。

文字和箭头:选择该单选按钮,当尺寸界线间的距离不足以放下文字和箭头时,文字和箭头都将移到尺寸界线外。

文字始终保持在尺寸界线之间:选择该单选按钮,始终将文字放置在尺寸界线之间。

若箭头不能放在尺寸界线内,则将其消除:勾选该复选框,当尺寸界线内没有足够的空间时,将不显示箭头。

11.5.2 文字位置

在"文字位置"选项区中,用户可以根据制作的需要设置当文字不在默认位置上时,文字与尺寸线的相对位置关系。

尺寸线旁边:选择该单选按钮,只要移动标注文字,尺寸线就会随之移动。

尺寸线上方，带引线：选择该单选按钮，移动文字时尺寸线不会移动。当文字从尺寸线上移开时，将创建一条连接文字和尺寸线的引线。当文字非常靠近尺寸线时，将省略引线。

尺寸线上方，不带引线：选择该单选按钮，移动文字时尺寸线不会移动。远离尺寸线的文字不与带引线的尺寸线相连。

11.5.3　标注特征比例

在"标注特征比例"选项区中，用户可以根据制作的需要设置标注尺寸的比例特征。

注释性：勾选该复选框，将指定标注为注释性。

将标注缩放到布局：选择该单选按钮，将根据当前模型空间视口和图纸空间之间的比例确定比例因子。

使用全局比例：选择该单选按钮，将为所有标注样式设置设定一个比例，这些设置指定了大小、距离或间距，包括文字和箭头的大小。该缩放比例并不更改标注的测量值。

11.5.4　优化

在"优化"选项区中，用户可以根据制作的需要对标注文字和尺寸线进行细微的调整。

手动放置文字：勾选该复选框，将忽略所有水平对正设置并把文字放在"尺寸线位置"提示指定的位置。

在尺寸界线之间绘制尺寸线：勾选该复选框，即使箭头放在测量点之外，也在测量点之间绘制尺寸线。

11.6　设置主单位

在"新建标注样式：新样式"对话框中，单击"主单位"选项卡，在该选项卡下可以设置线性标注、测量单位比例、消零及角度标注各属性，如图 11-37 所示。

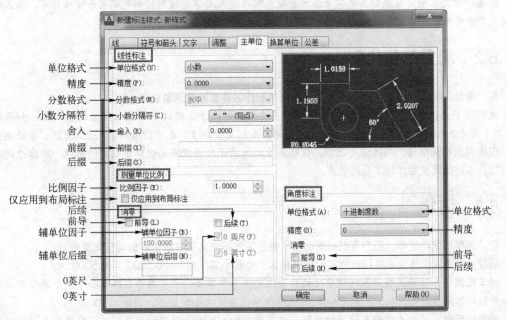

图 11-37　"主单位"选项卡

11.6.1 线性标注

在"线性标注"选项区中，用户可以根据制作的需要设置单位格式、数值的精确度、分数格式、小数分隔符等。

单位格式：该下拉列表用来设置除角度之外的所有标注类型的当前单位格式。该下拉列表中包含 6 个选项，分别为"科学"、"小数"、"工程"、"建筑"、"分数"和"Windows 桌面"，如图 11-38 所示。

精度：该下拉列表用来设置标注文字中的小数倍数。

分数格式：该下拉列表用来设置分数的格式。当在"单位格式"下拉列表中选择"分数"或"建筑"选项时，该选项才可用。该下拉列表包含3个选项，分别为"水平"、"对角"和"非堆叠"，如图 11-39 所示。

小数分隔符：该下拉列表用来设置十进制格式的分隔符。该下拉列表中包含 3 个选项，分别为"句点"、"逗点"和"空格"，如图 11-40 所示。

舍入：为除角度之外的所有标注类型测量值的舍入规则。如果输入 0.25，则所有标注距离都以 0.25 为单位进行舍入；如果输入 1.0，则所有标注距离都将舍入为最接近的整数。小数点后显示的位数取决于"精度"下拉列表的设置。

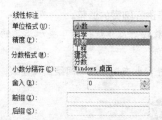
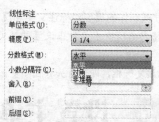
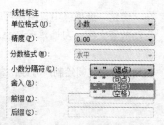

图 11-38　"单位格式"下拉列表　　图 11-39　"分数格式"下拉列表　　图 11-40　"小数分隔符"下拉列表

前缀：该文本框用来在标注文字中添加前缀。可以输入文字或使用控制代码显示特殊符号，当输入前缀时，将覆盖在标注中使用的任何默认前缀。

后缀：该文本框用来在标注文字中添加后缀。可以输入文字或使用控制代码显示特殊符号，输入的后缀将覆盖所有默认的后缀。

11.6.2 测量单位比例

在"测量单位比例"选项区中，用户可以根据制作的需要设置测量比例。

比例因子：该微调框用来设置线性标注测量值的比例因子。建议不要更改此值的默认值。如果输入 2，则 1 英寸直线的尺寸将显示为 2 英寸。该值不应用到角度标注，也不应用到舍入值或者正、负公差值。

仅应用到布局标注：勾选该复选框，仅将测量比例因子应用在布局视口中创建的标注。除非使用非关联标注，否则该设置应保持不勾选状态。

11.6.3 消零

在"消零"选项区中，用户可以根据制作的需要设置标注文字中数值 0 的可见与隐藏。

前导：勾选该复选框，不输出所有十进制标注中的前导零。例如，0.5000 变为.5000。

辅单位因子：该微调框用来将辅单位的数量设定为一个单位。主要用于当距离小于一个单位时以辅单位为单位计算标注距离。例如，如果后缀为 m 而辅单位后缀以 cm 显示，则输入 100。

辅单位后缀：该文本框用来设置辅单位后缀。可以输入文字或使用控制代码显示特殊符号。例如，输入 cm 可将 0.80m 显示为 80cm。

后续：勾选该复选框，将不输出所有十进制标注的后续零。例如，12.5000 变成 12.5。

0 英尺：勾选该复选框，当长度小于 1 英尺时，则消除英尺-英寸标注中的英尺部分。

0 英寸：勾选该复选框，当长度为整英尺时，则消除英尺-英寸标注中的英寸部分。

11.6.4 角度标注

在"角度标注"选项区中，用户可以根据制作的需要设置角度标注的单位格式、精度及消零属性。

单位格式：该下拉列表用来设置角度的单位格式。该下拉列表中包含 4 个选项，分别为"十进制度数"、"度/分/秒"、"百分度"和"弧度"，如图 11-41 所示。

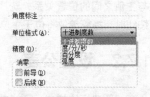

图 11-41 "单位格式"下拉列表

精度：该下拉列表用来设置角度标注的小数位数。

消零：该子选项区用来设置角度标注中数值零的显示与隐藏。

➤ 前导：勾选该复选框，将禁止输出角度十进制标注中的前导零。

➤ 后续：勾选该复选框，将禁止输出角度十进制标注中的后续零。

11.7 设置换算单位和公差

在"新建标注样式：新样式"对话框中，还可以设置尺寸标注的换算单位和公差。当绘制精度要求比较高的图形对象时，需要设置这两个选项卡中的属性。

11.7.1 设置换算单位

在"新建标注样式：新样式"对话框中，单击"换算单位"选项卡，在该选项卡下可以设置尺寸标注中换算单位的显示与隐藏及格式等属性，如图 11-42 所示。

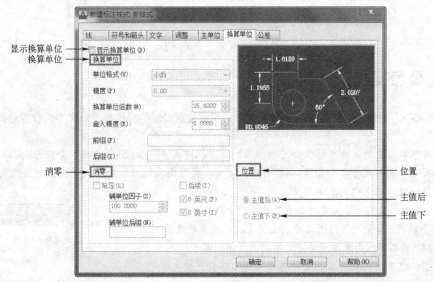

图 11-42 "换算单位"选项卡

勾选该选项卡左上方的"显示换算单位"复选框之后，才可以对各参数进行设置。在"换算单位"选项区中，用户可以根据制作的需要设置换算单位的格式、精度、舍入精度、前缀、后缀及换算单位倍数，这些参数的设置与"主单位"选项卡中的设置方法一致。

"换算单位倍数"用来指定一个乘数，作为主单位和换算单位之间的转换因子使用。例如，要将英寸转换为毫米，可输入 25.4。此值对角度标注没有影响，而且不会应用于舍入值或者正、负公差值。

"消零"选项区中的参数设置与"主单位"选项卡中的设置方法一致。"位置"选项区用来设置换算单位与主值之间的位置关系，选择"主值后"单选按钮时，换算单位将位于主值的后方；选择"主值下"单选按钮时，换算单位将位于主值的下方。

11.7.2 设置公差

在"新建标注样式：新样式"对话框中，单击"公差"选项卡，在该选项卡下可以设置是否在尺寸标注中标注公差以及用何种方式进行标注等，如图 11-43 所示。

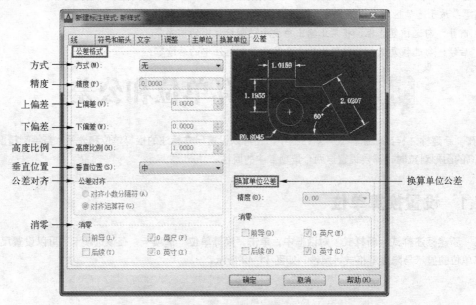

图 11-43 "公差"选项卡

11.7.3 公差格式

在"公差格式"选项区中，用户可以根据制作的需要设置公差的标注格式、文字内容的对齐方式及消零等属性。

方式：该下拉列表用来设置计算公差的方法。该下拉列表中包含 5 个选项，分别为无、对称、极限偏差、极限尺寸和基本尺寸，如图 11-44 所示。注意，按照国家标准，基本尺寸应改为公称尺寸。但为了与软件保持一致，本书仍用基本尺寸。

精度：该下拉列表用来设置尺寸公差的精度即小数的位数。

上偏差/下偏差：分别用来设置尺寸的上偏差、下偏差数值。

高度比例：该微调框用来设置公差文字的高度比例因子。

垂直位置：该下拉列表用来设置对称公差和极限公差的文字对正，其中包含"上"、"中"和"下"3 个选项。

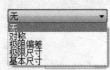

图 11-44 "方式"下拉列表

公差对齐：该子选项区用来设置公差的对齐方式。

消零：该子选项区用来设置是否消除公差值的前导和后续。

换算单位公差：该选项区用来设置在标注换算单位时，换算单位的精度及是否禁止输入前导零和后续零。

11.8　创建尺寸标注

在 AutoCAD 中可以创建标注的所有标准类型，标注弧长、直径、半径等不同图形对象的尺寸时，需要使用不同的标注命令，下面将分别介绍创建不同标注的方法。

11.8.1　线性尺寸标注

线性尺寸标注可以创建水平尺寸、垂直尺寸及旋转尺寸等长度型尺寸标注，它们的创建方法基本一致，这些线性标注也可以堆叠或首尾相接地创建。在 AutoCAD 2013 中，用户可以通过以下几种方法创建线性尺寸标注：

- 执行"标注>线性"命令。
- 单击"标注"工具栏中的"线性"按钮 ⊢。
- 在命令行中输入 DIMLINEAR 命令并按 Enter 键。

自测 129　创建线性尺寸标注

素材：无
视频：视频\第 11 章\视频\11-8-1.swf
源文件：源文件\第 11 章\11-8-1.dwg

01 使用"矩形"工具绘制一个长为 100、宽为 50 的矩形，如图 11-45 所示。
02 执行"标注>线性"命令，在绘图区单击指定第一条尺寸界线的原点，如图 11-46 所示。

图 11-45　绘制矩形

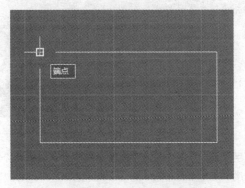

图 11-46　指定第一条尺寸界线的原点

03 根据命令行的提示指定第二条尺寸界线的原点，如图 11-47 所示。将鼠标移动到合适位置并单击创建线性尺寸标注，如图 11-48 所示。

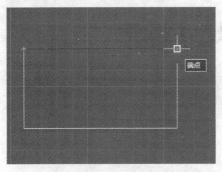

图 11-47　指定第二条尺寸界线的原点

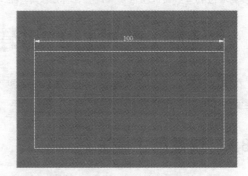

图 11-48　创建线性尺寸标注

04 按 Enter 键，根据命令行的提示分别指定第一条、第二条尺寸界线的原点，如图 11-49 所示。将鼠标移动到合适的位置并单击创建线性尺寸标注，如图 11-50 所示。

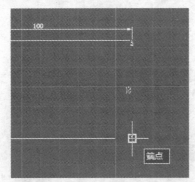

图 11-49　指定第一条、第二条尺寸界线的原点

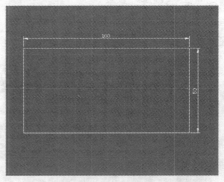

图 11-50　再次创建线性尺寸标注

在创建线性尺寸标注指定尺寸线位置之前，根据命令行的提示还可以修改文字内容、文字角度或尺寸线的角度，如图 11-51 所示。

图 11-51　命令行提示信息

多行文字：在命令行中输入 M 激活该选项后，将弹出"文字格式"编辑器，可向标注尺寸内添加文字内容，并编辑文字的格式，如图 11-52 所示。

图 11-52　"文字格式"编辑器

文字：在命令行中输入 T 激活该选项后，可在命令行中手动编辑尺寸标注的文字内容。

角度：在命令行中输入 A 激活该选项后，可设置尺寸标注文字的旋转角度，如图 11-53 所示。

水平/垂直：在命令行中输入 H/V 激活该选项后，可标注两点之间的水平/垂直尺寸。

旋转：在命令行中输入 R 激活该选项后，可设置尺寸线的旋转角度，如图 11-54 所示。

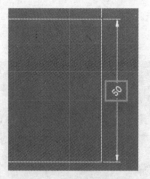

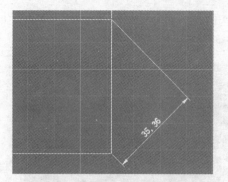

图 11-53 设置标注文字的旋转角度 　　图 11-54 设置尺寸线的旋转角度

11.8.2 对齐尺寸标注

对齐尺寸标注可以创建与指定位置或对象平行的标注。在对齐尺寸标注中，尺寸线平行于两个尺寸界线原点之间的直线。在 AutoCAD 2013 中，用户可以通过以下几种方法创建对齐尺寸标注：

- 执行"标注>对齐"命令。
- 单击"标注"工具栏中的"对齐"按钮。
- 在命令行中输入 DIMALIGNED（或别名 DIMALI）命令并按 Enter 键。

自测 130 　创建对齐尺寸标注

素材：无
视频：视频\第 11 章\视频\11-8-2.swf
源文件：源文件\第 11 章\11-8-2.dwg

01 使用"矩形"工具绘制一个边长为 50 的正方形，如图 11-55 所示。

02 执行"标注>对齐"命令，根据命令行的提示在绘图区中单击指定第一个尺寸界线的原点，如图 11-56 所示。

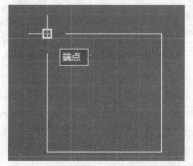

图 11-55 绘制正方形 　　　图 11-56 指定第一个尺寸界线的原点

03 单击指定其对角为第二个尺寸界线的原点，如图 11-57 所示。将鼠标移到合适的位置并单击创建对齐尺寸标注，如图 11-58 所示。

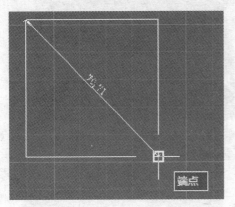

图 11-57 指定第二个尺寸界线的原点

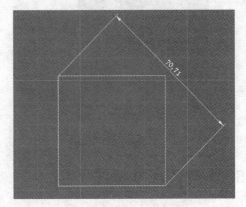

图 11-58 创建对齐尺寸标注

11.8.3 弧长尺寸标注

弧长尺寸标注用于测量圆弧或多段线圆弧段上的距离。为区别它们是线性尺寸标注还是角度尺寸标注，默认情况下弧长尺寸标注将显示一个圆弧符号。在 AutoCAD 2013 中，用户可以通过以下几种方法创建弧长尺寸标注：

● 执行"标注>弧长"命令。
● 单击"标注"工具栏中的"弧长"按钮。
● 在命令行中输入 DIMARC 命令并按 Enter 键。

自测 131   创建弧长尺寸标注

素材：无
视频：视频\第 11 章\视频\11-8-3.swf
源文件：源文件\第 11 章\11-8-3.dwg

01 使用"圆弧"工具绘制一段圆弧，如图 11-59 所示。执行"标注>弧长"命令，在绘图区单击选择圆弧，选择命令行中的"引线"选项，将鼠标移到合适位置并单击创建弧长尺寸标注，如图 11-60 所示。

02 按 Enter 键，在绘图区中单击选择圆弧，选择命令行中的"部分"选项，为部分圆弧创建尺寸标注，根据命令行的提示指定部分圆弧，如图 11-61 所示。

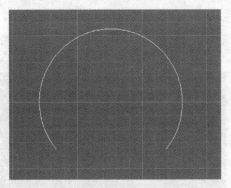

图 11-59　绘制圆弧

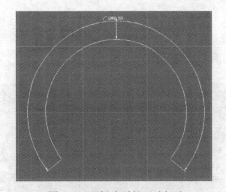

图 11-60　创建弧长尺寸标注

03 将鼠标移到合适位置单击为指定的部分圆弧创建弧长尺寸标注，如图 11-62 所示。

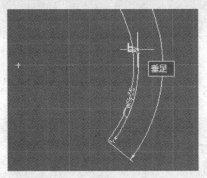

图 11-61　指定部分圆弧

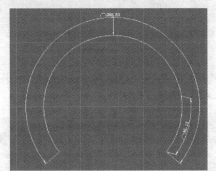

图 11-62　创建弧长尺寸标注

11.8.4　连续尺寸标注

连续尺寸标注是首尾相连的多个标注，连续标注可以创建多个连续的线性、对齐、角度或坐标标注。在 AutoCAD 2013 中，用户可以通过以下几种方法创建连续尺寸标注：

- 执行 "标注>连续" 命令。
- 单击 "标注" 工具栏中的 "连续" 按钮 。
- 在命令行中输入 DIMCONTINUE 命令并按 Enter 键。

自测 132　创建连续尺寸标注

素材：素材\第 11 章\素材\118401.dwg
视频：视频\第 11 章\视频\11-8-4.swf
源文件：源文件\第 11 章\11-8-4.dwg

01 打开素材文件"素材\第 11 章\素材\118401.dwg",如图 11-63 所示。

02 执行"标注>连续"命令,单击选择已有的尺寸标注,根据命令行的提示指定第二条尺寸界线的原点,如图 11-64 所示。

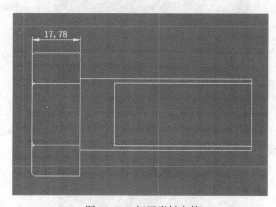

图 11-63 打开素材文件

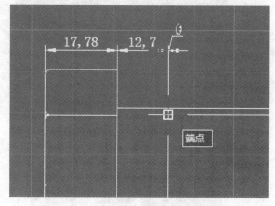

图 11-64 指定第二条尺寸界线的原点

03 使用相同的方法指定尺寸标注的原点,如图 11-65 所示。按 Enter 键退出连续尺寸标注状态,即可完成连续标注,如图 11-66 所示。

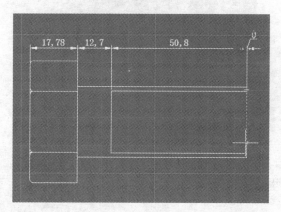

图 11-65 创建连续尺寸标注

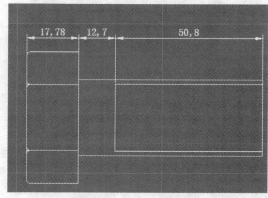

图 11-66 完成连续尺寸标注

提示:

在创建连续尺寸标注之前,必须创建线性、对齐或角度标注。

11.8.5　基线尺寸标注

基线尺寸标注是自同一基线处测量的多个标注。与连续尺寸标注相同的是,在创建基线尺寸标注之前也必须创建线性、对齐或角度标注。可自当前任务的最近创建的标注中以增量方式创建基线尺寸标注。在 AutoCAD 2013 中,用户可以通过以下几种方法创建基线尺寸标注:

- 执行"标注>基线"命令。
- 单击"标注"工具栏中的"基线"按钮 ⊟。
- 在命令行中输入 DIMBASELINE 命令并按 Enter 键。

自测 133　创建基线尺寸标注

素材：素材\第 11 章\素材\118401.dwg
视频：视频\第 11 章\视频\11-8-5.swf
源文件：源文件\第 11 章\11-8-5.dwg

01 打开素材文件"素材\第 11 章\素材\118401.dwg"，如图 11-67 所示。执行"标注>基线"命令，在绘图区选择基准标注，如图 11-68 所示。

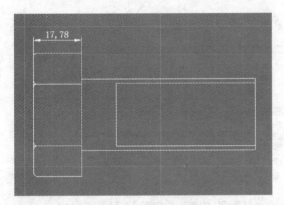

图 11-67　打开素材文件

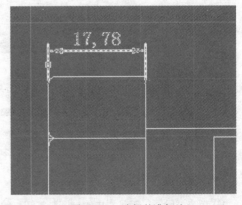

图 11-68　选择基准标注

02 在绘图区依次指定标注的原点，如图 11-69 所示。按 Esc 键退出，完成创建基线尺寸标注，如图 11-70 所示。

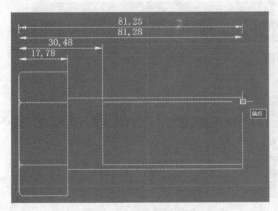

图 11-69　依次指定标注的原点

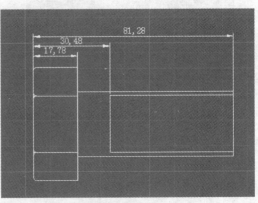

图 11-70　基线尺寸标注的效果

本实例依然以"素材\第 11 章\素材\118401.dwg"为素材文件，使读者深刻地了解了基线尺寸标注与连续尺寸标注的不同之处。

11.8.6 半径尺寸标注

半径标注使用可选的中心线或中心标记测量圆弧和圆的半径。在 AutoCAD 2013 中，用户可以通过以下几种方法创建半径尺寸标注：

- 执行"标注>半径"命令。
- 单击"标注"工具栏中的"半径"按钮 🔘。
- 在命令行中输入 DIMRADIUS（或别名 DIMRAD）命令并按 Enter 键。

自测 134 创建半径尺寸标注

素材：无
视频：视频\第 11 章\视频\11-8-6.swf
源文件：源文件\第 11 章\11-8-6.dwg

01 单击"绘图"工具栏中的"圆"按钮，绘制一个半径为 20 的圆形，如图 11-71 所示。

02 执行"标注>半径"命令，根据命令行的提示在绘图区中单击选择圆，将鼠标移到合适位置并单击创建半径尺寸标注，如图 11-72 所示。

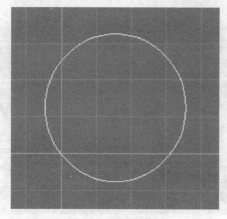

图 11-71 绘制圆形

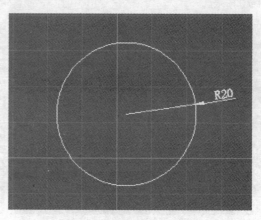

图 11-72 创建半径尺寸标注

11.8.7　折弯尺寸标注

　　圆弧或圆的中心位于布局外部且无法在其实际位置显示时，可以创建折弯尺寸标注，在更方便的位置指定标注的原点。在 AutoCAD 2013 中，用户可以通过以下几种方法创建折弯尺寸标注：

- 执行"标注>折弯"命令。
- 单击"标注"工具栏中的"折弯"按钮 。
- 在命令行中输入 DIMJOGGED 命令并按 Enter 键。

自测 135　创建折弯尺寸标注

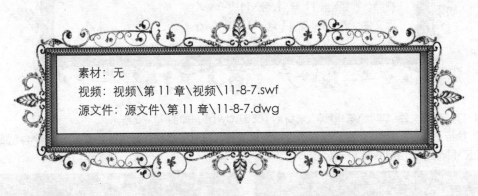

素材：无
视频：视频\第 11 章\视频\11-8-7.swf
源文件：源文件\第 11 章\11-8-7.dwg

　　01 单击"绘图"工具栏中的"圆弧"按钮，绘制一个圆弧，如图 11-73 所示。

　　02 执行"标注>折弯"命令，在绘图区选择圆弧，将鼠标移到合适位置并单击指定图形中心，再次将鼠标移到合适位置并单击两次，分别指定尺寸线位置和折弯位置，创建的折弯尺寸标注如图 11-74 所示。

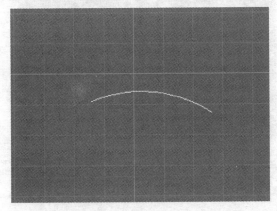

图 11-73　绘制圆弧

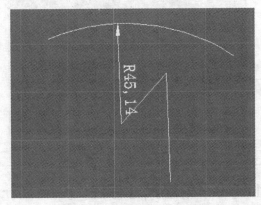

图 11-74　创建的折弯尺寸标注

11.8.8　直径尺寸标注

　　直径尺寸标注使用可选的中心线或中心标记测量圆弧和圆的直径。直径尺寸标注的方法与半径尺寸标注的方法相同，当用户采用系统的实际测量值标注文字时，系统会在测量数值前自动添加直径符号。在 AutoCAD 2013 中，用户可以通过以下几种方法创建直径尺寸标注：

- 执行"标注>直径"命令。
- 单击"标注"工具栏中的"直径"按钮◎。
- 在命令行中输入 DIMDIAMETER（或别名 DIMDIA）命令并按 Enter 键。

自测 136　创建直径尺寸标注

素材：素材\第 11 章\素材\118801.dwg
视频：视频\第 11 章\视频\11-8-8.swf
源文件：源文件\第 11 章\11-8-8.dwg

01 打开素材文件"素材\第 11 章\素材\118801.dwg"，如图 11-75 所示。

02 执行"标注>直径"命令，选择图形中外部的圆，将鼠标移到合适位置并单击指定尺寸线位置并创建直径尺寸标注，如图 11-76 所示。

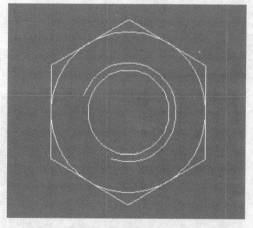

图 11-75　打开素材文件

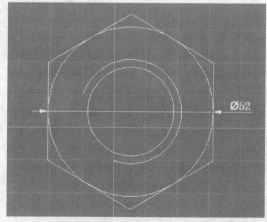

图 11-76　创建直径尺寸标注

11.8.9　角度尺寸标注

角度尺寸标注测量两条直线或三个点之间的角度。要测量圆的两条半径之间的角度，可以选择此圆，然后指定角度端点。对于其他对象，需要先选择对象然后指定标注位置。

还可以通过指定角度顶点和端点来标注角度。创建角度尺寸标注时，可以在指定尺寸线位置之前修改文字内容和对齐方式。在 AutoCAD 2013 中，用户可以通过以下几种方法创建角度尺寸标注：

- 执行"标注>角度"命令。
- 单击"标注"工具栏中的"角度"按钮△。
- 在命令行中输入 DIMANGULAR（或别名 ANGULAR）命令并按 Enter 键。

自测 137　创建角度尺寸标注

素材：素材\第 11 章\素材\118801.dwg
视频：视频\第 11 章\视频\11-8-9.swf
源文件：源文件\第 11 章\11-8-9.dwg

01 打开素材文件 "素材\第 11 章\素材\118801.dwg"，如图 11-77 所示。执行 "标注>角度" 命令，选择图形中的圆弧，将鼠标移到合适位置并单击创建角度尺寸标注，如图 11-78 所示。

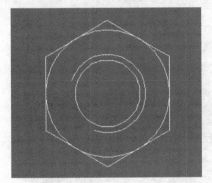

图 11-77　打开素材文件

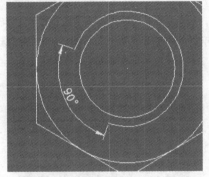

图 11-78　创建角度尺寸标注

02 按 Enter 键，根据命令行的提示选择两条夹角直线，如图 11-79 所示。将鼠标移到合适位置并单击创建角度尺寸标注，如图 11-80 所示。

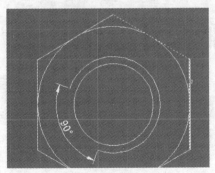

图 11-79　选择两条夹角直线

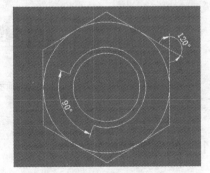

图 11-80　创建角度尺寸标注

11.8.10　圆心标注

在 AutoCAD 2013 中根据标注样式设置，自动生成直径标注和半径标注的圆心标记和中心线。仅当尺寸线置于圆或圆弧之外时才会创建它们。用户可以通过以下几种方法创建圆心标注：

- 执行"标注>圆心标记"命令。
- 单击"标注"工具栏中的"圆心标记"按钮⊕。
- 在命令行中输入 DIMCENTER 命令并按 Enter 键。

自测 138　创建圆心标记

素材：素材\第 11 章\素材\118801.dwg
视频：视频\第 11 章\视频\11-8-10.swf
源文件：源文件\第 11 章\11-8-10.dwg

01 打开素材文件"素材\第 11 章\素材\118801.dwg"，如图 11-81 所示。
02 执行"标注>圆心标记"命令，在绘图区选择圆，即可添加圆心标记，如图 11-82 所示。

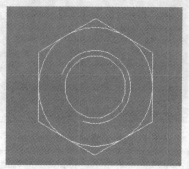

图 11-81　打开素材文件

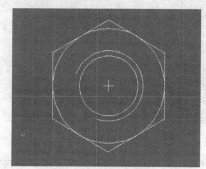

图 11-82　添加圆心标记

11.9　创建其他尺寸标注

　　在 AutoCAD 2013 中，除了可以创建前面讲到的常用的尺寸标注外，还可以创建坐标标注、快速标注及多重引线标注。

11.9.1　坐标标注

　　坐标标注测量原点（称为基准）到特征（例如部件上的一个孔）的垂直距离。这些标注通过保持特征与基准点之间的精确偏移量，来避免误差增大。坐标标注由 X 或 Y 值和引线组成，而标注文字始终与坐标引线对齐。在 AutoCAD 2013 中，用户可以通过以下几种方法创建坐标标注：

- 执行"标注>坐标"命令。
- 单击"标注"工具栏中的"坐标"按钮．
- 在命令行中输入 DIMORDINATE（或别名 DIMORD）命令并按 Enter 键。

自测 139　创建坐标标注

素材：无
视频：视频\第 11 章\视频\11-9-1.swf
源文件：源文件\第 11 章\11-9-1.dwg

01 单击"绘图"工具栏中的"矩形"按钮，绘制一个矩形，如图 11-83 所示。

02 执行"标注>坐标"命令，根据命令行的提示单击指定点坐标，如图 11-84 所示。

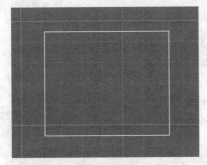

图 11-83　绘制矩形

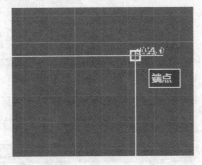

图 11-84　指定点坐标

03 向右移动鼠标到合适位置单击，创建该点 Y 轴坐标，如图 11-85 所示。按 Enter 键，仍然指定该点的点坐标，向上移动鼠标至合适位置单击，创建该点 X 轴坐标，如图 11-86 所示。

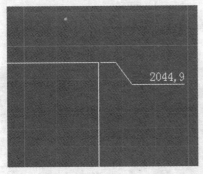

图 11-85　创建 Y 轴坐标

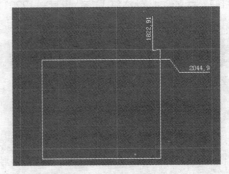

图 11-86　创建 X 轴坐标

提示：

在命令行指定引线端点的提示下，上下移动鼠标可创建 X 轴坐标，左右移动鼠标可创建 Y 轴坐标。如果此时在命令行中输入 X 并按 Enter 键，将强制性地标注点的 X 轴坐标，不受光标引导方向的限制；输入 Y 轴并按 Enter 键同理。

小技巧：

打开正交模式，可创建直线坐标引线。

11.9.2　快速标注

快速标注可同时创建多个对象的基线、坐标、半径以及直径等标注，并自动编辑现有标注的布局。在 AutoCAD 2013 中，用户可以通过以下几种方法创建快速标注：

- 执行"标注>快速标注"命令。
- 单击"标注"工具栏中的"快速标注"按钮。
- 在命令行中输入 QDIM 命令并按 Enter 键。

自测 140　创建快速标注

素材：素材\第 11 章\素材\119201.dwg
视频：视频\第 11 章\视频\11-9-2.swf
源文件：源文件\第 11 章\11-9-2.dwg

01 打开素材文件"素材\第 11 章\素材\119201.dwg"，如图 11-87 所示。

02 执行"标注>快速标注"命令，根据命令行的提示选择要标注的几何对象，如图 11-88 所示。

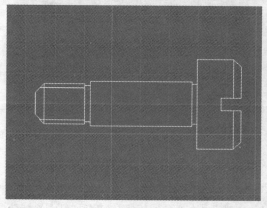

图 11-87　打开素材文件

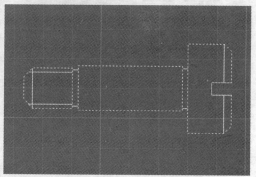

图 11-88　选择要标注的几何对象

03 按 Enter 键，将鼠标移到合适位置并单击创建连续标注，如图 11-89 所示。选择同样的几何对象并按 Enter 键，选择命令行中的"基线"选项，将鼠标移到合适位置并单击，如图 11-90 所示。

在命令行指定尺寸线位置的提示下,输入 E 并按 Enter 键,可添加或删除标注点。

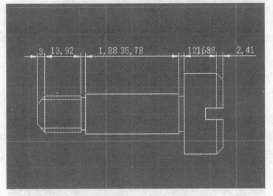

图 11-89 创建连续标注

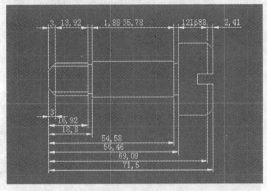

图 11-90 创建基线标注

11.9.3 多重引线标注

与其他标注不同的是,多重引线标注多用来添加文字性注释或说明等内容。在 AutoCAD 2013 中,用户可以通过以下几种方法创建多重引线标注:

- 执行"标注>多重引线"命令。
- 单击"功能区"选项板中的"注释"选项卡,在"标注"选项板中单击"多重引线"按钮。
- 在命令行中输入 MLEADER 命令并按 Enter 键。

自测 141　创建多重引线标注

素材:素材\第 11 章\素材\119201.dwg
视频:视频\第 11 章\视频\11-9-3.swf
源文件:源文件\第 11 章\11-9-3.dwg

01 打开素材文件"素材\第 11 章\素材\119201.dwg",如图 11-91 所示。

02 执行"标注>多重引线"命令,根据命令行的提示指定引线箭头的位置,如图 11-92 所示。

03 根据命令行的提示指定引线基线的位置,弹出文本框和"文字格式"编辑器,如图 11-93 所示。在文本框中输入文字并单击绘图区的任意位置,即可创建多重引线标注,如图 11-94 所示。

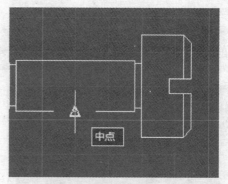

图 11-91　打开素材文件

图 11-92　指定引线箭头的位置

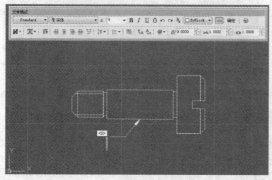

图 11-93　指定引线基线位置

图 11-94　创建多重引线标注

11.10　形 位 公 差

在机械制图中形位公差非常重要，如果不能完全配合形位公差，各个装配件就不能正确装配；而过度的形位公差又会造成额外的制作费用。对于大多数建筑图形，形位公差并不存在。

11.10.1　形位公差的含义

形位公差表示特征的形状、轮廓、方向、位置和跳动的允许偏差。可以通过特征控制框来添加形位公差，这些框中包含单个标注的所有公差信息。

特征控制框至少由两个组件组成。第一个特征控制框包含一个几何特征符号，表示应用公差的几何特征，例如位置、轮廓、形状、方向或跳动。形位公差控制直线度、平面度、圆度和圆柱度；轮廓控制直线和表面，如图 11-95 所示，特征就是位置。

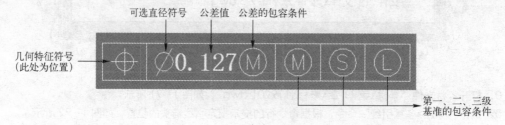

图 11-95　特征控制框

AutoCAD 2013 中包含多个形位公差符号，这些符号及其含义分别如下。⊕：位置度；◎：同轴度；═：对称度；∥：平行度；⊥：垂直度；∠：倾斜度；⌭：圆柱度；▱：平面度；○：圆度；—：直线度；⌒：面轮廓度；⌓：线轮廓度；↗：圆跳动；⌰：全跳动；⌀：直径；Ⓜ：最大包容条件（MMC）；Ⓛ：最小包容条件（LMC）；Ⓢ：不考虑特征尺寸（RFS）；Ⓟ：投影公差。

11.10.2　标注形位公差

在 AutoCAD 2013 中，用户可以通过以下几种方法创建形位公差标注。注意，按照国家标准，形位公差应改为几何公差。但为了与软件保持一致，本书中仍用形位公差。

- 执行"标注>公差"命令。
- 单击"标注"工具栏中的"公差"按钮⊞。
- 在命令行中输入 TOLERANCE 命令并按 Enter 键。

自测 142　　创建形位公差标注

素材：素材\第 11 章\素材\119201.dwg
视频：视频\第 11 章\视频\11-10-2.swf
源文件：源文件\第 11 章\11-10-2.dwg

01 打开素材文件"素材\第 11 章\素材\119201.dwg"，如图 11-96 所示。
02 在命令行中输入 LEADER 并按 Enter 键，根据命令行的提示指定引线的起点，如图 11-97 所示。

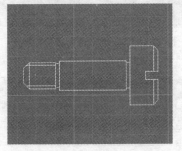

图 11-96　打开素材文件

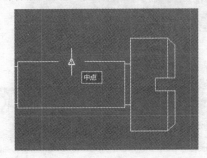

图 11-97　指定引线起点

03 将鼠标移到合适位置并单击指定下一点，如图 11-98 所示。按两次 Enter 键，选择命令行中的"公差"选项，弹出"形位公差"对话框，如图 11-99 所示。
04 在该对话框的"符号"选项区中的第一个颜色块上单击，弹出"特征符号"对话框，单击选择如图 11-100 所示的公差符号。
05 返回"形位公差"对话框，选择的公差符号已添加到该对话框中，在文本框中输入公差值，如图 11-101 所示。

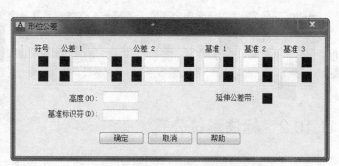

图 11-98　指定引线的下一点　　　　　　图 11-99　"形位公差"对话框

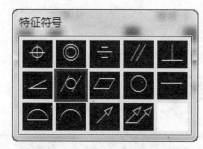

图 11-100　"特征符号"对话框

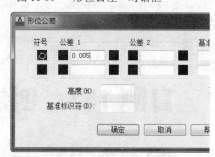

图 11-101　输入公差值

06 单击"确定"按钮，创建形位公差标注，如图 11-102 所示。使用相同的方法创建其他形位公差标注，如图 11-103 所示。

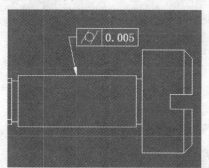

图 11-102　创建形位公差标注

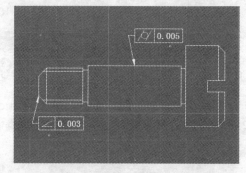

图 11-103　创建其他形位公差标注

小技巧：

　　本实例可创建带有引线的形位公差标注，执行"标注>公差"命令，根据命令行的提示操作，可创建不带引线的形位公差标注。

提示：

　　在"形位公差"对话框中，"高度"文本框可以设置投影公差的值，该值指定最小的延伸公差带，指定投影公差可以使公差更加明确。

　　单击"延伸公差带"选项右侧的颜色块，可在投影公差带值后面插入投影公差带符号。

　　在"基准标识符"文本框中可以创建由参照字母组成的基准标识符号。

11.11　关联与重新关联尺寸标注

关联标注是几何对象和尺寸标注间的关联关系。关系标注根据所测量的几何对象的变化而进行调整，包括尺寸线、尺寸线的位置及尺寸，尺寸值将变成新的数值。

在 AutoCAD 2013 中，可以将非关联的尺寸标注修改成关联标注模式，还可以查看尺寸标注是否为关联标注。

11.11.1　设置关联标注模式

在 AutoCAD 2013 中，用户可通过设置系统变量 DIMASSOC 的值来控制所标注的尺寸是否为关联标注。几何对象与标注之间有 3 种关联性，标注可以是关联的、无关联的或分解的。

- 关联标注：当与其关联的几何对象被修改时，关联标注将自动调整其位置、方向和测量值。布局中的标注可以与模型空间中的对象相关联。系统变量 DIMASSOC 的值为 2。
- 非关联标注：与其测量的几何图形一起选定和修改。非关联标注在其测量的几何对象被修改时不发生更改。系统变量 DIMASSOC 的值为 1。
- 已分解的标注：包含单个对象而不是单个标注对象的集合。系统变量 DIMASSOC 的值为 0。

自测 143　创建关联标注

素材：无
视频：视频\第 11 章\视频\11-11-1.swf
源文件：无

01　使用"矩形"工具绘制一个边长为 50 的正方形，如图 11-104 所示。在命令行中输入 DIMASSOC 并按 Enter 键，命令行提示"输入 DIMASSOC 的新值<2>"，如图 11-105 所示。

> **提示：**
> 系统默认 DIMASSOC 的值为 2，如果不是 2，输入新的数值按 Enter 键即可。

02　按 Enter 键，执行"标注>线性"命令，根据命令行的提示创建线性尺寸标注，如图 11-106 所示。单击并拖动正方形的夹点并按 Esc 键，尺寸标注随之改变，如图 11-107 所示。

> **提示：**
> 虽然关联标注支持大多数希望标注的对象类型，但是不支持以下类型：图案填充、多行对象、二维实体、非零厚度的对象、图像、DWF/DGN 和 PDF 参考底图。

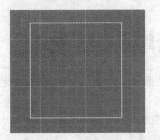

图 11-104　绘制正方形

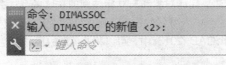

图 11-105　设置 DIMASSOC 的值

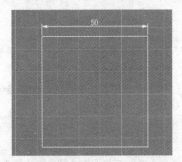

图 11-106　创建线性尺寸标注

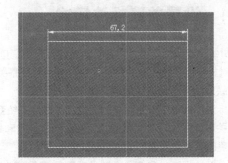

图 11-107　尺寸标注更新效果

11.11.2　重新关联尺寸标注

在 AutoCAD 2013 中，通过"重新关联标注"命令可对非关联的尺寸标注与对象进行关联。选择要标注的对象时，应确保所选的对象中不包括不支持关联性标注的直接重叠对象，例如二维实体。

另外，如果已重定义块，标注和块参照之间将不再存在关联性。如果三维实体的形状被修改，标注和三维实体之间也将不再存在关联性。

自测 144　重新关联尺寸标注

素材：素材\第 11 章\素材\1111201.dwg
视频：视频\第 11 章\视频\11-11-2.swf
源文件：源文件\第 11 章\11-11-2.dwg

01 打开素材文件"素材\第 11 章\素材\1111201.dwg"，如图 11-108 所示。

02 执行"标注>重新关联标注"命令，根据命令行的提示选择绘图区中的尺寸标注，如图 11-109 所示。

03 按 Enter 键，指定两个尺寸界线点，如图 11-110 所示。单击并拖动几何对象的夹点，尺寸标注随之更改，如图 11-111 所示。

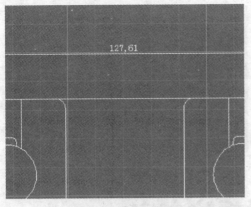

图 11-108　打开素材文件

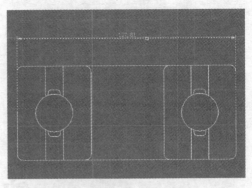

图 11-109　选择尺寸标注

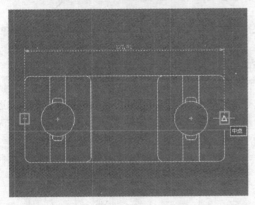

图 11-110　指定两个尺寸界线点

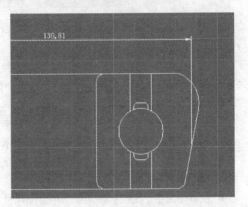

图 11-111　几何对象与标注尺寸更改效果

提示:

> 创建或修改关联标注时，务必仔细定位关联点，以便在将来更改设计时使几何对象与其关联标注一起改变。

11.11.3　查看尺寸的关联关系

在 AutoCAD 2013 中，通过选择标注和执行以下其中一个操作，可以确定标注是否关联。

● 使用"特性"选项板显示标注的特性。选择标注，单击鼠标右键，在弹出的快捷菜单中选择"特性"选项，打开"特性"选项板，如图 11-112 所示。

● 使用 LIST 命令显示标注的特性。选择尺寸标注，在命令行中输入 LIST 命令并按 Enter 键，弹出 AutoCAD 文本窗口，如图 11-113 所示。

即使只是标注的一端与几何对象关联，该标注也被认为是关联的。"重新关联标注"命令显示标注的关联和非关联元素；也可以使用"快速选择"对话框过滤关联和非关联标注的选择。

提示:

> 使用"重新关联标注"命令时，将显示一个标记，用来指示标注的每个连续尺寸界线原点是关联的还是非关联的。内部有 X 的矩形表示此点与对象上的某一位置关联，单个 X 表示此点与对象无关联。可使用对象捕捉来为尺寸界线原点指定新关联，或按 Enter 键跳至下一个尺寸界线原点。

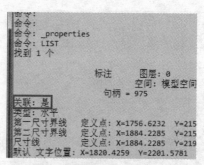

图 11-112　"特性"选项板　　　　图 11-113　AutoCAD 文本窗口

11.12　编辑标注文字

在 AutoCAD 2013 中创建标注后，用户可以根据需要编辑标注的文字内容，更改现有标注文字的位置和方向或者替换为新文字。

在 AutoCAD 2013 中，编辑标注文字最快速而简单的方法是使用夹点。在绘图区单击尺寸标注显示夹点，将光标悬停在标注文字夹点上可快速访问以下功能。

- 拉伸：这是默认的夹点行为，如果将文字放置在尺寸线上，拉伸将移动尺寸线，使其远离或靠近正在标注的对象，使用命令行提示指定不同的基点或复制尺寸线。如果在尺寸线上移动文字，无论是否带引线，拉伸都将只移动文字而不移动尺寸线。
- 与尺寸线一起移动：将文字放置在尺寸线上，然后将尺寸线远离或靠近被标注对象（没有其他提示）。
- 仅移动文字：定位标注文字而不移动尺寸线。
- 与引线一起移动：将带有引线的标注文字定位到尺寸线。
- 尺寸线上方：在尺寸标注线的上方定位标注文字（用于垂直标注的尺寸线的左侧）。
- 垂直居中：定位标注文字，以使尺寸线穿过垂直居中的文字。
- 重置文字位置：基于活动的标注样式，将标注文字移回其默认（或常用）位置。

11.12.1　旋转标注文字

在 AutoCAD 2013 中，用户可以通过菜单命令编辑标注文字的旋转角度。

自测 145　旋转标注文字

素材：素材\第 11 章\素材\1112101.dwg
视频：视频\第 11 章\视频\11-12-1.swf
源文件：源文件\第 11 章\11-12-1.dwg

01 打开素材文件"素材\第 11 章\素材\1112101.dwg",如图 11-114 所示。

02 执行"标注>对齐文字>角度"命令,根据命令行的提示选择标注,如图 11-115 所示。

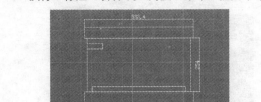

图 11-114　打开素材文件

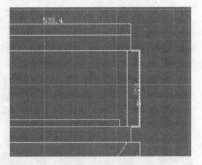

图 11-115　选择标注

03 根据命令行的提示,在命令行中输入 30 并按 Enter 键,效果如图 11-116 所示。使用相同方法旋转另一个标注文字的角度,如图 11-117 所示。

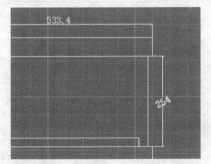

图 11-116　标注文字旋转效果

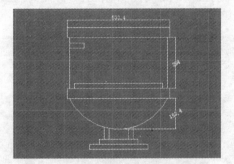

图 11-117　标注文字旋转效果

提示:

当旋转角度设置为 0° 时,系统将把标注文字按默认方向放置。

11.12.2　替代标注文字

在 AutoCAD 2013 中,用户可以通过菜单命令或"特性"选项板替代标注文字的内容。

自测 146　替代标注文字

素材:素材\第 11 章\素材\1112101.dwg
视频:视频\第 11 章\视频\11-12-2.swf
源文件:源文件\第 11 章\11-12-2.dwg

01 打开素材文件 "素材\第 11 章\素材\1112101.dwg",如图 11-118 所示。

02 执行 "修改>对象>文字>编辑" 命令,根据命令行的提示选择如图 11-119 所示的标注。

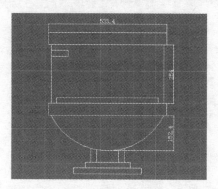
图 11-118　打开素材文件

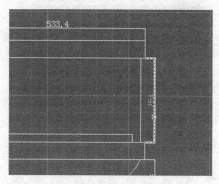
图 11-119　选择标注

03 标注进入可编辑状态并弹出 "文字格式" 编辑器,如图 11-120 所示。在文本框中输入新的内容并按 Esc 键退出,文字效果如图 11-121 所示。

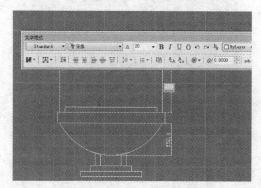
图 11-120　标注进入可编辑状态

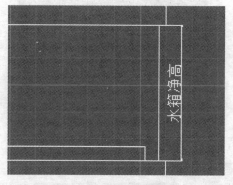
图 11-121　编辑文字效果

04 选择如图 11-122 所示的标注,然后单击鼠标右键,在弹出的快捷菜单中选择 "特性" 选项,弹出 "特性" 选项板。在该选项板的 "文字" 选项组的 "文字替代" 文本框中输入新的标注内容,如图 11-123 所示。

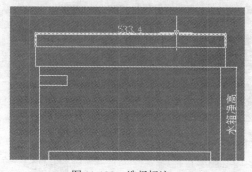
图 11-122　选择标注

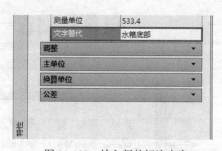
图 11-123　输入新的标注内容

05 按 Enter 键,单击绘图区的任意位置并按 Esc 键,标注文字效果如图 11-124 所示。使用相同的方法编辑第三个标注内容,如图 11-125 所示。

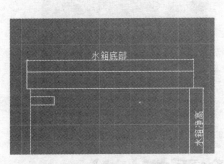

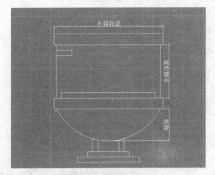

图 11-124　标注文字效果（一）　　　　　图 11-125　标注文字效果（二）

11.12.3　调整标注文字的对齐方式

在 AutoCAD 2013 中，用户同样可以通过菜单命令非常方便地调整标注文字的对齐方式。

自测147　调整标注文字的对齐方式

素材：素材\第 11 章\素材\111201.dwg
视频：视频\第 11 章\视频\11-12-3.swf
源文件：无

01 打开素材文件"素材\第 11 章\素材\111201.dwg"，如图 11-126 所示。

02 执行"标注>对齐文字>左"命令，根据命令行的提示选择标注，标注文字将移动到尺寸线的左侧，如图 11-127 所示。

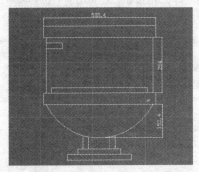

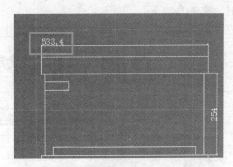

图 11-126　打开素材文件　　　　　图 11-127　更新标注文字对齐方式

03 单击该标注，将鼠标移至标注文字的夹点上方，单击鼠标右键，弹出快捷菜单，如图 11-128 所示。

04 选择快捷菜单中的"垂直居中"选项并按 Esc 键，标注文字对齐效果如图 11-129 所示。

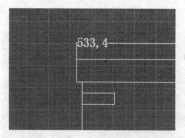

图 11-128　快捷菜单　　　　　图 11-129　标注文字对齐效果

11.13　替代和更新标注

为几何对象放置标注后，用户需要多次修改标注所表示的信息。而使用替代和更新标注功能，可以更加方便地对尺寸标注进行修改。

11.13.1　替代标注样式

使用标注样式替代，无需更改当前标注样式便可临时更改标注系统变量。标注样式替代是对当前标注样式中的指定设置所作的更改。

替代标注样式与在不更改当前标注样式的情况下更改尺寸标注系统变量等效。在 AutoCAD 2013 中，可以为单独的标注或当前的标注样式定义标注样式替代：

● 对于个别标注，可能需要在不创建其他标注样式的情况下创建替代样式以便不显示标注的尺寸界线，或者修改文字和箭头的位置使它们不与图形中的几何图形重叠。

● 也可以为当前标注样式设置替代。以该样式创建的所有标注都将包含替代，直到删除替代、将替代保存到新的样式中或将另一种标注样式置为当前。

如果在标注样式管理器中选择替代，然后在"替代当前样式"对话框的"直线"选项卡上修改尺寸界线的颜色，则当前标注样式会保持不变。但是，颜色的新值存储在 DIMCLRE 系统变量中。创建的下一个标注的尺寸界线以新颜色显示。可以将标注样式替代保存为新标注样式。

某些标注特性对图形或尺寸标注的样式来说是通用的，因此适合作为永久标注样式设置。其他标注特性一般基于单个基准应用，因此可以作为替代以便更有效地应用。在 AutoCAD 2013 中，用户可以通过以下几种方法替代标注样式：

● 执行"标注>替代"命令。

● 在"功能区"选项板的"注释"选项卡中单击"标注"下三角按钮，在弹出的下拉列表中选择"替代"选项。

● 在命令行中输入 DIMOVERRIDE 命令并按 Enter 键。

自测 148　替代标注样式

素材：素材\第 11 章\素材\1113101.dwg
视频：视频\第 11 章\视频\11-13-1.swf
源文件：源文件\第 11 章\11-13-1.dwg

01 打开素材文件"素材\第 11 章\素材\1113101.dwg",如图 11-130 所示。

02 执行"标注>替代"命令,根据命令行的提示输入要替代的标注变量名"DIMTXT",再按 Enter 键,然后继续在命令行输入变量的新值"20"并按 Enter 键,如图 11-131 所示。

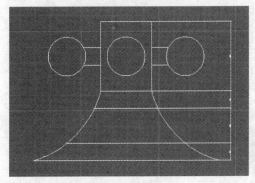

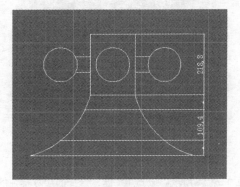
```
输入要替代的标注变量名或 [清除替代(C)]: DIMTXT
输入标注变量的新值 <2.5000>: 20
DIMOVERRIDE 输入要替代的标注变量名:
```

图 11-130　打开素材文件　　　　　　　　　　　　图 11-131　命令行提示信息

03 按 Enter 键,根据命令行的提示选择对象,如图 11-132 所示。按 Enter 键,标注样式替代效果如图 11-133 所示。

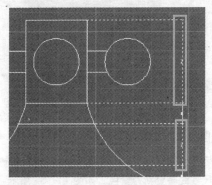

图 11-132　选择对象　　　　　　　　　　　　　　图 11-133　标注样式替代效果

提示:

执行"替代标注样式"操作后,尺寸标注将与被标注对象取消关联关系。

小技巧:

在"新建标注样式:新样式"对话框或"修改标注样式"对话框中,在各选项卡下将鼠标移至任意下拉列表、文本框、单选按钮或复选框的上方,在弹出的内容提示信息中会显示各自的系统变量。

11.13.2 更新标注

更新标注是指通过指定其他标注样式来修改现有的标注。更改标注样式后,可选择是否更新与此标注样式相关联的标注。在 AutoCAD 2013 中,用户可以通过以下几种方法更新标注:

● 执行"标注>更新"命令。

● 单击"功能区"选项板中的"注释"选项卡,在"标注"选项板中单击"更新"按钮。

● 在命令行中输入 DIMSTYLE 命令并按 Enter 键。

自测 149　更 新 标 注

素材：素材\第 11 章\素材\1113101.dwg
视频：视频\第 11 章\视频\11-13-2.swf
源文件：源文件\第 11 章\11-13-2.dwg

01 打开素材文件"素材\第 11 章\素材\1113101.dwg"，如图 11-134 所示。

02 新建一个名称为"新样式"的标注样式，将尺寸线的颜色设置为青色，如图 11-135 所示。

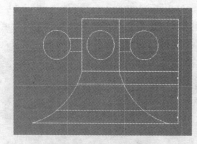

图 11-134　打开素材文件

图 11-135　"新建标注样式：新样式"对话框

03 将"新样式"标注样式置为当前样式，执行"标注>更新"命令，根据命令行的提示选择标注对象，如图 11-136 所示。按 Enter 键，选择的尺寸标注的尺寸线将更新为青色，如图 11-137 所示。

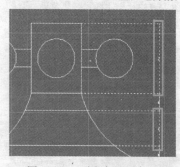

图 11-136　选择标注对象

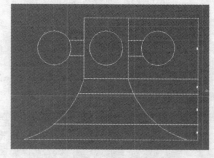

图 11-137　更新标注效果

11.14　本 章 小 结

　　本章主要讲解了尺寸标注和标注样式的创建方法及技巧。通过本章的学习，读者可以创建符合要求的标注样式，继而对几何对象创建不同的尺寸标注，使图样更加完整。

第12章
创建三维实体模型

AutoCAD 除了具有强大的二维绘图功能外，其三维绘图功能也非常强大。在三维空间中，用户可以创建 3 种三维图形，分别是线框图形、曲面图形和三维实体图形。三维图形具有较强的立体感和真实感，能全面、逼真地表达实体的形状及相应位置，通过 AutoCAD 2013 可以真实地再现与现实生活中完全相同的工具模型。通过本章的学习，用户可在以后的生产制造及施工前通过三维模型的模拟仿真计算发现问题，避免因设计失误所造成的不必要损失。

实例名称：使用扫掠创建实体
视频：视频\第 12 章\视频\12-5-1.swf
源文件：源文件\第 12 章\12-5-1.dwg

实例名称：使用"旋转"命令绘制高脚杯
视频：视频\第 12 章\视频\12-5-4.swf
源文件：源文件\第 12 章\12-5-4.dwg

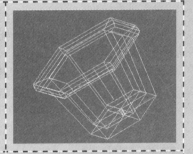

实例名称：绘制旋转网格
视频：视频\第 12 章\视频\12-6-2.swf
源文件：源文件\第 12 章\12-6-2.dwg

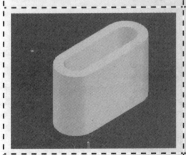

实例名称：创建多段体
视频：视频\第 12 章\视频\12-7-1.swf
源文件：源文件\第 12 章\12-7-1.dwg

实例名称：创建球体
视频：视频\第 12 章\视频\12-7-13.swf
源文件：源文件\第 12 章\12-7-13.dwg

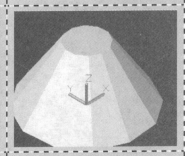

实例名称：创建实体棱台
视频：视频\第 12 章\视频\12-7-21.swf
源文件：源文件\第 12 章\12-7-21.dwg

12.1 三维绘图基础

AutoCAD 三维建模可让用户使用实体、曲面和网格对象创建图形。实体、曲面和网格对象提供不同的功能，这些功能综合使用时可提供强大的三维建模工具套件。例如，可以将图元实体转换为网络，以使用网格锐化和平滑处理。然后，可以将模型转换为曲面，以使用关联性和 NURBS 建模。在三维中建模有许多优点，用户可以进行以下操作：

- 从任何有利位置查看模型。
- 自动生成可靠的标准或辅助二维视图。
- 创建截面和二维图形。
- 消除隐藏线并进行真实感着色。
- 检查干涉和执行工程分析。
- 添加光源和创建真实渲染。
- 浏览模型。
- 使用模型创建动画。
- 提取加工数据。

12.1.1 "建模"子菜单与"建模"工具栏

三维建模空间包含与三维建模相关的工具栏、菜单和选项板。三维建模不需要的界面会被隐藏，使得用户工作屏幕区最大化，以方便绘制三维模型。在 AutoCAD 2013 中，用户可以通过以下几种方法进入三维建模空间：

- 执行"工具>工作空间>三维建模"命令。
- 在"快速访问"工具栏中单击"工作空间>三维建模"按钮 ⚙三维建模。
- 在命令行中输入 WSCURRENT 命令并按 Enter 键。

使用以上任意一种方法，都可以进入到"三维建模"工作空间，如图 12-1 所示。

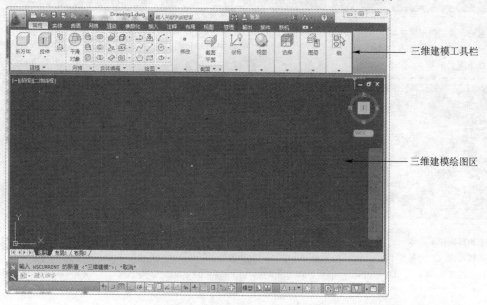

图 12-1 "三维建模"工作空间

12.1.2　三维模型

在 AutoCAD 2013 中，三维模型有线框模型、曲面模型和三维实体模型 3 种表达形态。

线框模型是用直线和曲线表示对象边界的对象表示法，线框定义过程简单，很多复杂的产品都是先用几条线勾画出基本轮廓，然后再逐步细化。线框的存储量小，操作灵活，响应速度快，从它产生二维图和工程图也比较方便。另外，这种造型方法对硬件的要求不高，容易掌握，处理时间较短。

线框模型也有局限性。线框造型的数据模型规定了各条边的两个顶点以及各个顶点的坐标，这对由平面构成的物体来说，轮廓线与棱线一致，能够比较清楚地反映物体的真实形状；但是对于曲面体，仅能表示物体的棱边，不能对此类型进行渲染、着色等操作，其可视性较差，如图 12-2 所示。

曲面模型是由点、线、曲面组成物体表面的计算机模型。简单来讲，就是由一系列有链接顺序的棱边围成的表面，再由表面的几何来定义三维物体，如图 12-3 所示。曲面模型不仅能着色，还可以对其进行渲染，以更形象、逼真地表现物体的真实形态。

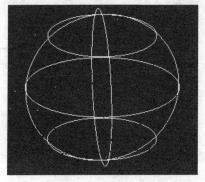

图 12-2　线框模型

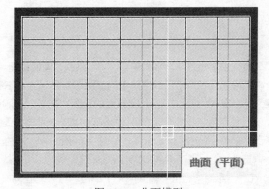

曲面（平面）

图 12-3　曲面模型

曲面模型是不具有质量或体积的薄抽壳。AutoCAD 提供两种类型的曲面：程序曲面和 NURBS 曲面。使用程序曲面可利用关联建模功能，而使用 NURBS 曲面可利用控制点造型功能。

典型的建模工作流是使用网格、实体和程序曲面创建基本模型，然后将它们转换为 NURBS 曲面。这样，用户不仅可以使用实体和网格提供的独特工具和图形，还可使用曲面提供的造型功能：关联建模和 NURBS 建模。

实体模型是具有质量、体积、重心和惯性等特性的封闭三维体，如图 12-4 所示。它除了包含线框模型和曲面模型的所有特点外，还具备实物的一切特性。用户不仅可以对其进行着色和渲染，还可以进行打孔、切槽、倒角等布尔运算，以及检测和分析实体内部的质心、体积和惯性等。

实体模型是一个三维的三角网数据。通常定义实体模型是在三角形所确定 3 个数据点数据的基础上，由一组通过空间位置、在不同平面内的线相互连接而成的。实体模型是建立三维模型的基础。

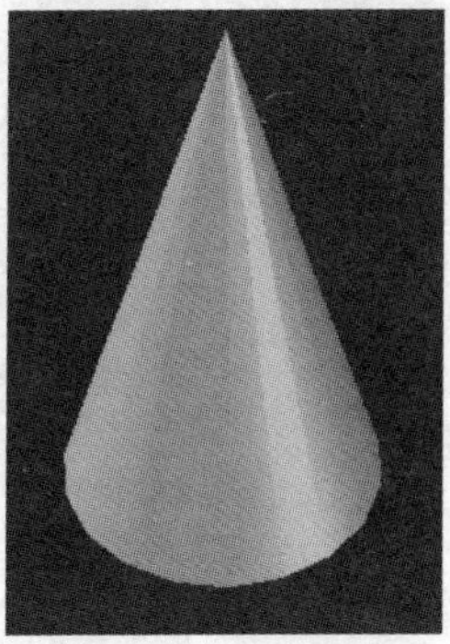

12.1.3　三维坐标系

图 12-4　实体模型

在 AutoCAD 2013 中创建和观察三维图形，需要使用三维坐标系和视点。三维坐标系主要有 3 种，即笛卡儿坐标系、三维柱坐标系和三维球坐标系。

三维笛卡儿坐标通过使用 3 个坐标值来指定精确的位置：X、Y 和 Z。输入三维笛卡儿坐标值（X,Y,Z）类似于输入二维坐标值（X,Y），除了指定 X 和 Y 值以外，还需要指定 Z 值。

笛卡儿坐标系有 3 个轴，输入坐标轴时，需要指示沿 X、Y 和 Z 轴相对于坐标系原点（0, 0, 0,）的距离及其正负方向。如图 12-5 所示为坐标值（3,2,5）的点，表示沿 X 轴正方向 3 个单位，沿 Y 轴正方向 2 个单位，沿 Z 轴正方向 5 个单位。

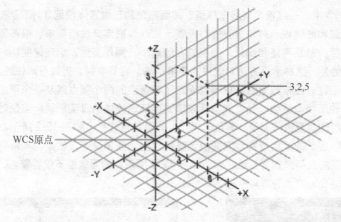

图 12-5　笛卡儿坐标系

　　三维柱坐标通过 XY 平面中与 UCS 原点之间的距离、XY 平面中与 X 轴的角度以及 Z 值来描述精确的位置。柱坐标输入相当于三维空间中的二维极坐标输入。它在垂直于 XY 平面的轴上指定另一个坐标，柱坐标通过定义某点在 XY 平面中距 UCS 原点的距离，在 XY 平面中与 X 轴所成的角度以及 Z 值来定位该点。

　　使用特定语法指定使用绝对柱坐标的点：X<[与 X 轴所成的角度]，Z。如图 12-6 所示，坐标 5<30, 6 表示距当前 UCS 的原点 5 个单位、在 XY 平面中与 X 轴成 30°角、沿 Z 轴 6 个单位的点。

　　需要基于上一点而不是 UCS 原点来定义点时，可以输入带有@前缀的相对柱坐标值。例如，坐标@4<45, 5 表示在 XY 平面中距上一输入点 4 个单位、与 X 轴正向成 45°角、在 Z 轴正向延伸 5 个单位的点。

　　三维球坐标通过指定某个位置距当前 UCS 原点的距离、在 XY 平面中与 X 轴所成的角度以及与 XY 平面所成的角度来指定该位置。

　　三维中的球坐标输入与二维中的极坐标输入类似。通过指定某点距当前 UCS 原点的距离、与 X 轴所成的角度（在 XY 平面中）以及与 XY 平面所成的角度来定位点，每个角度前面加了一个左尖括号（<），如 X<[与 X 轴所成的角度]<[与 XY 平面所成的角度]。

　　如图 12-7 所示，坐标 8<60<30 表示在 XY 平面中距当前 UCS 的原点 8 个单位、在 XY 平面中与 X 轴成 60°角以及在 Z 轴正向上与 XY 平面成 30°角的点。坐标 5<45<15 表示距当前 UCS 的原点 5 个单位、在 XY 平面中与 X 轴成 45°角、在 Z 轴正向上与 XY 平面成 15°角的点。

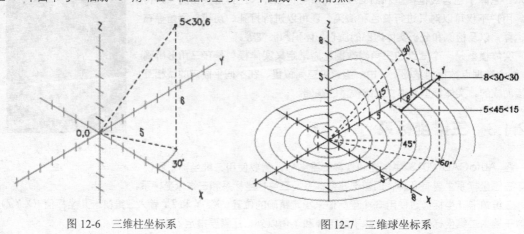

图 12-6　三维柱坐标系　　　　　　　　　　　图 12-7　三维球坐标系

12.1.4 三维视图

三维视图是三维模型在不同视点方向上观察到的投影视图,通过指定不同的视点位置得到不同的三维视图。根据视点位置的不同,可以把三维视图分为标准视图、等轴测视图和任意视图。

标准视图是指正投影视图,分别为俯视图、仰视图、左视图、右视图、前视图、后视图。等轴测视图是指将视点设置为等轴测方向,即从 45°方向观察对象,分别有西南等轴测、东南等轴测、东北等轴测、西北等轴测。

在经典视图中,用户可以单击"视图"工具栏中的相应视图按钮,在这些标准视图中进行切换,如图 12-8 所示。另外,还可以通过单击"视图"列表中的标准视图按钮进行切换,如图 12-9 所示。

图 12-8 "视图"工具栏   图 12-9 "视图"列表

每种视图的视点、与 X 轴的夹角以及与 XY 平面的夹角等内容见表 12-1。

表 12-1 视图及参数设置

视 图	菜 单 选 项	方 向 矢 量	与 X 轴的夹角	与 XY 平面的夹角
俯视图	Tom	(0,0,1)	270°	90°
仰视图	Bottom	(0,0,-1)	270°	90°
左视图	Left	(-1,0,0)	180°	0°
右视图	Right	(1,0,0)	0°	0°
前视图	Front	(0,-1,0)	270°	0°
后视图	Back	(0,1,0)	90°	0°
西南轴测视图	SW Isometric	(-1,-1,1)	225°	45°
东南轴测视图	SE Isometric	(1,-1,1)	315°	45°
东北轴测视图	NE Isometric	(1,1,1)	45°	45°
西北轴测视图	NW Isometric	(-1,1,1)	135°	45°

12.1.5 三维动态观察器

AutoCAD 为使用户方便、快捷地观察所绘制的图形,提供了三维动态观察器。它是一组动态观察工具,包括受约束的动态观察、自由动态观察和连续动态观察 3 种功能。

受约束的动态观察：沿 XY 平面或 Z 轴约束三维动态观察。该功能需要按住鼠标左键进行拖动，以手动设置观察点来观察模型的各个侧面。用户可以通过以下几种方法执行受约束的动态观察：

- 在"AutoCAD 经典"工作空间中执行"视图>动态观察>受约束的动态观察"命令，即可激活该功能。
- 在"三维建模"工作空间单击"动态观察"工具栏中的"动态观察"按钮。
- 在"三维建模"工作空间单击绘图工作区右侧"导航"工具栏中的按钮。

激活"受约束的动态观察"命令后，即可进行观察，十字光标也将改变，如图 12-10 所示。

自由动态观察：不参照平面，在任意方向上进行动态观察。沿 Z 轴的 XY 平面进行动态观察时视点不受约束。用户可以通过以下几种方法执行自由动态观察：

- 在"AutoCAD 经典"工作空间中执行"视图>动态观察>自由动态观察"命令。
- 在"三维建模"工作空间单击"动态观察"工具栏中的"自由动态观察"按钮。
- 在"三维模型"工作空间单击绘图工作区右侧"导航"工具栏中的按钮，然后选择"自由动态观察"选项。

激活"自由动态观察"命令后，即可进行观察，十字光标也将改变，如图 12-11 所示。

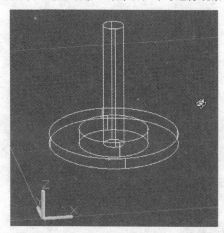

图 12-10　受约束的动态观察

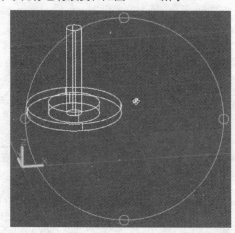

图 12-11　自由动态观察

连续动态观察：连续地进行动态观察。在要连续动态观察移动的方向上单击并拖动，然后释放鼠标，动态观察沿该方向继续移动。用户可以通过以下几种方法执行连续动态观察：

- 在"AutoCAD 经典"工作空间中执行"视图>动态观察>连续动态观察"命令。
- 在"三维建模"工作空间单击"动态观察"工具栏中的"连续动态观察"按钮。
- 在"三维模型"工作空间单击绘图工作区右侧"导航"工具栏中的按钮，然后选择"连续动态观察"选项。

激活"连续动态观察"命令后，即可进行观察，十字光标也将改变，如图 12-12 所示。

当 3DORBIT 命令（或任意三维导航命令或模式）处于活动状态时，可以访问三维动态观察快捷菜单上的选项。要访问三维动态观察快捷菜单，在三维动态观察视图中单击鼠标右键，即可弹出"三维动态观察"快捷菜单，如图 12-13 所示。

退出：退出"三维动态观察"快捷菜单。

当前模式：显示当前模式。

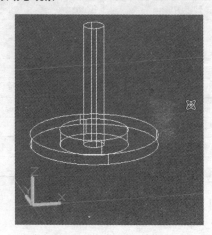

图 12-12　连续动态观察

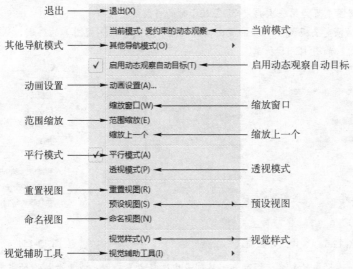

图 12-13　"三维动态观察"快捷菜单

其他导航模式：将光标移至该选项，将显示其子菜单，如图 12-14 所示。

可以选择以下三维导航模式之一。

➤ 受约束的动态观察（1）：将动态观察约束到 XY 平面或 Z 方向。

➤ 自由动态观察（2）：允许沿任意方向进行动态观察，而不被约束到 XY 平面或 Z 方向。

➤ 连续动态观察（3）：光标变为两条实线环绕的球状，使用户可以将对象设定为连续运动。

➤ 调整视距（4）：模拟将相机靠近对象或远离对象。

➤ 回旋（5）：将光标更改为圆弧形箭头，并模拟回旋相机的效果。

➤ 漫游（6）：将光标更改为加号，并通过动态控制相机的位置和目标，使用户能够在 XY 平面上方以固定高度"穿越漫游"模型。

➤ 飞行（7）：将光标更改为加号，使用户能够"飞越"模型，而不被限制在 XY 平面上方的固定高度。

➤ 缩放（8）：将光标更改为带有加号(+)和减号(-)的放大镜，并模拟将相机靠近对象或远离对象。与"调整视距"选项的作用类似。

➤ 平移（9）：将光标更改为手形光标，并沿用户拖动的方向移动视图。

提示：

可以通过使用快捷菜单或输入显示在模式名称后面的数字切换至任意模式。

启用动态观察自动目标：将目标点保持在正查看的对象上，而不是视口的圆心。默认情况下，此功能为打开状态。

动画设置：选择该选项，则弹出"动画设置"对话框，从中可以指定用于保存动画文件的设置。

缩放窗口：将光标变为窗口图标，使用户可以选择特定的区域不断进行放大。光标更改时，单击起点和端点以定义缩放窗口。图形将被放大并集中于选定的区域。

范围缩放：居中显示视图并调整其大小，使之能显示所有对象。

缩放上一个：显示上一个视图。

平行模式：显示对象，使图形中的两条平行线永远不会相交。图形中的形状始终保持相同，靠近时不会变形。

透视模式：按透视模式显示对象，使所有平行线相交于一点。对象中距离越远的部分显示得越小，距离越近的部分显示得越大。当对象距离过近时，形状会发生某些变形。该视图与肉眼观察到的图像极为接近。

重置视图：将视图重置为第一次启动 3DORBIT 时的当前视图。

预设视图：显示预定义视图（例如俯视图、仰视图和西南等轴测视图）的列表。从列表中选择视图来更改模型的当前视图，如图 12-15 所示。

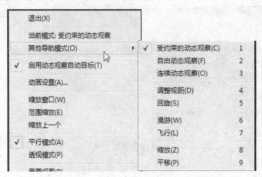

图 12-14　"其他导航模式"子菜单　　　　　　　　　　图 12-15　预设视图

命名视图：显示图形中的命名视图列表。从列表中选择命名视图，以更改模型的当前视图。

视觉样式：提供对对象进行着色的方法。有关视觉样式的详细信息，请参见使用视觉样式显示模型，如图 12-16 所示。这些选项与 VSCURRENT 中的选项相同。

视觉辅助工具：提供直观显示对象的辅助工具，如图 12-17 所示。

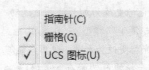

图 12-16　视觉样式　　　　　　　　图 12-17　视觉辅助工具

➢ **指南针**：绘制由表示 X、Y 和 Z 轴的 3 条直线组成的三维球体。

➢ **栅格**：显示类似于图纸的二维直线阵列。此栅格沿 X 和 Y 轴方向。

➢ **UCS 图标**：显示着色三维 UCS 图标。每个轴分别标记为 X、Y 或 Z。X 轴为红色，Y 轴为绿色，Z 轴为蓝色。

提示：

　　启动 3DORBIT 之前，可以使用 GRID 命令设置用于控制栅格显示的系统变量。主栅格线的数目对应于使用 GRID 命令的"栅格间距"选项设置的值，该值存储在 GRIDUNIT 系统变量中。在主线之间绘制了 10 条水平线和 10 条垂直线。

12.2　三维视点设置

　　视点是指三维模型空间中观察模型的位置。例如，用户在绘制三维物体后，如果使用平面坐标系（即 Z 轴垂直于屏幕），此时仅能看到物体在 X、Y 轴上的投影，如果调整视点至当前坐标系的左上方，则可以看到一个三维物体，如图 12-18 所示。

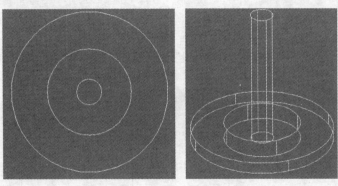

图 12-18 不同视点的显示效果

12.2.1 使用命令设置视点

在 AutoCAD 2013 中，可以自由、快速地设置不同的视点，并且设置视点后依然可以更改。用户可以通过以下几种方法设置视点：

● 执行"视图>三维视图>视点"命令。
● 在命令行中输入 VPOINT 命令并按 Enter 键。

使用以上任意一种方法激活"视点"命令后，系统会显示坐标轴和三轴架，用来定义视口中的观察方向，如图 12-19 所示。拖动鼠标，光标在坐标球范围内移动时，三轴架的 X、Y 轴也会绕 Z 轴转动，光标位于坐标轴不同位置，则视点也会发生相应的变化。

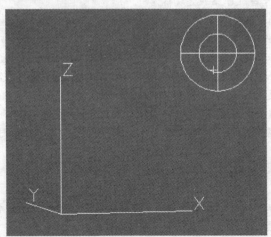

图 12-19 设置观察视点

> 提示：
>
> 使用该命令设置视点后得到的投影图为轴测投影图，而不是透视投影图。

12.2.2 使用对话框设置视点

在 AutoCAD 2013 中，还可以通过"视点预设"对话框设置视点。用户可以使用以下几种方式打开"视点预设"对话框：

- 执行"视图>三维绘图>视点预设"命令。
- 在命令行中输入 DDVPOINT 命令并按 Enter 键。

使用以上任意一种方法，都将打开"视点预设"对话框。在该对话框中可以对当前视口设置视点，如图 12-20 所示。

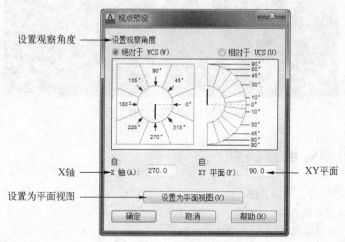

图 12-20 "视点预设"对话框

设定观察角度：相对于世界坐标系（WCS）或用户坐标系（UCS）设定查看方向。

➢ **绝对于 WCS**：相对于 WCS 设定观察方向。

➢ **相对于 UCS**：相对于当前 UCS 设定观察方向。

X 轴：指定与 X 轴的角度。

XY 平面：指定与 XY 平面的角度。

也可以使用样例图像来指定查看角度。黑针指示新角度。灰针指示当前角度。通过选择圆或半圆的内部区域来指定一个角度。如果选择了边界外面的区域，那么就舍入到在该区域显示的角度值。如果选择了内弧或内弧中的区域，角度将不会舍入，结果可能是一个分数。

设置为平面视图：设定查看角度以相对于选定坐标系显示平面视图（XY 平面），该选项用于设置对应的平面视图。用户设置好视点参数后，单击"确定"按钮即可按照该视点显示图形。

12.2.3 设置特殊视点

为了方便查看图形，AutoCAD 2013 为用户预先设定好了一些特殊视点，例如"俯视"、"仰视"、"西南等轴测"等。用户可以通过以下几种方法快速设置特殊视点：

- 在"三维建模"工作空间单击"视图"按钮来快速设置特殊视点，如图 12-21 所示。
- 在"三维建模"工作空间单击绘图工作区左上角的视口控件设置特殊视点，如图 12-22 所示。
- 在"AutoCAD 经典"工作空间中，执行"视图>三维视图"子菜单中的各种特殊视点命令，如图 12-23 所示。

12.2.4 视觉样式查看

视觉样式是一组用来控制三维模型的边和着色的显示模式。在 AutoCAD 中，用户可以根据需要使用不同的视觉样式来观察图形，单击"视图"按钮，在弹出的下拉列表中选择"二维线框"选项，如图 12-24 所示，从中可以选择不同的视觉样式。

  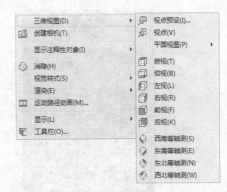

图 12-21 单击"视图"按钮　　图 12-22 单击视口控件　　图 12-23 执行菜单命令

选择其中的"视觉样式管理器"选项，可以在弹出的"视觉样式管理器"选项板中设置相应的参数来调整显示效果，如图 12-25 所示。

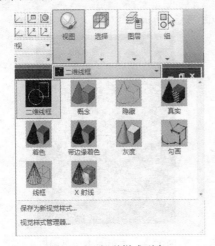 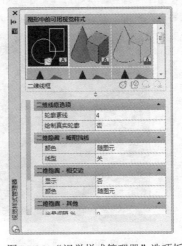

图 12-24 视觉样式列表　　　　　图 12-25 "视觉样式管理器"选项板

二维线框：通过使用直线和曲线表示边界的方式显示对象。在二维线框显示模式下，光栅图像、OLE 对象、线型和线宽均可见，如图 12-26 所示。

概念：使用平滑着色和古氏面样式显示对象。古氏面样式在冷暖颜色而不是明暗效果之间转换。概念显示模式的效果缺乏真实感，但是可以更方便地查看模型的细节，如图 12-27 所示。

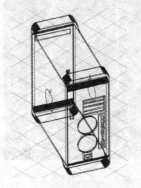 

图 12-26 二维线框显示模式　　　图 12-27 概念显示模式

隐藏：使用线框表示法显示对象，而隐藏表示背面的线，如图 12-28 所示。

真实：使用平滑着色和材质显示对象，如图 12-29 所示。

12

图 12-28　隐藏显示模式

图 12-29　真实显示模式

着色：使用平滑着色显示对象，如图 12-30 所示。

带边框着色：使用平滑着色和可见边显示对象，如图 12-31 所示。

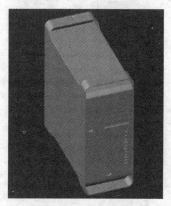

图 12-30　着色显示模式

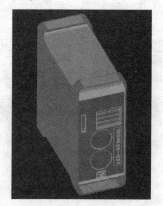

图 12-31　带边框着色显示模式

灰度：使用平滑着色和单色灰度显示对象，如图 12-32 所示。

勾画：使用线延伸和抖动边修改器显示手绘效果的对象，如图 12-33 所示。

图 12-32　灰度显示模式

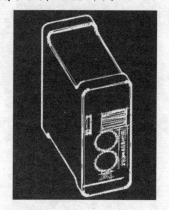

图 12-33　勾画显示模式

线框：通过使用直线和曲线表示边界的方式显示对象，如图 12-34 所示。

X 射线：以局部透明度显示对象，如图 12-35 所示。

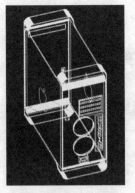

图 12-34　线框显示模式

图 12-35　X 射线显示模式

12.2.5　三维导航工具

在 AutoCAD 中，用户可以使用三维导航工具从不同的角度、高度和距离查看图形中的对象，执行"工具>工具栏>AutoCAD>三维导航"命令，打开"三维导航"工具栏，如图 12-36 所示。

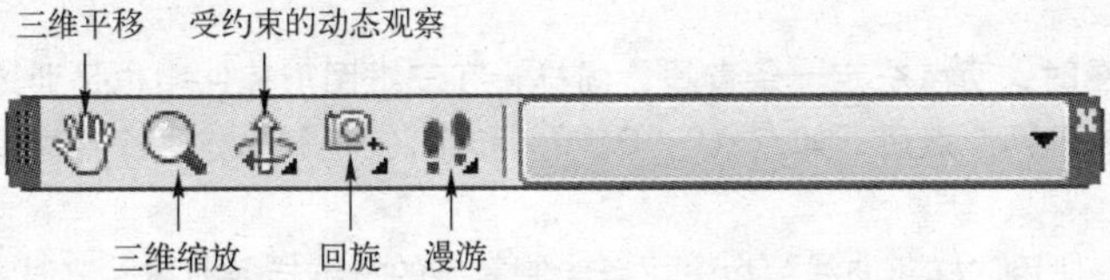

三维平移　受约束的动态观察

三维缩放　回旋　漫游

图 12-36　"三维导航"工具栏

三维平移： 启动交互式三维视图并允许用户水平和垂直拖动视图。

三维缩放： 模拟移动相机靠近或远离对象。

受约束的动态观察： 沿 XY 平面或 Z 轴约束三维动态观察。单击该按钮不放，可看到隐藏的"自由动态观察"和"连续动态观察"选项。

> **自由动态观察：** 不参照平面，在任意方向上进行动态观察。沿 XY 平面和 Z 轴进行动态观察时，视点不受约束。

> **连续动态观察：** 连续地进行动态观察。在要连续动态观察移动的方向上单击并拖动，然后释放鼠标，轨道沿该方向继续移动。

回旋： 将光标更改为圆弧形箭头，并模拟回旋相机的效果。在拖动方向上模拟平移相机。查看的目标将更改。可以沿 XY 平面或 Z 轴回旋视图。单击该按钮不放，可看到隐藏的"调整视距"选项。该选项用于模拟将相机靠近对象或远离对象。垂直移动光标时将更改对象的距离。可以使对象显示得较大或较小，并且可以调整距离。

漫游： 交互式更改三维图形的视图，将光标更改为加号，并通过动态控制相机的位置和目标，使用户能够在 XY 平面上方以固定高度"穿越漫游"模型。单击该按钮不放，可看到隐藏的"飞行"和"漫游和飞行设置"选项。

> **飞行：** 交互式更改三维图形的视图，将光标更改为加号，使用户能够"飞越"模型，而不被限制在 XY 平面上方的固定高度。

> **漫游和飞行设置：** 用于设置漫游和飞行的一些参数。单击该按钮时，系统弹出"漫游和飞行设置"对话框，如图 12-37

图 12-37　"漫游和飞行设置"对话框

所示，在该对话框中可以设置漫游和飞行的具体参数。

12.3　创建三维点和线

在 AutoCAD 2013 中，可以使用"直线"、"3D 多段线"及"三维网络"等命令指定不同点的三维坐标，从而绘制简单的三维图形。

12.3.1　绘制三维点

由于三维图形对象上的一些特殊点，如交点、中点等不能通过输入坐标的方法来实现，可以采用三维坐标下的目标捕捉法来拾取点。在 AutoCAD 中，用户可以通过以下几种方法精确输入和拾取三维点：

- 执行"绘图>点"命令。
- 单击"绘图"工具栏中的"点"按钮。

12.3.2　绘制三维线

在二维平面中绘图时，两点决定一条直线。同样，在三维图形控件中也是通过指定两个点来绘制三维直线。在三维空间拾取两个点后，如点（0，0，0）和点（1,1,1），这两个点之间的连线即是一条三维直线。

在三维坐标系下，使用"样条曲线"命令可以绘制复杂的三维样条曲线，这时定义样条曲线的点不是共面点。

在二维坐标系下，绘制多段线时尽管各线条可以设置宽度和厚度，但它们必须共面。三维多线段的绘制过程和二维多段线基本相同，但其使用的命令不同。另外，在三维多线段中只有直线段，没有圆弧段。用户可以通过以下几种方法绘制三维多段线：

- 执行"绘图>三维多段线"命令。
- 在命令行中输入 3DPOLY 命令并按 Enter 键。

使用以上任意一种方法，都可以激活"三维多段线"命令。在绘图窗口中不同位置单击，绘制的三维多段线如图 12-38 所示。

螺旋就是开口的二维或三维螺旋。在 AutoCAD 2013 中，用户可以通过以下几种方法绘制螺旋线：

- 执行"绘图>螺旋"命令。
- 在命令行中输入 HELIX 命令并按 Enter 键。

使用以上任意一种方法，都可以激活"螺旋"命令，命令行提示如下：

```
命令: _Helix
圈数 = 3.0000        扭曲=CCW
指定底面的中心点:                        //在绘图区域中单击指定底面的中心点
指定底面半径或 [直径(D)] <1.0000>:10      //输入 10 并按 Enter 键指定底面半径
指定顶面半径或 [直径(D)] <10.0000>:       //按 Enter 键指定顶面半径
指定螺旋高度或 [轴端点(A)/圈数(T)/圈高(H)/扭曲(W)] <1.0000>:
                                        //移动光标至合适位置单击，指定螺旋高度
```

图形效果如图 12-39 所示。

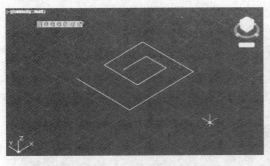

图 12-38　三维多线段　　　　　　　　　　　　图 12-39　螺旋线

12.4 创建三维曲面

通过曲面建模，可以将多个曲面作为一个关联组或者以一种更自由的形式进行编辑。除三维实体和网格对象外，AutoCAD 还提供了两种类型的曲面，即程序曲面和 NURBS 曲面。

- 程序曲面可以是关联曲面，即保持与其他对象间的关系，以便可以将它们作为一个组进行处理。
- NURBS 曲面不是关联曲面。此类曲面具有控制点，使用户能以一种更自然的方式对其进行造型。

使用程序曲面可利用关联建模功能，而使用 NURBS 曲面可通过控制点来利用造型功能。在 AutoCAD 中，不仅可以绘制球面、圆锥面、圆柱面等基本三维曲面，还可以绘制旋转曲面、平面曲面、直纹曲面和边界曲面。

三维表面形体是由多个三维面组成的，它与三维实体有本质的区别。用创建曲面的方法进行三维建模比用三维多线段进行三维建模要简单得多。用户可以通过以下几种方法绘制三维面：

- 执行"绘图>建模>网格>三维面"命令。
- 在命令行中输入 3DFACE 命令并按 Enter 键。

12.4.1 创建平面曲面

在 AutoCAD 2013 中，还可以创建平面曲面或将对象转换为平面对象。用户可以通过以下几种方法创建平面曲面：

- 执行"绘图>建模>曲面>平面"命令。
- 在命令行中输入 PLANESURF 命令并按 Enter 键。

自测 150　创建平面曲面

素材：无
视频：视频\第 12 章\视频\12-4-1.swf
源文件：无

执行"绘图>建模>曲面>平面"命令，如图 12-40 所示。命令行提示如下：

```
命令: _Planesurf
指定第一个角点或 [对象(O)] <对象>:              //指定第一个角点
指定其他角点:                                    //指定第二个角点
命令: 指定对角点或 [栏选(F)/圈围(WP)/圈交(CP)]:  //平面曲面创建完成，效果如图 12-41 所示
```

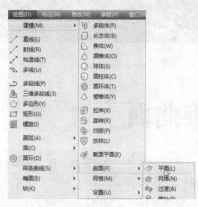

图 12-40 执行菜单命令

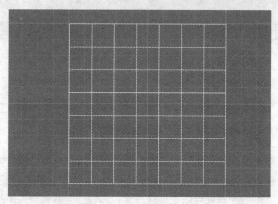

图 12-41 平面曲面效果

12.4.2 将对象转换为曲面

在 AutoCAD 2013 中，可以通过图形中现有的对象创建曲面。可以转换为曲面的对象包括：二维实体、面域、体、开放的及具有厚度的零宽度多段线、具有厚度的直线和圆弧以及三维平面。用户可以使用以下几种方法将现在的图形对象转换为曲面：

● 执行"修改>三维操作>转换为曲面"命令。
● 在命令行中输入 CONVTOSURFACE 命令并按 Enter 键。

自测 151 将对象转换为曲面

素材：无
视频：视频\第 12 章\视频\12-4-2.swf
源文件：无

01 单击"绘图"工具栏中的"圆"按钮，绘制一个直径为 500 的圆形，如图 12-42 所示。
02 执行"绘图>建模>曲面>平面"命令，命令行提示如下：

```
命令: _Planesurf
指定第一个角点或 [对象(O)] <对象>: O          //选择"对象"选项
```

选择对象: 找到 1 个   //在绘图窗口中选择圆形
选择对象: //按 Enter 键, 效果如图 12-43 所示

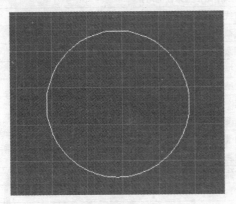 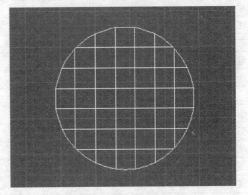

图 12-42　绘制圆形　　　　　　　　　　　图 12-43　转换为曲面效果

12.5　使用二维图形创建三维实体

在 AutoCAD 2013 中, 可以直接使用已有的二维图形创建三维实体。用户可以通过拉伸、扫掠、放样和旋转创建实体和曲面。

12.5.1　通过扫掠创建实体或曲面

"扫掠"命令通过沿指定路径延伸轮廓形状（被扫掠的对象）来创建实体或曲面。沿路径扫掠轮廓时, 轮廓将被移动并与路径垂直对齐, 开放轮廓可创建曲面, 而闭合曲线可创建实体或曲面。可以沿路径扫掠多个轮廓对象, 但是这些对象必须位于同一平面中, 如图 12-44 所示。

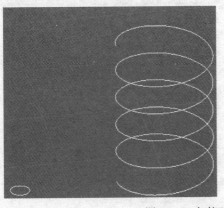 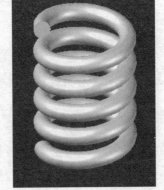

图 12-44　扫掠对象

在 AutoCAD 2013 中, 用户可以通过以下几种方法创建扫掠对象:
- 执行"绘图>建模>扫掠"命令。
- 单击"三维制作"选项板中的"扫掠"按钮 。
- 在命令行中输入 SWEEP 命令并按 Enter 键。

并不是所有的二维或三维对象都可以作为扫掠对象或路径。创建扫掠实体或曲面时, 可以使用的对象和路径见表 12-2。

表 12-2　创建扫掠实体或曲面时可以使用的对象和路径

可扫掠的对象	可以用做扫掠路径的对象
直线	直线
圆弧	圆弧
椭圆弧	椭圆弧
二维多段线	二维多段线
二维样条曲线	二维样条曲线
圆	圆
椭圆	椭圆
平面三维面	三维多段线
二维实体	螺旋
宽线	实体或曲面的边
面域	
平曲面	
实体平面	

12

自测 152　使用扫掠创建实体

素材：无
视频：视频\第 12 章\视频\12-5-1.swf
源文件：源文件\第 12 章\12-5-1.dwg

01 执行"绘图>圆>圆心、半径（R）"命令，在绘图区域绘制一个圆心坐标为（10，10）、半径为 1 的圆，如图 12-45 所示。

02 执行"绘图>螺旋"命令，绘制螺旋线，命令行提示如下：

```
命令：_Helix
圈数=          扭曲=ccw
指定底面的中心点： 20,10                   //指定底面的中心点坐标
指定底面半径或[直径（D）]：5               //指定底面半径
指定顶面半径或[直径（D）]：5               //指定顶面半径
指定螺旋高度或[极端点（A）/圈数（T）/圈高（H）/扭曲（W）]：t
                                        //输入 T 并按 Enter 键
输入圈数< >：10                           //指定螺线圈数
指定螺旋高度或[极端点（A）/圈数（T）/圈高（H）/扭曲（W）]：h
                                        //输入 H 并按 Enter 键
指定圈间距< >：3                          //指定圈间距，螺旋线效果如图 12-46 所示
```

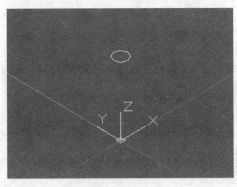

图 12-45 绘制圆形

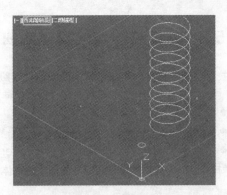

图 12-46 绘制螺旋线

03 执行"绘图>建模>扫掠"命令,选择要扫掠的对象,如图 12-47 所示。按 Enter 键,选择要扫掠的路径,如图 12-48 所示。

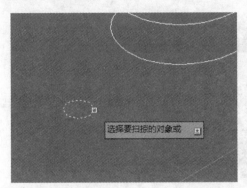

图 12-47 选择扫掠的对象

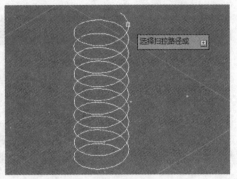

图 12-48 选择扫掠的路径

04 单击绘图区域左上角的"视觉样式控件"按钮,在弹出的快捷菜单中选择"着色"选项,如图 12-49 所示。最终的图形效果如图 12-50 所示。

图 12-49 选择"着色"选项

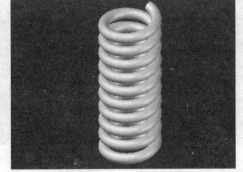

图 12-50 最终的图形效果

通过扫掠创建实体时,命令行会给出相应的提示信息,用户可根据需要选择不同的选项进行设置。

模式:指定扫掠是创建曲面还是实体。

对齐:如果轮廓与扫掠路径不在同一平面上,请指定轮廓与扫掠路径对齐的方式。

基点:在轮廓上指定基点,以便沿轮廓进行扫掠。

比例:指定从开始扫掠到结束扫掠将更改对象大小的值。输入数学表达式可以约束对象缩放。

扭曲:通过输入扭曲角度,使对象可以沿轮廓长度进行旋转。输入数学表达式可以约束对象的扭曲角度。

12.5.2 通过拉伸创建实体或曲面

拉伸是通过指定高度、倾斜角度或沿指定路径将对象或平面拉伸成三维实体或曲面。在 AutoCAD 2013 中，用户可以通过以下几种方法使用"拉伸"命令：

● 执行"绘图>建模>拉伸"命令。
● 单击"建模"工具栏中的"拉伸"按钮。
● 在命令行中输入 EXTRUDE 命令并按 Enter 键。

"拉伸"命令可以创建延伸曲线的形状的实体或曲面。开放曲线可创建曲面，而闭合曲线可创建实体或曲面。

自测 153　使用拉伸创建实体

```
素材：无
视频：视频\第 12 章\视频\12-5-2.swf
源文件：源文件\第 12 章\12-5-2.dwg
```

01 执行"绘图>圆>圆心、半径（R）"命令，在绘图区域绘制一个圆心坐标为（20，20）、半径为 10 的圆，如图 12-51 所示。执行"绘图>建模>拉伸"命令，选择要拉伸的对象，如图 12-52 所示。

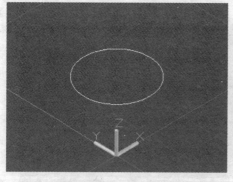

图 12-51　绘制圆形

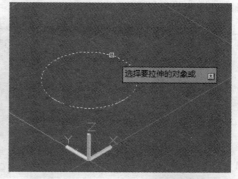

图 12-52　选择要拉伸的对象

02 按 Enter 键确认，图形效果如图 12-53 所示。指定拉伸的高度为 15，并按 Enter 键确认，图形效果如图 12-54 所示。

通过拉伸创建实体时，命令行会给出相应的提示信息，用户可根据需要选择不同的选项进行设置。

路径： 使用"路径"选项，可以通过指定要作为拉伸的轮廓路径或形状路径的对象来创建实体或曲面。拉伸对象始于轮廓所在的平面，止于在路径端点处与路径垂直的平面。要想获得最佳结果，可使用"对象捕捉"功能确保路径位于被拉伸对象的边界上或边界内。

拉伸不同于扫掠，沿路径拉伸轮廓时，轮廓会按照路径的形状进行拉伸，即使路径与轮廓不相交。扫掠通常可以实现更好的控制，并能获得更出色的结果。

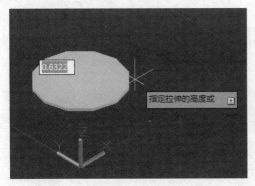

图 12-53　图形效果（一）

图 12-54　图形效果（二）

倾斜角： 在定义要求成一定倾斜角的零件方面，倾斜拉伸非常有用，例如铸造车间用来制造金属产品的铸模。

方向： 通过 "方向" 选项，可以指定两个点以设定拉伸的长度和方向。

表达式： 输入数学表达式可以约束拉伸的高度。

12.5.3　通过放样创建实体或曲面

通过放样创建实体或曲面，就是通过在包含两个或更多横截面轮廓的一组轮廓中对轮廓进行放样来创建三维实体或曲面。横截面轮廓可定义所生成的实体对象的形状，使用 "放样" 命令时必须至少有两个横截面。

横截面轮廓可以是开放曲线或闭合曲线。开放曲线可创建曲面，而闭合曲线可创建实体或曲面。用户可以通过以下几种方法使用此命令：

● 执行 "绘图>建模>放样" 命令。
● 单击 "建模" 工具栏中的 "放样" 按钮 。
● 在命令行中输入 LOFT 命令并按 Enter 键。

并不是所有的二维或三维对象都可以作为横截面的对象、放样路径或导向对象。创建放样实体或曲面时，可以使用的对象见表 12-3。

表 12-3　创建放样实体或曲面时可以使用的对象

可以用做横截面的对象	可以用做放样路径的对象	可以用做导向的对象
直线	直线	直线
圆弧	圆弧	圆弧
椭圆弧	椭圆弧	椭圆弧
二维多段线	样条曲线	二维样条曲线
二维样条曲线	螺旋	二维多段线
圆	圆	三维多段线
椭圆	椭圆	
点（仅第一个和最后一个横截面）	二维多段线	
面域	三维多段线	
实体的平面		
平曲面		
平面三维面		
二维实体		
宽线		

自测 154　使用放样创建实体

素材：无
视频：视频\第 12 章\视频\12-5-3.swf
源文件：源文件\第 12 章\12-5-3.dwg

01 单击"绘图"工具栏中的"矩形"按钮，绘制一个边长为 200 的正方形，如图 12-55 所示。按 Enter 键重复"矩形"工具，在 Z 轴正方向指定矩形的第一个角点，如图 12-56 所示。

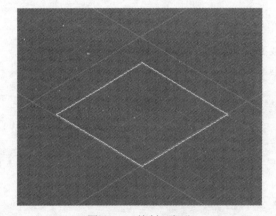

图 12-55　绘制正方形

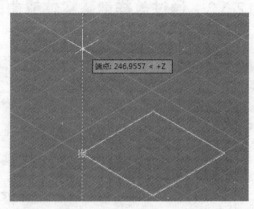

图 12-56　指定第一个角点

02 指定第二个角点，绘制一个边长为 50 的正方形，如图 12-57 所示。执行"绘图>建模>放样"命令，按放样次序首先选择大正方形，如图 12-58 所示。

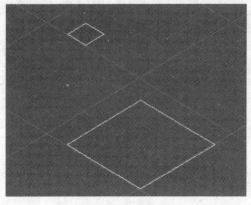

图 12-57　绘制正方形

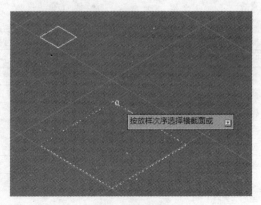

图 12-58　选择横截面

03 继续选择第二个横截面，效果如图 12-59 所示。按两次 Enter 键，放样效果如图 12-60 所示。

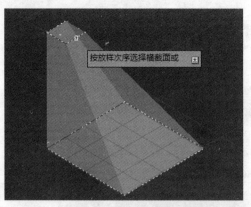
图 12-59　选择第二个横截面

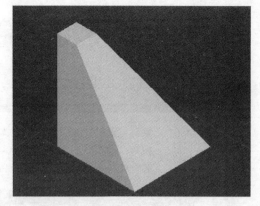
图 12-60　放样效果

通过放样创建实体时，命令行会给出相应的提示信息，用户可根据需要选择不同的选项进行设置。

导向： 指定导向曲线，以与相应横截面上的点相匹配。此方法可防止出现意外结果，例如结果三维对象中出现皱褶。每条导向曲线必须满足以下 3 个条件：

➤ 与每个横截面相交。

➤ 始于第一个横截面。

➤ 止于最后一个横截面。

路径： 为放样操作指定路径，以便更好地控制放样对象的形状。为获得最佳结果，路径曲线应始于第一个横截面所在的平面，止于最后一个横截面所在的平面。

仅横截面： 选择一系列横截面轮廓，以定义新三维对象的形状。

设置： 选择该选项，系统将弹出"放样设置"对话框，如图 12-61 所示。通过该对话框，可对放样效果进行详细设置。

➤ 直纹：指定实体或曲面在横截面之间是直纹，并且在横截面处具有鲜明边界。

➤ 平滑拟合：指定在横截面之间绘制平滑实体或曲面，并且在起点和终点横截面处具有鲜明边界。

➤ 法线指向：控制实体或曲面在其通过横截面处的曲面法线。

➤ 拔模斜度：控制放样实体或曲面的第一个和最后一个横截面的拔模斜度和幅值。拔模斜度为曲面的开始方向，0 定义为从曲线所在平面向外。

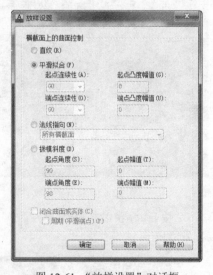
图 12-61　"放样设置"对话框

12.5.4　通过旋转创建实体或曲面

使用"旋转"命令，可以通过绕轴旋转开放或闭合对象来创建实体或曲面。其中不能旋转包含在块中的对象，也不能旋转具有自交或相交线段的多段线，并且一次只能旋转一个对象。在 AutoCAD 2013 中，用户可以通过以下几种方法使用此命令：

● 执行"绘图>建模>旋转"命令。

● 单击"建模"工具栏中的"旋转"按钮 。

● 在命令行中输入 REVOLVE 命令并按 Enter 键。

自测 155　使用"旋转"命令绘制高脚杯

素材：素材\第 12 章\素材\125401.dwg
视频：视频\第 12 章\视频\12-5-4.swf
源文件：源文件\第 12 章\12-5-4.dwg

01 打开素材文件"素材\第 12 章\素材\125401.dwg"，如图 12-62 所示，使用窗交方法将图形全部选中。执行"绘图>建模>旋转"命令，根据命令行的提示指定轴起点和端点，如图 12-63 所示。

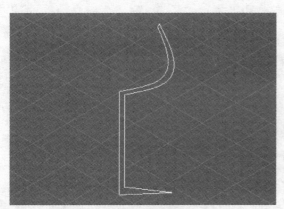

图 12-62　打开素材文件

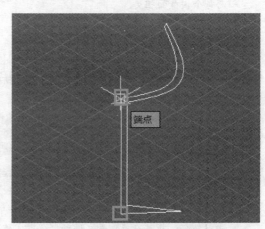

图 12-63　指定轴起点和端点

02 按 Enter 键指定旋转角度为 360°，效果如图 12-64 所示。调整到合适的视点，最终的图形效果如图 12-65 所示。

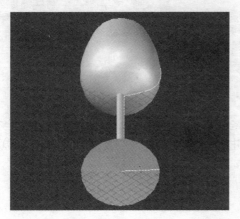

图 12-64　指定旋转角度

图 12-65　最终的图形效果

通过旋转创建实体时，命令行会给出相应的提示信息，用户可根据需要选择不同的选项进行设置。

轴起点：指定旋转轴的第一点和第二点。轴的正方向从第一点指向第二点，以通过两点所绘制的线作为轴进行旋转。

对象：可以选择现有的对象，该对象定义了旋转选定对象时所绕的轴。

X（轴）：使用当前 UCS 的正向 X 轴作为轴的正方向。

Y（轴）：使用当前 UCS 的正向 Y 轴作为轴的正方向。

Z（轴）：使用当前 UCS 的正向 Z 轴作为轴的正方向。

12.5.5　从对象创建实体或曲面

在 AutoCAD 2013 中，用户还可以从图形中现有的对象创建曲面。使用 CONVTOSURFACE 命令，可以将以下对象转换为曲面：

- 二维实体。
- 面域。
- 体。
- 开放的、具有厚度的零宽度多段线。
- 具有厚度的直线。
- 具有厚度的圆弧。
- 三维平面。

还可以使用 EXPLODE 命令从具有曲线面的三维实体（如圆柱、圆锥体）创建曲面，也可以使用 PLANESURF 命令创建平面曲面，指定曲面角点时，将平行于工作平面创建曲面，如图 12-66 所示。

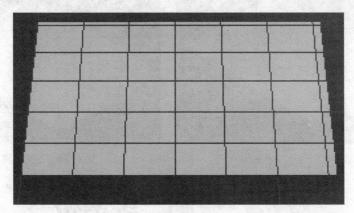

图 12-66　平面曲面

同时还可以使用 CONVTOSOLID 命令将以下对象转换为拉伸三维实体：

- 具有厚度的、统一宽度的宽多段线。
- 闭合的、具有厚度的零宽度多段线。
- 具有厚度的圆。

12.5.6　从曲面创建实体

在 AutoCAD 中，可以使用"加厚"命令从任何曲面创建三维实体。用户可以通过以下几种方法使用此命令：

- 执行"修改>三维操作>加厚"命令。
- 在命令行中输入 THICKEN 命令并按 Enter 键。

自测 156   使用"加厚"命令创建实体

素材：无
视频：视频\第 12 章\视频\12-5-6.swf
源文件：无

01 执行"绘图>建模>曲面>平面"命令，根据命令行的提示指定不同的角点绘制平面曲面，如图 12-67 所示。

02 选择该曲面并执行"修改>三维操作>加厚"命令，指定厚度为 100 来创建实体，图形效果如图 12-68 所示。

图 12-67   绘制平面曲面

图 12-68   图形效果

12.6   绘制三维网格

多边形网格面是平面的，具有消音、着色和渲染功能，而线框模型无法提供这些功能，但如果不需要实体模型提供的物理特性（质量、体积、中心、惯性矩等），则可以使用网格。

12.6.1   网格的概念

多边形网络由矩阵定义，其大小由 M 和 N 的尺寸值决定，可以根据指定的 M 行 N 列个顶点和每一顶点的位置生成三维空间多边形网格。M 和 N 的最小值为 2，表明定义多边形网格至少需要 4 个点，其最大值为 256。用户可以通以下几种方法使用"三维网格"命令：

- 执行"绘图>建模>网格>图元"子菜单中的各命令。
- 在命令行中输入 3DMESH 命令并按 Enter 键。

12.6.2　绘制旋转网格

旋转网格是由一条轮廓线围绕指定的轴旋转一定角度生成的网格曲面图形。该命令常用于创建具有回转体特征的空间形体，比如酒杯、茶壶、花瓶、灯罩、轮、环等三维模型。用户可以通过以下几种方法使用"旋转网格"命令：

● 执行"绘图>建模>网格>旋转网格"命令。
● 在命令行中输入 REVSURF 命令并按 Enter 键。

自测 157　绘制旋转网格

素材：素材\第 12 章\素材\126201.dwg
视频：视频\第 12 章\视频\12-6-2.swf
源文件：源文件\第 12 章\12-6-2.dwg

打开素材文件"素材\第 12 章\素材\126201.dwg"，如图 12-69 所示。执行"绘图>建模>网格>旋转网格"命令，命令行提示如下：

```
命令: _revsurf
当前线框密度: SURFTAB1=6   SURFTAB2=6
选择要旋转的对象:                    //指定左边图形为旋转对象
选择定义旋转轴的对象:                //指定直线为旋转轴
指定起点角度 <0>:                    //按 Enter 键，指定起点角度为 0°
指定包含角 (+=逆时针, -=顺时针) <360>:   //按 Enter 键，图形效果如图 12-70 所示
```

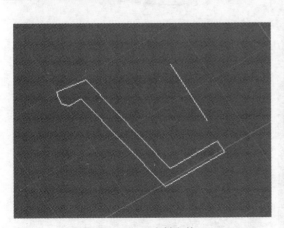

图 12-69　打开素材文件

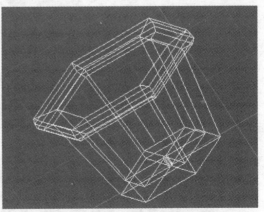

图 12-70　图形效果

> **提示:**
>
> 　　指定对象以定义路径曲线。路径曲线定义了网格的 N 方向，它可以是直线、圆弧、圆、椭圆、椭圆弧、二维多段线、三维多段线或样条曲线。如果选择了圆、闭合椭圆或闭合多段线，则将在 N 方向上闭合网格。
>
> 　　指定对象以定义旋转轴。方向矢量可以是直线，也可以是开放的二维或三维多段线。如果选择多段线，矢量设定从第一个顶点指向最后一个顶点的方向为旋转轴，中间的任意顶点都将被忽略。旋转轴确定网格的 M 方向。

12.6.3 绘制平移网格

　　平移网格是由一条轮廓线沿着一条指定方向的路径拉伸而形成的网格曲面。路径曲线可以是直线、圆弧、圆、椭圆、椭圆弧、二维多段线、三维多段线或样条曲线；方向矢量用来指明拉伸的方向和长度，可以基于直线，也可以基于开放的二维或三维多段线。

　　可以将使用此方法创建的网格看做是指定路径上的一系列平行多边形，原对象和方向矢量必须已绘制。用户可以通过以下几种方法使用"平移网格"命令：

- 执行"绘图>建模>网格>平移网格"命令。
- 在命令行中输入 TABSURF 命令并按 Enter 键。

自测 158　绘制平移网格

```
素材：素材\第 12 章\素材\126301.dwg
视频：视频\第 12 章\视频\12-6-3.swf
源文件：源文件\第 12 章\12-6-3.dwg
```

　　01 打开素材文件"素材\第 12 章\素材\126301.dwg"，如图 12-71 所示。执行"绘图>建模>网格>平移网格"命令，选择用做轮廓曲线的对象，如图 12-72 所示。

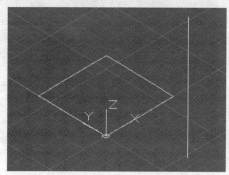

图 12-71　打开素材文件

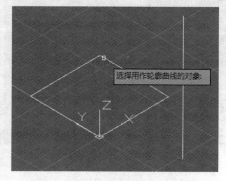

图 12-72　选择用做轮廓曲线的对象

02 根据命令行的提示选择用做方向矢量的对象，如图 12-73 所示。单击直线的下方，图形效果如图 12-74 所示。

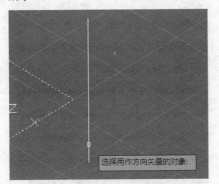

图 12-73　选择用做方向矢量的对象

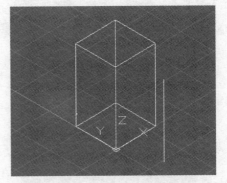

图 12-74　图形效果

提示：

　　用于拉伸的轨迹线和方向矢量不能位于同一平面内，在指定拉伸的方向矢量时选择点的位置不同，结果也不同。

12.6.4　绘制直纹网格

　　直纹网格是指创建用于表示两条直线或曲线之间的网格。在 AutoCAD 2013 中，有多种创建直纹网格的方法，可以使用以下两个对象定义直纹网格的边界：直线、点、圆弧、圆、椭圆、椭圆弧、二维多段线、三维多段线或样条曲线。

　　用做直纹网络"轨迹"的两个对象必须全部开放或全部闭合，点对象可以与开放或闭合对象成对使用。用户可以通过以下几种方法使用"直纹网格"命令：

● 执行"绘图>建模>网格>直纹网格"命令。

● 在命令行中输入 RULESURF 命令并按 Enter 键。

自测 159　　绘制直纹网格

素材：素材\第 12 章\素材\126401.dwg
视频：视频\第 12 章\视频\12-6-4.swf
源文件：源文件\第 12 章\12-6-4.dwg

01 打开素材文件"素材\第 12 章\素材\126401.dwg"，如图 12-75 所示。

02 执行"绘图>建模>网格>直纹网格"命令，命令行提示如下：

命令: _rulesurf
当前线框密度: SURFTAB1=6
选择第一条定义曲线: //选择下方的圆形
选择第二条定义曲线: //选择上方的圆形，图形效果如图 12-76 所示

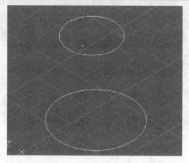

图 12-75　打开素材文件

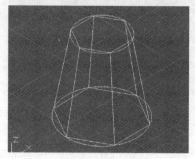

图 12-76　图形效果

提示:

"直纹网格"命令以两条指定的直线或曲线为相对的两边而生成三维曲面，在操作之前首先要定义曲面的两条边。

12.6.5　绘制边界网格

边界网格是指以由 4 条首尾相连的边或曲线为边界生成的网格曲面。边界可以是可形成闭合环且共享端点的圆弧、直线、多段线、样条曲线或椭圆弧。用户可以通过以下几种方法使用"边界网格"命令：

- 执行"绘图>建模>网格>边界网格"命令。
- 在命令行中输入 EDGESURF 命令并按 Enter 键。

自测 160　绘制边界网格

素材：素材\第 12 章\素材\126501.dwg
视频：视频\第 12 章\视频\12-6-5.swf
源文件：源文件\第 12 章\12-6-5.dwg

01 打开素材文件"素材\第 12 章\素材\126501.dwg"，如图 12-77 所示。
02 执行"绘图>建模>网格>边界网格"命令，命令行提示如下：

命令: _edgesurf
当前线框密度: SURFTAB1=6　SURFTAB2=6
选择用做曲面边界的对象 1:   //选择左边的直线

选择用做曲面边界的对象 2:	//选择下方的直线
选择用做曲面边界的对象 3:	//选择右边的直线
选择用做曲面边界的对象 4:	//选择上方的直线，图形效果如图 12-78 所示

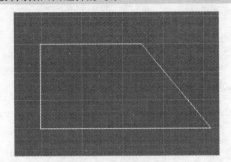
图 12-77　打开素材文件

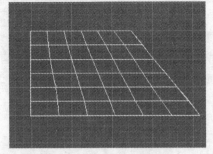
图 12-78　图形效果

12.7　创建三维实体

三维实体对象通常以某种基本形状或图元作为起点，之后用户可以对其进行修改和重新合并。也可以通过在三维空间中沿指定路径拉伸二维形状来获取三维实体。

在 AutoCAD 2013 中可以创建多种基本三维形状（称为实体图元），包括长方体、圆锥体、圆柱体、球体、楔体、棱锥体和圆环体。三维实体图形具有线框和曲面图形所没有的特性，其内部是实心的，所以用户可以对它进行各种编辑操作。

12.7.1　创建多段体

在 AutoCAD 中，可以使用创建多段线所使用的相同技巧来创建多段体对象。通过使用 POLYSOLID 命令可快速绘制三维墙体，多段体与拉伸的宽多段线类似。事实上，使用直线段和曲线段能够以绘制多段线的相同方式绘制多段体。多段体与拉伸多段线的不同之处在于，拉伸多段线在拉伸时会丢失所有宽度特性，而多段体会保留其直线段的宽度。

多实体可以包含曲线段，但是默认情况下轮廓始终为矩形。用户可以通过以下几种方法创建多段体：

- 执行 "绘图>建模>多段体" 命令。
- 单击 "建模" 工具栏中的 "多段体" 按钮 。
- 在命令行中输入 POLYSOLID 命令并按 Enter 键。

自测 161　创建多段体

素材：无
视频：视频\第 12 章\视频\12-7-1.swf
源文件：源文件\第 12 章\12-7-1.dwg

执行"绘图>建模>多段体"命令，命令行提示如下：

命令: _Polysolid 高度 = 80.0000, 宽度 = 5.0000, 对正 = 居中
指定起点或 [对象(O)/高度(H)/宽度(W)/对正(J)] <对象>: H
                                        //选择"高度"选项

指定高度 <80.0000>: 20   //指定高度
高度 = 20.0000, 宽度 = 5.0000, 对正 = 居中
指定起点或 [对象(O)/高度(H)/宽度(W)/对正(J)] <对象>: W
                                        //选择"宽度"选项

指定宽度 <5.0000>: 3   //指定宽度
高度 = 20.0000, 宽度 = 3.0000, 对正 = 居中
指定起点或 [对象(O)/高度(H)/宽度(W)/对正(J)] <对象>: 10,10
                                        //指定起点

指定下一个点或 [圆弧(A)/放弃(U)]: 30,10   //指定下一个点
指定下一个点或 [圆弧(A)/放弃(U)]: a   //选择"圆弧"选项
指定圆弧的端点或 [闭合(C)/方向(D)/直线(L)/第二个点(S)/放弃(U)]: 30,20
                                        //指定圆弧的端点

指定下一个点或 [圆弧(A)/闭合(C)/放弃(U)]: 指定圆弧的端点或 [闭合(C)/方向(D)/直线(L)/第二个点
(S)/放弃(U)]: l   //选择"直线"选项
指定下一个点或 [圆弧(A)/闭合(C)/放弃(U)]: 10,20
                                        //指定下一个点

指定下一个点或 [圆弧(A)/闭合(C)/放弃(U)]: a //选择"圆弧"选项
指定圆弧的端点或 [闭合(C)/方向(D)/直线(L)/第二个点(S)/放弃(U)]: C
                                        //选择"闭合"选项，如图 12-79 所示

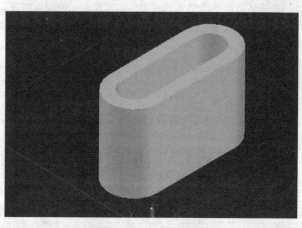

图 12-79　绘制多段体

在进行创建多段体操作时，命令行会给出相应的提示信息，用户可根据需要选择不同的选项进行设置。

对象：指定要转换为实体的对象。
高度：指定实体的高度。默认高度设为当前的 PSOLHEIGHT 设置。
宽度：指定实体的宽度。默认宽度设为当前的 PSOLWIDTH 设置。

对正：使用命令定义轮廓时，可以将实体的宽度和高度设定为左对正、右对正或居中。

对正方式：由轮廓的第一条线段的起始方向决定。

圆弧：将圆弧段添加到实体中。圆弧的默认起始方向与上次绘制的线段相切。可以使用"方向"选项指定不同的起始方向。

➢ 闭合：通过从指定的实体的最后一点到起点创建直线段或圆弧段来闭合实体。必须至少指定两个点才能使用该选项。

➢ 方向：指定圆弧段的起始方向。

➢ 直线：退出"圆弧"选项并返回初始 POLYSOLID 命令提示。

➢ 第二个点：指定三点圆弧段的第二个点和端点。

放弃：删除最后添加到实体的圆弧段。

12.7.2　从现有对象创建多段体

在 AutoCAD 中，用户还可以将现有直线、二维多段线、圆弧或圆转换为具有矩形轮廓的实体，三维多段体将使用当前的高度和宽度设置创建。

自测 162　从现有对象创建多段体

素材：无
视频：视频\第 12 章\视频\12-7-2.swf
源文件：源文件\第 12 章\12-7-2.dwg

01 单击"绘图"工具栏中的"圆"按钮，绘制一个圆心坐标为（50，50）、半径为 50 的圆形，如图 12-80 所示。

02 执行"绘图>建模>多段体"命令，命令行提示如下：

```
命令: _Polysolid 高度 = 80.0000, 宽度 = 5.0000, 对正 = 居中
指定起点或 [对象(O)/高度(H)/宽度(W)/对正(J)] <对象>: H
                        //选择"高度"选项
指定高度 <80.0000>: 50          //指定高度
高度 = 50.0000, 宽度 = 5.0000, 对正 = 居中
指定起点或 [对象(O)/高度(H)/宽度(W)/对正(J)] <对象>: W
                        //选择"宽度"选项
指定宽度 <5.0000>: 20          //指定宽度
高度 = 50.0000, 宽度 = 20.0000, 对正 = 居中
指定起点或 [对象(O)/高度(H)/宽度(W)/对正(J)] <对象>: O
                        //选择"对象"选项并选择圆形，图形效果如图 12-81 所示
```

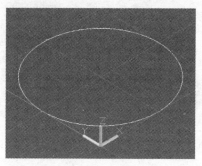

图 12-80　绘制圆形

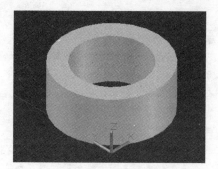

图 12-81　图形效果

12.7.3　创建长方体

在 AutoCAD 2013 中绘制长方体的方法很多，用户可以通过以下几种方法使用"长方体"命令创建长方体：

- 执行"绘图>建模>长方体"命令。
- 单击"建模"工具栏中的"长方体"按钮 。
- 在命令行中输入 BOX 命令并按 Enter 键。

自测 163　　基于两点和高度创建实体长方体

素材：无
视频：视频\第 12 章\视频\12-7-3.swf
源文件：源文件\第 12 章\12-7-3.dwg

执行"绘图>建模>长方体"命令，命令行提示如下：

```
命令:_box
指定第一个角点或 [中心(C)]: 0,0,0                //指定第一个角点
指定其他角点或 [立方体(C)/长度(L)]: 20,10,0       //指定其他角点
指定高度或 [两点(2P)] <720.9562>: 5              //指定高度，图形效果如图 12-82 所示
```

在进行创建长方体操作时，命令行会给出相应的提示信息，用户可根据需要选择不同的选项进行设置。

中心： 使用指定的中心点创建长方体。

立方体： 创建一个长、宽、高相等的长方体。

长度： 按照指定的长、宽、高创建长方体。如果输入值，则长度与 X 轴对应、宽度与 Y 轴对应、高度与 Z 轴对应。如果拾取点以指定长度，则还要指定在 XY 平面上的旋转角度。

图 12-82　图形效果

两点：指定长方体的高度为两个指定点之间的距离。

12.7.4　基于长度、宽度和高度创建实体长方体

通过定义长、宽、高也可创建实体长方体，下面将通过实例的方式讲解其具体操作步骤。

自测 164　基于长度、宽度和高度创建实体长方体

素材：无
视频：视频\第 12 章\视频\12-7-4.swf
源文件：源文件\第 12 章\12-7-4.dwg

在命令行中输入 BOX 命令并按 Enter 键确认，命令行提示如下：

```
命令:_box
指定第一个角点或 [中心(C)]: 0,0,0              //指定第一个角点
指定其他角点或 [立方体(C)/长度(L)]: L          //指定其他角点
指定长度 <100.0000>: @30<0                     //指定长度
指定宽度 <50.0000>: 10                          //指定宽度
指定高度或 [两点(2P)] <30.0000>: 10             //指定高度，图形效果如图 12-83 所示
```

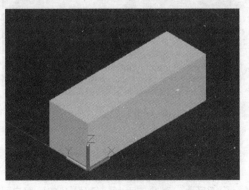

图 12-83　图形效果

提示：

在定义长方体高度时可以移动鼠标来确定长方体的方向。

12.7.5　创建特殊立方体

立方体是长方体的特殊形式，使用 BOX 命令可以创建一个长、宽、高都相等的正方体，用户可以通过下面的方法创建特殊立方体。

自测 165　创建特殊立方体

素材：无
视频：视频\第 12 章\视频\12-7-5.swf
源文件：源文件\第 12 章\12-7-5.dwg

在命令行中输入 BOX 命令并按 Enter 键确认，命令行提示如下：

```
命令: _box
指定第一个角点或 [中心(C)]: 0,0,0          //指定第一个角点
指定其他角点或 [立方体(C)/长度(L)]: C      //选择"立方体"选项
指定长度 <30.0000>: @50<0                  //指定长度，图形效果如图 12-84 所示
```

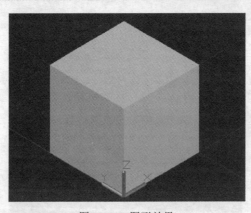

图 12-84　图形效果

12.7.6　创建楔体

楔体是日常工作中常用的几何图形之一。在 AutoCAD 2013 中，用户可以通过以下几种方法使用"楔体"命令创建楔体：

- 执行"绘图>建模>楔体"命令。
- 单击"建模"工具栏中的"楔体"按钮 ▱。
- 在命令行中输入 WEDGE 命令并按 Enter 键。

自测 166　基于两点和高度创建实体楔体

执行"绘图>建模>楔体"命令，命令行提示如下：

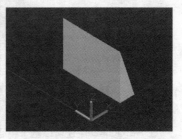

```
命令: _wedge
指定第一个角点或 [中心(C)]: 10,20,0
            //指定第一个角点
指定其他角点或 [立方体(C)/长度(L)]: 15,0,0
            //指定其他角点
指定高度或 [两点(2P)] <20.0000>: 15
            //指定高度，图形效果如图 12-85 所示
```

图 12-85　图形效果

12.7.7　基于长度、宽度和高度创建实体楔体

绘制楔体的方法多种多样，下面讲解基于长度、宽度和高度创建实体楔体的具体步骤。

自测 167　基于长度、宽度和高度创建实体楔体

执行"绘图>建模>楔体"命令，命令行提示如下：

```
命令: _wedge
指定第一个角点或 [中心(C)]: 0,0,0          //指定第一个角点
指定其他角点或 [立方体(C)/长度(L)]: L      //选择"长度"选项
指定长度 <50.0000>: 30                    //指定长度
指定宽度 <10.0000>: 25                    //指定宽度
指定高度或 [两点(2P)] <15.0000>:          //按 Enter 键，图形效果如图 12-86 所示
```

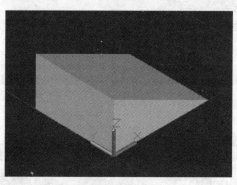

图 12-86　图形效果

12.7.8　基于中心点、底面角点和高度创建实体楔体

在 AutoCAD 中还可以基于中心点、底面角点和高度创建实体楔体，下面讲解其具体步骤。

自测 168　基于中心点、底面角点和高度创建实体楔体

素材：无
视频：视频\第 12 章\视频\12-7-8.swf
源文件：源文件\第 12 章\12-7-8.dwg

执行"绘图>建模>楔体"命令，命令行提示如下：

```
命令: _wedge
指定第一个角点或 [中心(C)]: C             //选择"中心"选项
指定中心: 0,0,0                          //指定中心
```

指定角点或 [立方体(C)/长度(L)]: 30,50	//指定角点
指定高度或 [两点(2P)] <15.0000>: 35	//指定高度，图形效果如图 12-87 所示

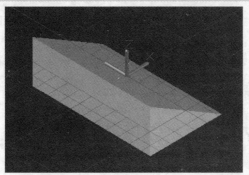

图 12-87　图形效果

12.7.9　创建长度、宽度和高度相等的实体楔体

下面以实例的形式讲解创建长度、宽度和高度相等的实体楔体的方法。

自测 169　创建长度、宽度和高度相等的实体楔体

素材：无
视频：视频\第 12 章\视频\12-7-9.swf
源文件：源文件\第 12 章\12-7-9.dwg

执行"绘图>建模>楔体"命令，命令行提示如下：

命令: _wedge
指定第一个角点或 [中心(C)]: C
　　　　　　　//选择"中心"选项
指定中心: 0,0,0
　　　　　　　//指定中心
指定角点或 [立方体(C)/长度(L)]: C
　　　　　　　//指定角点
指定长度 <30.0000>:
　　　　　　　//按 Enter 键，图形效果如图 12-88 所示

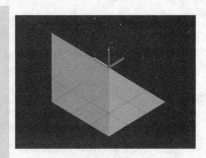

图 12-88　图形效果

12.7.10 创建圆锥体

在 AutoCAD 2013 中同样可以使用多种方法创建圆锥体，用户可以通过以下几种方法使用"圆锥体"命令创建圆锥体：

- 执行"绘图>建模>圆锥体"命令。
- 单击"建模"工具栏中的"圆锥体"按钮 ◁。
- 在命令行中输入 CONE 命令并按 Enter 键。

自测 170　以圆为底面创建圆锥体

素材：无
视频：视频\第 12 章\视频\12-7-10.swf
源文件：源文件\第 12 章\12-7-10.dwg

执行"绘图>建模>圆锥体"命令，命令行提示如下：

```
命令: _cone
指定底面的中心点或 [三点(3P)/两点(2P)/切点、切点、半径(T)/椭圆(E)]: 0,0,0
                                        //指定底面的中心点
指定底面半径或 [直径(D)]: 10              //指定底面半径
指定高度或 [两点(2P)/轴端点(A)/顶面半径(T)] <30.0000>: 25
                                        //指定高度，图形效果如图 12-89 所示
```

在进行创建圆锥体操作时，命令行会给出相应的提示信息，用户可根据需要选择不同的选项进行设置。

两点：指定圆锥体的高度为两个指定点之间的距离。

轴端点：指定圆锥体轴的端点位置。轴端点是圆锥体的顶点，或圆台的顶面圆心（"顶面半径"选项）。轴端点可以位于三维空间的任意位置。轴端点定义了圆锥体的长度和方向。

顶面半径：指定创建圆锥体平截面时圆锥体的顶面半径。

直径：指定圆锥体的底面直径。

图 12-89　图形效果

三点：通过指定 3 个点来定义圆锥体的底面周长和底面。

切点、切点、半径：定义具有指定半径，且与两个对象相切的圆锥体底面。

椭圆：指定圆锥体的椭圆底面。

中心：使用指定的圆心创建圆锥体的底面。

12.7.11 以椭圆为底面创建圆锥体

接下来通过一个实例来学习使用椭圆为底面创建圆锥体的方法，通过创建圆锥体熟悉各项参数的设置。

自测 171 以椭圆为底面创建圆锥体

素材：无
视频：视频\第 12 章\视频\12-7-11.swf
源文件：源文件\第 12 章\12-7-11.dwg

执行"绘图>建模>圆锥体"命令，命令行提示如下：

```
命令: _cone
指定底面的中心点或 [三点(3P)/两点(2P)/切点、切点、半径(T)/椭圆(E)]: E
                                   //选择"椭圆"选项
指定第一个轴的端点或 [中心(C)]: 0,0,0        //指定第一个轴的端点
指定第一个轴的其他端点: 10,10,0              //指定第一个轴的其他端点
指定第二个轴的端点: 15,0,0                  //指定第二个轴的端点
指定高度或 [两点(2P)/轴端点(A)/顶面半径(T)] <55.4304>: 25
                                   //指定高度，图形效果如图 12-90 所示
```

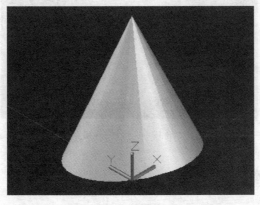

图 12-90 图形效果

12.7.12 创建实体圆台

在 AutoCAD 中还可以创建顶面和底面为圆形的实体圆台，通过下面的实例使用户掌握创建方法。

自测 172　创建实体圆台

素材：无
视频：视频\第 12 章\视频\12-7-12.swf
源文件：源文件\第 12 章\12-7-12.dwg

执行"绘图>建模>圆锥体"命令，命令行提示如下：

命令: _cone
指定底面的中心点或 [三点(3P)/两点(2P)/切点、切点、半径(T)/椭圆(E)]: 0,0,0
　　　　　　　　　　　　　　　　//指定底面的中心点
指定底面半径或 [直径(D)] <26.2366>: 20　　　//指定底面半径
指定高度或 [两点(2P)/轴端点(A)/顶面半径(T)] <25.0000>: T
　　　　　　　　　　　　　　　　//选择"顶面半径"选项
指定顶面半径 <0.0000>: 10　　　　//指定顶面半径
指定高度或 [两点(2P)/轴端点(A)] <25.0000>: 20　//指定高度，图形效果如图 12-91 所示

图 12-91　最终效果

12.7.13　创建球体

　　球体是三维建模中常用的几何体，绘制球体时可以通过改变 ISOLINRS 变量值来确定每个面上的线框密度。在 AutoCAD 2013 中，用户可以通过以下几种方法使用"球体"命令：

● 执行"绘图>建模>球体"命令。
● 单击"建模"工具栏中的"球体"按钮○。
● 在命令行中输入 SPHERE 命令并按 Enter 键。

自测 173　创建球体

素材：无
视频：视频\第 12 章\视频\12-7-13.swf
源文件：源文件\第 12 章\12-7-13.dwg

执行"绘图>建模>球体"命令，命令行提示如下：

命令：_sphere
指定中心点或 [三点(3P)/两点(2P)/切点、切点、半径(T)]：0,0,0
　　　　　　　　　　　　　　　　　//指定中心点
指定半径或 [直径(D)] <20.0000>：　　　　//按 Enter 键，图形效果如图 12-92 所示

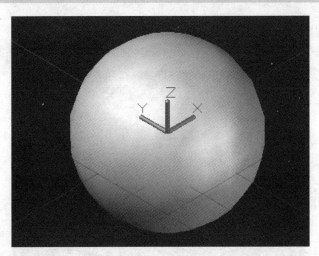

图 12-92　图形效果

在进行创建球体操作时，命令行会给出相应的提示信息，用户可根据需要选择不同的选项进行设置。

中心点：指定球体的圆心。指定圆心后，将放置球体以使其中心轴与当前 UCS 的 Z 轴平行。纬线与 XY 平面平行。

三点：通过在三维空间任意位置指定三个点来定义球体的圆周。三个指定点也可以定义圆周平面。

两点：通过在三维空间任意位置指定两个点来定义球体的圆周。第一个点的 Z 值定义圆周所在平面。

切点、切点、半径：通过指定半径定义可与两个对象相切的球体。指定的切点将投影到当前 UCS。

12.7.14　创建由三点定义的实体球体

接下来通过一个自测来学习使用由三点定义球体的方法，通过创建球体熟悉各项参数的设置。

自测 174   创建由三点定义的实体球体

素材：无
视频：视频\第 12 章\视频\12-7-14.swf
源文件：源文件\第 12 章\12-7-14.dwg

执行"绘图>建模>球体"命令，命令行提示如下：

命令: _sphere
指定中心点或 [三点(3P)/两点(2P)/切点、切点、半径(T)]: 3P
//选择"三点"选项
指定第一点: 0,0,0   //指定第一点
指定第二点: 10,0,0   //指定第二点
指定第三点: 0,10,0   //指定第三点，图形效果如图 12-93 所示

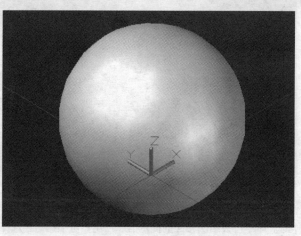

图 12-93   图形效果

12.7.15   创建圆柱体

在 AutoCAD 2013 中可以使用不同的方法创建圆柱体，圆柱体也是绘制图形时常用的基本几何体之一，其创建方法类似于长方体。用户可以通过以下几种方法使用"圆柱体"命令：

● 执行"绘图>建模>圆柱体"命令。
● 单击"建模"工具栏中的"圆柱体"按钮 □ 。
● 在命令行中输入 CYLINDER 命令并按 Enter 键。

自测 175 以圆为底面创建圆柱体

素材：无
视频：视频\第 12 章\视频\12-7-15.swf
源文件：源文件\第 12 章\12-7-15.dwg

执行"绘图>建模>圆柱体"命令，命令行提示如下：

命令：_cylinder
指定底面的中心点或 [三点(3P)/两点(2P)/切点、切点、半径(T)/椭圆(E)]：10,10,0
　　　　　//指定底面的中心点
指定底面半径或 [直径(D)] <7.0711>：5
　　　　　//指定底面半径
指定高度或 [两点(2P)/轴端点(A)] <20.0000>：10
　　　　　//指定高度，图形效果如图 12-94 所示

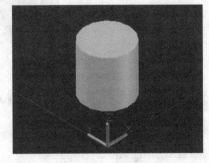

图 12-94 图形效果

12.7.16 以椭圆为底面创建圆柱体

同圆锥体一样，在 AutoCAD 中也可以创建以椭圆为底面的圆柱体，通过下面的实例使用户掌握其创建方法。

自测 176 以椭圆为底面创建圆柱体

素材：无
视频：视频\第 12 章\视频\12-7-16.swf
源文件：源文件\第 12 章\12-7-16.dwg

执行"绘图>建模>圆柱体"命令，命令行提示如下：

命令: _cylinder
指定底面的中心点或 [三点(3P)/两点(2P)/切点、切点、半径(T)/椭圆(E)]: E
//选择"椭圆"选项

指定第一个轴的端点或 [中心(C)]: 0,0,0   //指定第一个轴的端点
指定第一个轴的其他端点: 15,0,0   //指定第一个轴的其他端点
指定第二个轴的端点: @5<0   //指定第二个轴的端点
指定高度或 [两点(2P)/轴端点(A)] <10.0000>:   //按 Enter 键,效果如图 12-95 所示

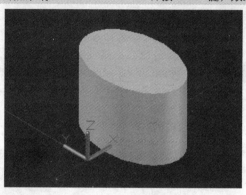

图 12-95　图形效果

12.7.17　创建由轴端点指定高度和方向的实体圆柱体

在 AutoCAD 2013 中创建圆柱体时还可以指定图形的方向,接下来通过一个自测学习创建由轴端点指定高度和方向的实体圆柱体的方法。

自测 177　创建由轴端点指定高度和方向的实体圆柱体

素材: 无
视频: 视频\第 12 章\视频\12-7-17.swf
源文件: 源文件\第 12 章\12-7-17.dwg

执行"绘图>建模>圆柱体"命令,命令行提示如下:

命令: _cylinder
指定底面的中心点或 [三点(3P)/两点(2P)/切点、切点、半径(T)/椭圆(E)]: 10,10,0
//指定底面的中心点

指定底面半径或 [直径(D)] <5.0000>:	//按 Enter 键，指定底面半径
指定高度或 [两点(2P)/轴端点(A)] <10.0000>: A	//选择"轴端点"选项
指定轴端点: 30,0,30	//指定轴端点，图形效果如图 12-96 所示

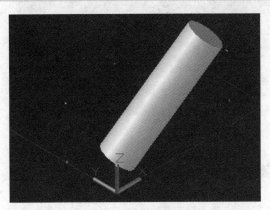

图 12-96　图形效果

12.7.18　创建圆环体

圆环体由两个半径值定义，一个是圆管的半径，另一个是从圆环体中心到圆管中心的距离。在 AutoCAD 2013 中，用户可以通过以下几种方法使用"圆环体"命令：

● 执行"绘图>建模>圆环体"命令。
● 单击"建模"工具栏中的"圆环体"按钮◎。
● 在命令行中输入 TORUS 命令并按 Enter 键。

自测 178　创建圆环体

素材：无
视频：视频\第 12 章\视频\12-7-18.swf
源文件：源文件\第 12 章\12-7-18.dwg

执行"绘图>建模>圆环体"命令，命令行提示如下：

命令: _torus	
指定中心点或 [三点(3P)/两点(2P)/切点、切点、半径(T)]: 0,0,0	
	//指定中心点
指定半径或 [直径(D)] <5.0000>: 25	//指定半径
指定圆管半径或 [两点(2P)/直径(D)]: 2	//指定圆管半径，图形效果如图 12-97 所示

图 12-97　图形效果

12.7.19　创建棱锥体

在 AutoCAD 2013 中还可以创建类似于圆锥体的棱锥体，最多可创建 32 个侧面。用户可以通过以下几种方法使用"棱锥体"命令：

- 执行"绘图>建模>棱锥体"命令。
- 单击"建模"工具栏中的"棱锥体"按钮 △。
- 在命令行中输入 PYRAMID 命令并按 Enter 键。

自测 179　通过指定底面中心点创建棱锥体

素材：无
视频：视频\第 12 章\视频\12-7-19.swf
源文件：源文件\第 12 章\12-7-19.dwg

执行"绘图>建模>棱锥体"命令，命令行提示如下：

命令：_pyramid
4 个侧面　外切
指定底面的中心点或 [边(E)/侧面(S)]: 0,0,0
　　　　　　//指定底面的中心点
指定底面半径或 [内接(I)] <25.0000>: 10
　　　　　　//指定底面半径
指定高度或 [两点(2P)/轴端点(A)/顶面半径(T)]
<37.4166>: 15
　　　　　　//指定高度，图形效果如图 12-98
所示

图 12-98　图形效果

12.7.20 通过指定边创建棱锥体

在 AutoCAD 2013 中创建棱锥体的方法多种多样，本实例将讲解通过指定边创建棱锥体的方法。

自测 180 通过指定边创建棱锥体

素材：无
视频：视频\第 12 章\视频\12-7-20.swf
源文件：源文件\第 12 章\12-7-20.dwg

执行"绘图>建模>棱锥体"命令，命令行提示如下：

```
命令: _pyramid
4 个侧面  外切
指定底面的中心点或 [边(E)/侧面(S)]: E            //选择"边"选项
指定边的第一个端点: 0,0,0                        //指定边的第一个端点
指定边的第二个端点: 10,10,0                       //指定边的第二个端点
指定高度或 [两点(2P)/轴端点(A)/顶面半径(T)] <15.0000>: 20
                                              //指定高度，图形效果如图 12-99 所示
```

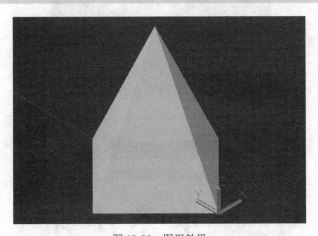

图 12-99　图形效果

12.7.21 创建实体棱台

创建棱锥体的方法很多，下面通过设置棱锥侧面创建棱台，使用户熟悉各项参数的设置。

自测 181   创建实体棱台

素材：无
视频：视频\第 12 章\视频\12-7-21.swf
源文件：源文件\第 12 章\12-7-21.dwg

执行"绘图>建模>棱锥体"命令，命令行提示如下：

命令: _pyramid
4 个侧面   外切
指定底面的中心点或 [边(E)/侧面(S)]: S   //选择"侧面"选项
输入侧面数 <4>: 12   //指定侧面数
指定底面的中心点或 [边(E)/侧面(S)]: 0,0,0   //指定底面的中心点
指定底面半径或 [内接(I)] <10.0000>: 15   //指定底面半径
指定高度或 [两点(2P)/轴端点(A)/顶面半径(T)] <20.0000>: T
                                                       //选择"顶面半径"选项
指定顶面半径 <0.0000>: 5   //指定顶面半径
指定高度或 [两点(2P)/轴端点(A)] <20.0000>: 15   //指定高度，图形效果如图 12-100 所示

图 12-100   图形效果

12.8 本章小结

　　本章通过大量实例详细讲解了在 AutoCAD 2013 中创建曲面和三维实体的方法。通过本章的学习，读者可以了解并掌握这方面的内容。由于本章是学习绘制曲面与三维图形的基础，因此需要读者多加练习，总结经验，熟练操作，以便能顺利进行后面绘制复杂三维图形的学习。

第 13 章

编辑三维实体

　　创建好三维实体模型后，如果需要对其进行修改，可以使用多种方式来编辑实体，二维图形编辑中的许多修改命令，如移动、复制和删除等同样适用于三维对象。对于三维模型，还可以对其进行三维阵列、三维镜像、三维旋转和布尔运算等操作。

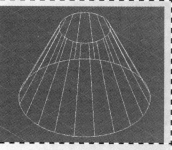

实例名称：设置系统变量 ISOLINES
视频：视频\第 13 章\视频\13-1-1.swf
源文件：无

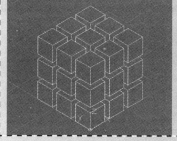

实例名称：创建三维矩形阵列
视频：视频\第 13 章\视频\13-2-5.swf
源文件：源文件\第 13 章\13-2-5.dwg

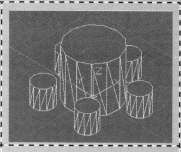

实例名称：创建三维环形阵列
视频：视频\第 13 章\视频\13-2-6.swf
源文件：源文件\第 13 章\13-2-6.dwg

实例名称：剖切三维实体
视频：视频\第 13 章\视频\13-2-7.swf
源文件：源文件\第 13 章\13-2-7.dwg

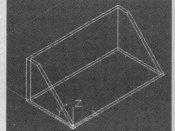

实例名称：倾斜面
视频：视频\第 13 章\视频\13-5-6.swf
源文件：无

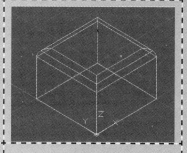

实例名称：圆角边
视频：视频\第 13 章\视频\13-6-2.swf
源文件：无

13.1 控制实体显示的系统变量

在 AutoCAD 2013 中，用户可以通过设置系统变量 ISOLINES、FACETRES 和 DISPSILH 的值来控制三维实体的显示效果。

13.1.1 系统变量 ISOLINES

三维图形中的曲面在线框模式下会以线条的形式显示，这些线条称为网线或轮廓素线。系统变量 ISOLINES 控制用于显示线框弯曲部分的素线数目，其默认值为 4，即用 4 条网线来表示每个曲面，其有效设置范围为 0～2047。

自测 182　设置系统变量 ISOLINES

素材：素材\第 13 章\素材\131101.dwg
视频：视频\第 13 章\视频\13-1-1.swf
源文件：无

01 打开素材文件"素材\第 13 章\素材\131101.dwg"，如图 13-1 所示。
02 在命令行中输入 ISOLINES 并按 Enter 键，命令行提示如下：

命令: ISOLINES
输入 ISOLINES 的新值 <4>: 20　　　　　　//指定新值为 20

03 执行"视图>重生成"命令，图形效果如图 13-2 所示。

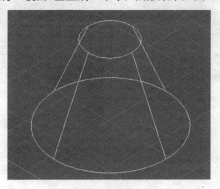

图 13-1　打开素材文件

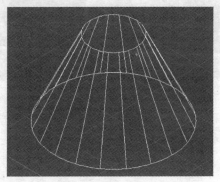

图 13-2　图形效果

13.1.2　系统变量 FACETRES

在 AutoCAD 2013 中，系统变量 FACETRES 用于调整着色和渲染对象以及删除隐藏线的对象的平滑度。其默认值为 0.5，其有效设置范围为 0.01～10，数值越大对象越平滑。

自测 183　设置系统变量 FACETRES

素材：素材\第 13 章\素材\131201.dwg
视频：视频\第 13 章\视频\13-1-2.swf
源文件：无

01 打开素材文件"素材\第 13 章\素材\131201.dwg"，如图 13-3 所示。

02 在命令行中输入 FACETRES 命令并按 Enter 键，命令行提示如下：

命令: FACETRES
输入 FACETRES 的新值 <0.5000>: 10　　//指定新值为 10，图形效果如图 13-4 所示

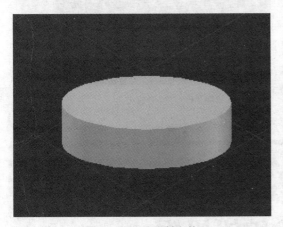

图 13-3　打开素材文件

图 13-4　图形效果

13.1.3　系统变量 DISPSILH

在 AutoCAD 2013 中，系统变量 DISPSILH 用于控制三维实体对象轮廓边在二维线框或三维线框视觉样式中的显示。此系统变量只有两个值，即 0 和 1，当值为 0 时将不显示轮廓边，当值为 1 时将显示轮廓边，系统默认值为 0。

自测 184　设置系统变量 DISPSILH

素材：素材\第 13 章\素材\131301.dwg
视频：视频\第 13 章\视频\13-1-3.swf
源文件：无

13

01 打开素材文件"素材\第 13 章\素材\131301.dwg"，如图 13-5 所示。

02 在命令行中输入 DISPSILH 命令并按 Enter 键，命令行提示如下：

命令: DISPSILH
输入 DISPSILH 的新值 <0>: 1　　　　//指定新值为 1

03 执行"视图>消隐"命令，图形效果如图 13-6 所示。

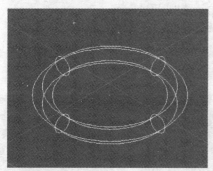

图 13-5　打开素材文件

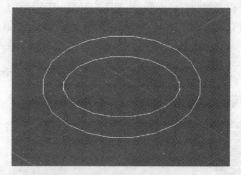

图 13-6　图形效果

提示：

系统变量 DISPSILH 的设置适用于所有视口，但是"消隐"命令仅针对某个视口。执行"视图>重生成\全部重生成"命令，可以消除消隐效果。

13.2　三维编辑操作

在 AutoCAD 2013 中，用户可以像编辑二维图形对象一样对三维实体进行编辑操作，从而修改实体对象的大小、形状和位置等。

13.2.1　三维移动

在 AutoCAD 2013 中，可以自由移动对象和子对象的选择集，也可以将移动约束到轴或平面上。要移动三维对象和子对象，可单击小控件并将其拖动到三维空间中的任意位置，该位置设定移动的基点，并在用户移动选定的对象时更改 UCS 的位置。用户可以通过以下几种方法使用"三维移动"命令：

- 执行"修改>三维操作>三维移动"命令。
- 单击"建模"工具栏中的"三维移动"按钮 。
- 在命令行中输入 3DMOVE 命令并按 Enter 键。

自测 185　三维移动对象

```
素材：素材\第 13 章\素材\132101.dwg
视频：视频\第 13 章\视频\13-2-1.swf
源文件：无
```

13

01 打开素材文件"素材\第 13 章\素材\132101.dwg"，如图 13-7 所示。执行"修改>三维操作>三维移动"命令，根据命令行的提示选择移动的三维对象，如图 13-8 所示。

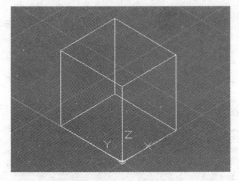

图 13-7　打开素材文件

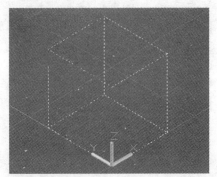

图 13-8　选择移动的三维对象

02 按 Enter 键，在图形对象的上方将显示小控件，如图 13-9 所示。将光标悬停在小控件的轴控制柄上，将显示与轴对齐的矢量，且指定轴将变为黄色，如图 13-10 所示。

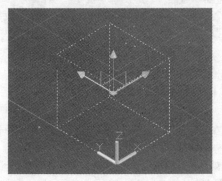

图 13-9　显示小控件

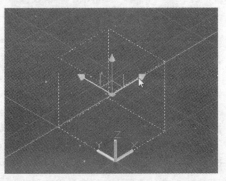

图 13-10　将光标移至轴控制柄上方

03 单击黄色控制柄并沿矢量方向拖动，如图 13-11 所示。选定对象的移动将约束到亮显的轴上，将其拖到需要的位置并释放鼠标即可移动对象，图形移动效果如图 13-12 所示。

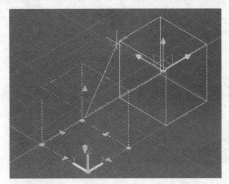 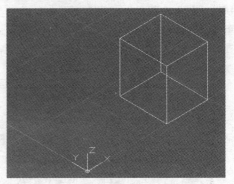

图 13-11　拖动对象　　　　　　　　　图 13-12　图形移动效果

小技巧:

> 在移动对象时，还可以在命令行中输入数值，以指定距基点的移动距离。如果只想移动整个对象中的某个子对象，可按住 Ctrl 键选择子对象。

13.2.2　三维旋转

三维旋转是指将选择的对象通过视图中显示的三维旋转控件，按照指定的旋转轴进行空间旋转。用户可以通过以下几种方法使用"三维旋转"命令：

- 执行"修改>三维操作>三维旋转"命令。
- 单击"建模"工具栏中的"三维旋转"按钮⊕。
- 在命令行中输入 3DROTATE 命令并按 Enter 键。

自测 186　　三维旋转对象

素材：素材\第 13 章\素材\132201.dwg

视频：视频\第 13 章\视频\13-2-2.swf

源文件：无

01 打开素材文件"素材\第 13 章\素材\132201.dwg"，如图 13-13 所示。执行"修改>三维操作>三维旋转"命令，根据命令行的提示选择移动的三维对象，如图 13-14 所示。

02 按 Enter 键，在图形对象的上方将显示小控件，如图 13-15 所示。将光标悬停在小控件的轴控制柄上，将显示与轴对齐的矢量，且指定轴将变为黄色，如图 13-16 所示。

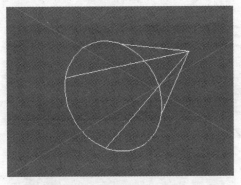

图 13-13 打开素材文件

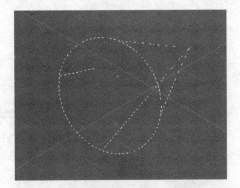

图 13-14 选择移动的三维对象

图 13-15 显示小控件

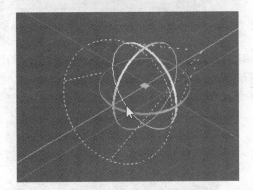

图 13-16 将光标移至轴控制柄上方

03 单击黄色控制柄并沿矢量方向拖动，如图 13-17 所示。选定对象的旋转将约束到亮显的轴上，释放鼠标即可旋转对象，效果如图 13-18 所示。

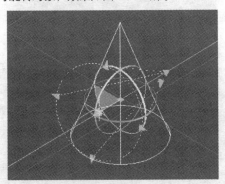

图 13-17 拖动对象

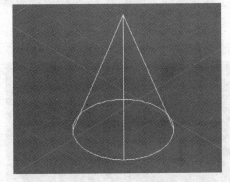

图 13-18 旋转效果

13.2.3 三维对齐

"三维对齐"命令需要指定源对象和目标对象的对齐点，从而使两个对象在三维操作空间中进行对齐。用户可以通过以下几种方法使用"三维对齐"命令：

- 执行"修改>三维操作>三维对齐"命令。
- 单击"建模"工具栏中的"三维对齐"按钮。
- 在命令行中输入 3DALIGN（或别名 3AL）命令并按 Enter 键。

自测 187　三维对齐对象

素材：素材\第 13 章\素材\132301.dwg
视频：视频\第 13 章\视频\13-2-3.swf
源文件：无

13

01 打开素材文件"素材\第 13 章\素材\132301.dwg"，如图 13-19 所示。执行"修改>三维操作>三维对齐"命令，选择右边的三维对象并按 Enter 键，根据命令行的提示指定基点，如图 13-20 所示。

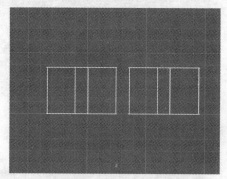

图 13-19　打开素材文件

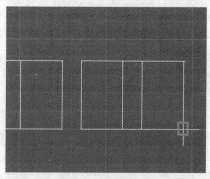

图 13-20　指定基点

02 按 Enter 键，指定第二个点，如图 13-21 所示。按 Enter 键，对齐效果如图 13-22 所示。

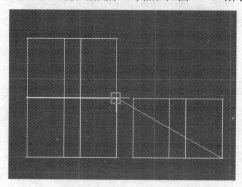

图 13-21　指定第二个点

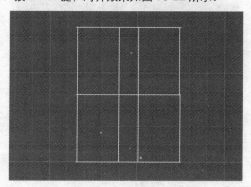

图 13-22　对齐效果

13.2.4　三维镜像

"三维镜像"命令用于在三维操作空间内将选择的三维模型按照指定的镜像平面进行对称复制，使用方法与"二维镜像"命令基本类似。在 AutoCAD 2013 中，用户可以通过以下几种方法使用"三维镜像"命令：

● 执行"修改>三维操作>三维镜像"命令。

● 在命令行中输入 MIRROR3D 命令并按 Enter 键。

自测 188　三维镜像对象

素材：素材\第 13 章\素材\132401.dwg
视频：视频\第 13 章\视频\13-2-4.swf
源文件：无

01 打开素材文件 "素材\第 13 章\素材\132401.dwg"，如图 13-23 所示。执行 "修改>三维操作>三维镜像" 命令，根据命令行的提示选择三维对象，如图 13-24 所示。

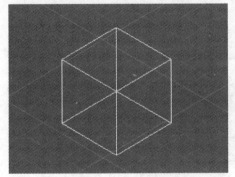

图 13-23　打开素材文件

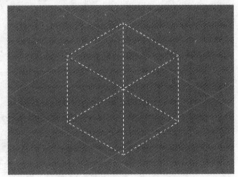

图 13-24　选择三维对象

02 依次在图形中不同的位置单击，指定镜像平面的 3 个点，单击位置如图 13-25 所示。根据命令行的提示选择 "否" 选项，镜像效果如图 13-26 所示。

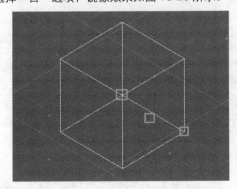

图 13-25　指定镜像平面的 3 个点

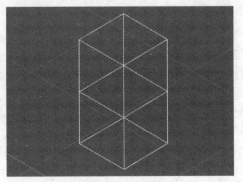

图 13-26　镜像效果

在进行三维镜像对象操作时，命令行会显示相应的选项，用户可根据需要选择不同的选项进行设置。

对象：用于选定某一对象所在的平面作为镜像平面，该对象可以是圆弧或二维多段线。

最近的：用于以上次的镜像平面作为当前镜像平面。

Z轴：用于在镜像平面及镜像平面的 Z 轴法线上指定点。

视图：用于在视图平面上指定点，以进行空间镜像。

XY 平面：用于以当前坐标系的 XY 平面作为镜像平面。

YZ 平面：用于以当前坐标系的 YZ 平面作为镜像平面。

ZX 平面：用于以当前坐标系的 ZX 平面作为镜像平面。

三点：用于指定 3 个点，以定位镜像平面。

13.2.5　三维阵列

"三维阵列"命令用于将选择的三维模型在三维操作空间内进行规则的多重复制。三维阵列与二维阵列相似，除了要指定列数和行数以外，还要指定层数。用户可以通过以下几种方法使用"三维阵列"命令：

- 执行"修改>三维操作>三维阵列"命令。
- 单击"建模"工具栏中的"三维阵列"按钮⊞。
- 在命令行中输入 3DARRAY（或别名 3A）命令并按 Enter 键。

自测 189　创建三维矩形阵列

素材：素材\第 13 章\素材\132501.dwg
视频：视频\第 13 章\视频\13-2-5.swf
源文件：源文件\第 13 章\13-2-5.dwg

01 打开素材文件"素材\第 13 章\素材\132501.dwg"，如图 13-27 所示。

02 执行"修改>三维操作>三维阵列"命令，根据命令行的提示选择图形对象，如图 13-28 所示。命令行提示如下：

命令: _3darray	
正在初始化...　已加载 3DARRAY。	
选择对象: 找到 1 个	//在绘图窗口中选择三维图形
选择对象:	//按 Enter 键，结束选择
输入阵列类型 [矩形(R)/环形(P)] <矩形>:	//按 Enter 键，指定阵列类型为矩形
输入行数 (---) <1>: 3	//指定行数
输入列数 (|||) <1>: 3	//指定列数
输入层数 (...) <1>: 3	//指定层数
指定行间距 (---): 130	//指定行间距
指定列间距 (|||): 130	//指定列间距
指定层间距 (...): 130	//指定层间距

03 按 Enter 键，矩形阵列效果如图 13-29 所示。执行"视图>消隐"命令，图形效果如图 13-30 所示。

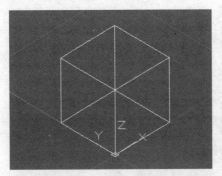

图 13-27　打开素材文件

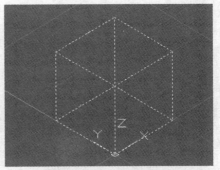

图 13-28　选择图形对象

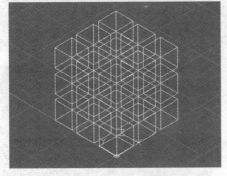

图 13-29　矩形阵列效果

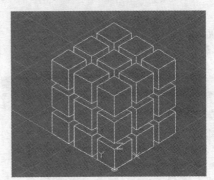

图 13-30　图形效果

13.2.6　创建三维环形阵列

在执行三维环形阵列操作时，需要为对象指定项目数目、填充角度、是否旋转以及旋转轴的起点和端点。

自测 190　创建三维环形阵列

素材：素材\第 13 章\素材\132601.dwg
视频：视频\第 13 章\视频\13-2-6.swf
源文件：源文件\第 13 章\13-2-6.dwg

01 打开素材文件 "素材\第 13 章\素材\132601.dwg"，如图 13-31 所示。

02 执行 "修改>三维操作>三维阵列" 命令，根据命令行的提示选择图形，如图 13-32 所示。命令行提示如下：

```
命令：_3darray
正在初始化... 已加载 3DARRAY。
```

选择对象: 找到 1 个	//选择左侧的小圆柱体
选择对象:	//按 Enter 键，结束选择
输入阵列类型 [矩形(R)/环形(P)] <矩形>:P	//指定阵列类型为环形
输入阵列中的项目数目: 5	//指定阵列中的项目数量
指定要填充的角度 (+=逆时针, -=顺时针) <360>:	//指定填充角度
旋转阵列对象? [是(Y)/否(N)] <Y>: N	//选择"否"选项
指定阵列的中心点: 0,0,0	//指定大圆柱底面的中心点为阵列中心点
指定旋转轴上的第二点: <正交 开> _.UCS	//单击状态栏中的"正交模式"按钮
当前 UCS 名称:*世界*	

指定 UCS 的原点或 [面(F)/命名(NA)/对象(OB)/上一个(P)/视图(V)/世界(W)/X/Y/Z/Z 轴(ZA)] <世界>:_ZAXIS

指定新原点或 [对象(O)] <0,0,0>:

在正 Z 轴范围上指定点 <0.0000,0.0000,1.0000>:   //在 (0,0,0) 点 Z 轴方向上单击

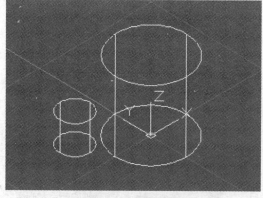
图 13-31　打开素材文件

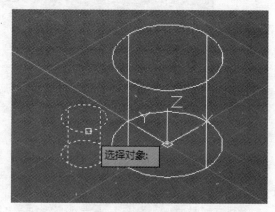
图 13-32　选择图形对象

03 环形阵列效果如图 13-33 所示。执行"视图>消隐"命令，图形效果如图 13-34 所示。

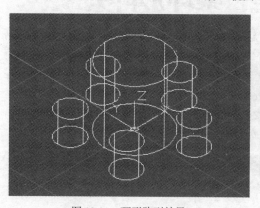
图 13-33　环形阵列效果

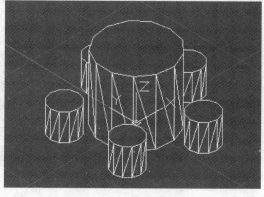
图 13-34　图形效果

13.2.7　剖切三维实体

在 AutoCAD 2013 中，还可以对三维实体进行剖切，剖切实体可以表现出实体内部的结构。使用"剖切"命令剖切三维实体或曲面时，可以通过多种方法定义剪切平面，可以指定 3 个点、一条轴、一个曲面

或一个二维平面对象。

　　在剖切实体时，可以保留剖切对象的一半或两半均保留。剖切三维实体不保留创建它们的原始形式的历史记录，但是会保留源对象的图层和颜色特性。用户可以通过以下几种方法使用"剖切"命令：

● 执行"修改>三维操作>剖切"命令。
● 在命令行中输入 SLICE 命令并按 Enter 键。

自测 191　剖切三维实体

素材：素材\第 13 章\素材\132701.dwg
视频：视频\第 13 章\视频\13-2-7.swf
源文件：源文件\第 13 章\13-2-7.dwg

01 打开素材文件"素材\第 13 章\素材\132701.dwg"，如图 13-35 所示。

02 执行"修改>三维操作>剖切"命令，命令行提示如下：

```
命令: _slice
选择要剖切的对象: 找到 1 个          //选择绘图区域中的图形
选择要剖切的对象:                    //按 Enter 键，结束选择
指定切面的起点或[平面对象(O)/曲面(S)/Z 轴(Z)/视图(V)/XY(XY)/YZ(YZ)/ZX(ZX)/三点(3)] <三点>:
                                    //指定切面的起点，如图 13-36 所示
指定平面上的第二个点:                //指定平面上的第二个点，如图 13-37 所示
在所需的侧面上指定点或 [保留两个侧面(B)] <保留两个侧面>:
                                    //指定所需侧面上的点，如图 13-38 所示
```

图 13-35　打开素材文件

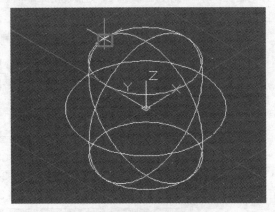

图 13-36　指定切面的起点

图 13-37 指定平面上的第二个点

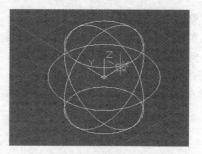
图 13-38 指定所需侧面上的点

03 剖切效果如图 13-39 所示。执行"视图>消隐"命令，图形效果如图 13-40 所示。

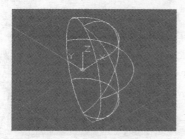
图 13-39 剖切效果

图 13-40 图形效果

13.3 编辑三维实体

在三维空间中，用户可以使用三维编辑工具对三维实体对象进行编辑操作。AutoCAD 2013 提供了"分割"、"抽壳"等三维实体编辑命令。

13.3.1 分割三维实体

使用"分割"命令可以将三维实体对象分解成原来组成三维实体的部件，此命令仅分离通过并集操作合并的不相交对象。

将三维实体分割后，独立的实体将保留原来的图层和颜色，所有嵌套的三维实体对象都将分割成最简单的结构。用户可以通过以下几种方法使用此命令：

● 执行"修改>实体编辑>分割"命令。
● 在命令行中输入 SOLIDEDIT 命令并按 Enter 键。

自测 192 分割三维实体

素材：素材\第 13 章\素材\133101.dwg
视频：视频\第 13 章\视频\13-3-1.swf
源文件：源文件\第 13 章\13-3-1.dwg

01 打开素材文件"素材\第 13 章\素材\133101.dwg",如图 13-41 所示。

02 执行"修改>实体编辑>分割"命令,根据命令行的提示选择图形,按 Esc 键退出,即可分割三维实体并可选择独立的实体,如图 13-42 所示。

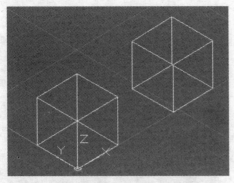

图 13-41　打开素材文件

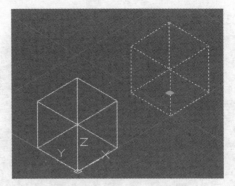

图 13-42　分割三维实体

13.3.2　抽壳三维实体

使用"抽壳"命令可以将三维实体转换为中空薄壁或壳体,并且一个三维实体只能有一个壳。将实体对象转换为壳体时,可以通过将现有对象面朝其原始位置的内部或外部偏移来创建新面。

在指定壳体的厚度时,若为正值,则从实体表面向内部抽壳;反之则从实体内部向外抽壳。用户可以通过以下几种方法使用此命令:

● 执行"修改>实体编辑>抽壳"命令。
● 在命令行中输入 SOLIDEDIT 命令并按 Enter 键。

自测 193　　抽壳三维实体

素材: 素材\第 13 章\素材\133201.dwg
视频: 视频\第 13 章\视频\13-3-2.swf
源文件: 源文件\第 13 章\13-3-2.dwg

01 打开素材文件"素材\第 13 章\素材\133201.dwg",如图 13-43 所示。

02 执行"修改>实体编辑>抽壳"命令,命令行提示如下:

```
命令: _solidedit
实体编辑自动检查: SOLIDCHECK=1
输入实体编辑选项 [面(F)/边(E)/体(B)/放弃(U)/退出(X)] <退出>: _body
输入体编辑选项
[压印(I)/分割实体(P)/抽壳(S)/清除(L)/检查(C)/放弃(U)/退出(X)] <退出>: _shell
```

选择三维实体:	//在绘图窗口中选择图形
删除面或 [放弃(U)/添加(A)/全部(ALL)]:	//按 Enter 键
输入抽壳偏移距离: 5	//指定抽壳偏移距离

03 按 Esc 键，图形效果如图 13-44 所示。

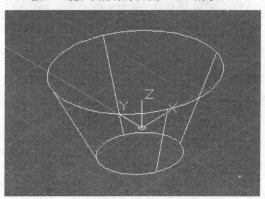
图 13-43　打开素材文件

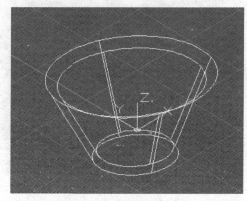
图 13-44　图形效果

13.3.3　清除和检查三维实体

在 AutoCAD 2013 中，可以从三维实体中删除冗余面、边和顶点，并确认该三维实体是否有效。可以删除共用同一个面或顶点定义的冗余边或顶点，此操作会合并相邻的面，并删除所有冗余边（包括压印的边和未使用的边）。

真实的三维实体对象具有特性、体积和质量，创建的具有厚度或闭合曲面的对象不共享这些特性、体积和质量。可以查看某个对象是否为有效的三维实体，对于有效的三维实体，对其进行修改不会导致出现失败错误信息。如果三维实体无效，则不能对其进行编辑。

执行 "修改>实体编辑>清除" 命令，根据命令行的提示选择三维实体对象并按 Enter 键，即可完成对三维实体对象的清除操作。

执行 "修改>实体编辑>检查" 命令，根据命令行的提示选择三维实体对象，即可完成对三维实体对象的检查操作。如果对象为有效的三维实体，则命令行将提示此对象是有效的实体；如果对象是无效的，则系统会继续提示用户选择三维实体。

13.4　布 尔 运 算

布尔运算是指对三维实体进行并集、差集和交集等逻辑运算，从而创建新的三维实体。通过布尔运算，可以将简单的三维实体组合成复杂的三维实体。

13.4.1　并集运算

并集运算是指合并两个或两个以上实体的总体积，使其成为一个复合对象。并集运算是删除相交的部分，将不相交的部分保留下来并组合为新的对象。用户可以通过以下几种方法使用 "并集" 命令：

● 执行 "修改>实体编辑>并集" 命令。
● 单击 "实体编辑" 工具栏中的 "并集" 按钮⊚。

● 在命令行中输入 UNION 命令并按 Enter 键。

自测 194　并集运算

素材：素材\第 13 章\素材\134101.dwg
视频：视频\第 13 章\视频\13-4-1.swf
源文件：源文件\第 13 章\13-4-1.dwg

01 打开素材文件"素材\第 13 章\素材\134101.dwg"，如图 13-45 所示。

02 执行"修改>实体编辑>并集"命令，命令行提示如下：

```
命令: _union
选择对象: 找到 1 个                    //选择长方体
选择对象: 找到 1 个，总计 2 个         //选择圆柱体
选择对象:                             //按 Enter 键，图形效果如图 13-46 所示
```

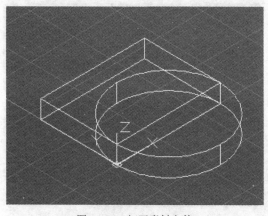

图 13-45　打开素材文件

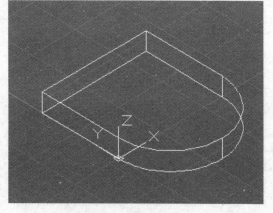

图 13-46　图形效果

13.4.2　差集运算

差集运算是指从一组实体中删除与另一组实体的公共区域。在差集运算中，首先选择的对象为被修剪的对象，后选择的对象为修剪区域。用户可以通过以下几种方法使用"差集"命令：

● 执行"修改>实体编辑>差集"命令。
● 单击"实体编辑"工具栏中的"差集"按钮 ◎ 。
● 在命令行中输入 SUBTRACT 命令并按 Enter 键。

自测 195 差 集 运 算

素材：素材\第 13 章\素材\134101.dwg
视频：视频\第 13 章\视频\13-4-2.swf
源文件：源文件\第 13 章\13-4-2.dwg

01 打开素材文件"素材\第 13 章\素材\134101.dwg"，如图 13-47 所示。
02 执行"修改>实体编辑>差集"命令，命令行提示如下：

命令: _subtract 选择要从中减去的实体、曲面和面域...
选择对象: 找到 1 个   //选择长方体
选择对象: //按 Enter 键，结束选择
选择要减去的实体、曲面和面域...
选择对象: 找到 1 个   //选择圆柱体
选择对象: //按 Enter 键，图形效果如图 13-48 所示

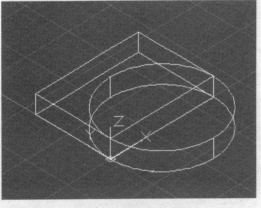
图 13-47 打开素材文件

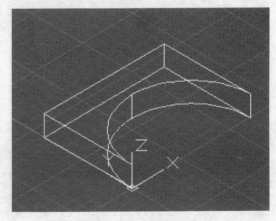
图 13-48 图形效果

13.4.3 交集运算

交集运算是指从两个或两个以上重叠实体的公共部分创建复合实体。与并集运算功能相反，交集运算是删除不相交的部分。用户可以通过以下几种方法使用"交集"命令：

● 执行"修改>实体编辑>交集"命令。
● 单击"实体编辑"工具栏中的"交集"按钮。
● 在命令行中输入 INTERSECT 命令并按 Enter 键。

自测 196　交 集 运 算

```
素材：素材\第 13 章\素材\134101.dwg
视频：视频\第 13 章\视频\13-4-3.swf
源文件：源文件\第 13 章\13-4-3.dwg
```

01 打开素材文件"素材\第 13 章\素材\134101.dwg"，如图 13-49 所示。

02 执行"修改>实体编辑>交集"命令，命令行提示如下：

```
命令：_intersect
选择对象：找到 1 个
选择对象：找到 1 个，总计 2 个        //选择三维实体
选择对象：                          //按 Enter 键，图形效果如图 13-50 所示
```

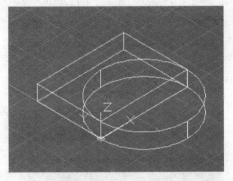

图 13-49　打开素材文件

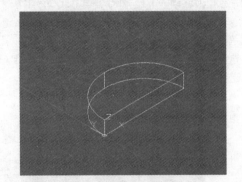

图 13-50　图形效果

13.5　修改三维对象上的面

　　在 AutoCAD 2013 中，可以使用多种方法修改三维对象上的各个面，包括拉伸、移动、旋转、偏移、倾斜、删除、复制或更改选定面的颜色。

13.5.1　拉伸面

　　使用"拉伸面"命令可以将选定的三维实体对象的面，通过指定的高度和倾斜角度或沿一条指定路径拉伸，一次可以选择多个面。用户可以通过以下几种方法使用此命令：

- 执行"修改>实体编辑>拉伸面"命令。
- 单击"实体编辑"工具栏中的"拉伸面"按钮。

自测 197 拉 伸 面

素材：素材\第 13 章\素材\135101.dwg
视频：视频\第 13 章\视频\13-5-1.swf
源文件：无

13

打开素材文件"素材\第 13 章\素材\135101.dwg"，执行"修改>实体编辑>拉伸面"命令，命令行提示如下：

```
命令:_solidedit
实体编辑自动检查： SOLIDCHECK=1
输入实体编辑选项 [面(F)/边(E)/体(B)/放弃(U)/退出(X)] <退出>:_face
输入面编辑选项
[拉伸(E)/移动(M)/旋转(R)/偏移(O)/倾斜(T)/删除(D)/复制(C)/颜色(L)/材质(A)/放弃(U)/退出(X)] <退
出>:_extrude
选择面或 [放弃(U)/删除(R)]: 找到一个面              //选择第一个面
选择面或 [放弃(U)/删除(R)/全部(ALL)]: 找到一个面      //选择要拉伸的面，如图 13-51 所示
选择面或 [放弃(U)/删除(R)/全部(ALL)]:                //按 Enter 键，结束选择
指定拉伸高度或 [路径(P)]: 100                       //指定拉伸高度
指定拉伸的倾斜角度 <0>:                             //按 Enter 键，图形效果如图 13-52 所示
```

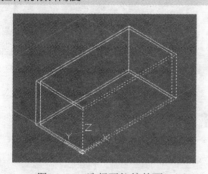

图 13-51 选择要拉伸的面

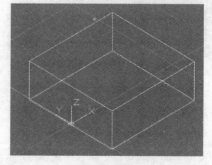

图 13-52 图形效果

提示：

"拉伸面"命令只拉伸平面，对球体面、圆柱、圆锥体的侧面等曲面无效。拉伸高度为正值时，沿面的正方向拉伸；为负值时，沿面的反方向拉伸。正角度时将往里倾斜选定的面，负角度时则往外倾斜面，默认角度为 0°，可以垂直于平面拉伸面。

选择集中所有选定的面将倾斜相同的角度。如果指定了较大的倾斜角或高度，则在达到拉伸高度前面可能会会聚到一点。

13.5.2　移动面

移动面是指通过指定的高度或距离移动选定的实体的面，一次可以选择多个面，操作方法与拉伸面类似。用户可以通过以下几种方法使用此命令：

● 执行"修改>实体编辑>移动面"命令。
● 单击"实体编辑"工具栏中的"移动面"按钮 。

自测 198　移　动　面

素材：素材\第 13 章\素材\135101.dwg
视频：视频\第 13 章\视频\13-5-2.swf
源文件：无

01 打开素材文件"素材\第 13 章\素材\135101.dwg"，执行"修改>实体编辑>移动面"命令，命令行提示如下：

```
命令: _solidedit
实体编辑自动检查:  SOLIDCHECK=1
输入实体编辑选项 [面(F)/边(E)/体(B)/放弃(U)/退出(X)] <退出>: _face
输入面编辑选项
[拉伸(E)/移动(M)/旋转(R)/偏移(O)/倾斜(T)/删除(D)/复制(C)/颜色(L)/材质(A)/放弃(U)/退出(X)] <退
出>: _move
选择面或 [放弃(U)/删除(R)]: 找到一个面            //选择第一个面
选择面或 [放弃(U)/删除(R)/全部(ALL)]: 找到一个面    //选择要移动的面，如图 13-53 所示
选择面或 [放弃(U)/删除(R)/全部(ALL)]:            //按 Enter 键，结束选择
指定基点或位移: 0,0,0                          //指定基点
指定位移的第二点: 100,0,0                       //指定位移的第二点
```

02 按 Esc 键，图形效果如图 13-54 所示。

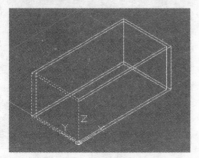

图 13-53　选择要移动的面

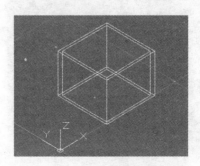

图 13-54　图形效果

13.5.3 偏移面

偏移是指按指定的距离或指定的点，将面均匀地偏移。当距离值为正值时，增大实体的尺寸或体积；反之，则减小实体的尺寸或体积。用户可以通过以下几种方法使用此命令：

- 执行"修改>实体编辑>偏移面"命令。
- 单击"实体编辑"工具栏中的"偏移面"按钮 ⬚。

自测 199　偏　移　面

素材：素材\第 13 章\素材\135101.dwg
视频：视频\第 13 章\视频\13-5-3.swf
源文件：无

打开素材文件"素材\第 13 章\素材\135101.dwg"，执行"修改>实体编辑>偏移面"命令，命令行提示如下：

```
命令：_solidedit
实体编辑自动检查：  SOLIDCHECK=1
输入实体编辑选项 [面(F)/边(E)/体(B)/放弃(U)/退出(X)] <退出>:_face
输入面编辑选项
[拉伸(E)/移动(M)/旋转(R)/偏移(O)/倾斜(T)/删除(D)/复制(C)/颜色(L)/材质(A)/放弃(U)/退出(X)] <退出>:_offset
选择面或 [放弃(U)/删除(R)]: 找到一个面        //选择要偏移的面，如图 13-55 所示
选择面或 [放弃(U)/删除(R)/全部(ALL)]:         //按 Enter 键，结束选择
指定偏移距离: 50                              //指定偏移距离，图形效果如图 13-56 所示
```

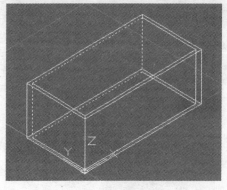

图 13-55　选择要偏移的面

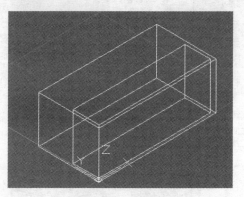

图 13-56　图形效果

13.5.4　删除面

"删除面"命令用于删除三维实体上指定的面，包括圆角和倒角面。要删除的面必须被共用同一个平面的面包围，否则将不能被删除。用户可以通过以下几种方法使用此命令：

● 执行"修改>实体编辑>删除面"命令。

● 单击"实体编辑"工具栏中的"删除面"按钮 ⬚。

自测 200　删　除　面

素材：素材\第 13 章\素材\135401.dwg

视频：视频\第 13 章\视频\13-5-4.swf

源文件：无

打开素材文件"素材\第 13 章\素材\135401.dwg"，执行"修改>实体编辑>删除面"命令，命令行提示如下：

```
命令：_solidedit
实体编辑自动检查：SOLIDCHECK=1
输入实体编辑选项 [面(F)/边(E)/体(B)/放弃(U)/退出(X)] <退出>：_face
输入面编辑选项
[拉伸(E)/移动(M)/旋转(R)/偏移(O)/倾斜(T)/删除(D)/复制(C)/颜色(L)/材质(A)/放弃(U)/退出(X)] <退
出>：_delete
选择面或 [放弃(U)/删除(R)]：找到一个面              //选择面
选择面或 [放弃(U)/删除(R)/全部(ALL)]：找到一个面     //选择要删除的面，如图 13-57 所示
选择面或 [放弃(U)/删除(R)/全部(ALL)]：             //按 Enter 键，图形效果如图 13-58 所示
```

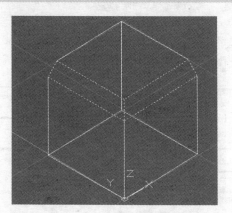

图 13-57　选择要删除的面

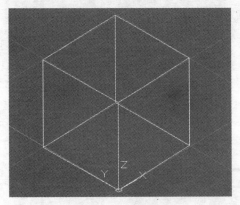

图 13-58　图形效果

13.5.5 旋转面

"旋转面"命令可以将选择的三维实体面沿着指定的旋转轴和角度进行旋转，以改变三维实体的形状。用户可以通过以下几种方法使用此命令：

- 执行"修改>实体编辑>旋转面"命令。
- 单击"实体编辑"工具栏中的"旋转面"按钮。

自测 201　旋　转　面

```
素材：素材\第 13 章\素材\135101.dwg
视频：视频\第 13 章\视频\13-5-5.swf
源文件：无
```

打开素材文件"素材\第 13 章\素材\135101.dwg"，执行"修改>实体编辑>旋转面"命令，命令行提示如下：

```
命令: _solidedit
实体编辑自动检查: SOLIDCHECK=1
输入实体编辑选项 [面(F)/边(E)/体(B)/放弃(U)/退出(X)] <退出>: _face
输入面编辑选项
[拉伸(E)/移动(M)/旋转(R)/偏移(O)/倾斜(T)/删除(D)/复制(C)/颜色(L)/材质(A)/放弃(U)/退出(X)] <退
出>: _rotate
选择面或 [放弃(U)/删除(R)]: 找到一个面                //选择面
选择面或 [放弃(U)/删除(R)/全部(ALL)]: 找到一个面        //选择要旋转的面，如图 13-59 所示
选择面或 [放弃(U)/删除(R)/全部(ALL)]:                 //按 Enter 键，结束选择
指定轴点或 [经过对象的轴(A)/视图(V)/X 轴(X)/Y 轴(Y)/Z 轴(Z)] <两点>: X
                                            //选择"X 轴"选项
指定旋转原点 <0,0,0>:                         //按 Enter 键，指定旋转原点
指定旋转角度或 [参照(R)]: 45                   //指定旋转角度，图形效果如图 13-60 所示
```

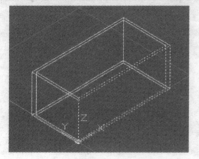

图 13-59　选择要旋转的面

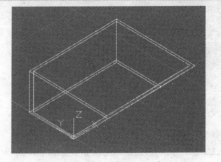

图 13-60　图形效果

13.5.6 倾斜面

"倾斜面"命令可以使三维实体面按一个角度产生倾斜或锥化的效果。倾斜角的旋转方向由选择基点和第二点（沿选定矢量）的顺序决定。用户可以通过以下几种方法使用此命令：

● 执行"修改>实体编辑>倾斜面"命令。
● 单击"实体编辑"工具栏中的"倾斜面"按钮。

自测 202　倾　斜　面

素材：素材\第 13 章\素材\135101.dwg
视频：视频\第 13 章\视频\13-5-6.swf
源文件：无

打开素材文件"素材\第 13 章\素材\135101.dwg"，执行"修改>实体编辑>倾斜面"命令，命令行提示如下：

```
命令: _solidedit
实体编辑自动检查:   SOLIDCHECK=1
输入实体编辑选项 [面(F)/边(E)/体(B)/放弃(U)/退出(X)] <退出>: _face
输入面编辑选项
[拉伸(E)/移动(M)/旋转(R)/偏移(O)/倾斜(T)/删除(D)/复制(C)/颜色(L)/材质(A)/放弃(U)/退出(X)] <退出>: _taper
选择面或 [放弃(U)/删除(R)]: 找到一个面               //选择面
选择面或 [放弃(U)/删除(R)/全部(ALL)]: 找到一个面       //选择要倾斜的面，如图 13-61 所示
选择面或 [放弃(U)/删除(R)/全部(ALL)]:                 //按 Enter 键，结束选择
指定基点: 0,0,0                                      //指定基点
指定沿倾斜轴的另一个点:  <正交 开>                    //选择状态栏中的"正交模式"按钮
指定倾斜角度: 45                                     //指定倾斜角度，图形效果如图 13-62 所示
```

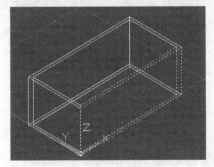
图 13-61　选择要倾斜的面

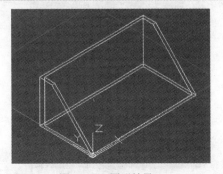
图 13-62　图形效果

13.5.7 着色面

"着色面"命令用于修改三维实体面的颜色。在 AutoCAD 2013 中，用户可以通过以下几种方法使用此命令：

- 执行"修改>实体编辑>着色面"命令。
- 单击"实体编辑"工具栏中的"着色面"按钮 。

01 打开素材文件"素材\第 13 章\素材\135101.dwg"，如图 13-63 所示。执行"修改>实体编辑>着色面"命令，选择要着色的实体面，如图 13-64 所示。

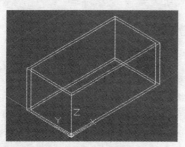

图 13-63　打开素材文件

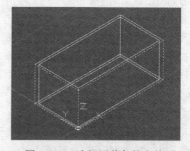

图 13-64　选择要着色的实体面

02 按 Enter 键，弹出"选择颜色"对话框，在该对话框中选择颜色，如图 13-65 所示。单击"确定"按钮，图形效果如图 13-66 所示。

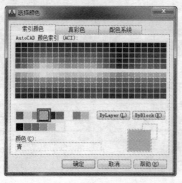

图 13-65　"选择颜色"对话框

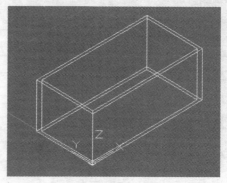

图 13-66　图形效果

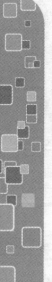

13.5.8 复制面

"复制面"命令可以将三维实体的面复制生成面域或曲面模型。在 AutoCAD 2013 中，用户可以通过以下几种方法使用此命令：

● 执行"修改>实体编辑>复制面"命令。
● 单击"实体编辑"工具栏中的"复制面"按钮 。

打开素材文件"素材\第 13 章\素材\135101.dwg"，执行"修改>实体编辑>复制面"命令，命令行提示如下：

```
命令: _solidedit
实体编辑自动检查：SOLIDCHECK=1
输入实体编辑选项 [面(F)/边(E)/体(B)/放弃(U)/退出(X)] <退出>: _face
输入面编辑选项
[拉伸(E)/移动(M)/旋转(R)/偏移(O)/倾斜(T)/删除(D)/复制(C)/颜色(L)/材质(A)/放弃(U)/退出(X)] <退出>: _copy
选择面或 [放弃(U)/删除(R)]: 找到一个面                //选择面
选择面或 [放弃(U)/删除(R)/全部(ALL)]: 找到一个面    //选择要复制的面，如图 13-67 所示
选择面或 [放弃(U)/删除(R)/全部(ALL)]:                //按 Enter 键，结束选择
指定基点或位移: 0,0,0                                //指定基点
指定位移的第二点: 0,-50,0                            //指定位移的第二点，图形效果如图 13-68 所示
```

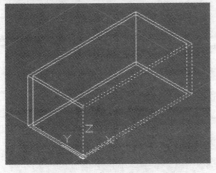

图 13-67　选择要复制的面

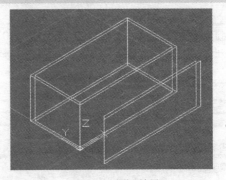

图 13-68　图形效果

13.6 修改三维对象上的边

在 AutoCAD 2013 中，用户可以选择并通过夹点、夹点工具和命令来修改三维实体上的边，可以根据需要对实体边进行压印、倒角、圆角、着色或复制操作。

如果移动、旋转或缩放三维实体图元上的边，将删除实体图元的历史记录。实体将不再是真实图元，并且无法作为图元通过夹点和"特性"选项板进行操作。

13.6.1 压印边

使用"压印边"命令可以将二维几何图形压印到三维实体上，从而在平面上创建更多的边。被压印的对象必须与选定对象的一个或多个面相交，从而创建其他边。这些边可以提供视觉效果，并可进行压缩或拉长以创建缩进和拉伸。

压印操作仅限于圆弧、圆、直线、多段线、椭圆、样条曲线、面域、体和三维实体对象。用户可以通过以下几种方法使用此命令：

- 执行"修改>实体编辑>压印边"命令。
- 单击"实体编辑"工具栏中的"压印"按钮 ⬚。
- 在命令行中输入 IMPRINT 命令并按 Enter 键。

自测 205 压 印 边

素材：素材\第 13 章\素材\136101.dwg
视频：视频\第 13 章\视频\13-6-1.swf
源文件：无

01 打开素材文件"素材\第 13 章\素材\136101.dwg"，如图 13-69 所示。

02 执行"修改>实体编辑>压印边"命令，命令行提示如下：

```
命令：_imprint
选择三维实体或曲面：                    //选择长方体
选择要压印的对象：                      //选择八边形
是否删除源对象 [是(Y)/否(N)] <N>: Y     //选择"是"选项
选择要压印的对象：                      //按 Enter 键，图形效果如图 13-70 所示
```

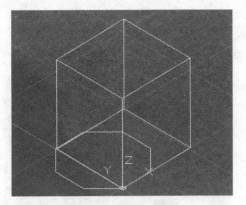 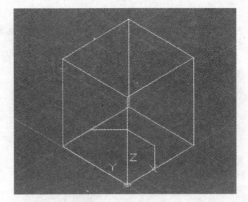

图 13-69 打开素材文件　　　　　　　　　　　图 13-70 图形效果

13.6.2 圆角边

"圆角边"命令可以为三维实体对象的边制作圆角。在 AutoCAD 2013 中，用户可以通过以下几种方法使用此命令：

- 执行"修改>实体编辑>圆角边"命令。
- 单击"实体编辑"工具栏中的"圆角边"按钮 。
- 在命令行中输入 FILLETEDGE 命令并按 Enter 键。

自测 206　圆　角　边

素材：素材\第 13 章\素材\136201.dwg
视频：视频\第 13 章\视频\13-6-2.swf
源文件：无

打开素材文件"素材\第 13 章\素材\136201.dwg"，执行"修改>实体编辑>圆角边"命令，命令行提示如下：

```
命令: _FILLETEDGE
半径 = 1.0000
选择边或 [链(C)/环(L)/半径(R)]:           //选择边
选择边或 [链(C)/环(L)/半径(R)]:           //选择边
选择边或 [链(C)/环(L)/半径(R)]:           //选择边
选择边或 [链(C)/环(L)/半径(R)]:           //选择需要圆角的边，如图 13-71 所示
选择边或 [链(C)/环(L)/半径(R)]:           //按 Enter 键，结束选择
已选定 4 个边用于圆角。
```

按 Enter 键接受圆角或 [半径(R)]:R	//选择"半径"选项
指定半径或 [表达式(E)] <1.0000>: 30	//指定半径
按 Enter 键接受圆角或 [半径(R)]:	//按 Enter 键,图形效果如图 13-72 所示

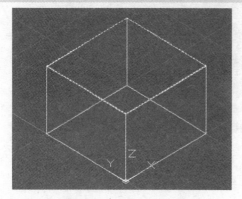

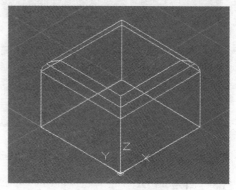

图 13-71　选择需要圆角的边　　　　　　　　图 13-72　图形效果

13.6.3　倒角边

"倒角边"命令可以为实体对象的边制作倒角,各条边必须属于同一个面。在 AutoCAD 2013 中,用户可以通过以下几种方法使用此命令:

- 执行"修改>实体编辑>倒角边"命令。
- 单击"实体编辑"工具栏中的"倒角边"按钮。
- 在命令行中输入 CHAMFEREDGE 命令并按 Enter 键。

自测 207　倒　角　边

素材:　素材\第 13 章\素材\136201.dwg
视频:　视频\第 13 章\视频\13-6-3.swf
源文件: 无

打开素材文件"素材\第 13 章\素材\136201.dwg",执行"修改>实体编辑>倒角边"命令,命令行提示如下:

命令:_CHAMFEREDGE 距离 1 = 1.0000, 距离 2 = 1.0000	
选择一条边或 [环(L)/距离(D)]:	//选择边
选择同一个面上的其他边或 [环(L)/距离(D)]:	//选择边
选择同一个面上的其他边或 [环(L)/距离(D)]:	//选择边
选择同一个面上的其他边或 [环(L)/距离(D)]:	//选择需要倒角的边,如图 13-73 所示

选择同一个面上的其他边或 [环(L)/距离(D)]:	//按 Enter 键，结束选择
按 Enter 键接受倒角或 [距离(D)]:D	//选择"距离"选项
指定基面倒角距离或 [表达式(E)] <1.0000>: 15	//指定基面倒角距离
指定其他曲面倒角距离或 [表达式(E)] <1.0000>:	//按 Enter 键
按 Enter 键接受倒角或 [距离(D)]:	//按 Enter 键，图形效果如图 13-74 所示

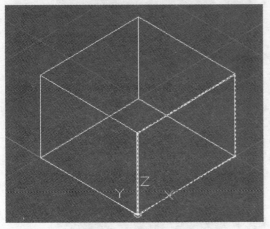
图 13-73 选择需要倒角的边

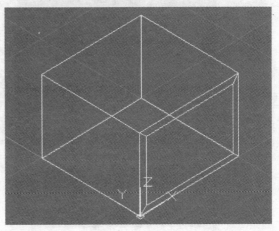
图 13-74 图形效果

13.6.4 着色边

"着色边"命令可以更改三维实体中选定的边的颜色。在 AutoCAD 2013 中，用户可以通过以下几种方法使用此命令：

- 执行"修改>实体编辑>着色边"命令。
- 单击"实体编辑"工具栏中的"着色边"按钮。
- 在命令行中输入 CHAMFEREDGE 命令并按 Enter 键。

自测 208 着 色 边

素材：素材\第 13 章\素材\136201.dwg

视频：视频\第 13 章\视频\13-6-4.swf

源文件：无

01 打开素材文件"素材\第 13 章\素材\136201.dwg"，如图 13-75 所示。执行"修改>实体编辑>着色边"命令，选择要更改颜色的边，如图 13-76 所示。

02 按 Enter 键，弹出"选择颜色"对话框，在该对话框中选择要更改的颜色，如图 13-77 所示。单击

"确定"按钮，图形效果如图 13-78 所示。

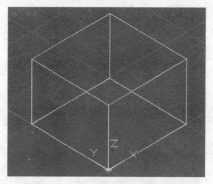
图 13-75　打开素材文件

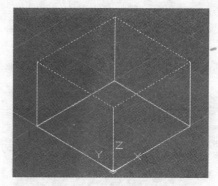
图 13-76　选择要更改颜色的边

图 13-77　"选择颜色"对话框

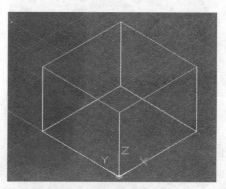
图 13-78　图形效果

13.6.5　复制边

　　"复制边"命令可以将三维实体上的选定边复制为二维圆弧、圆、椭圆、直线或样条曲线。用户可以通过以下几种方法使用此命令：

● 执行"修改>实体编辑>复制边"命令。
● 单击"实体编辑"工具栏中的"复制边"按钮 。
● 在命令行中输入 SOLIDEDIT 命令并按 Enter 键。

自测 209　复　制　边

素材：素材\第 13 章\素材\136201.dwg
视频：视频\第 13 章\视频\13-6-6.swf
源文件：无

打开素材文件"素材\第 13 章\素材\136201.dwg",执行"修改>实体编辑>复制边"命令,命令行提示如下:

```
命令: _solidedit
实体编辑自动检查: SOLIDCHECK=1
输入实体编辑选项 [面(F)/边(E)/体(B)/放弃(U)/退出(X)] <退出>: _edge
输入边编辑选项 [复制(C)/着色(L)/放弃(U)/退出(X)] <退出>: _copy
选择边或 [放弃(U)/删除(R)]:            //选择要复制的边,如图 13-79 所示
选择边或 [放弃(U)/删除(R)]:            //按 Enter 键,结束选择
指定基点或位移: 0,0,0                 //指定基点
指定位移的第二点: 130,0,0             //指定位移的第二点,图形效果如图 13-80 所示
```

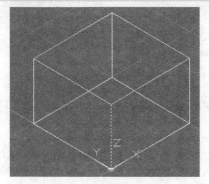

图 13-79 选择要复制的边

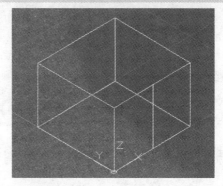

图 13-80 图形效果

13.7 修改三维对象上的顶点

在 AutoCAD 2013 中,还可以选择和修改三维对象的顶点。按住 Ctrl 键并单击选中某顶点,拖动该顶点即可修改三维对象的形状,如图 13-81 所示。

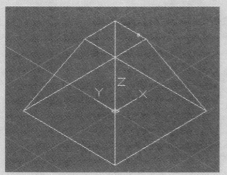

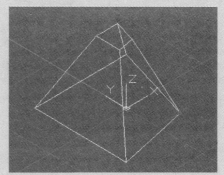

图 13-81 拖动顶点前后对比

可以使用夹点和小控件,或运行 3DMOVE、3DROTATE 或 3DSCALE 命令,修改一个或多个顶点来修改三维实体或曲面的形状。缩放或旋转顶点时,必须选择两个或两个以上的顶点以在对象中查看更改。

如果移动、旋转或缩放了三维实体图元上的一个或多个顶点,则将删除实体图元的历史记录。实体不再是真实图元,无法使用夹点和"特性"选项板进行修改。拖动顶点时,按住 Ctrl 键可在修改选项之间循环,包括"移动顶点"和"允许分成三角形"两个选项,效果如图 13-82 所示。

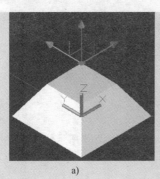 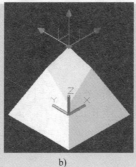 

a)   b)   c)

图 13-82   选择不同选项的不同效果

a) 选择顶点 b) 移动顶点 c) 允许分成三角形

移动顶点：如果在移动顶点时按下并释放 Ctrl 键一次，可能会调整相邻平面。

允许分成三角形：如果移动顶点时没有按 Ctrl 键，某些相邻的面可能会被三角化（分为两个或两个以上三角形平整面）。

13.8 从三维模型创建截面和二维图形

使用 SECTIONPLANE 命令，可以创建一个或多个截面对象，并将其放置在三维模型（三维实体、曲面或网格）中。通过激活活动截面，可以在三维模型中移动截面对象时查看三维模型中的瞬时剪切，而三维模型本身不发生改变。

截面对象具有一个用做剪切平面的透明截面平面指示器。可以在由三维实体、曲面或面域组成的三维模型中移动此平面，以获得不同的截面视图，如图 13-83 所示。

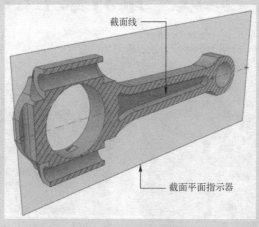

图 13-83   截面效果

截面平面包含用于存储截面对象特性的截面线。可以创建多个截面对象以存储各种特性。例如，一个截面对象可以在截面平面相交处显示一种填充图案，另一个截面对象可以显示相交区域边界的特定线型。

使用活动截面，可以通过移动和调整截面平面来动态分析三维对象的内部细节。可以指定隐藏还是切除位于截面平面指示器一侧的模型部分，如图 13-84 所示。

创建剖视图后，可以从三维模型生成精确的二维块或三维块。可以分析或检查这些块以获得间隙和干涉条件。还可以对生成的块进行标注，或在文档和演示图形中将其用做线框或渲染插图。还可以将每个截面对象另存为工具选项板上的工具。通过此操作，可以避免在每次创建截面对象时重置特性。

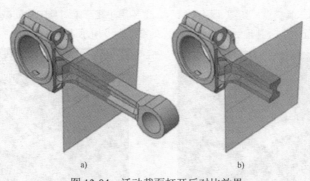

图 13-84 活动截面打开后对比效果

a) 活动截面关闭 b) 活动截面打开

13.8.1 创建截面对象

通过 SECTIONPLANE 命令，可以创建截面对象作为穿过实体、曲面、网格或面域的剪切平面。然后打开活动截面，在三维模型中移动截面对象，以实时显示其内部细节。

自测 210   通过选择面来创建截面对象

素材：素材\第 13 章\素材\138101.dwg

视频：视频\第 13 章\视频\13-8-1.swf

源文件：无

01 打开素材文件"素材\第 13 章\素材\138101.dwg"，如图 13-85 所示。执行"绘图>建模>截面平面"命令，根据命令行的提示单击选择模型上的一面，系统将在选定面的平面上创建截面对象，如图 13-86 所示。

图 13-85 打开素材文件

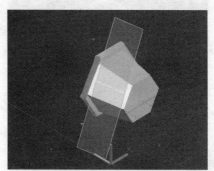

图 13-86 创建截面对象

02 单击截面线以显示其夹点，如图 13-87 所示。选择用于在三维对象中移动截面平面的夹点，在"截面平面"状态下创建截面对象，并且活动截面打开，如图 13-88 所示。

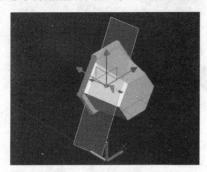

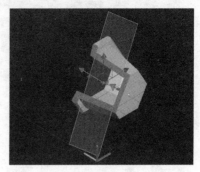

图 13-87　单击截面线　　　　　　　　　图 13-88　移动截面对象

13.8.2　通过指定两点创建截面对象

在 AutoCAD 2013 中，还可以通过指定两点创建截面对象。下面将以实例的形式讲解此方法的运用。

自测 211　通过指定两点创建截面对象

素材：素材\第 13 章\素材\138101.dwg
视频：视频\第 13 章\视频\13-8-2.swf
源文件：无

01 打开素材文件"素材\第 13 章\素材\138101.dwg"，如图 13-89 所示。执行"绘图>建模>截面平面"命令，根据命令行的提示指定截面对象的第一点，如图 13-90 所示。

图 13-89　打开素材文件　　　　　　　　图 13-90　指定截面对象的第一点

02 指定截面对象的端点，如图 13-91 所示。两点之间将创建截面对象并且活动截面已关闭，如图 13-92 所示。

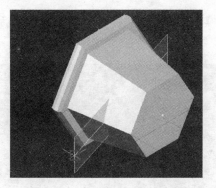

图 13-91　指定截面对象的端点

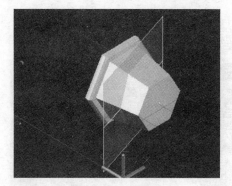

图 13-92　创建截面对象

13.8.3　创建具有折弯线段的截面对象

在 AutoCAD 2013 中，不仅可以创建直剪切平面，还可以创建带有折弯线段的截面对象。下面将以实例的形式讲解此方法的运用。

自测 212　创建具有折弯线段的截面对象

素材：素材\第 13 章\素材\138101.dwg
视频：视频\第 13 章\视频\13-8-3.swf
源文件：无

01 打开素材文件"素材\第 13 章\素材\138101.dwg"，执行"绘图>建模>截面平面"命令，选择命令行中的"绘制截面"选项，指定截面对象的起点，如图 13-93 所示。

02 指定第二个点以创建第一条折弯线段，如图 13-94 所示。从该点起，将不能创建相交的线段。

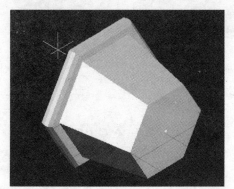

图 13-93　指定截面对象的起点

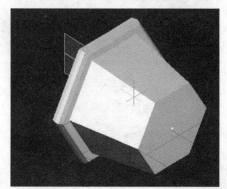

图 13-94　指定第二个点

03 指定线段端点，如图 13-95 所示。按 Enter 键在截面剪切方向上指定点，将创建具有多个线段并处于截面边界状态下的截面对象，如图 13-96 所示。

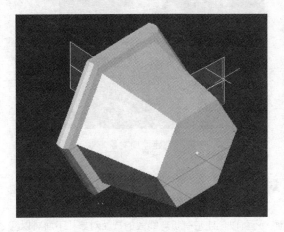

图 13-95　指定线段端点

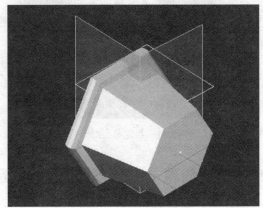

图 13-96　创建截面对象

13.8.4　在预设正交平面上创建截面对象

在 AutoCAD 2013 中，可以将截面对象与当前 UCS 的指定正交方向对齐以创建正交截面，例如前视、后视、仰视、俯视、左视或右视。

自测 213　创建正交截面对象

素材：素材\第 13 章\素材\138101.dwg
视频：视频\第 13 章\视频\13-8-4.swf
源文件：无

01 打开素材文件"素材\第 13 章\素材\138101.dwg"，如图 13-97 所示。
02 执行"绘图>建模>截面平面"命令，命令行提示如下：

命令：_sectionplane 选择面或任意点以定位截面线或 [绘制截面(D)/正交(O)]: O
　　　　　　　　　　　//选择"正交"选项
将截面对齐至:[前(F)/后(A)/顶部(T)/底部(B)/左(L)/右(R)] <顶部>: T
　　　　　　　　　　　//选择"顶部"选项，图形效果如图 13-98 所示

图 13-97　打开素材文件

图 13-98　创建正交截面对象

13.8.5　设定截面对象状态

在 AutoCAD 2013 中，截面对象具有 3 种状态，分别是截面平面、截面边界和截面体积。选择不同的状态，剪切平面将显示不同的视觉效果，如图 13-99 所示。使用夹点可以调整剪切区域的长度、宽度和高度。

截面平面：将显示截面线和透明截面平面指示器，剪切平面向所有方向无限延伸。

截面边界：二维方框显示剪切平面的 XY 范围，沿 Z 轴的剪切平面无限延伸。

截面体积：三维方框显示剪切平面在所有方向上的范围。

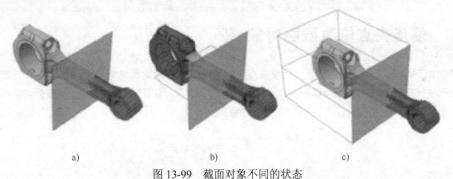

　　　　　a)　　　　　　　　　　　　　　b)　　　　　　　　　　　　　c)

图 13-99　截面对象不同的状态

a) 截面平面状态　b) 截面边界状态　c) 截面体积状态

13.8.6　活动截面

活动截面是用于在三维实体、曲面或面域中查看剪切几何体的分析工具。可以通过在对象中移动截面对象来使用活动截面分析模型。例如，在引擎部件中活动截面对象可以帮助用户看到其内部部件，如图 13-100 所示。可以使用此方法创建可保存或重复使用的横截面视图。

活动截面用于模型空间中的三维对象和面域。激活活动截面后，可以通过使用夹点调整截面对象或其线段的位置来更改查看平面。通过打开切除的几何体，可以显示包含截面平面的整个对象，如图 13-101 所示。只能在截面平面处于激活状态时打开此选项（可以从快捷菜单中打开）。

活动截面根据创建截面对象的方式自动打开或关闭。当选择一个面以定义截面平面时，将打开活动截面；使用 SECTIONPLANE 命令的"绘制截面"选项创建截面时，会关闭活动截面。创建截面对象后，可手动打开或关

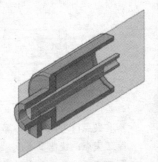

图 13-100　活动截面效果

闭活动截面。

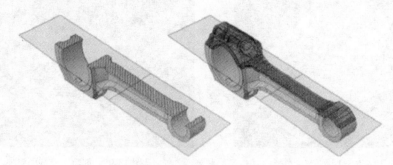

图 13-101   切除的几何体显示对比

　　一个图形可以包含多个截面对象，但是一次只能为一个截面对象激活活动截面。如果模型包含两个截面对象，打开其中一个截面的活动截面，再激活另一个截面的活动截面，则第一个截面的活动截面将自动关闭。

提示：

　　活动截面仅在模型空间中的三维对象和面域上起作用。关闭截面对象图层，不会关闭活动截面；如果冻结图层，则会关闭活动截面。

13.8.7   使用夹点修改截面对象

　　在 AutoCAD 2013 中，通过截面对象夹点可以帮助用户移动截面对象和调整其大小。选择截面对象时，将显示执行不同功能的各种类型的夹点，如图 13-102 所示，使用这些夹点可以调整剪切区域的位置、长度、宽度和高度，但是一次仅可选择一个截面对象夹点。

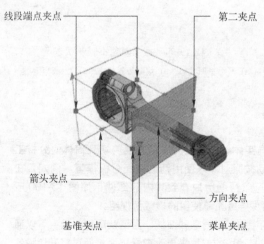

图 13-102   显示夹点效果

基准夹点：用做移动、缩放和旋转截面对象的基点，它将始终与菜单夹点相邻。
第二夹点：绕基准夹点旋转截面对象。
菜单夹点：显示截面对象状态的菜单。此菜单用于控制关于剪切平面的视觉信息的显示。
方向夹点：控制二维截面的观察方向。要反转截面平面的观察方向，可单击方向夹点。

箭头夹点：通过修改截面平面的形状和位置修改截面对象，只允许在箭头方向进行正交移动（仅限截面边界状态和体积状态）。

线段端点夹点：拉伸截面平面的顶点，无法移动线段端点夹点以使线段相交，线段端点夹点显示在折弯线段的端点处（仅限截面边界状态和体积状态）。

13.8.8　截面对象快捷菜单

为三维模型创建截面对象后，用鼠标右键单击截面线，将弹出快捷菜单，在该菜单中选择不同的选项可以进行不同的操作，如图 13-103 所示。

激活活动截面：打开和关闭选定截面对象的活动截面。

显示切除的几何体：使用"截面设置"对话框中的显示设置来显示已剪切的几何体。当活动截面打开时，该选项才可用。

活动截面设置：选择该选项，将弹出"截面设置"对话框，在该对话框中可对截面进行不同的设置。

生成二维/三维截面：选择该选项，将弹出"生成截面/立面"对话框，通过该对话框可将截面平面生成二维截面或三维截面。

将折弯添加至截面：将其他线段、折弯添加到截面线。

图 13-103　快捷菜单

13.9　本 章 小 结

本章主要讲解了编辑三维实体和曲面的技巧和方法。通过本章的学习，读者可以熟练地对三维实体进行布尔运算，以及对三维实体的子对象进行修改和编辑，进而创建出各种复杂的三维实体模型。

第14章

图纸布局与打印

　　使用 AutoCAD 绘制完二维或三维图形后，可以使用打印机或绘图仪通过图纸空间打印输出设计好的图形。在输出图形之前，还要进行一系列的打印设置，比如打印比例、图纸尺寸等，还可以根据需要将图形的不同部分使用不同颜色打印出来。本章将讲解图形打印的相关内容。

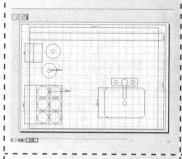

实例名称：创建新布局
视频：视频\第 14 章\视频\14-1-2.swf
源文件：源文件\第 14 章\14-1-2.dwg

实例名称：创建打印样式
视频：视频\第 14 章\视频\14-2-3.swf
源文件：无

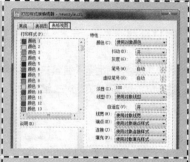

实例名称：编辑打印样式
视频：视频\第 14 章\视频\14-2-4.swf
源文件：无

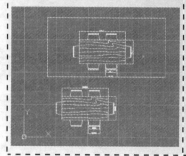

实例名称：输出 DWF 文件
视频：视频\第 14 章\视频\14-3-2.swf
源文件：源文件\第 14 章\14-3-2.dwg

实例名称：创建图纸集
视频：视频\第 14 章\视频\14-4-1.swf
源文件：无

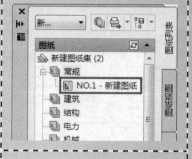

实例名称：创建和修改图纸
视频：视频\第 14 章\视频\14-4-2.swf
源文件：无

14.1 工作空间与布局

AutoCAD 中有两个不同的绘图空间，即模型空间和图纸（布局）空间。在不同的空间里工作，可以进行不同的操作。

14.1.1 模型和布局空间

模型空间：是 AutoCAD 图形处理的主要环境，带有三维的可用坐标系，能创建和编辑二维、三维对象，与绘图输出不直接相关。

布局空间：是 AutoCAD 图形处理的辅助环境，带有二维的可用坐标系，能创建和编辑二维对象。

这两种空间的主要区别在于：模型空间针对的是图形实体空间，图纸空间则是针对图纸布局空间。

模型空间为用户提供了一个广阔的绘图区域，一般情况下无论是二维或三维图形，都在模型空间下进行绘制与编辑。并且在模型空间中需要考虑的只是单个图形能否绘制出或正确与否，而不必担心绘图空间的大小。

与模型空间不同的是，图纸空间则侧重于图纸的布局，并且在图纸空间里几乎不需要再对图形进行任何修改和编辑。如图 14-1 所示为模型空间和图纸空间图形效果。

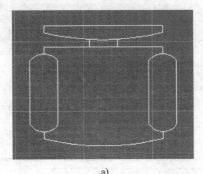
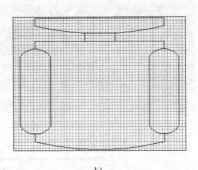

a)   b)

图 14-1 模型空间与图纸空间图形效果

a) 模型空间   b) 图纸空间

> **提示：**
>
> 图纸空间与打印输出密切相关，一般绘图时先在模型空间内进行绘制与编辑，再进入图纸空间进行布局调整，直至最终出图。

在 AutoCAD 中模型空间和图纸空间都支持多个视图的使用，但是在不同的工作空间中多视图的性质和作用也并不相同。

在模型空间中，多视图只是为了方便观察图形和绘图，其中的各个窗口与原绘图窗口十分相似。在图纸空间中，多视图主要是为了便于对图纸进行合理布局，用户可以方便地对其中任何一个视图进行复制、移动等基本编辑操作。

> **提示：**
>
> 多视图操作可以使用户从不同的角度观察同一个实体对象，使实体对象的每一面都得以展现，这在进行三维绘制时非常有利。

在 AutoCAD 中，可以通过单击绘图窗口底部的选项卡来实现模型空间和图纸空间的切换。单击"模型"选项卡，可进入模型空间，如图 14-2 所示；单击"布局 1"选项卡，则可以进入图纸空间，如图 14-3 所示。

也可以通过单击状态栏中的"快速查看布局"按钮，在弹出的小窗口中选择要查看的不同空间。

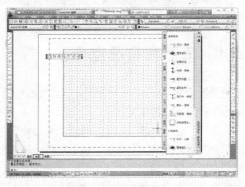

图 14-2　模型空间　　　　　　　　　　　图 14-3　图纸空间

AutoCAD 中包括两个空间、3 个状态，两个空间是指模型空间和图纸空间；3 个状态是指模型空间（平铺）、模型空间（浮动）和图纸空间。如图 14-4 所示为 3 个不同的状态。

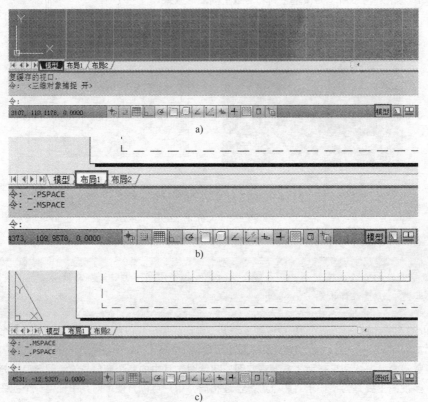

图 14-4　AutoCAD 的 3 个状态

a) 模型空间（平铺）　　b) 模型空间（浮动）　　c) 图纸空间

模型空间（平铺）是指通常打开 AutoCAD 所在的空间，也就是习惯上的作图空间。模型空间（浮动），实际上状态在图纸空间，只不过把图纸空间上的视口激活，所以才称为模型空间。被激活的视口的图纸空间相当于回到了模型空间，可以编辑对象，也可以增加对象。

14.1.2　创建新布局

在 AutoCAD 中，用户可以根据需要创建满足要求的布局，通过创建布局可以设置打印机、图纸尺寸、方向、标题栏、定义视口和拾取位置等参数，这些设置将同图形一起保存。在 AutoCAD 2013 中，用户可以通过以下几种方法创建布局：

- 执行"工具>向导>创建布局"命令。
- 执行"插入>布局>创建布局向导"命令。
- 在命令行中输入 LAYOUTWIZARD 命令并按 Enter 键。

自测 214　创建新布局

素材：素材\第 14 章\素材\141201.dwg
视频：视频\第 14 章\视频\14-1-2.swf
源文件：源文件\第 14 章\14-1-2.dwg

01 打开素材文件"素材\第 14 章\素材\141201.dwg"，如图 14-5 所示。

02 执行"插入>布局>创建布局向导"命令，弹出"创建布局-开始"对话框。在该对话框中可为创建的布局输入名称，如图 14-6 所示。

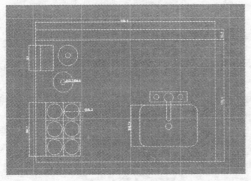

图 14-5　打开素材文件

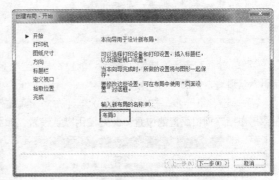

图 14-6　"创建布局-开始"对话框

03 单击"下一步"按钮，进入"创建布局-打印机"界面。在该界面中选择打印机设备，如图 14-7 所示。

04 单击"下一步"按钮，进入"创建布局-图纸尺寸"界面。在该界面中设置图形单位和图纸尺寸，如图 14-8 所示。

05 单击"下一步"按钮，进入"创建布局-方向"界面。在该界面中设置图形在图纸上的方向，如图 14-9 所示。

06 单击"下一步"按钮，进入"创建布局-标题栏"界面。在该界面中设置标题栏的形式，此处使用默认设置，如图14-10所示。

图14-7 "创建布局-打印机"界面

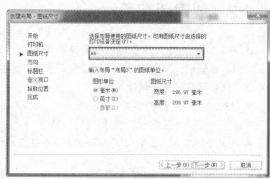

图14-8 "创建布局-图纸尺寸"界面

图14-9 "创建布局-方向"界面

图14-10 "创建布局-标题栏"界面

提示：

此处选择标题栏时，如果选择的标题栏与图纸尺寸不匹配，那么选定的标题栏将不适合已设定图纸尺寸。

07 单击"下一步"按钮，进入"创建布局-定义视口"界面。在该界面中设置视口及视口比例，此处使用默认设置，如图14-11所示。

08 单击"下一步"按钮，进入"创建布局-拾取位置"界面。在该界面中单击"选择位置"按钮，可在图形中指定视口配置的位置，此处使用默认设置，如图14-12所示。

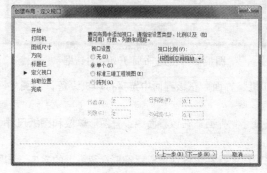

图14-11 "创建布局-定义视口"界面

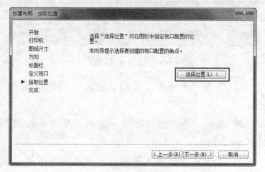

图14-12 "创建布局-拾取位置"界面

09 单击"下一步"按钮，进入"创建布局-完成"界面，新布局创建完成，如图 14-13 所示。单击"完成"按钮，返回新建"布局 3"空间，如图 14-14 所示。

图 14-13 "创建布局-完成"界面

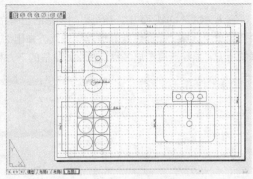

图 14-14 新建"布局 3"空间

小技巧：

在 AutoCAD 2013 中，用户还可以通过"插入>布局>新建布局"或"插入>布局>来自样板的布局"命令迅速创建新布局。

提示：

在 AutoCAD 2013 中，用户可以在图形中创建多个布局，并且每个布局都可以包含不同的打印设置和图纸尺寸。但是为了避免在转换和发布图形时混淆，建议每个图形只创建一个布局。

14.1.3 管理布局

在 AutoCAD 2013 中管理布局的方法非常方便，用鼠标右键单击状态栏中的"快速查看布局"按钮，将弹出快捷菜单，通过该快捷菜单可以进行新建布局、移动或复制布局、选择所有布局、激活前一个布局及激活"模型"选项卡等操作，如图 14-15 所示。

用鼠标右键单击"模型"或"布局空间"选项卡，也将弹出相应的快捷菜单，通过该快捷菜单可以删除、新建、重命名、移动或复制布局，如图 14-16 所示。

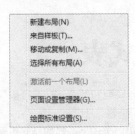

图 14-15 快捷菜单（一）

图 14-16 快捷菜单（二）

14.1.4 布局的页面设置

在 AutoCAD 2013 中，还可以对图形的已有布局进行页面设置。用鼠标右键单击布局名称，在弹出的快捷菜单中选择"页面设置管理器"选项，弹出"页面设置管理器"对话框，如图 14-17 所示。在该对话框的上方将显示所有布局名称，在该对话框的下方将显示所选布局页面设置的详细信息。

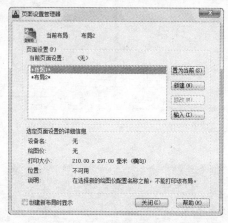

图 14-17 "页面设置管理器"对话框

在"页面设置管理器"对话框中选择要修改的布局，单击"修改"按钮，弹出"页面设置-布局 1"对话框，如图 14-18 所示。在该对话框中可以对布局的"打印机/绘图仪"、"图纸尺寸"、"打印区域"、"打印比例"、"打印偏移"、"图形方向"和"打印选项"等参数进行设置。

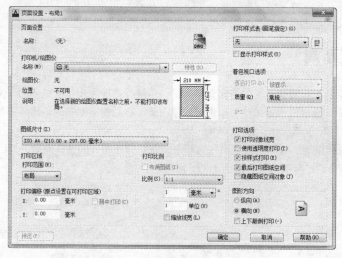

图 14-18 "页面设置-布局 1"对话框

14.2 打印样式表

打印样式表是指定给布局或模型空间的打印样式的集合。与线型和颜色一样，打印样式也是对象特性。因此，可将其指定给对象或图层，而它们可控制对象的打印特性。

在 AutoCAD 2013 中，可以为布局选择打印样式表，也可以创建新的打印样式表保存到布局的页面设置中，或编辑已有的打印样式表。

14.2.1 颜色相关打印样式

通过使用颜色相关打印样式来控制对象的打印方式，确保所有颜色相同的对象以相同的方式打印。当图形使用颜色相关打印样式表时，不能为单个对象或图层指定打印样式。要将打印样式特性指定给某个对象，并更改该对象或图层的颜色。

可以为布局指定颜色相关打印样式表。可以使用多个预定义的颜色相关打印样式表、编辑现有的打印样式表或创建用户自己的打印样式表。

颜色相关打印样式表存储在 PlotStyles 文件夹中，其扩展名为.ctb。PlotStyles 文件夹（也称为打印样式管理器）中安装了多个颜色相关打印样式表：

acad.ctb：默认打印样式表。

fillPatterns.ctb：设定前 9 种颜色使用前 9 个填充图案，所有其他颜色使用对象的填充图案。

Grayscale.ctb：打印时将所有颜色转换为灰度。

Monochrome.ctb：将所有颜色打印为黑色。

无：不应用打印样式表。

Screening100%.ctb：对所有颜色使用 100%墨水。

Screening75%.ctb：对所有颜色使用 75%墨水。

Screening50%.ctb：对所有颜色使用 50%墨水。

Screening25%.ctb：对所有颜色使用 25%墨水。

提示：

> 只有将图形设定为使用颜色相关打印样式表时，才可以将颜色相关打印样式表指定给图层。

用鼠标单击布局空间名称，并再次用鼠标右键单击布局空间的名称，在弹出的快捷菜单中选择"页面设置管理器"选项，在弹出的"页面设置管理器"对话框中选择要打印的布局空间，单击"修改"按钮，弹出"页面设置-布局 1"对话框，在该对话框右上角的"打印样式表"下拉列表中选择一种打印样式表，如图 14-19 所示。

单击右侧的"编辑"按钮，弹出"打印样式表编辑器"对话框，在该对话框中可以查看或修改当前指定的打印样式表中的打印样式，如图 14-20 所示。

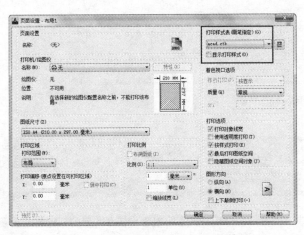

图 14-19 "页面设置-布局 1"对话框

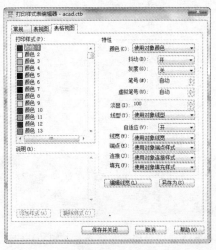

图 14-20 "打印样式表编辑器"对话框

14.2.2 命名相关打印样式

在命名打印样式表中只能创建、删除和应用打印样式。在图形中可以根据需要定义打印样式的数量。

将命名打印样式指定给对象和图层的方式与将线型和颜色指定给对象的方式相同，如图14-21所示。因此，具有相同颜色的对象也可能会以不同方式打印，这取决于指定给对象的打印样式。

打印样式被设定为"BYCOLOR"的对象将继承指定给其所在图层的打印样式。使用"特性"选项板可以更改对象的打印样式，如图14-22所示。

图 14-21 "打印样式"选项　　　　图 14-22 "特性"选项板

使用"图层特性管理器"选项板可以更改图层的打印样式，如图14-23所示。针对图层设置的打印样式，其优先权低于图层内单个线条的打印样式。同理，针对图块设置的打印样式，其优先权低于图块内的单个线条的打印样式。

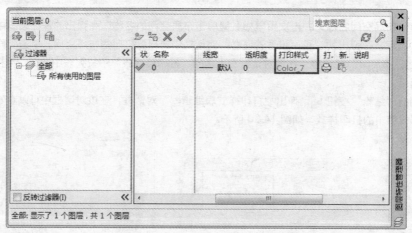

图 14-23 "图层特性管理器"选项板

> **提示：**
>
> 使用命令打印样式表时，每一个对象都可以单独设置打印样式，而不论颜色、图层、图块等属性如何。

因为可以为每个布局指定不同的打印样式表，而且命名打印样式表可以包含任意数量的打印样式，所以指定给对象或图层的打印样式可能不包含在所有打印样式表中。在这种情况下，将视为该打印样式在

"选择打印样式"对话框中丢失,并使用对象的默认打印特性。

　　例如,命名打印样式表"样式 1"包括打印样式 A 和 B,命令打印样式表"样式 2"包括打印样式 B 和 C。在使用"样式 1"的布局中,所有使用打印样式 C 的对象将被作为包含丢失打印样式的对象列出,在该布局中被指定使用打印样式 C 的对象将使用默认设置打印。

　　特殊情况下,图形中所有的针对物体、图层的打印样式均呈灰色显示,这是因为在 AutoCAD 2013 中有两种打印样式模式:颜色相关和命名相关。如果要修改新图形,或用 AutoCAD 早期版本创建但还没有 AutoCAD 2013 里保存的图形的打印样式模式,可以在"打印样式表设置"对话框中设置打印模式。

自测 215　　设置打印模式

素材:无
视频:视频\第 14 章\视频\14-2-2.swf
源文件:无

　　01 在没有任何操作的情况下,在绘图区中单击鼠标右键,从弹出的快捷菜单中选择"选项"选项,弹出"选项"对话框,单击"打印和发布"选项卡,如图 14-24 所示。

　　02 单击该对话框右下方的"打印样式表设置"按钮,在弹出的"打印样式表设置"对话框中选择"使用命名打印样式"单选按钮,如图 14-25 所示。

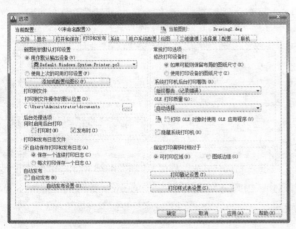

图 14-24　"打印和发布"选项卡

图 14-25　"打印样式表设置"对话框

03 单击"确定"按钮,返回"选项"对话框,再次单击"确定"按钮设置完成。

14.2.3　创建打印样式

　　在 AutoCAD 2013 中,用户可以根据需要创建不同数量的"颜色相关打印样式"或"命名相关打印样式"。

自测 216　创建打印样式

素材：无
视频：视频\第 14 章\视频\14-2-3.swf
源文件：无

14

01 执行"工具>向导>添加打印样式表"命令，弹出"添加打印样式表"对话框，如图 14-26 所示。单击"下一步"按钮，进入"添加打印样式表-开始"界面，如图 14-27 所示。

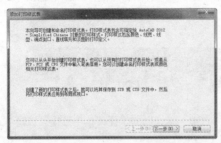

图 14-26　"添加打印样式表"对话框

图 14-27　"添加打印样式表-开始"界面

提示：

创建新打印样式表：选择该单选按钮，将从最初开始创建新的打印样式表。

使用现有打印样式表：选择该单选按钮，将以已有的样式打印表为基础创建新的打印样式表，在新的打印样式表中将保留一部分原有打印样式表的样式。

使用 R14 绘图仪配置：选择该单选按钮，将使用 acadr13.cfg 文件中指定的信息创建新的打印样式表。如果要输入设置，而又没有 PCP 或者 PC2 文件，可以选择该单选按钮。

使用 PCP 或 PC2 文件：选择该单选按钮，将使用 PCP 或者 PC2 文件中存储的信息创建新的打印样式表。

02 单击"下一步"按钮，进入"添加打印样式表-选择打印样式表"界面，如图 14-28 所示。单击"下一步"按钮，进入"添加打印样式表-文件名"界面，在该对话框中输入新建打印样式表的名称，如图 14-29 所示。

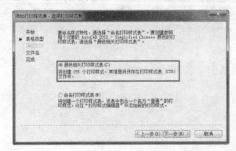

图 14-28　"添加打印样式表-选择打印样式表"界面

图 14-29　"添加打印样式表-文件名"界面

03 单击"下一步"按钮，进入"添加打印样式表-完成"界面，如图 14-30 所示。单击"完成"按钮，完成打印样式表的创建。

04 执行"文件>打印样式管理器"命令，在弹出的对话框中新建的打印样式表将添加到"AutoCAD 预定义打印样式表"文件夹中，如图 14-31 所示。

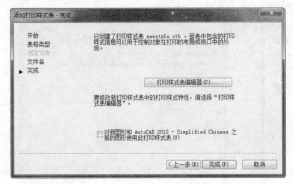

图 14-30 "添加打印样式表-完成"界面 　　图 14-31 "AutoCAD 预定义打印样式表"文件夹

小技巧：

在"AutoCAD 预定义打印样式表"文件夹中双击"添加打印样式表向导"图标，同样可以创建新的打印样式表。

14.2.4 编辑打印样式

可以使用打印样式表编辑器修改打印样式，对打印样式所作的更改将影响使用该打印样式的对象。通过在绘图仪管理器中双击 CTB（颜色打印样式表）或 STB（命令打印样式表）文件来打开打印样式表编辑器，打印样式表编辑器显示指定打印样式表中包含的打印样式。

自测 217　编辑打印样式

素材：无
视频：视频\第 14 章\视频\14-2-4.swf
源文件：无

01 执行"文件>打印样式管理器"命令，弹出"AutoCAD 预定义打印样式表"文件夹，如图 14-32 所示。

02 双击 14.2.3 节中新建的"newstyle.ctb"图标，弹出"打印样式表编辑器-newstyle.ctb"对话框，如图 14-33 所示。"常规"选项卡下列出了打印样式表的基本信息，并且可以添加说明文字，也可以在非 ISO 线型图案和填充图案中应用比例缩放。

图 14-32　AutoCAD 预定义打印样式表文件夹

图 14-33　"打印样式表编辑器-newstyle.ctb"对话框

提示：

在命名打印样式表中，"普通"打印样式表示对象的默认特性（未应用打印样式）。用户不能修改或删除"普通"打印样式。

小技巧：

在"AutoCAD 预定义打印样式表"文件夹中，用鼠标右键单击不同的图标，利用弹出的快捷菜单还可以对打印样式进行删除、重命名等操作。

03 单击"表视图"选项卡，在该选项卡下可以编辑颜色、线型等选项，如图 14-34 所示。单击"表格视图"选项卡，该选项卡与"表视图"选项卡下的编辑内容基本相同，如图 14-35 所示。

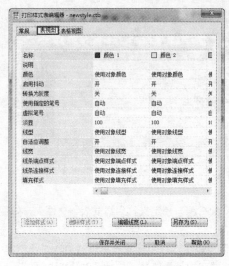

图 14-34　"表视图"选项卡

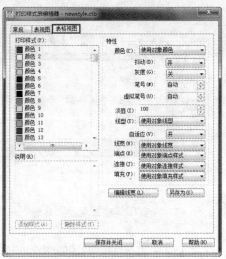

图 14-35　"表格视图"选项卡

14.3 图样打印和输出

绘制图形后,可以使用多种方法将其输出,可以将图形打印在图纸上,也可以创建成文件以供其他应用程序使用,以上两种情况都需要进行打印设置。

14.3.1 在 AutoCAD 2013 中打印输出

可以使用各种绘图仪或者 Windows 系统打印机输出图形。在 AutoCAD 2013 中,用户可以通过以下几种方法打印输出图形:

- 执行"文件>打印"命令。
- 单击"标准"工具栏中的"打印"按钮 🖨。
- 在命令行中输入 PLOT 命令并按 Enter 键。
- 按快捷键 Ctrl+P。

使用以上任意一种方法,都将弹出"打印-模型"对话框,如图 14-36 所示。在该对话框中,可以对图纸尺寸、打印比例、打印范围等参数进行设置。

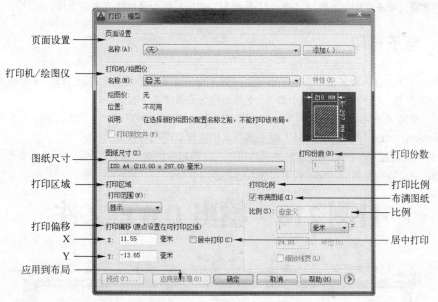

图 14-36 "打印-模型"对话框

页面设置:该下拉列表用来显示和设置当前页面设置的名称。可以将图形中保存的命名页面设置作为当前页面设置,也可以单击右侧的"添加"按钮,基于当前设置创建一个新的命名页面设置。

打印机/绘图仪:该下拉列表列出了可用的 PC3 文件或系统打印机,可以从中进行选择以打印当前布局。设备名称前面的图标识别其为 PC3 文件还是系统打印机。

图纸尺寸:该下拉列表用来显示所选打印设备可用的标准图纸尺寸。如果未选择绘图仪,将显示全部标准图纸尺寸。

打印份数： 该微调框用来设置打印的份数。当打印到文件时，该选项不可用。

打印区域： 该选项区用来指定要打印的图形部分。在"打印范围"下拉列表中，可以选择要打印的图形区域；该下拉列表中包含"窗口"、"图形界限"和"显示"3个选项，如图14-37所示。

> 窗口：选择该选项，将返回到模型空间，在该空间中使用定点设备指定要打印区域的两个角点，或输入坐标值。

> 图形界限：选择该选项，从布局空间打印时将打印指定图纸尺寸的可打印区域内的所有内容，其原点从布局中的（0，0）点计算得出；从模型空间打印时，将打印栅格界限定义的整个图形区域。

图14-37 "打印范围"下拉列表

> 显示：选择该选项，将打印选定的模型空间当前视口中的视图或布局空间中的当前图纸空间视图。

打印偏移： 该选项区用来设置图形的打印偏移。

> X：该文本框用来设置 X 方向上的打印原点，即图形沿 X 方向相对于图纸左下角的偏移量。

> Y：该文本框用来设置 Y 方向上的打印原点，即图形沿 Y 方向相对于图纸左下角的偏移量。

> 居中打印：勾选该复选框，将自动计算 X 偏移和 Y 偏移值，在图纸上居中打印。

打印比例： 该选项区用来设置图形单位与打印单位之间的相对比例。

> 布满图纸：勾选该复选框，将缩放打印图形以布满所选图纸尺寸，并在"比例"、"英寸="和"单位"文本框中显示自定义的缩放比例因子。

> 比例：该选项用来定义打印的精确比例。选择"自定义"选项，可定义由用户定义的比例。可以通过输入与图形单位数等价的英寸（或毫米）数来创建自定义比例。其中，第一个文本框表示图纸尺寸单位；第二个文本框表示图形单位。

应用到布局： 单击该按钮，可将当前"打印-模型"对话框的设置保存到当前布局。

14.3.2   电子打印

通过 AutoCAD 还可以将图形以电子格式发布到 Internet 上，创建的文件以 Web 图形格式（DWF）保存。DWF 文件是二维矢量文件，每个 DWF 文件可包含一张或多张图纸。

用户可以使用 Autodesk Design Review 打开、查看和打印 DWF 文件。使用 DWF 文件查看器，还可以在 Microsoft Internet Explorer 5.01 或更高版本中查看 DWF 文件。

DWF 文件高度压缩，比绘制完成后的文件更小，传递起来也更快捷。DWF 文件支持图形文件的实时移动和缩放，并支持控制图层、命名视图和嵌入链接显示效果。

自测 218   输出 DWF 文件

素材：素材\第 14 章\素材\143201.dwg
视频：视频\第 14 章\视频\14-3-2.swf
源文件：源文件\第 14 章\14-3-2.dwg

01 打开素材文件"素材\第 14 章\素材\143201.dwg",如图 14-38 所示。执行"文件>打印"命令,弹出"打印-模型"对话框,在"打印机/绘图仪"选项区下的"名称"下拉列表中选择"DWF6 ePlot.pc3"选项,如图 14-39 所示。

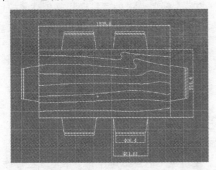

图 14-38　打开素材文件　　　　　　图 14-39　设置"打印机/绘图仪"选项

02 单击"确定"按钮,弹出"浏览打印文件"对话框,将其存储为"素材\第 14 章\素材\14-3-2.dwf",如图 14-40 所示。

03 单击"保存"按钮,完成保存。执行"插入>DWF 参考底图"命令,在弹出的"选择参照文件"对话框中选择要插入的文件"素材\第 14 章\素材\14-3-2-Model.dwf",如图 14-41 所示。

图 14-40　"浏览打印文件"对话框　　　　图 14-41　"选择参照文件"对话框

04 单击"打开"按钮,弹出"附着 DWF 参考底图"对话框,设置如图 14-42 所示。单击"确定"按钮,根据命令行的提示在绘图区已有图形的上方指定插入点并按 Enter 键,效果如图 14-43 所示。

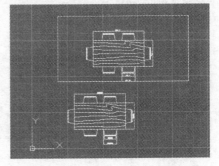

图 14-42　"附着 DWF 参考底图"对话框　　　图 14-43　插入 DWF 参考底图

提示:

在AutoCAD 2013中插入的DWF参考底图作为一个特殊的对象,将不再支持几何对象的编辑功能。

14.3.3 批处理打印

AutoCAD 还提供了批处理功能，它可以一次打印选择的多个图形。批处理打印程序创建了打印图形列表，可以将 PC3 文件附着到每一个图形上。没有附着 PC3 文件的图形，其打印效果为开始批处理打印程序之前的默认值。

为了成功加载和显示图形，在使用批处理打印多个图形前首先要检查好所有必要的字体、线型、图层特性等是否有效。

14.4 图 纸 集

使用图纸集管理器可以将图形布局组织为命名图纸集。图纸集中的图纸可作为一个单元进行传递、发布和归档。使用图纸集可以更方便地组织和管理工程中的图形，并可以改善工作组中的交流情况。

14.4.1 创建图纸集

对于大多数设计组，图形集是主要的提交对象。图形集用于传达工程的总体设计意图并为该工程提供文档和说明，但是，手动管理图形集的过程较为复杂和费时。

使用图纸集管理器，可以将图形作为图纸集管理。图纸集是一个有序命名集合，其中的图纸来自几个图形文件。图纸是从图形文件中选定的布局，可以从任意图形将布局作为编号图纸输入到图纸集中。

在 AutoCAD 2013 中，用户可以通过以下几种方法创建图纸集：

● 执行"文件>新建图纸集"命令。
● 执行"工具>选项板>图纸集管理器"命令，在该选项板的下拉列表中选择"新建图纸集"选项。
● 在命令行中输入 NEWSHEETSET 命令并按 Enter 键。

在 AutoCAD 中还可以使用"创建图纸集"向导来创建图纸集。在向导中既可以基于现有图形从头开始创建图纸集，也可以使用图纸集样例作为样板进行创建。

指定的图形文件的布局将输入到图纸集中，用于定义图纸集的关联和信息存储在图纸集数据（DST）文件中。

在使用"创建图纸集"向导创建新的图纸集时，将创建新的文件夹作为图纸集的默认存储位置。这个新文件夹名为"AutoCAD Sheet Sets"，位于"我的文档"文件夹中。可以更改图纸集文件的默认位置，但是建议将 DST 文件和工程文件存储在一起。

自测 219 创建图纸集

素材：无
视频：视频\第 14 章\视频\14-4-1.swf
源文件：无

01 执行"文件>新建图纸集"命令，弹出"创建图纸集-开始"对话框。在该对话框中选择创建图纸集的方式，如图 14-44 所示。

02 单击"下一步"按钮，进入"创建图纸集-图纸集样例"界面。在该界面中选择创建图纸集的样例，如图 14-45 所示。

图 14-44 "创建图纸集-开始"对话框　　　　图 14-45 "创建图纸集-图纸集样例"界面

提示:

> 　　在"创建图纸集-开始"对话框中，选择"样例图纸集"单选按钮，将使用现有的图纸集，为新的图纸集提供组织结构和默认设置。此选项不会从现有的图纸集复制任何图纸。用此选项创建图纸集后，可以一个个地输入布局或创建图纸。
>
> 　　选择"现有图形"单选按钮，可以指定一个或多个包含图形文件的文件夹。然后，这些图形中的布局就可以自动输入到图纸集中。

03 单击"下一步"按钮，进入"创建图纸集-图纸集详细信息"界面。在该界面上方的文本框中输入新图纸集的名称，如图 14-46 所示。

04 单击"下一步"按钮，进入"创建图纸集-确认"界面。在该界面中显示了新建图纸集的所有详细信息，如图 14-47 所示。

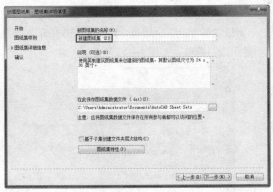

图 14-46 "创建图纸集-图纸集详细信息"界面　　　图 14-47 "创建图纸集-确认"界面

05 单击"完成"按钮，弹出"图纸集管理器"选项板。在该选项板中显示了新建图纸集，如图 14-48 所示。

06 单击该选项板中的下拉列表，通过下拉列表中的各选项可以打开任意已有的图纸集，如图 14-49 所示。

图 14-48 "图纸集管理器"选项板　　　　图 14-49 "图纸集管理器"选项板中的下拉列表

14.4.2 创建和修改图纸

图纸集管理器中有多个用于创建图纸和添加视图的选项，这些选项可通过快捷菜单进行访问，并且应始终在打开的图纸集中修改图纸。

自测 220 创建和修改图纸

素材：无

视频：视频\第 14 章\视频\14-4-2.swf

源文件：无

01 执行"工具>选项板>图纸集管理器"命令，弹出"图纸集管理器"选项板，如图 14-50 所示。用鼠标右键单击"常规"选项，在弹出的快捷菜单中选择"新建图纸"选项，如图 14-51 所示。

图 14-50 "图纸集管理器"选项板　　　　图 14-51 选择"新建图纸"选项

02 弹出"新建图纸"对话框，在该对话框中输入编号及图纸标题，如图 14-52 所示。单击"确定"按钮，新建图纸将添加到"常规"子集下，如图 14-53 所示。

图 14-52 "新建图纸"对话框

图 14-53 添加新建图纸

提示：

用鼠标右键单击图纸名称，通过弹出的快捷菜单中的各选项，可进行新建图纸、删除图纸、重命名并重新编号等操作。

14.4.3 整理图纸集

对于较大的图纸集，有必要在树状图中整理图纸和视图。在"图纸列表"选项中，可以将图纸整理为集合，这些集合被称为子集。在"图纸视图"选项卡中，可以将视图整理为集合，这些集合被称为类别。

1．使用图纸子集

图纸子集通常与某个主题（例如建筑设计或机械设计）相关联。例如在建筑设计中，可能使用名为"建筑"的子集；而在机械设计中，可能使用名为"标准紧固件"的子集。在某些情况下，创建与查看状态或完成状态相关联的子集可能会很有用处。

用户可以根据需要将子集嵌套到其他子集中。创建或输入图纸或子集后，可以通过在树状图中拖动它们并对它们进行重排序。

2．使用视图类别

视图类别通常与功能相关联。例如在建筑设计中，可能使用名为"立视图"的视图类别；而在机械设计中，可能使用名为"分解"的视图类别。用户可以按类别或所在的图纸来显示视图，如图 14-54 所示。

a)   b)

图 14-54 显示视图

a) 按类别显示视图　b) 按图纸显示视图

用户可以根据需要将类别嵌套到其他类别中。要将视图移动到其他类别中，可以在树状图中拖动它们或者使用"设定类别"选项。

> **提示：**
>
> 在图纸列表中创建子集、在视图列表中创建新视图类别、从图纸列表中删除子集、从视图列表删除视图类别的方法同创建与删除图纸的方法一致。

14.4.4　用图纸集和图纸包含信息

图纸集、子集和图纸用来包含各种信息。此信息称为特性，包括标题、说明、文件路径和用户定义的自定义特性。

图纸集、子集和图纸代表不同的组织层次，其中每个层次都包含不同类型的特性。在创建图纸集、子集或图纸时指定这些特性的值。

此外，可以定义图纸和图纸集的自定义特性。通常每张图纸的自定义特性值都是该图纸特有的。例如，图纸的自定义特性可能包括设计者的名字。通常，每个图纸集的自定义特性值都是工程特有的。例如，图纸集的自定义特性可能会包括合同号。不能创建子集的自定义特性。

在图纸集、子集或图纸的名称上使用鼠标右键单击图纸集、子集或图纸名称，在快捷菜单中，选择"特性"选项，弹出"特性"对话框。显示在"特性"对话框中的特性和值取决于所选内容。通过单击某一个值，可以编辑特性值。

14.5　本 章 小 结

本章主要讲解了图样打印与输出的相关内容，包括打印样式表的创建、图纸集的创建、模型空间与布局空间的本质区别，使得用户在以后的打印工作中更加有条理。另外，由于不同的打印机打印出来的效果不尽相同，因此在打印前最好预览效果以免出错。

第15章

AutoCAD 2013 装饰设计应用案例

15.1 AutoCAD 2013 装饰设计应用案例——家装设计平面图

本章主要通过建筑家装施工图样的绘制设计，来说明如何绘制常用图签、建筑平面图、天花布置图等施工图。同时，了解家装施工图在设计中的基本要求，以及绘制家装施工图的一般流程与步骤。

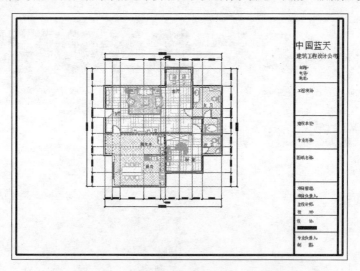

15.2 绘制方法分析

在绘制家装施工图的过程中，会使用到 AutoCAD 2013 提供的较多常用命令及设置功能，不仅包括绘制基本元素的图形命令，还涉及多个标注功能的命令设置。

操作案例：家装设计平面图
素　材：素材\第 15 章\素材\15201.dwg.
视　频：视频\第 15 章\视频\15-1.swf
源 文 件：源文件\第 15 章\15-1.dwg

15.3 制 作 步 骤

整个施工图实例，从绘制图签到基本框架图，再到卧室、卫生间、厨房、阳台等不同功能分区室内设计，共分为多个部分，下面依次将绘制过程分别解说，以便读者能够细致、全面地了解整个绘制过程。

15.3.1 绘制图签

01 执行"文件>新建"命令，或按快捷键 Ctrl+N 打开"选择样板"对话框，如图 15-1 所示。选择文件类型"acad ISO -Named Plot Styles"后，单击打开，则显出空白文档。

02 设置工作空间为"AutoCAD 经典",单击"图层"工具栏中的"图层特性管理器"按钮,或输入"LARRY"新建图层,弹出"图层特性管理器"选项板,如图 15-2 所示。

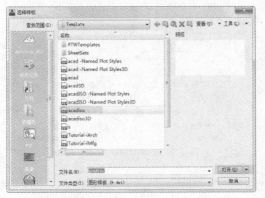

图 15-1　新建文档　　　　　　　　　　图 15-2　"图层特性管理器"选项板

03 单击"图层特性管理器"选项板中的"新建"按钮,按照如图 15-3 所示的结果,分别新建图框、文字、轴线(红色,线型为 CENTER)、植物(82 号颜色)、标注、家具(30 号颜色)、主体的图层。

04 执行"格式>文字样式"命令,弹出"文字样式"对话框,如图 15-4 所示。在该对话框中单击"新建"按钮,弹出"新建文字样式"对话框,如图 15-5 所示。依照图 15-6 所示内容进行数据设置,高度为360、字体宋体、比例因子为 1。单击"置为当前"按钮后,分别单击"应用"、"关闭"按钮。

图 15-3　建立新图层　　　　　　　　　　图 15-4　"文字样式"对话框

图 15-5　"新建文字样式"对话框　　　　　图 15-6　设置文字样式

05 执行"格式>标注样式"命令,弹出"标注样式管理器"对话框,如图 15-7 所示。单击"新建"按钮,弹出"创建新标注样式"对话框,输入新名称"建筑主体标注",然后单击"继续"按钮,如图 15-8 所示。

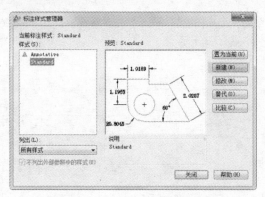

图 15-7 "标注样式管理器"对话框 图 15-8 "创建新标注样式"对话框

06 单击"继续"按钮后，弹出"新建标注样式：建筑主体标注"对话框，如图 15-9 所示。单击"线"选项卡，按照图 15-9 所示内容进行设置，再单击"符号和箭头"选项卡，进行如图 15-10 所示的数据设置。

图 15-9 设定线的参数 图 15-10 设定箭头的参数

07 单击"文字"选项卡，在"文字样式"下拉列表中选择已经设置好的"标注文字"，则其参数自动执行，并选择"与尺寸线对齐"的文字对齐方式，如图 15-11 所示。然后单击"确定"按钮，回到"标注样式管理器"对话框，选择"建筑柱体标注"选项后单击"置为当前"按钮和"关闭"按钮，如图 15-12 所示。

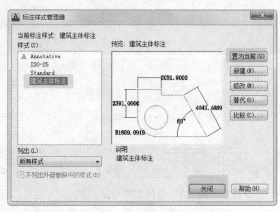

图 15-11 设定文字参数 图 15-12 回到"标注样式管理器"对话框

08 在工作空间为"AutoCAD 经典"状态下，执行"绘图>矩形"命令，或输入"RECTANG"，指定任意点为第一点后，根据提示设置矩形长度为 42000、宽度为 297000，如图 15-13 所示。然后根据提示选择矩形方向向右，得到如图 15-14 所示的矩形。

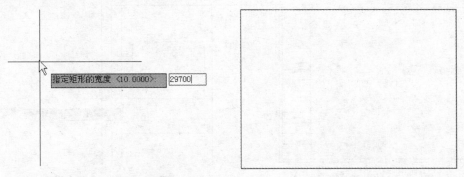

图 15-13　输入矩形的长度和宽度　　　　　　　　　图 15-14　图签矩形

09 执行"偏移"命令，输入偏移距离为 600，将矩形向内偏移 600，结果如图 15-15 所示。执行"分解"命令，或在命令行中输入 X，将内部矩形分解，分别将内部矩形右侧边线向左偏移 600 和 5800，上侧线段向内偏移 600，得到如图 15-16 所示结果。

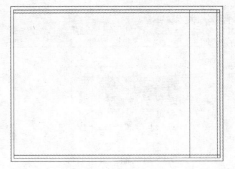

图 15-15　偏移矩形　　　　　　　　　　　　　图 15-16　修改图框

10 执行"修剪"命令，依据如图 15-17 所示结果，对图框多余的线段进行修剪。再次执行"偏移"命令，从上侧第一条短线段开始，向下分别偏移 1100、6000、4000、2000、2000、4000、2000、2000 和 2000，得到如图 15-18 所示结果。

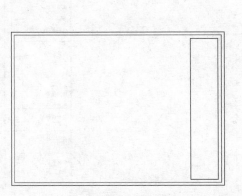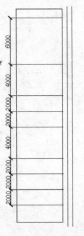

图 15-17　修剪图签框　　　　　　　　　　　　图 15-18　偏移分割线

11 将上下两条分割线删除后，执行"延长"命令，将两条竖线延长到上下两条横向内线上，如图 15-19 所示。执行"标注文字"命令，在最靠上侧的空白处单击绘制文本框，结果如图 15-20 所示。

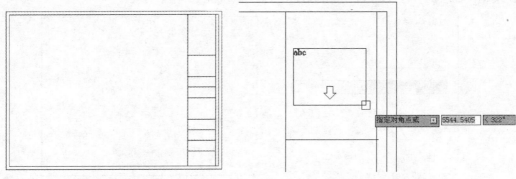

图 15-19 修正分割线　　　　　　　　　　　　图 15-20 输入多行文字

12 在"文字样式"栏内将文字大小调为 800，输入"中国蓝天"，再将字体调为 500，输入"建筑工程设计公司"，结果如图 15-21 所示。同理，将字高挑为 350，分别输入邮箱、电话和地址，得到如图 15-22 所示结果。

图 15-21 输入公司名称　　　　　　　　　　　图 15-22 输入联系方式

13 输入文字后，将文字位置进行适当调整，结果如图 15-23 所示。执行"标注文字"命令，在每个空白区域分别输入文本框，并依照如图 15-24 所示样式分别输入工程项目、建设单位、专业名称、图纸名称、项目管理、项目负责人、主设、校对、设计、扩初、专业负责人及制图。

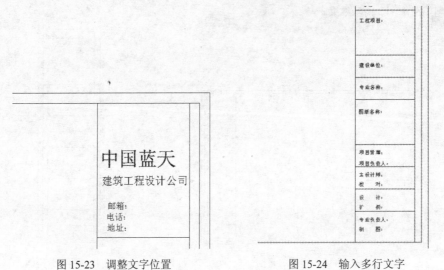

图 15-23 调整文字位置　　　　　　　　　　　图 15-24 输入多行文字

14 最后将绘制好的图签内部线段选中后，单击选择线粗，将其调整到 0.3 后，完整的图签文本框就绘制完毕了，结果如图 15-25 所示。

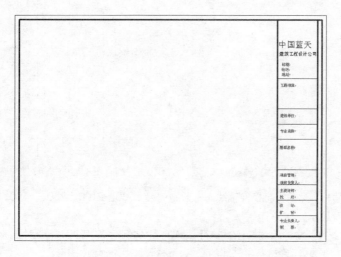

图 15-25　完整的图签文本框

提示：

如果使用图形特性管理器调节线粗，需要在线型为多段线状态下调节。调节非多段线为多段线的方法为：选择目标线段>输入 "PE" >是否将其转化为多段线，输入 Y >按 Enter 键。

15.3.2　绘制家装平面图—墙体平面图

本节主要绘制的是建筑平面图的墙体及门的框架部分，这部分是整体家装平面图的基础，之后将会以框架图为载体，分别绘制室内家具、标注尺寸等。

01 设置工作空间为 "AutoCAD 经典"，按快捷键 CTRL+O 打开之前绘制的文件，如图 15-26 所示。输入 "LAYER" 将中轴线图层置为当前，如图 15-27 所示。

图 15-26　新建文档

图 15-27　将中轴线图层置为当前

02 执行 "多段线" 命令，绘制两条交点相隔 1m 的长为 16500 的垂直轴线，如图 15-28 所示。然后执行 "偏移" 命令，将纵向轴线向右偏移 9 次，距离分别为 1000、1000、2920、2100、600、1750、1600、1280 和 2350，结果如图 15-29 所示。

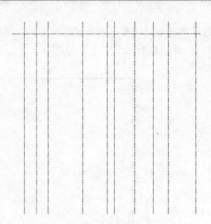

图 15-28　绘制垂直轴线　　　　　　　　　　图 15-29　偏移纵向轴线

03 继续执行"偏移"命令，将横向轴线向右分别偏移 1680、2100、980、1580、1950、1100、2700 和 2140，如图 15-30 所示。

04 下面利用"多线"命令绘制墙体，执行"MLINE>比例选择（240）厚>对正选择为（无）>点"操作，取第一点。依照图 15-31 连接各中轴线的交点，进行绘制平面墙体图形。

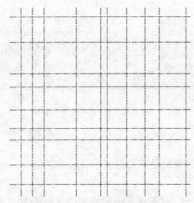

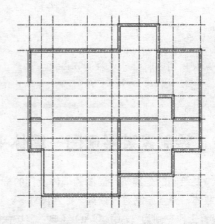

图 15-30　偏移横向轴线　　　　　　　　　　图 15-31　绘制主体墙

05 再次激活"MLINE"，设置墙厚比例为 120，按照上图绘制室内非承重内墙，如图 15-32 所示。输入"LAYER"图层命令，单击中轴线图层前边黄色灯泡，关闭该图层，如图 15-33 所示。

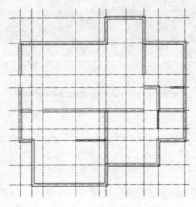

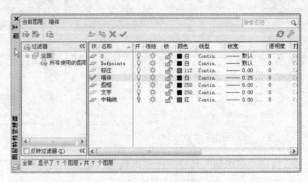

图 15-32　绘制非承重墙　　　　　　　　　　图 15-33　关闭中轴线图层

06 关闭中轴线图层后的效果如图 15-34 所示。接下来将对墙体进行修剪，首先执行"分解"命令将所有线分解，然后利用"直线修剪"命令按照图 15-35 对墙体进行修剪。

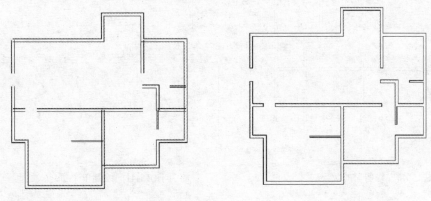

图 15-34   关闭中轴线图层后的效果　　　　　　　　图 15-35   修剪墙体线

07 下面绘制窗口。执行"偏移"命令，将左侧墙体线 L1 向右分别偏移 1000 和 5860，结果如图 15-36 所示。同理，将 L2 向右偏移 1000 和 4740，L3 向上偏移 1000 和 2020，得到如图 15-37 所示结果。

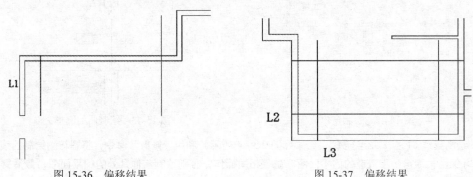

图 15-36   偏移结果　　　　　　　　　　　图 15-37   偏移结果

08 继续执行"偏移"命令，将 L5 向左偏移 700 和 2190，将 L6 向下偏移 700 和 980，结果如图 15-38 所示。将 L4 向左偏移 1000 和 2870，并执行"修剪"命令，将窗口线段修建成如图 15-39 所示效果。

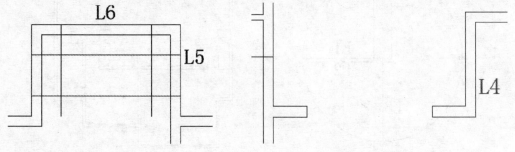

图 15-38   偏移处理　　　　　　　　　　　图 15-39   偏移并修剪处理

09 执行"修剪"命令，对 L1、L2、L3、L5 和 L6 偏移线段分别进行修剪，结果如图 15-40 所示。打开图层管理器，将门窗图层置为当前，执行"直线"命令，链接各窗口两条墙体线，并向内侧分别偏移 90，得到如图 15-41 所示的窗户。

10 利用相同方式将其他窗口分别进行绘制，结果如图 15-42 所示。执行"圆"命令，在门框一侧墙的中点绘制半径为 1100 的圆，与门口宽度一致，结果如图 15-43 所示。

15

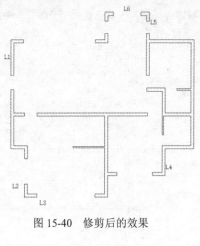

图 15-40　修剪后的效果

图 15-41　绘制单个窗户

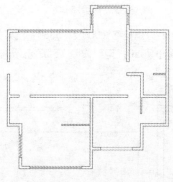

图 15-42　绘制窗户

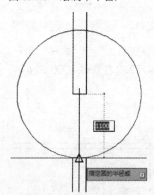

图 15-43　绘制门的圆形

11 绘制直线 L1、L2 及半径 L3，结果如图 15-44 所示。利用"修剪"命令，将圆与刚绘制的线段公共部分进行保留，则得到带滑道的门平面图。重复相同操作，分别绘制其他几处的门平面图，最后得到完整的框架图，如图 15-45 所示。

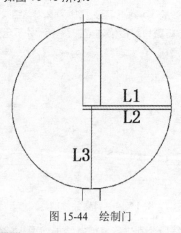

图 15-44　绘制门

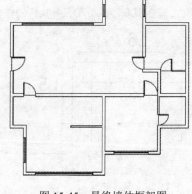

图 15-45　最终墙体框架图

提示：

　　通过建筑墙体框架图，可看出建筑主体结构及非承重墙的具体位置。因此，门窗、墙体的位置要依据设计表达清楚，以便施工单位在现场进行准确定位。

15.3.3 绘制家装平面图—客厅平面图

本节将讲解绘制客厅内陈设布置平面图的过程，其中一部分需要动手绘制，另一部分则找到合适的填充图块就可以直接利用。下面讲解客厅平面图的绘制过程。

01 按快捷键 Ctrl+O，打开 15.3.2 节绘制的墙体框架图，如图 15-46 所示。首选从图层管理器中将家具图层置为当前，然后执行"直线"命令，以门右侧墙体绘制一条长 1000 的线段，并利用"偏移"命令将线段向右分别偏移 1500、2500 和 800，结果如图 15-47 所示。

图 15-46 打开文件

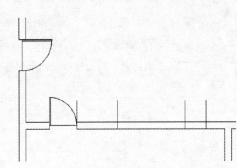
图 15-47 绘制电视柜

02 将墙体上侧线段向上偏移 600，得到如图 15-48 所示效果。然后执行"修剪"命令，依照图 15-49 对线段进行修剪。

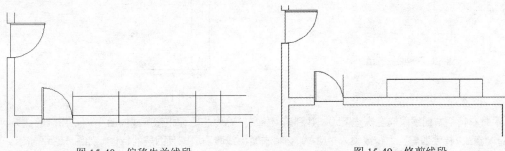

图 15-48 偏移先关线段   图 15-49 修剪线段

03 将左侧绘制的家具线删除，执行"修改>特性匹配"命令或输入"MA"，将所有线段特性都归到家具图层上，如图 15-50 所示。执行"矩形"命令，绘制一个长×宽为 1000×170 的电视墙，放置到中间靠墙部分，并在右侧绘制半径为 150 和 100 的同心圆作为装饰柱如图 15-51 所示。

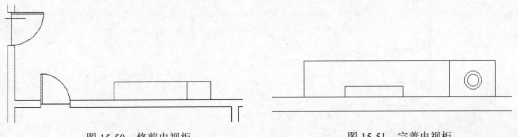

图 15-50 修剪电视柜   图 15-51 完善电视柜

04 继续执行"矩形"命令，绘制一个长×宽为 300 的矩形，并利用"偏移"命令向内偏移 30，得到音响，然后利用"镜像"命令将其分别摆放在电视墙两侧，如图 15-52 所示，电视柜就绘制完成了。接下来绘制衣帽柜，如图 15-53 所示是衣帽柜在客厅的位置。

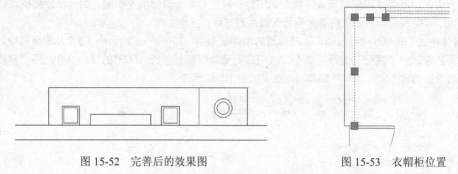

图 15-52　完善后的效果图　　　　　　　　图 15-53　衣帽柜位置

05 选择如图 15-54 所示的 3 条线段，分别利用"偏移"命令向内偏移 400、400 和 400，利用"修剪"命令将四周修剪好后，将上侧线段向下偏移 600 两次，结果如图 15-55 所示。

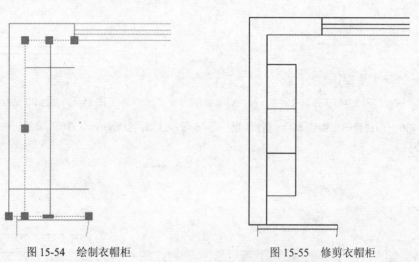

图 15-54　绘制衣帽柜　　　　　　　　　　图 15-55　修剪衣帽柜

06 将衣帽柜右侧线段向左偏移 350，并利用"修剪"命令将衣帽柜修剪成如图 15-56 所示的效果。再次执行"修改>特性匹配"命令或输入"MA"，将衣帽柜线段刷成家具图层的特性，如图 15-57 所示。

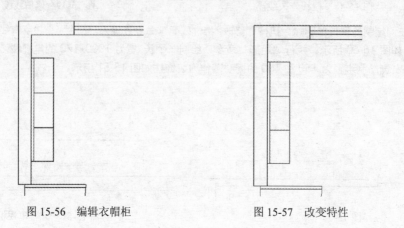

图 15-56　编辑衣帽柜　　　　　　　　　　图 15-57　改变特性

07 执行"文件>打开"命令，将"素材\第 15 章\素材\15201.dwg"文件打开，找到室内家具部分，如图 15-58 所示。挑选合适的全套客厅沙发及茶几部分，然后全部选择，结果如图 15-59 所示。

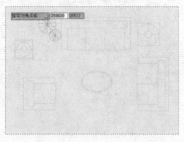

图 15-58 打开图块图形   图 15-59 选择沙发套图

08 选择"编辑>带基点复制"命令，如图 15-60 所示。选择后，则需要在图形某一合适部位选择复制的基点，如图 15-61 所示在图形下部选择即可。

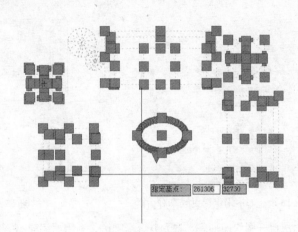

图 15-60 选择"编辑>带基点复制"命令   图 15-61 选择复制基点

09 按快捷键 Ctrl+Tab 转回到绘制图形，执行"编辑>粘贴为块"命令，则系统自动将图形以块的形式显示出来，并让选择放置的位置，如图 15-62 所示。如果发现组合效果不满意，则可重复命令，选择更合适的沙发茶几组合，如图 15-63 所示。

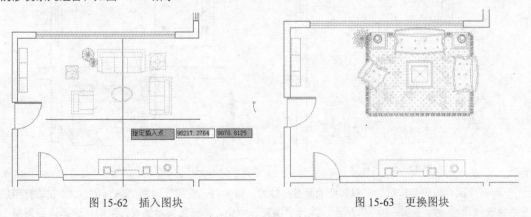

图 15-62 插入图块   图 15-63 更换图块

10 为了保持家具图层颜色的一致，可对外来插入的图块进行特性修改，双击图块，弹出"编辑块定义"对话框，如图 15-64 所示。单击"确定"按钮后，如果块不呈分解状态，则可利用"分解"命令先分解，再进行线型、颜色及图层的编辑，如图 15-65 所示。

图 15-64 "编辑块定义"对话框

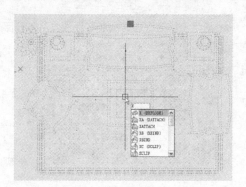

图 15-65 再次编辑图层

11 将图块编辑好后，单击上方的"关闭"按钮，则弹出如图 15-66 所示对话框，选择上侧的"将更改保存到 ASC74284974"选项后，系统自动跳回绘图区，如图 15-67 所示。

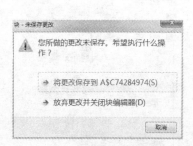

图 15-66 "块-未保存更改"对话框

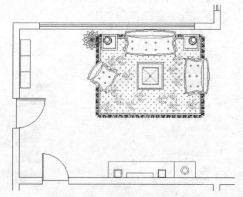

图 15-67 编辑图块后的效果

12 再次打开图块图形库，找到并选择吧台，利用"编辑>带基点复制"命令将其放置到阳台适当位置，如图 15-68 所示。利用"旋转"命令，以中点为选择点，将吧台旋转 90°。如图 15-69 所示。

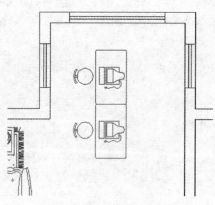

图 15-68 放置吧台

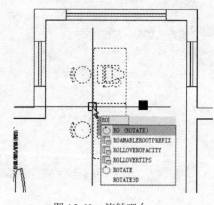

图 15-69 旋转吧台

13 客厅家具陈设完毕后，将对客厅地面进行铺设，首选打开图层管理器"LAYER"，建立填充图层，将颜色设为灰 8 号，如图 15-70 所示。执行"填充"命令，单击图案后的展开菜单，选择适当图案，如"HOUND"，然后单击确定，如图 15-71 所示。

14 在"图案填充和渐变色"对话框中，在"角度和比例"选项区中设置比例为 5000、角度为 0，如图 15-72 所示。然后单击"添加：拾取点"按钮，在客厅地面空白处单击确定后，最终效果图如图 15-73 所示。

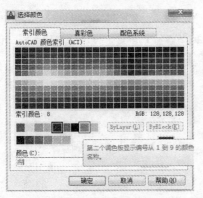

图 15-70　设置客厅地面颜色

图 15-71　选择客厅地面图案

图 15-72　"图案填充和渐变色"对话框

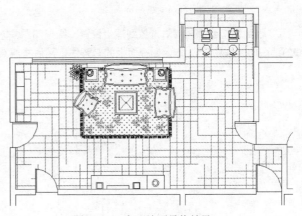

图 15-73　客厅地面最终效果

15.3.4　绘制家装平面图—厨房、洗衣间、卧室及卫生间

本节将绘制厨房、洗衣间、卧室及卫生间的平面布置图，同样要用到很多常用的图块进行插入、调整。下面讲解厨房、洗衣间、卧室及卫生间的绘制过程。

01 将视口放大到厨房部分，激活"多段线"命令，沿着围墙绘制一条连续直线，如图 15-74 所示。然后利用"偏移"命令，将该直线向左偏移 650，并利用"删除"及"直线"命令进行整理，得到橱柜平面图，如图 15-75 所示。

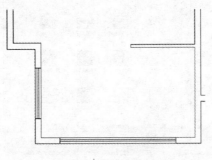

图 15-74　描画橱柜基线

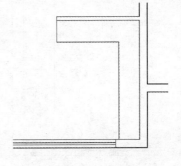

图 15-75　橱柜平面图

02 找到卫浴厨具参考图块，挑选合适的洗菜池并全部选择，然后执行"编辑>带基点复制"命令，并按快捷键 Ctrl+Tab 转回到绘制图形，再执行"编辑>粘贴为块"命令，将洗菜池放置到空白位置，如图 15-76 所示，然后利用"移动"命令将其移动到最佳位置，最终效果图如图 15-77 所示。

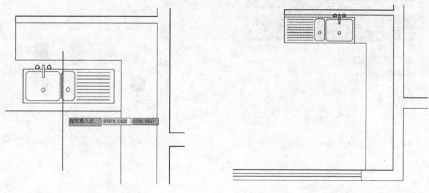

图 15-76　粘贴洗菜池　　　　　　　　　　图 15-77　调整洗菜池位置

03 利用同样步骤将燃气灶放到适当位置，结果如图 15-78 所示，然后执行"偏移"命令，将燃气灶靠墙的线段向左偏移 25，作为橱柜面板的踢脚线，然后将原直线删除，效果图如图 15-79 所示。

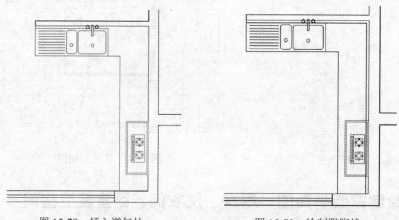

图 15-78　插入燃气灶　　　　　　　　　　图 15-79　绘制踢脚线

04 利用"剪切"命令将灶台压住的线剪切掉，结果如图 15-80 所示。下面执行"填充"命令，在"填充图案选项板"对话框中选择"AR-SAND"图案单击确定，如图 15-81 所示。

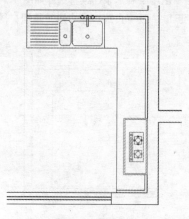

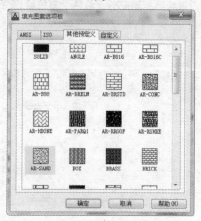

图 15-80　剪切踢脚线后的效果图　　　　　　图 15-81　最终墙体框架图

05 确定后，设定适当比例 150，然后单击"添加：拾取点"按钮，在灶台空白处单击确定后，最终效果图如图 15-82 所示。继续从参考图库中找到比例适当的洗衣机平面图，利用"编辑>带基点复制"及"编辑>粘贴为块"命令插入到洗衣房适当位置，如图 15-83 所示。

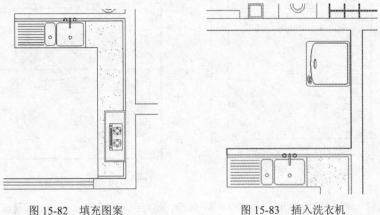

图 15-82　填充图案　　　　　　　　　图 15-83　插入洗衣机

06 利用同样步骤插入洗手盆，如图 15-84 所示。根据厨房大小，从图块中选择 8 人餐桌及椅子图块，并插入到餐厅适当位置，如图 15-85 所示。

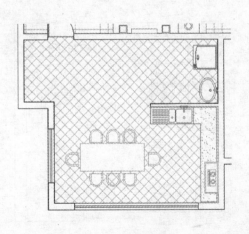

图 15-84　插入洗手盆　　　　　　　　图 15-85　插入餐桌和椅子

07 执行"填充"命令，在"填充图案选项板"对话框中挑选"ANSI37"图案，结果如图 15-86 所示。选择图案后，调整比例为 2000，对厨房地面进行填充，结果如图 15-87 所示。

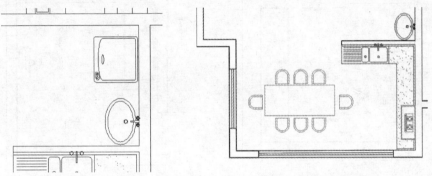

图 15-86　选择填充图案　　　　　　　图 15-87　填充厨房地面

08 如图 15-88 所示，将图层继续调整为"家具"后，将合适大小的浴盆图块插入到洗浴室内，并放置到墙角处，然后利用"矩形"命令依照浴盆与墙体间的尺寸；绘制一个矩形陈列架，如图 15-89 所示。

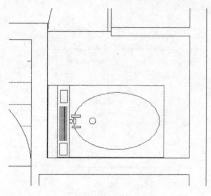

图 15-88　浴盆

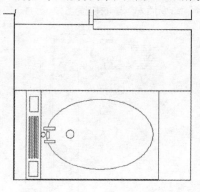

图 15-89　绘制矩形阵列架

09 利用"直线"命令绘制对角线，如图 15-90 所示，然后利用同样的步骤在上侧再绘制一个同样的陈列架。接着继续从图块中找到合适的马桶和盥洗池插入到外侧洗手间，结果如图 15-91 所示。

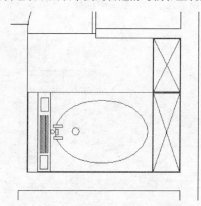

图 15-90　绘制同样的陈列架

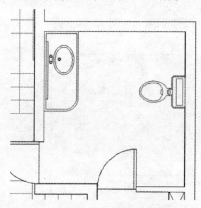

图 15-91　插入马桶及盥洗池

10 同样，利用"矩形"命令绘制两个物品柜，结果如图 15-92 所示。执行"填充"命令，在"填充图案选项板"对话框中同样挑选"ANSI37"图案，调整比例为 2000，对卫生间地面进行填充，最终效果图如图 15-93 所示。

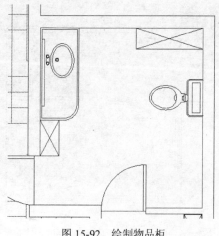

图 15-92　绘制物品柜

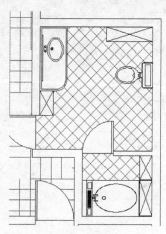

图 15-93　填充卫生间地面

11 下面对卧室进行布置，将标准的 2000×1500 的双人床及相关装饰从卧室图块中选中，并插入到卧室内，如图 15-94 所示。同样，将盥洗池及马桶插入次卫生间，最终效果图如图 15-95 所示。

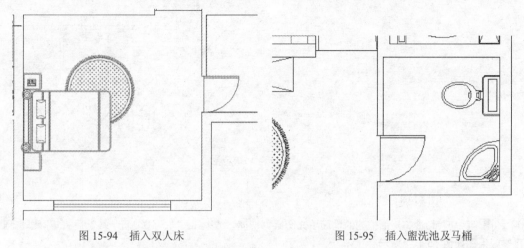

　图 15-94　插入双人床　　　　　　　　　　　　　图 15-95　插入盥洗池及马桶

12 在卧室北墙处，利用"矩形"命令绘制一个 2800×650 的矩形衣柜，如图 15-96 所示。执行"填充"命令在"填充图案选项板"对话框中，卧室和次卫生间的图案和比例分别与客厅及主卫生间相同，最终效果图如图 15-97 所示。

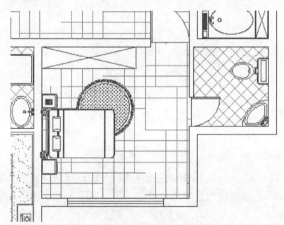

　　图 15-96　绘制矩形衣柜　　　　　　　　　　图 15-97　最终平面效果图

提示:

对于室内家装平面图中家具的摆放，主要要根据房间的尺寸及功能进行合理的分配与选择，以体现出经过设计的房间能够更合理地利用空间，使功能得到更好的合理分配。因此，不但要因地适宜地选择家具，更要追求空间合理化、风格的统一化。

15.3.5　绘制家装平面图—文字、尺寸标注

完整的家装平面图，除了要有主要的图形、家具以及墙体、门窗外，还应该有必要的文字标识、尺寸标注以及相关的图名、图签等内容。下面就来绘制这些同样重要的组成部分。

01 首先来创建文字，将标注图层置为当前后，执行"绘图>文字>多行文字"命令或输入"MT"，在

厨房适当位置框选文字框，并输入"厨房"，文字格式选择"文字标注"即宋体、360 高，如图 15-98 所示，然后在"厨房"文字上利用"矩形"命令绘制一个矩形，结果如图 15-99 所示。

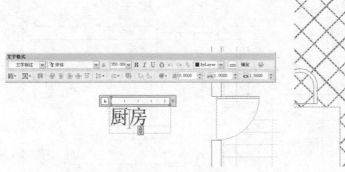

图 15-98　输入文字 　　　　　　　　　　　　　图 15-99　绘制矩形框

02 利用"剪切"命令将矩形框内的地面填充图案剪切掉，结果如图 15-100 所示。然后将矩形框也删除，最终效果图如图 15-101 所示。

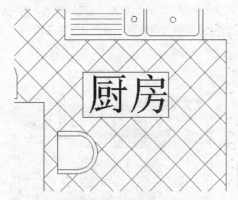

图 15-100　删除框内图案 　　　　　　　　　　　图 15-101　最终效果图

03 利用同样的步骤将各室内名称，按照如图 15-102 所示内容分别进行标注。下面进行尺寸标注，利用"格式>文字样式"将"标注文字"字高更改为 200，点击置为当前后，点击关闭，如图 15-103 所示。

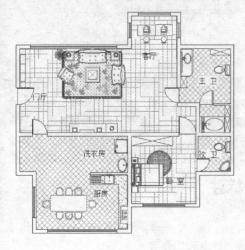

图 15-102　输入文字后的效果 　　　　　　　　　图 15-103　调整文字样式

04 执行"格式>文字样式"命令，将文字栏中的文字样式改为刚才更改的"标注文字"，或直接将字高改为200，如图15-104所示。在"主单位"选项卡中，将精度改为"0.0"，如图15-105所示。

图15-104 调整参数（一）

图15-105 调整参数（二）

05 在"符号和箭头"选项卡中，将箭头大小调为150，然后单击"确定"按钮关闭对话框，如图15-106所示。下面进行图形尺寸标注，首先将中轴线图层打开，执行"标注>线性"命令，然后单击第一条及第二条轴线的端点，结果如图15-107所示。

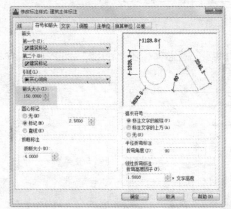

图15-106 调整参数（三）

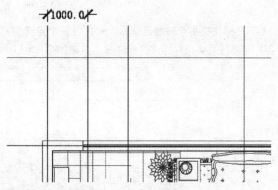

图15-107 尺寸标注

06 接下来，执行"标注>连续"命令，依次单击后边相邻的中轴线端点，结果如图15-108所示。利用同样的步骤将图形其他3个方向的轴线依次标注，最终效果图如图15-109所示。

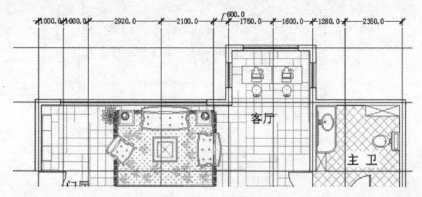

图15-108 连续标注

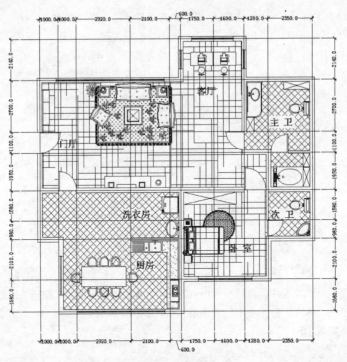

图 15-109　整体标注

07 在标注完每条轴线尺寸后，一般为每个方向的总尺寸也要进行总体标注。利用"标注>线性"命令对各方向进行总体尺寸标注，标注后的效果如图 15-110 所示。

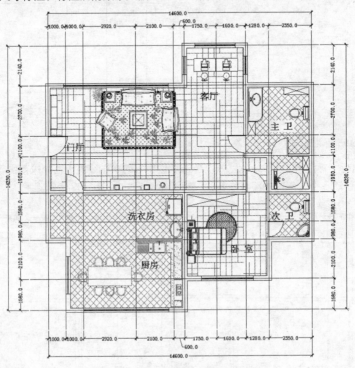

图 15-110　标注后的效果

08 打开图签文件，利用"编辑>带基点复制"和"编辑>粘贴为块"命令，将图签放到适当位置，最终效果图如图 15-111 所示。

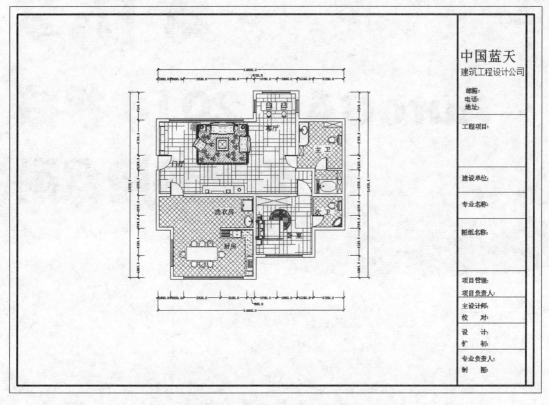

图 15-111　插入图签后的最终效果图

15.4　本章小结

案例至此已经绘制完毕，通过对每个部分的逐步剖析、解说，相信读者一定能够顺利完成这个案例，同时在绘制过程中更加深刻地理解了如何在绘制过程中综合运用这些基本操作命令。

第 16 章
AutoCAD 2013 机械
设计应用案例

16.1 AutoCAD 2013 机械设计应用案例——绘制机械零件

本章主要通过机械零件的绘制设计，来学习如何在 CAD 软件中完成完整的机械零件图。一般整体图形应包括完整视图、标注尺寸、技术要求、标题栏等，接下来将详细讲解绘制机械图的一般流程与步骤。

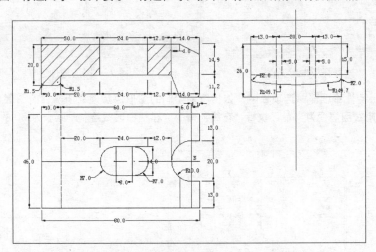

16.2 绘制方法分析

在绘制机械零件图时，需要考虑机械零件图的多个视图，以及重要的表达数据，因此在绘制及标注方面应尽量完整、清晰地表达零件的内外结构形状，以便看图者清晰明了，同时要保持图样的干净、整洁。

> 操作案例：机械设计零件图
> .视频：\视频\第 16 章\视频\16-1.swf
> 源文件：源文件\第 16 章 \ 16-1.dwg

16.3 制 作 步 骤

对于机械制图，首先要明白它的流程，应该先根据图样需要的大概尺寸来进行绘图图幅尺寸的选择，然后根据图样大小设定标注尺寸及文字说明的大小，最后调入合适大小的图框，添加必要的说明文字及图框，这样才算绘制完成。

16.3.1 绘制剖视图

01 执行"文件>新建"命令或按快捷键 Ctrl+N，弹出"选择样板"对话框，如图 16-1 所示。选择文件类型"acadiso.dwt"后，单击"打开"按钮，则显出空白文档。

02 将工作空间设置为"AutoCAD 经典",单击"图层"工具栏中的"图层特性管理器"按钮或输入"LARRY"新建图层,弹出"图层特性管理器"选项板,如图 16-2 所示。

图 16-1 "选择样板"对话框   图 16-2 "图层特性管理器"选项板

03 在"图层特性管理器"选项板中,依据所要绘制的图形添加建立所需要的图层,名称如图 16-3 所示,最后将轮廓线图层置为当前。执行"直线"命令,在空白区域绘制一条长为 80 的线段,名称如图 16-4 所示结果。

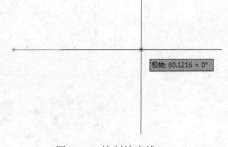

图 16-3 建立图层   图 16-4 绘制轮廓线

04 执行"偏移"命令,将横线向下分别偏移 15、5 和 6,结果如图 16-5 所示。继续执行"直线"命令,连接最上层和下层的左端点,结果如图 16-6 所示。

图 16-5 偏移横线   图 16-6 绘制竖线

05 执行"偏移"命令,将左侧绘制的连接线,向右分别偏移 10、20、24、12、4 和 10,结果如图 16-7 所示。接下来,执行"修剪"命令,按照图 16-8 进行修剪。

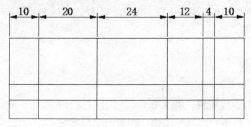

图 16-7 偏移竖线

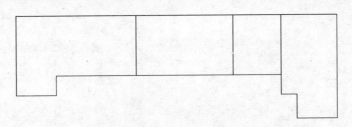

图 16-8　修剪结果

06 将上侧和最右侧线段分别向下、向左偏移 5 和 10，如图 16-9 所示。然后利用"直线"命令依照图 16-10 连接两处端点。

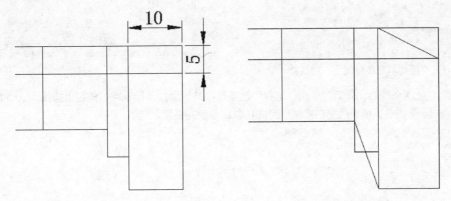

图 16-9　偏移上侧和最右侧线段　　　　　图 16-10　连接端点

07 利用"修剪"命令及"删除"命令对图形进行整理，结果如图 16-11 所示。下面对各拐角进行圆角处理，执行"圆角"命令"FILLET>R>输入半径值 1.5"，选取各直角的两条边，依照图 16-12 对各直角进行圆角处理。

图 16-11　修剪后效果

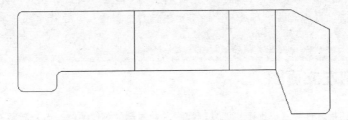

图 16-12　圆角处理

08 下面对零件的横剖面进行填充，首先在图层特性管理器中建立填充图层，将颜色调为 8 号，并置为当前。执行"填充"命令，弹出"图案填充和渐变色"对话框，如图 16-13 所示。单击图案后边的展开菜单，选择图形"ANSI31"，如图 16-14 所示。

图 16-13 "图案填充和渐变色"对话框

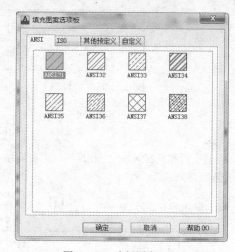

图 16-14 选择图案

09 将填充比例调整为 1.2 后，单击"边界"选项区中的"添加：拾取点"按钮，如图 16-15 所示。然后依照图 16-16 单击需要填充的空白区域，完成切割部分填充图案。

图 16-15 调整比例

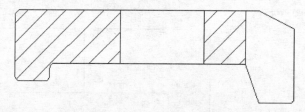

图 16-16 填充后效果

提示：

相对于建筑图样及家装图样，机械零件图尺寸较小，但相对较精细，因此对于棱角较多的零件或切割面较多的零件，要对每个尺寸的变化进行详细的绘制，这样才能精准地绘制完整的零件图。

16.3.2 绘制左立面图

接下来将绘制压板零件的左立面图，即从剖视图左侧看到的零件的线、点及面图形。绘制立面图时，会参照剖视图来引出辅助线，这样不但可以准确引出上下距离，也可以节约时间，提高效率。

01 利用"直线"命令从图形右侧分别引出长约 120 的 4 条辅助线，作为左立面图的辅助线，结果如图 16-17 所示。将辅助线图层的线型调为"CENTER"并置为当前，绘制一条长为 60 的中轴辅助线，如图 16-18 所示。

图 16-17　引出辅助线　　　　　　　　　图 16-18　绘制中轴辅助线

02 利用"偏移"命令将竖直轴线分别向左偏移 7、3 和 13，结果如图 16-19 所示。执行"修剪"命令，将图形修剪成如图 16-20 所示的结果。

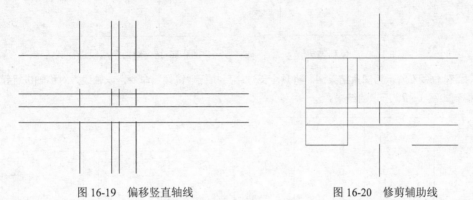

图 16-19　偏移竖直轴线　　　　　　　　图 16-20　修剪辅助线

03 执行"特性匹配"功能，选择轮廓线后单击修剪完的辅助线，如图 16-21 所示，将图层统一为轮廓线。然后将如图 16-22 所示的直线 L1，利用"偏移"命令向下分别偏移 3.22 和 0.33。

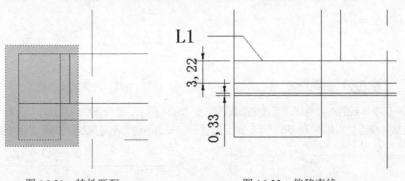

图 16-21　特性匹配　　　　　　　　　　图 16-22　偏移直线

04 偏移得到的线段会产生如图 16-23 所示的 3 个交点 A、B、C，执行"弧线"命令，以 A 为第一点、B 为第二点、C 为端点，连接 3 点成弧线，结果如图 16-24 所示。

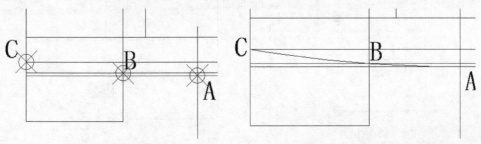

图 16-23　确定交点　　　　　　　　　　图 16-24　连接 3 点成弧线

05 将最左侧竖直线段向右偏移 3，如图 16-25 所示。然后执行 "FILLET>R>半径为 2" 操作，对两条线段进行圆角，得到如图 16-26 所示图形。

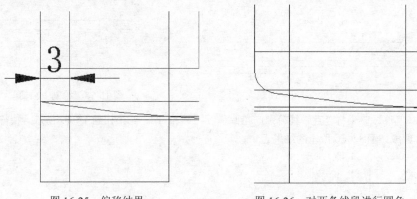

图 16-25　偏移结果　　　　　　　　　图 16-26　对两条线段进行圆角

06 如图 16-27 所示为圆角结果图。将其全部选中后执行 "镜像" 命令，以轴线为对称轴进行镜面对称复制，得到如图 16-28 所示的结果。

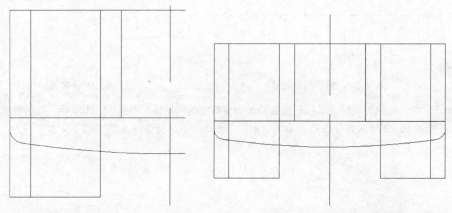

图 16-27　圆角结果　　　　　　　　　图 16-28　镜像完成效果

07 接下来对看不到的不可见线进行虚化处理，如图 16-29 所示。选择该线段后执行 "打断" 命令，然后单击要打断的直线的交点处，如图 16-30 所示，则上侧部分较长的竖线为不可见线，下侧较短的竖线为可见线。

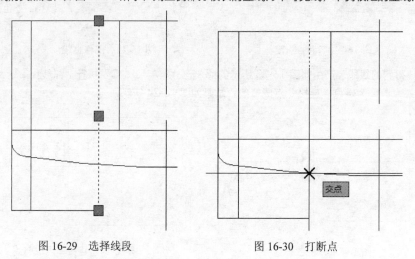

图 16-29　选择线段　　　　　　　　　图 16-30　打断点

08 利用同样的方法对两侧的竖直线段进行打断，将两侧的所有不可见线选择后，如图 16-31 所示，单击工具栏中的线型选择工具，如图 16-32 所示，选择"其他"选项。

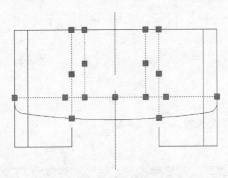

图 16-31 选择不可见线

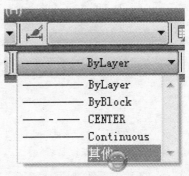

图 16-32 线型调整

09 选择"其他"选项后，在线型管理器中单击"加载"按钮，在弹出的对话框中选择如图 16-33 所示的线型，然后单击"确定"按钮关闭该对话框，则不可见线变为虚线，然后继续选中后按快捷键 Ctrl+1，弹出"特性"选项板如图 16-34 所示，将线型比例调为 0.2 或其他合适比例。

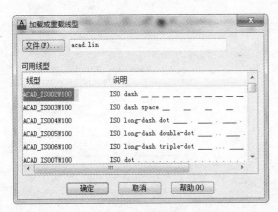

图 16-33 选择线型

图 16-34 "特性"选项板

10 对图形进行整理，将两侧的竖线删除，并将下侧较短的可见线利用"延长"命令进行延长，结果如图 16-35 所示。至此，压板零件的剖视图及左立面图就绘制完成了，结果如图 16-36 所示。

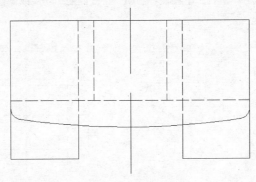

图 16-35 完成效果

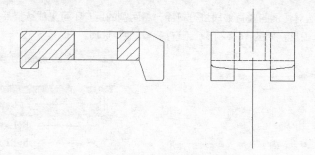

图 16-36 整体构图

16.3.3 绘制顶平面图

　　机械顶平面图是从上空垂直向下观看零件所见的所有线、面、点的图形，同样需要利用零件的剖视图进行引线。下面就来绘制压板的顶平面图。

　　01 对图形进行整理，利用直线从已有图形各点进行向下引线，结果如图 16-37 所示。在中间部分绘制一条横线进行分割，结果如图 16-38 所示。

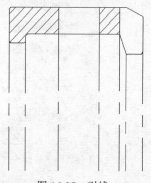

图 16-37 引线

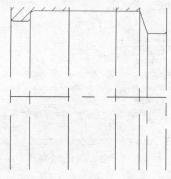

图 16-38 绘制一条横线

　　02 依照图 16-39 所示尺寸，进行上下偏移。利用"特性匹配"功能改变偏移线的图层特性，结果如图 16-40 所示。

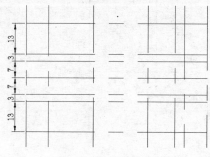

图 16-39 偏移结果

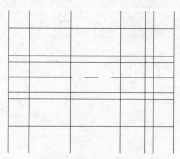

图 16-40 改变偏移线的图层特性

03 利用"修剪"命令进行初步修剪，结果如图 16-41 所示。然后按照图 16-42 所示结果，进行进一步修剪。

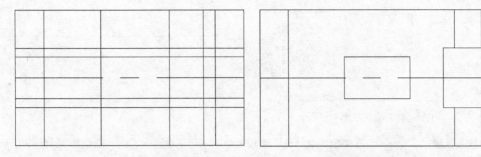

图 16-41　初步修剪结果　　　　　　图 16-42　修剪结果

04 利用"圆"命令，以 A 点为圆心绘制如图 16-43 所示的圆。以 B 交点为圆心，绘制同样半径圆，结果如图 16-44 所示。

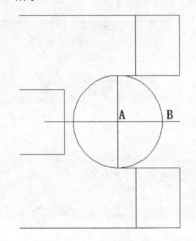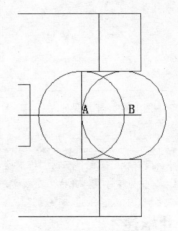

图 16-43　绘制圆（一）　　　　　　图 16-44　绘制圆（二）

05 利用"修剪"命令对图形进行修剪，结果如图 16-45 和图 16-46 所示。

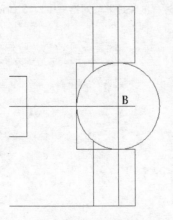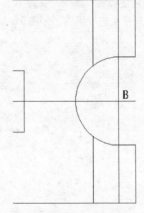

图 16-45　初步修剪　　　　　　　图 16-46　修剪结果

06 利用"直线"命令绘制中间部分的中线，并向两侧偏移 4 个距离，结果如图 16-47 所示。然后对两侧进行倒角处理，执行 "FILLET>R>输入半径值为 7，然后分别点击直角两边，结果如图 16-48 所示。

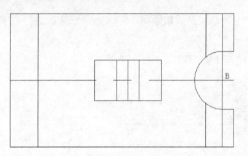

图 16-47 偏移结果

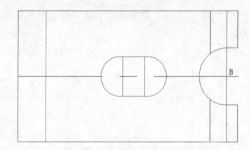

图 16-48 倒角结果

07 按快捷键 "Ctrl+1"，在弹出的 "特性" 选项板中对不可见线进行虚化，结果如图 16-49 所示。点击屏幕下侧的，"显示线宽" 按钮，结果如图 16-50 所示。

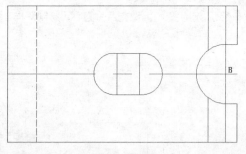

图 16-49 不可见处理

图 16-50 显示线宽

提示:

　　对于零部件的同部位，不同视角时，有时会被遮挡，成为不可见部分，为了表面其尺寸数据，需要将线进行虚化，标识为不可见。此方法是较常用的方法。

16.3.4 尺寸标注

接下来对该零件进行尺寸设置并标注。

01 执行 "格式>标注样式" 命令，在弹出的 "标注样式管理器" 对话框中对 Standard 进行编辑，结果如图 16-51 所示。对箭头进行编辑，如图 16-52 所示。

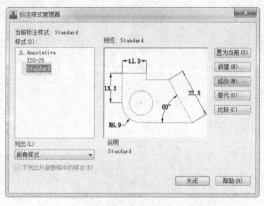

图 16-51 "标注样式管理器" 对话框

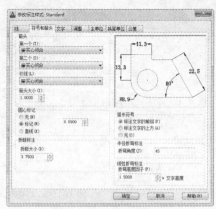

图 16-52 编辑箭头

02 对文字部分及主单位依据图 16-53 和图 16-54 所示内容进行参数编辑。

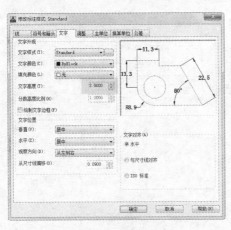

图 16-53　编辑文字

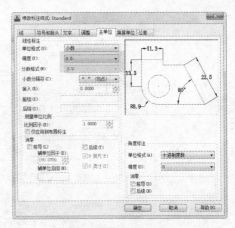

图 16-54　编辑主单位

03　单击"确定"按钮后，即可进行标注。首先将标注图层置为当前，利用"标注>线性"命令对侧视图进行标注，结果如图 16-55 所示。然后利用"标注>连续"命令对其他部分进行标注，结果如图 16-56 所示。

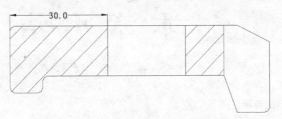

图 16-55　标注尺寸

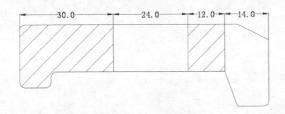

图 16-56　连续标注

04　用同样方法对其他几个部分进行标注，包括长度及半径等，结果如图 16-57 所示。标注完成后绘制一个矩形框，将需要的图签插入到图纸中即可，结果如图 16-58 所示。

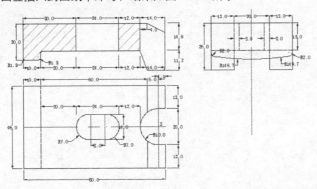

图 16-57　整体标注

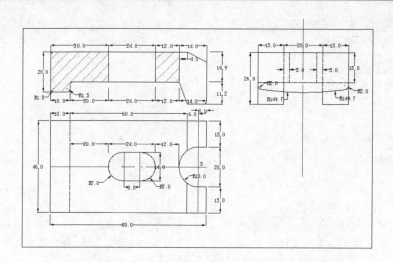

图 16-58   最终效果图

16.4   本 章 小 结

　　零部件的绘制需要用到的 CAD 工具不太多，但对于较为精细的零件而言，需要注意的是无论绘制哪个面的图形，都要与其他面的图形进行——对应，不能出现侧面图与顶面图或其他图面的尺寸及图案少画或多画等情况，影响机械零件的正常加工。

第17章
AutoCAD 2013 建筑设计应用案例

17

17.1 AutoCAD 2013 建筑设计应用案例——写字楼立面

通过前面应用 AutoCAD 2013 绘制实例，读者已经对基本的绘制方法和知识有了系统性的掌握。本章将通过复杂的建筑立面图的案例，来继续强化复习前面所学到的工具及命令，希望读者通过这个练习，能够加深对建筑立面图绘制方法的理解，最终能够达到熟练运用的程度。

本章通过写字楼立面图样的绘制设计过程，来讲述如何绘制常见建筑外立面图轮廓、立面细节图等。除此之外，读者还要了解建筑立面图设计中的基本要求与绘制流程。

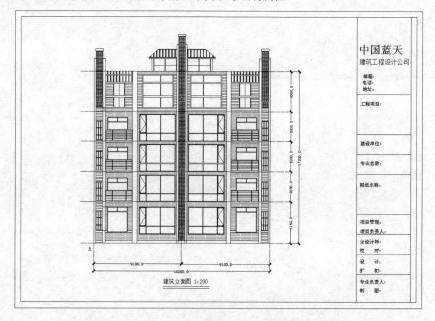

17.2 绘制方法分析

在绘制写字楼立面图的过程中，使用到 AutoCAD 2013 提供的较多绘制及编辑命令，包括绘制图形的基本命令及二级、三级命令，同时还涉及多个图形编辑命令的使用。

操作案例：写字楼立面图
视 频：视频\第 17 章\视频\ 17-1.swf
源文件：源文件\第 17 章\ 17-1.dwg

17.3 制作步骤

整个建筑立面图绘制过程分为基本轮廓图，图案填充图，标注、文字及图签添加 3 个部分。下面分别解说绘制过程，希望读者能够认真学习。

17.3.1　绘制建筑轮廓

01 执行 "文件>新建" 命令或按快捷键 Ctrl+N，弹出 "选择样板" 对话框，如图 17-1 所示。选择文件类型 "acad -Named Plot Styles" 后，单击 "打开" 按钮，则显出空白文档。

02 设置工作空间为 "AutoCAD 经典"，单击 "图层" 工具栏中的 "图层特性管理器" 按钮或输入 "LARRY" 新建图层，弹出 "图层特性管理器" 选项板，如图 17-2 所示。

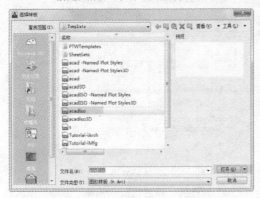

图 17-1　"选择样板" 对话框

图 17-2　"图层特性管理器" 选项板

03 单击 "图层特性管理器" 选项板中的 "新建" 按钮，按照如图 17-3 所示的结果，分别新建标注（蓝色）、文字、轴线（红色，线型为 CENTER）、主体（黑色）、填充（灰 8 号）、门窗的图层。最后将轴线图层置为当前。执行 "直线" 命令，然后单击任意空白处，绘制一条长为 21000、高为 20000 的轴线，如图 17-4 所示。

图 17-3　建立新图层

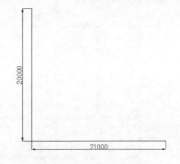

图 17-4　绘制相交轴线

04 利用 "移动" 命令将垂直轴线向右平移 1400，水平轴线向上移动 1400，结果如图 17-5 所示。利用 "偏移" 命令将水平轴线向上分别偏移 4150、3050、3000、3000 和 4000，偏移结果如图 17-6 所示。

图 17-5　移动轴线

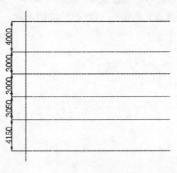

图 17-6　偏移横轴

05 将主体图层置为当前后执行"偏移"命令，将垂直轴线向右偏移 9100 两次，绘制一条水平长为 18200 的直线，如图 17-7 所示。然后执行"偏移"命令，将横线向上分别偏移 300、800、200、2730 和 240，如图 17-8 所示。

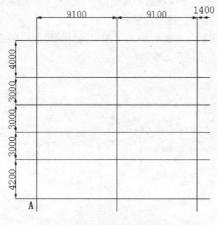

图 17-7　绘制水平直线

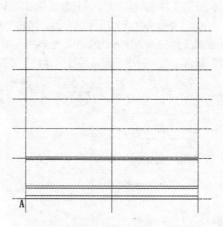

图 17-8　偏移横线

06 同样步骤，以 A 点为起点，绘制一条垂直长度为 17200 的直线，然后执行"偏移"命令，向右偏移 200、700、300、850、455、4078、185、64 和 185，结果如图 17-9 所示。执行"修剪"命令，依照图 17-10 进行修剪。

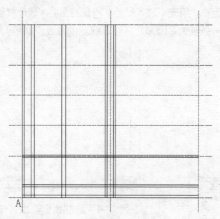

图 17-9　偏移垂直线

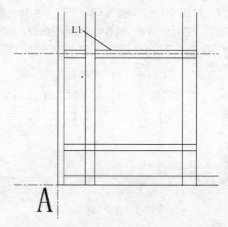

图 17-10　修剪结果

07 如图 17-11 所示，对直线 L1 执行"偏移"命令，分别向上偏移 165、20，将偏移得到的两条直线复制，以 B 点为基准点，向上分别复制、粘贴 5 次，得到如图 17-12 所示的结果。

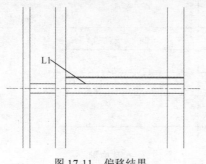

图 17-11　偏移结果

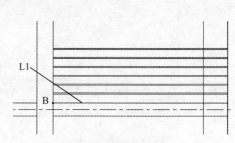

图 17-12　复制栏杆横线

08 将得到阳台护栏嘴上侧一条线，利用"移动"命令向上移动 30，如图 17-13 所示。利用"直线"命令连接 B、C 两点间的直线，结果如图 17-14 所示。

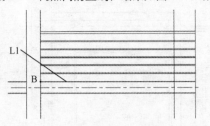

图 17-13 移动上侧直线

图 17-14 连接 B、C 两点间的直线

09 执行"偏移"命令，将直线 BC 向右偏移 50、650、50、1400、50、600 和 50，结果如图 17-15 所示。执行"修剪"命令，依据图 17-16 所示结果对栏杆进行修剪。

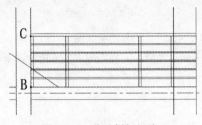

图 17-15 偏移栏杆纵线

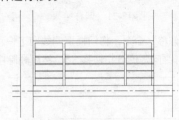

图 17-16 修剪栏杆

10 如图 17-17 所示，利用"偏移"命令将直线 L2 向上偏移 500、50、700、50、600 和 50，将 L3 向左偏移 50、150、50、200、50 和 150，结果如图 17-18 所示。

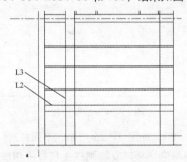

图 17-17 直线 L2 偏移结果

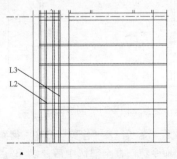

图 17-18 直线 L3 偏移结果

11 执行"修剪"命令，依照图 17-19 修剪空调室外机隔栏。修剪完后，得到如图 17-20 所示的两条直线 L4 和 L5。

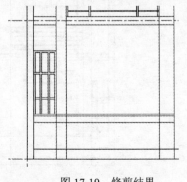

图 17-19 修剪结果

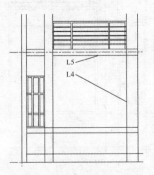

图 17-20 指定要偏移的直线

12 如图 17-21 所示，将直线 L4、L5、L6 分别向内偏移 500、50，400、50，200、50，得到门的轮廓。执行"修剪"命令，对门框轮廓进行修剪，结果如图 17-22 所示。

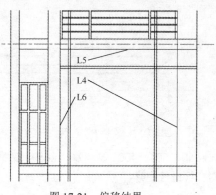

图 17-21　偏移结果

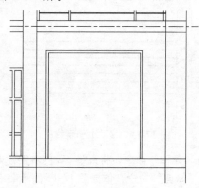

图 17-22　修剪结果

13 执行"偏移"命令，将门框上侧线向下偏移 50、400 和 50，结果如图 17-23 所示。利用"直线"命令绘制中线，并向两侧分别偏移 25，然后删除中线并进行修剪，得到如图 17-24 所示结果。

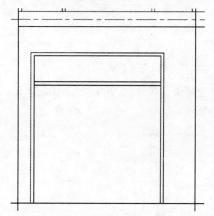

图 17-23　偏移结果

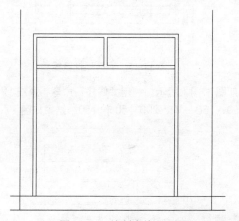

图 17-24　绘制中线

14 然后执行"延长"及"修剪"命令，得到完整的门框，如图 17-25 所示。下面将对门框进行复制，利用"复制"命令将门框全部选中后，以 B 点为复制基点，将其复制到扶手栏杆上相应位置，结果如图 17-26 所示。

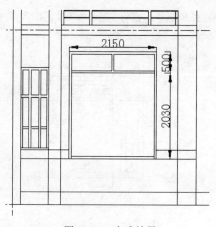

图 17-25　完成结果

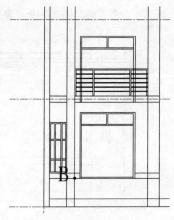

图 17-26　复制门框

15 然后利用"修剪"命令对栏杆以下的门框进行修剪，如图 17-27 所示。下面将门框及栏杆以及左侧楼层分割线都选择后，准备进行整体复制。选中结果如图 17-28 所示。

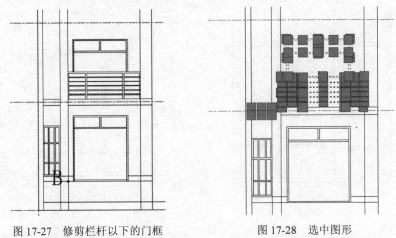

图 17-27　修剪栏杆以下的门框　　　　图 17-28　选中图形

16 执行"复制"命令，以某一楼层点作为基点向上分别复制两次，结果如图 17-29 所示。选择所有阳台门框后，单击图层特性管理器，将其都归为门窗图层，结果如图 17-30 所示。

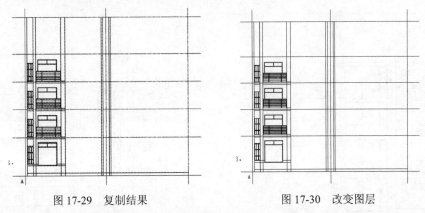

图 17-29　复制结果　　　　　　　　图 17-30　改变图层

17 如图 17-31 所示，栏杆右侧有标识的直线 L7、L8，下面将利用这两条直线绘制窗户。执行"偏移"命令，将 L8 向左分别偏移 150、50、1425、50、1450、50、30、565、30 和 50，结果如图 17-32 所示。

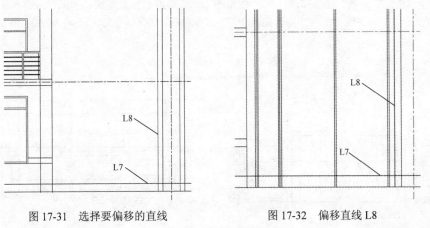

图 17-31　选择要偏移的直线　　　　图 17-32　偏移直线 L8

18 同样步骤，利用"偏移"命令，将 L7 向上分别偏移 629、50、725、50、30、1765、30 和 50，结果如图 17-33 所示。然后利用"修剪"命令对所有直线进行修剪，结果如图 17-34 所示。

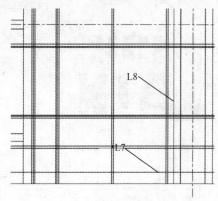

图 17-33　偏移直线 L7

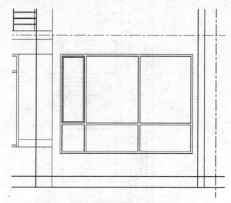

图 17-34　修剪后窗户效果

19 下面将绘制好的窗户依次以横轴线为窗户下基准线，分别向上利用"复制"进行复制，结果如图 17-35 所示。复制完毕后对整体门窗、栏杆等进行镜像，利用"镜像"命令以垂直轴线为对称轴进行镜像，结果如图 17-36 所示。

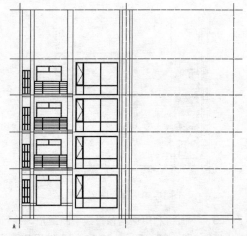

图 17-35　复制窗户

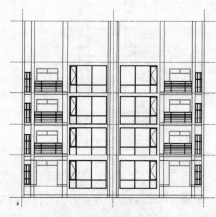

图 17-36　镜像所有元素

20 执行"直线"命令，连接如图 17-37 所示的 D、E 两点，得到直线。下面对所绘直线进行偏移，利用"偏移"命令，将直线 DE 依次向上偏移 100、200、80、1000、200、1200 和 80，结果如图 17-38 所示。

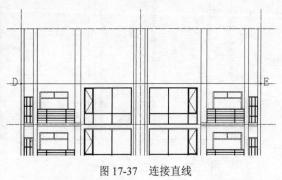

图 17-37　连接直线

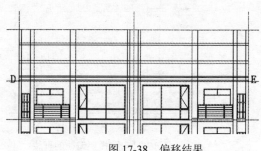

图 17-38　偏移结果

21 同样执行"偏移"命令，将 L9 向右偏移 825、50、550 和 50，结果如图 17-39 所示。然后利用"修剪"命令对所有直线进行修剪，结果如图 17-40 所示。

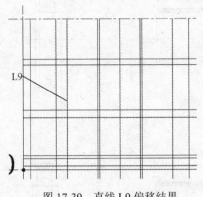

图 17-39 直线 L9 偏移结果

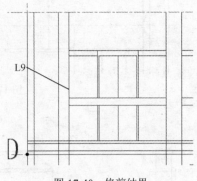

图 17-40 修剪结果

22 利用"偏移"命令将 L10 向右偏移 1200、1000、4790 和 1000，将 L11 向上偏移 2316、100、50、750、50 和 500，如图 17-41 所示。完毕后执行"延长"命令，依照图 17-42 将各线段延长。

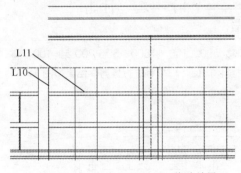

图 17-41 直线 L10 和 L11 偏移结果

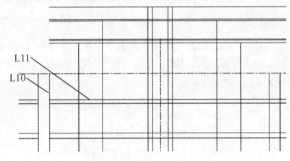

图 17-42 延长结果

23 利用"修剪"命令及"直线"命令，按照如图 17-43 所示的结果进行修整。下面绘制装饰烟囱，利用"矩形"命令绘制两个长×宽分别为 800×700 和 800×200 的压顶矩形，并将它们分别移动到如图 17-44 所示的位置。

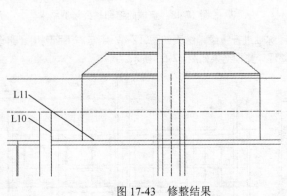

图 17-43 修整结果

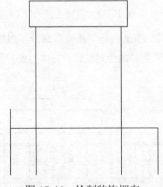

图 17-44 绘制装饰烟囱

24 利用"复制"、"粘贴"命令分别将烟囱放到其他两个位置上，结果如图 17-45 所示。下面利用"直线"命令连接 F、G 两点，结果图 17-46 所示。

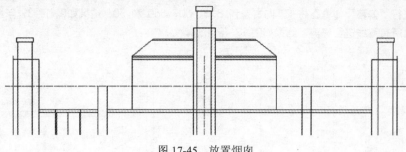

图 17-45　放置烟囱

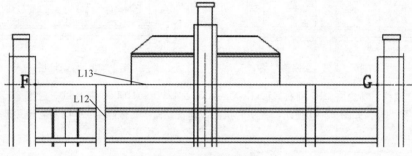

图 17-46　连接直线 FG

25 下面绘制窗户基线。利用"偏移"命令将 L12 向右偏移 500、100、1800、50、200 和 100，将 L13 向下偏移 300、100，结果如图 17-47 所示。复制完毕后对整体门窗、栏杆等进行修剪，结果如图 17-48 所示。

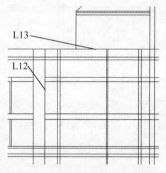

图 17-47　直线 L12 和 L13 偏移结果

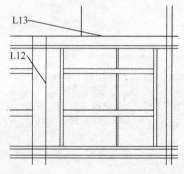

图 17-48　整体门窗和栏杆修剪结果

26 下面执行"镜像"命令，以垂直轴线为对称轴进行镜像，结果如图 17-49 所示。下面利用"删除"和"修剪"命令对装饰、柱体、窗户等分别进行整理，整理结果如图 17-50 所示。

图 17-49　镜像结果

图 17-50　整理结果

27 下面绘制阁楼玻璃。将 L14 向右偏移 300、200、50、1100、50 和 1128，将 L15 向上偏移 600，并都镜像到中轴线对面，得到如图 17-51 所示的结果。利用"修剪"命令对窗户进行修剪，得到最后的完整轮廓如图 17-52 所示。

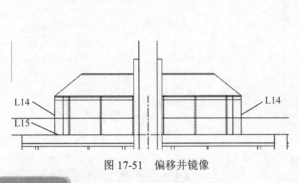

图 17-51　偏移并镜像

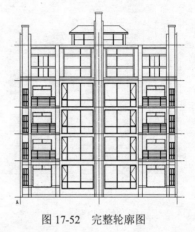

图 17-52　完整轮廓图

提示：

建筑图无论是平面图、立面图还是结构图，都要保留轴线位置，以便看图者能够以轴来衡量间距及方便施工放线。

17.3.2　填充建筑立面图案

01 首先打开 17.3.1 节中绘制的建筑立面轮廓图，如图 17-53 所示。接下来将对轮廓图进行各种图案的填充，设置工作空间为"AutoCAD 经典"，将图层调为"填充"，执行"绘图>图案填充"命令或在命令行中输入 HATCH，弹出"图案填充和渐变色"对话框，单击"图案"选项后的按钮，如图 17-54 所示。

图 17-53　打开建筑立面轮廓图

图 17-54　"图案填充和渐变色"对话框

02 在弹出的对话框的"其他预定义"选项卡中，选择如图 17-55 所示图案，然后单击"确定"按钮。返回主对话框后，比例为 1，角度为 0°，单击拾取点，如图 17-56 所示。

03 单击拾取点后图案会自动跳转回视口，依据如图 17-57 所示图案对装饰烟囱墙壁进行填充。

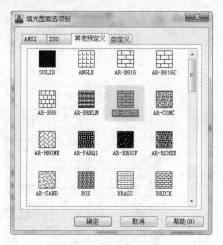

图 17-55 选择图案

图 17-56 设置参数

04 继续执行"绘图>图案填充"命令，选择如图 17-58 所示图案。下面将对建筑的屋顶进行填充。

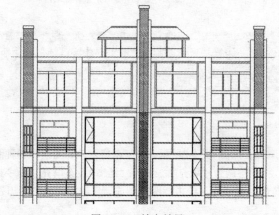

图 17-57 填充效果

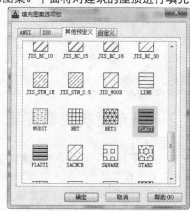

图 17-58 选择图案

05 依据图 17-59 所示参数将角度选为 90°、比例选为 50 后单击拾取点，对屋顶进行填充，填充效果见图 17-60 所示。

图 17-59 设置参数

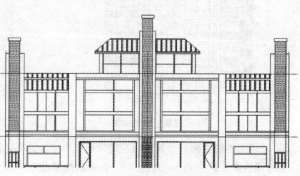

图 17-60 填充效果

06 继续执行"绘图>图案填充"命令，弹出"填充图案选项板"对话框，如图 17-61 所示。选择相应图案后单击"确定"按钮，参数设置如图 17-62 所示，然后单击拾取点。

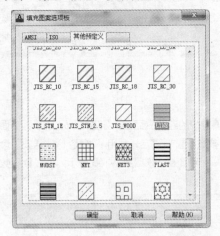

图 17-61　"填充图案选项板"对话框

图 17-62　设置参数

07 对柱体及上侧窗户墙面进行填充，结果如图 17-63 所示。继续选择图案并设定参数，如图 17-64 和图 17-65 所示。依据图 17-66 所示填充方式将剩余墙面进行填充。至此，墙面图案填充完毕。

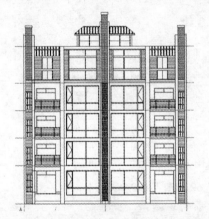

图 17-63　填充效果

图 17-64　选择图案

图 17-65　设置参数

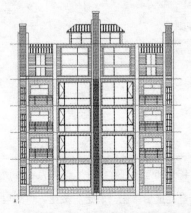

图 17-66　填充效果

提示:

　　对于墙面填充而言，重要的是分清楚各种墙面的材质质地。常用的面材有涂料、花岗岩、大理石、面砖、人造石等，在图库里都有相应的图案。

17.3.3　建筑立面的标注及添加图签

　　01 执行"文件>打开"命令，或按快捷键 Ctrl+O 打开填充好的建筑立面图，如图 17-67 所示。下面将对立面图进行简单的标注，标注样式可以使用之前案例中设定的参数或重新设定，利用"格式>标注样式"命令打开"标注样式管理器"对话框，新建名称后，单击"符号和箭头"选项卡，依据图 17-68 所示内容设置参数。

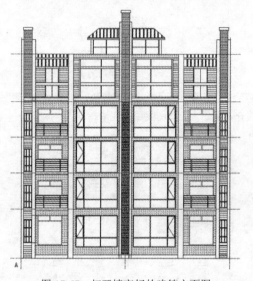

图 17-67　打开填充好的建筑立面图

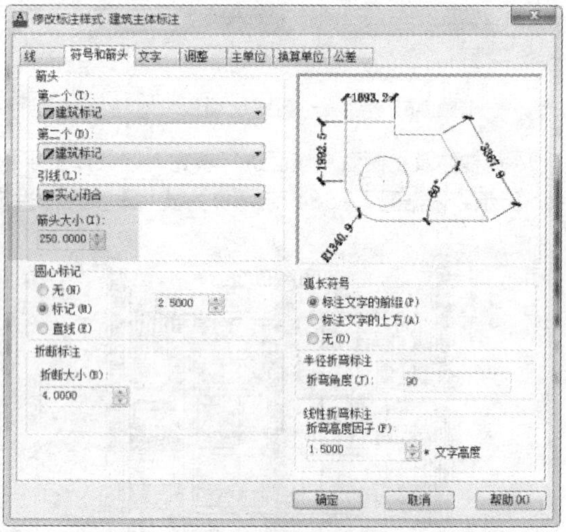

图 17-68　设置"符号和箭头"选项卡

　　02 "文字"和"主单位"选项卡的参数设置，如图 17-69 和图 17-70 所示。

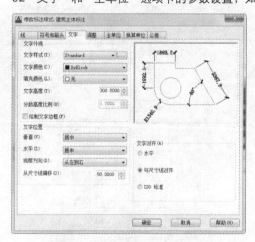

图 17-69　设置"文字"选项卡

图 17-70　设置"主单位"选项卡

　　03 设置完成后单击"确定"按钮。将图层设置为"标注图层"后执行"标注>线性"命令，对轴线端点进行点击"标注>线性"对第一二条轴线点进行标注，再通过"标注>连续"命令对剩余的尺寸进行标注，标注结果如图 17-71 所示。

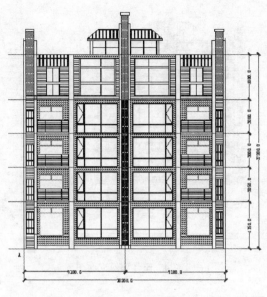

图 17-71 标注结果

04 标注完成后，输入"T"进行图名输入，在图形下面输入"建筑立面图 1：200"，然后利用"多段线"命令在文字下方绘制两条粗度为 25 的粗线，如图 17-72 所示。

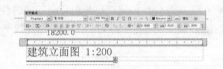

图 17-72 输入文字

05 打开之前案例中绘制的图签，打开案例 15 中绘制的图签文件后，选择图签后执行"编辑>带基点复制"命令，或按快捷键 Ctrl+Tab 转到建筑立面图中，再执行"编辑>粘贴为块"命令，图签就插进来了，如图 17-73 所示。将图形及文字、标注部分一起利用"移动"命令移动到图签中合适的位置，整体建筑立面图就绘制完成了，如图 17-74 所示。

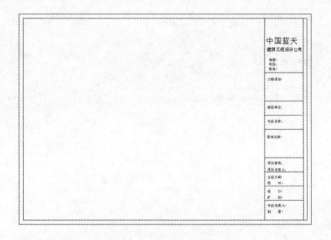

图 17-73 插入图签

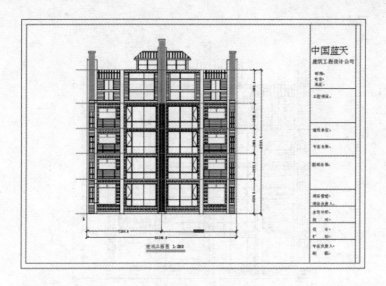

图 17-74　整体建筑立面图

17.4　本章小结

　　本章通过写字楼立面图的绘制，讲解了如何利用 CAD 的命令工具绘制建筑立面图。同时，讲解了如何使用简便方法来利用这些命令工具，以及如何巧用绘制立面图的流程，相信读者在绘制完毕后，对建筑立面图的绘制过程有了较深的认识，读者要多练习、多比较，才能更灵活地运用 CAD 软件。

第18章

AutoCAD 2013 景观
设计应用案例

18.1 AutoCAD 2013 景观设计应用案例——别墅室外景观

　　AutoCAD 2013 的应用较为广泛，前面一些案例展示了 CAD 软件在建筑、机械、家装等多个领域的应用，相信读者已经对 AutoCAD 2013 在这些领域的绘制方法和知识有了深刻的体会。本章将通过别墅室外景观平面图的案例，来进一步学习 CAD 各种工具及命令的综合运用，希望读者能够通过这个练习使学习的知识融会贯通，真正地熟练应用 CAD 软件的各种命令。

　　本章通过别墅室外景观施工图的平面图绘制过程，来讲述施工图中平面图的绘制技巧与常用方法。同时，在绘制过程中学习绘制景观平面图的基本流程及技巧。

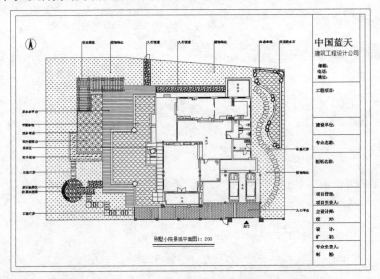

18.2 绘制方法分析

　　在绘制过程中，所有图形都是在基本的别墅首层平面图上进行的，使用到的工具都是 AutoCAD 2013 提供的常用命令，同时还会使用到标注及文字的编辑命令。

　　操作案例：别墅景观平面图
　　素材：素材\第 18 章\素材\18101.dwg
　　视频：视频\第 18 章\视频\ 18-1.swf
　　源文件：源文件\第 18 章 \ 18-1.dwg

18.3 制作步骤

　　别墅室外景观平面图的绘制包括硬景和软件部分，也就是土建及植物两部分。土建分为道路、建筑小品、水系及图案填充，植物包括植物图例的设置及标注、文字等几个部分。下面依次对绘制过程进行解说。

18.3.1　绘制景观土建轮廓

01　执行"文件>打开"命令，或按快捷键 Ctrl+O 打开"选择文件"对话框，如图 18-1 所示。打开"素材\第 18 章\素材\18101.dwg"文件，显示出文档。

02　设置工作空间为"AutoCAD 经典"，单击"图层"工具栏中的"图层特性管理器"按钮，或在命令行中输入 LARRY，弹出"图层特性管理器"选项板，如图 18-2 所示，将园建图层置为当前。

图 18-1　"选择文件"对话框

图 18-2　"图层特性管理器"选项板

03　下面绘制泳池周边的设施。首先来绘制泳池池岸，执行"偏移"命令，将泳池的边线分别向外偏移 300，结果如图 18-3 所示。为了使池岸线相交，可利用"圆角"命令进行相交，执行"FILLET>输入半径（R）>输入值 0>选择两条边线"操作，如图 18-4 所示，分别单击两条线段。

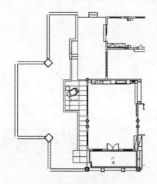

图 18-3　绘制池岸

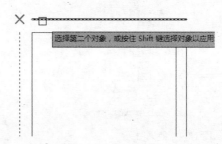

图 18-4　直角连接

04　执行"圆角"命令后，边线则都成为直角，结果如图 18-5 所示。接下来绘制泳池的木平台，继续利用"偏移"命令将池岸线再向外偏移 1500，结果如图 18-6 所示。

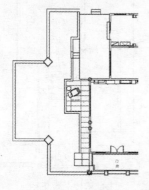

图 18-5　效果图

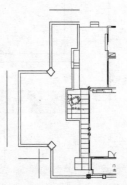

图 18-6　偏移木平台

05 同样，在执行"圆角"命令时，半径值依然输入 0，单击两条线段，如图 18-7 所示。执行后的效果如图 18-8 所示。

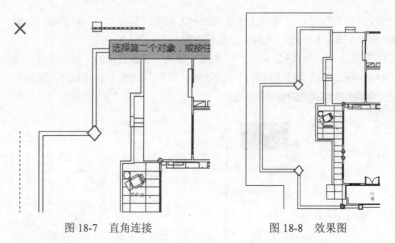

图 18-7 直角连接   图 18-8 效果图

06 然后执行"直线"命令，连接泳池上下两个端头与木平台的端头，结果如图 18-9 所示。下面将平台图层进行更改，执行"MA>选择源对象>选择要变更的目标对象"操作，如图 18-10 所示。

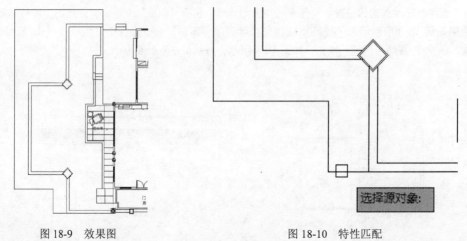

图 18-9 效果图   图 18-10 特性匹配

07 如图 18-11 所示，将刚刚偏移的木平台线变更为园建图层特性。最后，得到如图 18-12 所示的结果。

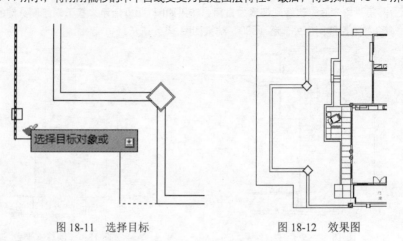

图 18-11 选择目标   图 18-12 效果图

08 下面绘制北小门入口道路。执行"多段线"命令，从门中点向木平台区域引垂线，再从木平台右上角向洗衣房引垂线，结果如图 18-13 所示。执行"偏移"命令，将垂直线向左右偏移 600，水平线向下偏移 600 两次，结果如图 18-14 所示。

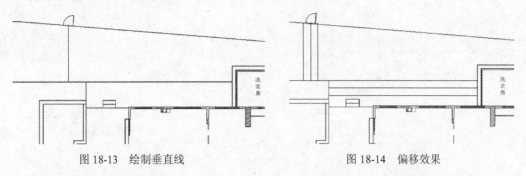

图 18-13　绘制垂直线　　　　　　　　　　图 18-14　偏移效果

09 将两条道路的中线删除后执行"偏移"命令，将直线向内偏移 100，得到道牙，结果如图 18-15 所示。下面绘制房屋东侧汀步，执行"PLINE>点击第一点>输入 A>输入 R>点取弧线第二点>点取第三点"操作，弧度可以变化，始末位置依据图 18-16 绘制。

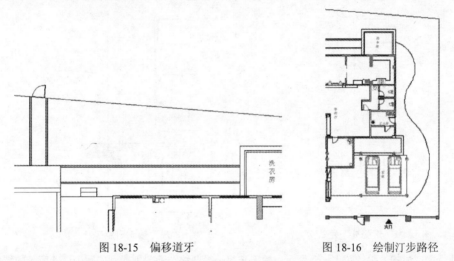

图 18-15　偏移道牙　　　　　　　　　　图 18-16　绘制汀步路径

10 如图 18-17 所示，执行"矩形"命令并绘制一条中线辅助线，激活"块"命令，弹出"块定义"对话框，如图 18-18 所示，输入名称后单击拾取点。

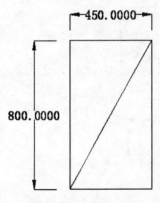

图 18-17　绘制汀步石板　　　　　　　　图 18-18　块定义

11 拾取点点击辅助线的中点，如图 18-19 所示，再回到"块定义"对话框，执行"对象>选择对象"命令，按图 18-20 点取矩形，最后单击确定即可完成块定义。

图 18-19　修剪结果

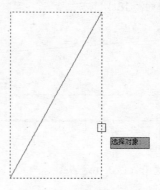

图 18-20　指定要偏移的直线

12 下面利用"定距等分"命令分布汀步石。执行"MEASUER>B>块名称（汀步）>对齐（是）>长度输入（800）"操作，如图 18-21 所示为选择等分对象，如图 18-22 所示为输入等分距离。

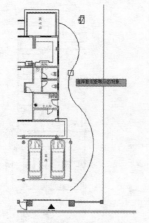

图 18-21　选择要定距等分对象

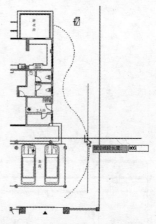

图 18-22　输入定距等分距离

13 执行完成后的效果如图 18-23 所示。接下来将路径曲线删除，则得到如图 18-24 所示的结果。

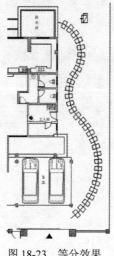

图 18-23　等分效果

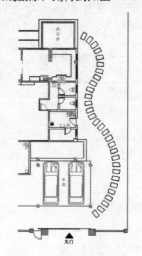

图 18-24　删除路径曲线的效果

14 接下来绘制南入口区域。利用"直线"命令依据图 18-25 绘制入口范围。然后将两条线向内偏移100，得到道牙，并将道牙向内分别偏移 4400 四次，作为分割铺装线，结果如图 18-26 所示。

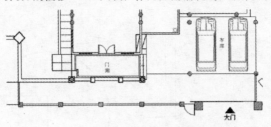

图 18-25　绘制入口范围

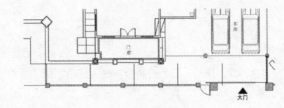

图 18-26　偏移效果

15 利用"延伸"命令及"修剪"命令对分割线进行修整，并与墙及台阶连接，如图 18-27 所示。然后将分割线分别向两侧偏移 150 后删除中线，得到如图 18-28 所示结果。

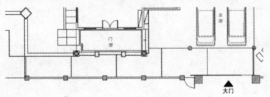

图 18-27　修整结果

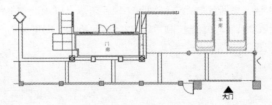

图 18-28　偏移结果

16 接下来绘制西侧庭院凳子。激活"多段线"命令，如图 18-29 所示。选择水池端点，向左移动鼠标以与木平台垂直点为起点，向左绘制 2000、向下绘制 100、向左绘制 2500 的线段，得到如图 18-30 所示结果。

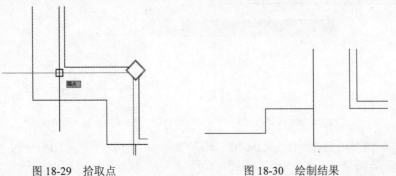

图 18-29　拾取点　　　　　　　　图 18-30　绘制结果

17 将该道路中线向两侧各偏移 600 后删除，如图 18-31 所示。利用直线连接左端点后，利用"圆"命令以连接线中点为圆心、以 2000 为半径绘制圆，如图 18-32 所示。

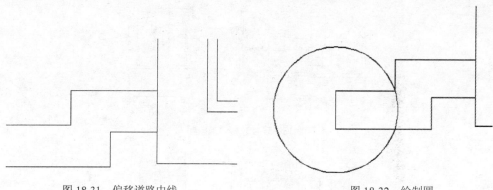

图 18-31　偏移道路中线　　　　　　　　　　　　图 18-32　绘制圆

18 利用直线从圆心出发，绘制如图 18-33 所示的两条半径，然后利用"修剪"命令进行整体修剪，如图 18-34 所示。

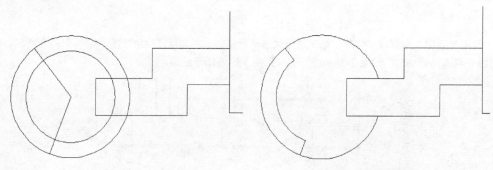

图 18-33　绘制两条半径　　　　　　　　　　　　图 18-34　修剪结果

19 下面绘制烧烤台。激活"多段线"命令，如图 18-35 所示。以水池左上角为起点，自动引至木平台上后单击第一点，向左绘制 2000、向下绘制 3000、向左绘制 2500、向下绘制 7000、向右绘制 4500，垂直到平台直线上。结果如图 18-36 所示。

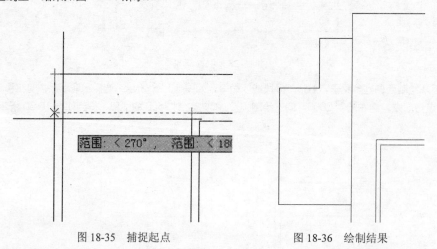

图 18-35　捕捉起点　　　　　　　　　　图 18-36　绘制结果

20 利用"偏移"命令将烧烤台线向外偏移 1500，如图 18-37 所示。利用直线连接中点后，利用"修剪"命令依据图 18-38 进行修剪，得到花坛轮廓。

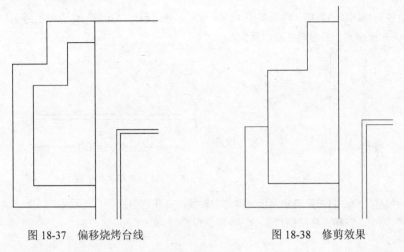

图 18-37　偏移烧烤台线　　　　　　　　图 18-38　修剪效果

21 将花坛线向内偏移 200 作为花坛墙体，将烧烤台向外偏移 100 作为收边，并经过修剪得到如图 18-39 所示的效果。下面绘制石板，利用"矩形"命令分别依据图 18-40 绘制两个矩形。

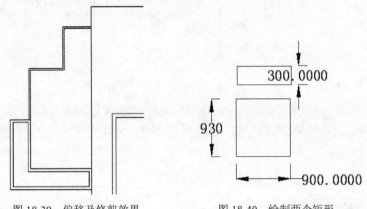

图 18-39　偏移及修剪效果　　　　　　图 18-40　绘制两个矩形

22 依照图 18-41 所示结果将刚才绘制的石板进行排列，得到花式汀步，连接花坛与座椅平台。下面绘制廊架，首先将设施图层置为当前，激活"直线"命令及"偏移"命令，依据图 18-42 绘制 4 条平行线。

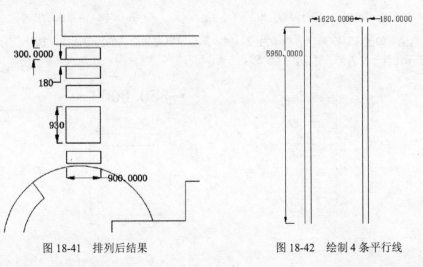

图 18-41　排列后结果　　　　　　　　图 18-42　绘制 4 条平行线

23 利用直线将两侧线段连接，结果如图 18-43 所示。然后利用"矩形"命令依据图 18-44 绘制长方形木条，将其作为廊架横梁，并将颜色改为蓝色。

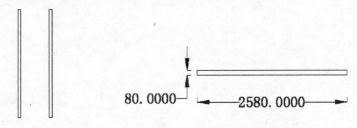

图 18-43　连接结果　　　　　　　图 18-44　绘制廊架横梁

24 利用"偏移"命令将主梁偏移 810，得到中轴线，并变色为红色，如图 18-45 所示。利用"复制"命令和"移动"命令，将横梁移动到如图 18-46 所示位置。

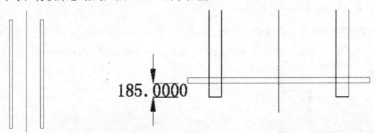

图 18-45　绘制中轴线　　　　　　图 18-46　移动横梁

25 下面利用"阵列"命令阵列横梁。执行"ARRAY>选择横梁为对象>空格>选择矩形阵列>输入 C 计数>输入行数 21>输入列数 1>输入间距 S>输入间距 275"操作，如图 18-47 和图 18-48 所示。

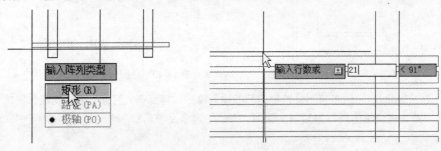

图 18-47　选择结果　　　　　　　图 18-48　阵列执行中

26 阵列结果如图 18-49 所示，横梁为 21 根。然后绘制廊架立柱的顶平面图，执行"矩形"命令，如图 18-50 所示绘制一个方形，并向内偏移 50。

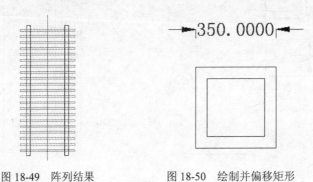

图 18-49　阵列结果　　　　　　　图 18-50　绘制并偏移矩形

27 利用直线作辅助线后，将柱子平面图放置到第二根横梁与主梁的交点上，如图 18-51 所示。然后利用"修剪"命令对不可见部分进行整体修剪，如图 18-52 所示。

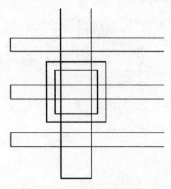

图 18-51　移动结果

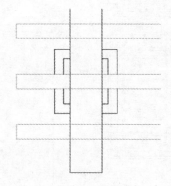

图 18-52　修剪结果

28 执行"复制"命令，以横梁某交点为基点进行复制，结果如图 18-53 所示，共 4 组 8 个。安置好柱子后继续利用"修剪"命令对横梁下不可见的主梁部分进行修剪，如图 18-54 所示。

图 18-53　复制结果

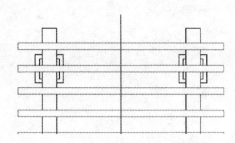

图 18-54　修剪结果

29 如图 18-55 所示为对主梁修剪后的效果图。至此，廊架平面图绘制完毕。为了便于整体移动，下面将廊架进行块定义，激活"块"命令，弹出"块定义"对话框，如图 18-56 所示，在"名称"下拉列表中输入名称，利用拾取点及选择全体对象进行定义，然后单击"确定"按钮。

图 18-55　偏移结果

图 18-56　修剪结果

30 下面对廊架进行合理安置。如图 18-57 所示将一组廊架放置到烧烤台的西侧适当位置，然后利用

"旋转"命令将一组廊架旋转90°后与上一组垂直排列，如图18-58所示。

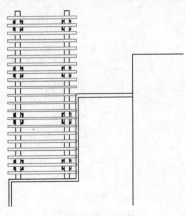
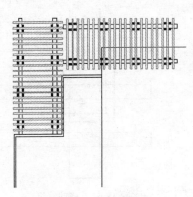

图 18-57　复制后结果　　　　　　　　　图 18-58　旋转廊架

31　接下来将利用多段线绘制鱼池，首先执行 "PLINE>点击第一点>输入圆弧 A>第二个点 S>点击第二点>点击第三点>以次类推" 操作，绘制到如图 18-59 所示的步骤时，输入 "直线 L"，然后以直线平行于围墙红线进行绘制，最后回到起点，如图 18-60 所示。

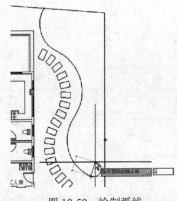
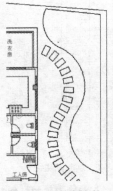

图 18-59　绘制弧线　　　　　　　　　图 18-60　绘制完毕

32　将鱼池线选中并单击图层，归到湖岸线图层，结果如图 18-61 所示，然后利用 "偏移" 命令向内偏移 200，如图 18-62 所示。

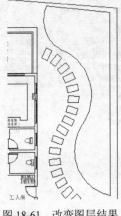
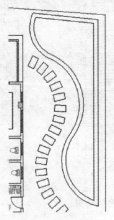

图 18-61　改变图层结果　　　　　　　　图 18-62　偏移结果

33 选中外侧轮廓线后按快捷键 Ctrl+1，弹出"特性"选项板，如图 18-63 所示。调整全局宽度为30，按 Enter 键后效果如图 18-64 所示，鱼池绘制完毕。

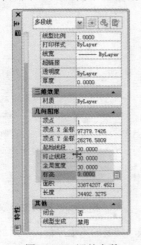

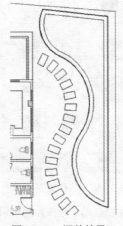

图 18-63　调整参数　　　　　　　　　　图 18-64　调整结果

34 下面绘制南侧汀步，将第 22 步绘制的汀步重新整理排列，绘制如图 18-65 所示的汀步。然后利用"复制"、"粘贴"命令进行折角排列，结果如图 18-66 所示。

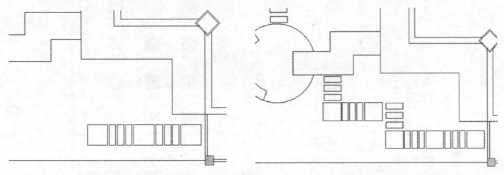

图 18-65　绘制南侧汀步　　　　　　　　　图 18-66　折角排列结果

提示：

　　绘制景观室外土建平面图时需要清楚各部分的分界线，每条分界线表示的是什么物品，不能无故多了或者少了线段，对于廊架、花池等小品而言，更需要将收边的边线及不可见部分区分清楚，以免造成不必要的错误。

18.3.2　填充景观土建图案

对于室外景观的填充图案，要根据实际应用的材料进行选择，如混凝土砖，石材板、木材以及水面等，要严格区分，以免对施工方造成错误性引导，导致工程事故。

01 下面对各种室外铺装及材料进行图案填充。首先将图层调为"填充"。激活"填充"命令，在弹出的"填充图案选项板"对话框的"图案"下拉列表中选择如图 18-67 所示的图案"玻璃"，尽管要填充的是木板，但这个图案本身更符合需求，如图 18-68 所示，将比例调为 200，然后单击拾取点。

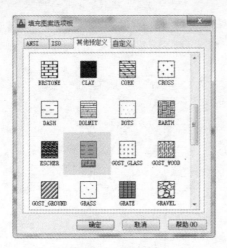
图 18-67　选择图案

图 18-68　调整参数

02　单击木平台内空白区域，结果如图 18-69 所示为横向铺装的木板平台。然后继续激活"填充"命令进行选择图案，选择如图 18-70 所示的人行道砖图案。

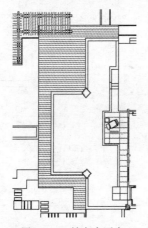
图 18-69　填充木平台

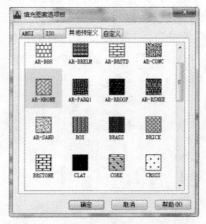
图 18-70　选择人行道砖的填充图案

03　然后单击拾取点，单击填充北侧两条道路的空白区，结果如图 18-71 所示。然后继续选择拼花图案，如图 18-72 所示，然后单击"确定"按钮。

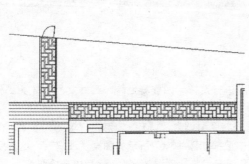
图 18-71　填充北侧两条道路的空白区

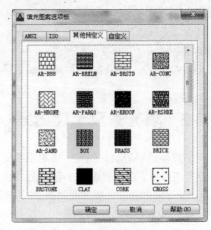
图 18-72　选择图案

04 单击烧烤台空白处后，填充结果如图 18-73 所示。下面对座椅平台进行填充，选择如图 18-74 所示的碎拼图案后单击"确定"按钮。

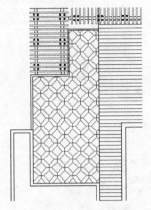

图 18-73 填充烧烤台　　　　　图 18-74 选择座椅平台的填充图案

05 同样，单击小平台空白处进行碎拼图案的填充，折线的小路的填充图案与北侧小门处的道路图案一样，结果如图 18-75 所示。下面选择木纹图案对木座椅进行填充，选择如图 18-76 所示的木纹 03。

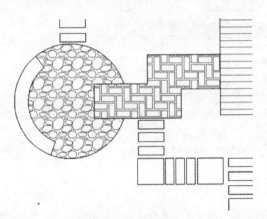

图 18-75 填充结果　　　　　图 18-76 选择木座椅的填充图案

06 如图 18-77 所示为座椅填充后效果。接下来将对南入口地面进行填充，填充图案选择如图 18-78 所示的拼法，单击"确定"按钮，此时的填充比例变更为 50，单击拾取点。

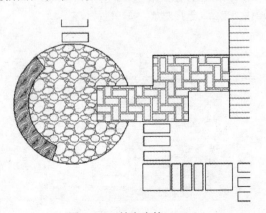
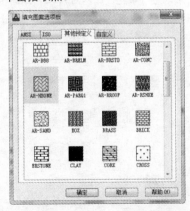

图 18-77 填充座椅　　　　　图 18-78 选择南入口地面的填充图案

07 单击 5 处空白区域进行填充，结果如图 18-79 所示。至此，景观图土建部分就完成了，整体效果如图 18-80 所示。

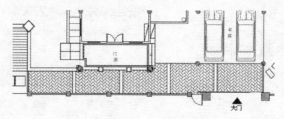

图 18-79　填充结果

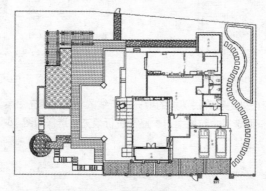

图 18-80　最终结果

提示：

　　对于室外景观土建部分的填充，需要注意的是：要按照实际填充材料的样式进行选择，要具有真实性；比例要选择正确，不能和实际材料的间隙、尺寸有太大出入，追求的是最真实的效果。

18.3.3　文字、图签的标识

对于室外景观平面图，如果只有图例和绘制的图案，读图人是不能完全明白图样的含义的，这就需要标识文字的帮助。下面就对图形进行整体的标识。

01 首先对除土建以外的区域进行功能性美化。激活"填充"命令，选择如图 18-81 所示的草的图案，然后对草地进行填充，比例为 500，如图 18-82 所示。如果遇到无闭合边界，可利用多段线将填充范围进行描框，然后不单击"添加：拾取点"按钮，而单击"添加：选择对象"按钮进行填充。

图 18-81　选择草的图案

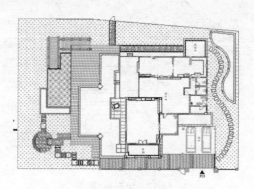

图 18-82　填充草地

02 再次选择如图 18-83 所示的图案，对花坛进行填充并改为红色，效果如图 18-84 所示。

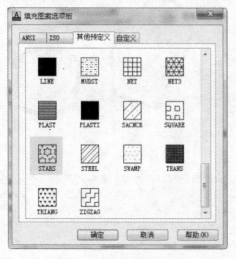

图 18-83　选择图案

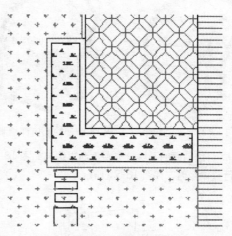

图 18-84　填充花坛

03 下面绘制驳岸景石。首先建立景观石图层，颜色为棕色，如图 18-85 所示。然后执行 "PLINE>点击第一点>输入宽度 w>输入开头和端点宽度 40>点击第二点" 操作，绘制宽度为 40 的景石轮廓线，如图 18-86 和图 18-87 所示。

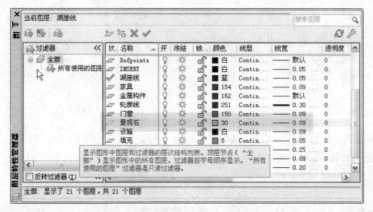

图 18-85　建立景观石图层

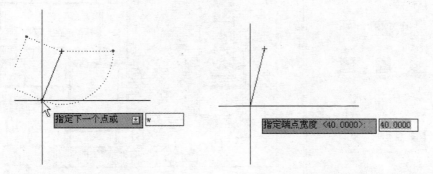

图 18-86　绘制景石轮廓线（一）　　　　图 18-87　绘制景石轮廓线（二）

04 绘制后的结果为如图 18-88 所示的轮廓，然后再次利用 "多段线" 命令将宽度都调为 0 后绘制内部褶皱线，如图 18-89 所示。最后利用同样方法绘制较小的石块，如图 18-90 所示。

18

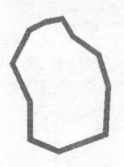

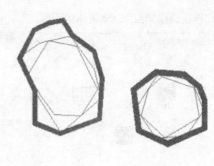

图 18-88　绘制结果　　　图 18-89　绘制内部褶皱线　　　　　图 18-90　绘制较小的石块

05 将绘制好的石块分散到鱼池岸边，如图 18-91 所示。然后利用"修剪"命令对石块下不可见的驳岸线进行整体修剪，如图 18-92 所示。

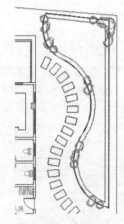
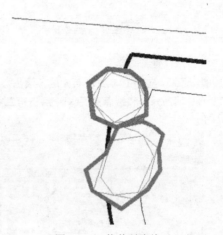

图 18-91　放置石块　　　　　　　　图 18-92　修剪驳岸线

06 下面对水面进行适当填充。激活"填充"命令，选择如图 18-93 所示水的图案，然后将比例调为 200 进行填充，结果如图 18-94 所示。

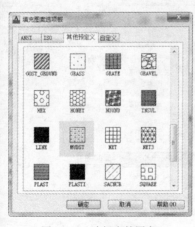
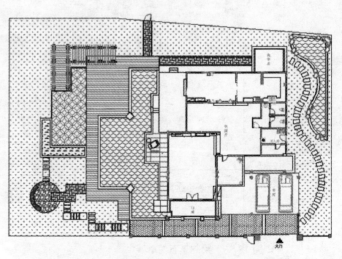

图 18-93　选择水的图案　　　　　　　　图 18-94　填充水面

07 接下来对文字标识进行设置，执行"格式>多重引线设置"命令，弹出如图 18-95 所示对话框。然后单击"修改"按钮，对引线格式进行设置，如图 18-96 所示。

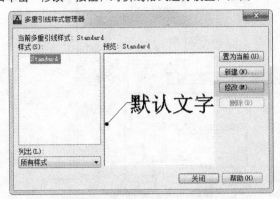

图 18-95 "多重引线样式管理器"对话框

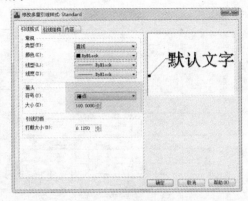

图 18-96 设置引线格式

08 对"引线结构"和"内容"选项卡进行如图 18-97 和图 18-98 所示的参数设置，然后执行"标注>多重引线"命令，从鱼池引向上，输入"生态鱼池"字样，结果如图 18-99 所示。

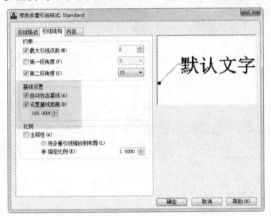

图 18-97 设置"引线结构"选项卡

图 18-98 设置"内容"选项卡

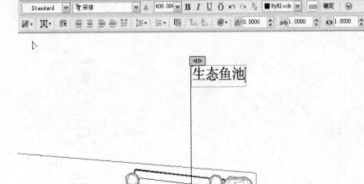

图 18-99 引注结果

09 利用同样的引注方式将院落内需要注明的地方依次标注，如图 18-100 所示。然后利用"文字"命令输入图名，如图 18-101 所示。

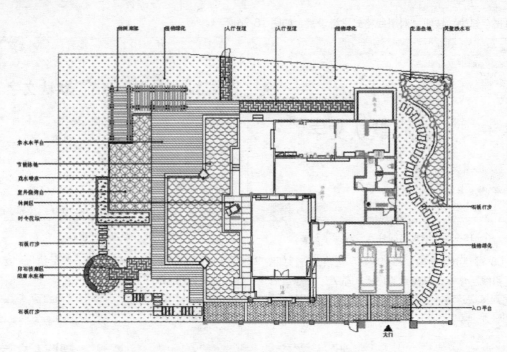

图 18-100　引注效果

图 18-101　输入图名

10 最后将之前绘制完成的图签打开，利用"编辑>带基点复制"及"编辑>粘贴为块"命令将其插入到绘图视口中，如图 18-102 所示。然后利用"缩放"命令进行适当放大，最后将图形整体移动到图签中并插入指北针后，整个室外景观平面图就绘制完成了，如图 18-103 所示。

图 18-102　插入图签

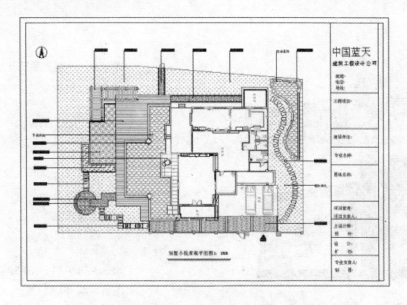

图 18-103　室外景观平面图

18.4 本 章 小 结

通过本章关于景观平面图案例的学习和绘制，相信读者已经对 AutoCAD 2013 中关于景观工程图的工具和命令在设计中的运用有了深入的了解，希望读者在学习本章的绘图知识后能够为以后的景观工程图绘制打下良好的基础。

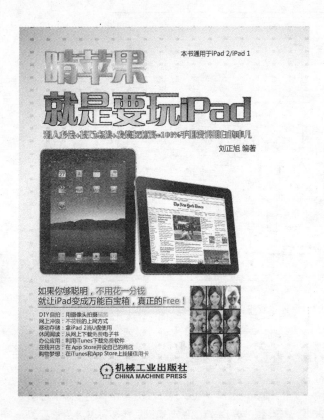

啃苹果——就是要玩 iPad
刘正旭 编著

DIY 自拍
网上冲浪
移动存储
休闲阅读
办公应用
在线开店
购物梦想

ISBN 978-7-111-35857-2
定价：32.80 元

苹果的味道——iPad 商务应用每一天
袁烨 编著

商务办公，原来如此轻松
7：00~9：00——将碎片化为财富
9：00~10：00——从井井有条开始
10：00~11：00——网络化商务沟通
11：00~12：00——商务参考好帮手
13：00~14：00——商务文档的制作
14：00~15：00——商务会议中的 iPad
15：00~16：00——打造商务备忘录
16：00~17：00——云端商务

ISBN 978-7-111-36530-3
定价：59.80 元

机工出版社·计算机分社读者反馈卡

尊敬的读者:

感谢您选择我们出版的图书!我们愿以书为媒,与您交朋友,做朋友!

参与在线问卷调查,获得赠阅精品图书

凡是参加在线问卷调查或提交读者信息反馈表的读者,将成为我社书友会成员,将有机会参与每月举行的"书友试读赠阅"活动,获得赠阅精品图书!

读者在线调查:http://www.sojump.com/jq/1275943.aspx

读者信息反馈表(加黑为必填内容)

姓名:		性别:□ 男 □ 女	年龄:		学历:
工作单位:				职务:	
通信地址:				邮政编码:	
电话:	E-mail:			QQ/MSN:	
职业(可多选):	□管理岗位 □政府官员 □学校教师 □学者 □在读学生 □开发人员 □自由职业				
所购书籍书名			所购书籍 作者名		
您感兴趣的图书类别(如: 图形图像类,软件开发类, 办公应用类)					

(此反馈表可以邮寄、传真方式,或将该表拍照以电子邮件方式反馈我们)。

联系方式

通信地址:北京市西城区百万庄大街 22 号   联系电话:010-88379750
　　　　　计算机分社　　　　　　　　　　　传　　真:010-88379736
邮政编码:100037　　　　　　　　　　　　　电子邮件:cmp_itbook@163.com

请关注我社官方微博: http://weibo.com/cmpjsj

第一时间了解新书动态,获知书友会活动信息,与读者、作者、编辑们互动交流!

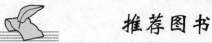

推荐图书

Android入门与实战体验

书号: 34928　定价: 69.80 元

作者: 李佐彬 等

本书通过实例教学的方式讲解了Android技术在各个领域的具体应用过程。全书分为16章，1～5章是基础篇，讲解了Android的发展前景和开发环境的搭建过程；6～13章是核心技术篇，详细讲解了Android技术的核心知识，并对程序优化进行了详细剖析；14～16章是综合实战应用篇，通过3个综合实例讲解了Android技术常用的开发流程。

追逐 App Store 的脚步——手机软件开发者创富之路

书号:　35619　定价: 49.00 元

作者: 项有建

本书介绍了如何进行软件产品设计，特别是如何针对现代手机软件产品进行设计；介绍了数字产品的营销方法，特别是如何针对现代手机软件产品进行营销的方法。书中强调了用户需求以及竞争两个设计视角，介绍了"平台辐射原理"，初步解决了如何利用公式化的方法用平台推广产品的问题。

Android 开发案例驱动教程

书号:　35004　定价: 69.80 元

作者: 关东升

本书旨在帮助读者全面掌握Android开发技术，能够实际开发Android项目。本书全面介绍了在开源的手机平台Android操作系统下的应用程序开发技术，包括UI、多线程、数据存储、多媒体、云端应用以及通信应用等方面。本书采用案例驱动模式展开讲解，既可作为高等学校的参考教材，也适合广大Android初学者和Android应用开发的程序员参考。

Windows Phone 7完美开发征程

书号: 34043　定价: 45.00 元

作者: 倪浩

本书以全新的Windows Phone 7手机应用程序开发为主题，采用理论和实践相结合的方法，由浅入深地讲述了新平台的基础架构、开发环境、图形图像处理、数据访问、网络通信等知识点。最后通过较为完整的实战演练，帮助读者更快地掌握项目开发的各个技术要点，使读者能够尽快投入到实际项目的开发。

从实例走进OPhone世界

书号: 33030　定价: 45.00 元

作者: 周轩

本书从一个开发者的角度出发，介绍了OPhone/Android系统的基础知识和开发技巧，详细讲解了无线通信、娱乐游戏、移动生活、OPhone特色应用等多种类型程序的开发流程和方法；通过介绍系统自带源代码实例，为读者提供参考资料和分析素材。本书配有大量插图和代码注释，为自学者提供了方便。

Qt 开发 Symbian 应用权威指南

书号: 36089　定价: 45.00 元

作者:　Fitzek 等　译者: DevDiv 移动开发社区

本书主要是向读者介绍如何在Symbian上快速有效地创建Qt应用程序。全书共分7章，包括开发入门、Qt概述、Qt Mobility APIs、类Qt移动扩展、 Qt应用程序和Symbian本地扩展、Qt for Symbian范例。

本书可作为移动设备开发领域的初学者和专业人员的参考用书，也可作为手机开发基础课程的教材。